U0249796

建筑策划与设计

Architectural Programming and Design

庄惟敏　著

Zhuang Weimin

中国建筑工业出版社

图书在版编目（CIP）数据

建筑策划与设计/庄惟敏著．—北京：中国建筑工业出版社，2016.4（2024.2重印）
ISBN 978-7-112-19332-5

Ⅰ.①建… Ⅱ.①庄… Ⅲ.①建筑工程-策划②建筑设计
Ⅳ.①TU72②TU2

中国版本图书馆CIP数据核字（2016）第069167号

责任编辑：徐 冉 黄 翊
责任校对：陈晶晶 关 健

建筑策划与设计
庄惟敏 著
*
中国建筑工业出版社出版、发行（北京西郊百万庄）
各地新华书店、建筑书店经销
北京嘉泰利德公司制版
建工社（河北）印刷有限公司印刷
*
开本：850×1168毫米 1/16 印张：$22^3/_4$ 字数：477千字
2016年4月第一版 2024年2月第七次印刷
定价：59.00元
ISBN 978-7-112-19332-5
（28568）

序

工业时代之前的那种将理论与工法相融会、固守人文与科技并举的经典建筑学连同那个时代的传统建筑师们，正被因知识膨胀而越来越精细化分工的时代导向一种逐渐被人们遗忘的境地，建筑学的学术边界变得越来越模糊，建筑设计有被描述为一种意识形态上的艺术创作行为的趋向。在这一潮流的背景下，建筑策划似乎是一个“非建筑”问题，许多创作型的建筑师们对此鲜有关注。然而，我们不会忘记20世纪战后重建以及欧洲城市化进程中，那些强调理论囿于实践，注重创作思想与技术实证相结合的伟大的建筑师们曾坚实地推动了城市、乡村与建筑人工环境的发展，我们看到了其中建筑策划思想的闪现。今天我们依旧持续地思考和延伸建筑策划的理论与实践并致力于广泛传播，正是源于我们执着地认为：科学合理的设计任务书是保障当下中国最广泛、最大量的城市与乡村建筑公众利益诉求的核心。

2000年笔者在博士论文研究的基础之上出版的《建筑策划导论》距今已有16年了。2014年由科学出版社出版的、全国科学技术名词审定委员会公布的《建筑学名词》一书已经将建筑策划列为建筑学专有名词。建筑策划的概念、理论、方法不仅为业界所接受，而且近几年建筑策划的实践以及建筑师将建筑策划与建筑设计结合开展的业务实践也日益增多，极大地完善和丰富了建筑策划的学科体系。

但我们也必须看到，建筑策划的理论研究和实践在中国开展得并不理想，许多建筑师仍在传统的运行模式中被动地按照业主所拟定的设计任务书进行设计，显得缺乏科学性与逻辑性。建筑师作为绘图员，很多时候只是帮助业主或领导来完成他们头脑中想象的某种建筑外形的困境仍没有消除。建筑空间和内容设置的非理性、功能组织的不合理，以及将建筑设计曲解为仅仅是造型外观的营造，这都直接或间接地导致了我们的建筑使用功能不合理，经济效益、环境效益和社会效益低下。同时，因缺乏建筑策划而带来的建筑短命的现象一点都不亚于建造质量问题，它已经变成了我国当今造成社会资源巨大浪费的关键性问题。这些都从根本上否定了建筑学的基本价值，在这一语境下探讨建筑策划与设计便具有时代的意义。

建筑策划在国外已有法律可循。法律规定，政府投资的公共建筑，如养老院、学校、医院等，在规划设计之前必须要进行建筑策划研究，设计任务书必须要经过政府认可的建筑策划研究机构的审查，后续承担这类项目设计任务的建筑师要求具备相应的建筑策划的专业知识。实际上，建筑策划原本就应该归属于建筑师的职业范畴，这一点在国外已经得到了普遍认同。UIA的章程里有明确规定，建筑师要为业主提供全方位的服务，这种服务不仅包括建筑设计，也包括前期研究；或者说，广义的建筑设计本来就是涵盖前期研究的。建筑师作为自由职业者，就像医师、律师、会计师一样，建筑师也是业主的置业顾问，就应该研究建筑项目的设计到底怎么做、设计依据是什么。设计依据所具有的理论特质，包括更深刻的社会、经济、人文因素等的研究都应该作为建筑师的业务范畴。建筑策划作为国际化职业建筑师的基本业务领域之一，其理论已成为建筑学理论的基本组成部分，多学科融合的建筑策划方法也将成为当今职业建筑师的一项基本技能。

对照 16 年前《建筑策划导论》中的建筑策划框架，其理论核心和原理没有变化，但是方法及实践随着建筑学及建筑实践的开展又有了一定的丰富。本书将视野扩大到整个人居科学的范畴，旨在为读者提供一个建筑策划的更新版。在 16 年研究及实践的基础上，重新梳理和界定建筑策划的概念和原理，并结合大数据、模糊决策等跨学科的研究，对建筑策划的操作程序和方法进一步进行论述和引介。本书的重点是结合近年来建筑策划的研究案例以及在策划指导下的建筑设计的案例分析，尽量为读者呈现出建筑策划与建筑设计互动关联的研究成果。

本书不是简单地再版《建筑策划导论》，而是一次研究的升级。部分章节源于笔者近年发表的一些论文以及笔者指导研究生完成的与建筑策划相关的理论、方法研究及实践成果，对其进行系统地编纂、梳理，形成这本专著。它的意义在于要改变当下中国建筑师的职业范围和职业习惯，顺应世界的潮流，符合当下新型城镇化的发展需要，使我们建筑师的知识结构更加健全，让我们建筑师的职责更加明确，此外，也使我们的城市建设的决策者和开发商们能够了解和熟悉如何理性、客观地推进我国的城镇化建设，避免一个错误的开始，使我们的建筑具有更强的生命力，使我们的城市更能体现人文关怀。

如果说半个世纪以来的建筑策划研究成果教会了我们作为职业建筑师以“用最少的钱，盖最好的房子”的职业精神为目标的建筑策划技能和方法，那么今天我们在人居科学理论的指导下，在大数据、互联网、模糊决策等相关科学领域发展成果的基础上，推进的对建筑策划理论、方法和实践的研究将是对建筑师核心业务、技能和方法的体系性的拓展，更是对建筑师职业概念和职业使命的升级。

本书并未涉及建筑策划的收费标准、委托方式和验收标准，这些问题也是我们未来研究的方向之一。

庄惟敏
2016 年 1 月 30 日于清华园

Preface

The classic architecture before the industrial age, which celebrates the integration of theory and practice, and that of humanity and science, is being forgotten due to the contemporary trend of more and more detailed labor division resulting from knowledge expansion, along with traditional architects of that age. The subject boundary of architecture is becoming more and more obscure and there is a rising trend to describe architecture design as an ideological behavior of art creation. In this context, architectural programming seems to be an un−architectural issue, thus many creative type architects seem to pay little attention to it. However, the great architects who emphasized theory comes from practice and valued the combination of creative thoughts and technology, have firmly promoted the development of urban and rural architectural environment in the post−war reconstruction and the European urbanization process. They are not to be forgotten and we can see the idea of architectural programming shining among them. Today, we keep thinking and expanding the theory and practice of architectural programming, and devote ourselves to spreading the thoughts, based on our clinging belief that a scientifically rational design specification is the core to the public interest demands of urban and rural architecture environment contemporarily in China.

It' s been 16 years since the author published the *Architectural Programming Guide* based on the doctoral dissertation research in 2000. The *Chinese Terms in Architecture*, published by the Science Press and the Chinese National Committee for Terms in Sciences and Technologies in 2014, has listed architectural programming as an architectural proper noun. Not only are the concept, theory and method of architectural programming accepted by the industry, the practice of architectural programming and that of architects combining architectural programming and designing is increasing in recent years, which vastly perfect and enrich the discipline system of architectural programming.

But it also has to be our awareness that the research and practice of architectural programming in China are not ideal. A lot of architects are still in the traditional operation mode that are neither scientific nor logical, in which architects design passively according to the design specification written by clients. Architects nowadays are still facing the difficulty that they' re operating merely as drawing tools that help clients realizing the architectural features from their own imagination. The irrational arrangements of architectural space and content, the unreasonable function organization and the misinterpretation of architectural design as only the construction of its appearance, have all led to the malfunction and inefficiency economically, environmentally and socially in our architecture, directly or indirectly. At the same time, the problem of short–lived buildings resulting from lacking architecture programming is nothing less important than the construction quality problem. It has become the key problem that cause huge waste of resources contemporary in China. All of these facts are fundamentally denying the basic value of architecture, hence the discussion on architectural programming and designing will be significant under the circumstances.

There are already certain laws to follow for architectural programming abroad. By law, government funded public buildings, such as nursing homes, schools and hospitals, have to conduct an architectural programming research; the design specification has to be reviewed by government–approved architectural programming research institution; and the architects undertaking such projects are required to have relevant expertise. In fact, architectural programming should be part of professional architecture design, and this has been widely accepted abroad. The UIA charter includes clear regulations that architects should provide clients with comprehensive services which include architecture design as well as preliminary study. Or we can say that a generalized architecture design process should include preliminary researches all along. Architects, as freelancers, are like doctors, lawyers and accountants. Architects are their clients' property consultants, and should do their research on the proper designing method and basis of the project. The theory specialty of the design should be included in the service areas of architects, including researches on more profound social, economic and humanity factors. Architectural programming theory has become one of the basic components of architecture theory, and the multi–disciplinary architectural programming method will also become a basic skill for contemporary professional architects.

In comparison to the architectural programming framework in *Architectural Programming Guide* 16 years ago, the core theory and principle haven' t changed, but the method and practice have been enriched with the development of architecture and practice. This book include human settlements science into the field of vision, aiming to provide the readers with an updated version of architectural programming. Based on 16 years' researches and practices, this book redefines the concept and theory of architectural programming. Also it further discusses and introduces the programs and methods of architectural programming, combining with multi–disciplinary researches such as big data and fuzzy decision. The key point of the book is presenting to the readers the research results of interacting architectural programming with architectural designing, combining recent architectural programming research cases and case analysis of architecture design with guidance of architectural programming.

This book is not a simple republication of *Architectural Programming Guide*, but an update of research. Some chapters in this book are based on recent publication of the author and the research and practice results on architectural programming related theories and methods of postgraduates tutored by the author, which are systematically compiled and reviewed. The meaning of this book, is to change the professional scope and habits of Chinese architects so that they can keep up with the world trend and meet the needs of new urbanization developments, to perfect the knowledge structure of architects, and to further clarify the responsibility of architects. Besides, this book also aims to tell the decision makers and developers how to promote the construction of urbanization in a more rational, reasonable and logic sense, how to avoid a wrong start, and how to make our architecture more vital and our city more humane.

The research results of architectural programming in the last half century have taught us the programming skill and method of how to "build the best with the least" as a professional architect. Nowadays, under the instruction of human settlements science, it' ll be an update of architects' professional concept and responsibility to further promote the research on architectural programming theories, methods and practices, combining with the developments of related fields of science such as big data, internet and fuzzy decision. The study will not only help expand the architect core business, skills and methods, but also update the concept of practicing and professional mission of architects. This book does not cover architectural planning fees standard, method of authorize and acceptance criteria, these issues are also our research direction in the future.

Zhuang Weimin

Jan 30th, 2016

目 录

Contents

1　问题的提出与建筑策划的定义

1.1　当今建筑学发展的背景与问题的提出

1.1.1　建筑学发展的简要回顾

原始人类最早栖身于洞穴。《韩非子·五蠹》中有记载：“上古之世，人民少而禽兽众，人民不胜禽兽虫蛇，有圣人作，构木为巢，以避群害。”随着农业的发展，人类开始定居，以土石草木等天然材料建造简易房屋。这是人类最早的把自然环境改造成为适于居住的人工环境的所谓建筑活动。人们在这种有意识地创造环境的活动中，积累知识，总结经验，不断创新，逐步形成了建筑学这门学科。建筑学与人类同时产生，同时发展，它诞生于人类为生存而改造自然的创作活动中，更为人类改造自然而服务。

“建筑学是研究建筑物及其环境的科学。它旨在总结人类建筑活动的经验，以指导建筑设计创作，进行形体环境的创造。它既包括营造活动中的技术、原理，又包含时代风格的艺术体现，是艺术和技术的系统知识。”（《中国大百科全书》建筑分册）随着社会的发展，科学技术的日新月异，城镇化进程的加快，建筑学也前所未有地拓宽着它的领域。社会学、环境学、城市学、环境行为心理学、生态学、人体工效学、市场经济学、系统工程学、数据科学等都逐步渗入建筑学这个古老的学科中。传统的建筑学正发生着变化，不仅在理论体系上越来越多地与自然科学、人文艺术学相融合，更在方法与技术层面，与信息论、运筹学、统计学等近代科学方法，以及当代计算机等高科技手段相结合，进入了一个更新与再发展的新时期。

1.1.2　人居科学架构下的建筑学体系构成

建筑活动是人类文明发展的最重要的活动之一。古典的建筑学是以建筑设计为核心，将其作为一种技艺，积累经验，制定法式。它包括建筑构造、建筑历史、设计规范、建筑技术等分支，是一门古老的综合学科。建筑科学从我们的祖先开始有意识地进行简单的营造，积累经验和师徒传承，发展到今天已经形成了由建筑学、城乡规划、风景园林三个一级学科和建筑科学工程技术这个二级学科等组成的系统科学。

传统建筑学科的研究对象包括建筑物、建筑群、室内家具设计，以及城市村镇和风景园林的规划设计。随着建筑学科的发展，城乡规划学和风景园林学逐步从建筑学中分化出来，成为相对独立的学科。

现代城乡规划学科是以城乡建成环境为研究对象，以城乡土地利用和城市物质空间规划为学科核心，结合城乡发展政策、城乡规划理论、城乡建设管理等社会性问题所形成的综合研究内容。研究对象包括：对城乡规划区域发展、社会经济宏观层面的研究；对城乡规划设计理论、方法和技术问题的研究；对城乡规划的管理、法规、政策体系等层面的研究。20 世纪中叶以来，以城市问题为导向的研究成为全球关注的焦点，社会、经济、政治、生态环境等交叉学科理论与思想大量涌入城市规划领域，促成了城市问题和城市发展研究的繁荣，并出现了诸如城市社会学、城市经济学、城市生态学、城市地理学、城市管理学等交叉学科。这些新兴学科的诞生促进了城乡规划学科研究领域与范畴的不断延伸和拓展。1999 年在国际建筑师协会（UIA）第 20 届大会上，吴良镛院士作了大会主旨报告，提出"人居环境科学"的思想，建筑学、城乡规划和风景园林学成为人类营建理想聚居环境的系统科学体系。

正如前文所述，按照 2011 年教育部出台的一级学科划分，建筑学作为并行于城乡规划学和风景园林学的一级学科，与城乡规划学和风景园林学共同构成了综合性的人居环境科学领域。今天的建筑学被定义为研究建筑物及其环境的学科，也是关于建筑设计艺术与技术结合的学科。它包括建筑设计、建筑历史、建筑技术、城市设计、室内设计和建筑遗产保护等方向，旨在总结人类建筑活动的经验，研究人类建筑活动的规律和方法，创造适合人类生活需求及审美要求的物质形态和空间环境。建筑学是集社会、技术和艺术等多重属性于一体的综合性学科。建筑学与力学、光学、声学等自然科学领域，水工、热工、电工等技术工程领域，美学、社会学、心理学、历史学、经济学、法律等人文学科领域有着紧密的联系。其中建筑设计及其理论是其学科的核心，它主要研究建筑设计的基本原理和理论、客观规律和创造性构思，建筑设计的技能、手法和表现。理论方面包括建筑设计原理、建筑空间理论、建筑形态理论、建筑批评、绿色建筑、建筑经济、职业建筑师业务实践等。设计方法方面包括建筑设计过程研究、建筑策划与项目可行性研究、计算机在建筑设计中的应用研究等。显然，在这个学科架构里，建筑策划是属于设计方法论方向的。

社会的进步和科学技术的发展促进了学科的交叉与融合以及思维方式的外向化和多元化。现代建筑科学在人居科学理论的大框架内，已经发展到了可与任何近代学科相互关联、相互借鉴和相互融合的地步，形成了一个完全开放的、全新的、系统的体系。作为研究建筑设计依据和方法的建筑策划，在理论层面，它丰富和补充了建筑学的理论体系；在实践层面，它又是建筑设计方法学的一个核心部分，其位置与学科属性也得以明确地界定（图 1-1-1）。

1.1.3 建筑策划——问题的提出

正如前文所述，人类社会的发展、城镇化的加剧，使建筑学发生着巨变，在人居环境科学的大学科群架构下，建筑师们已经开始重新认识建筑学的内涵和外延了。

传统的建筑学是以建筑设计为核心，把建筑设计作为一种技艺，总结设计经验，

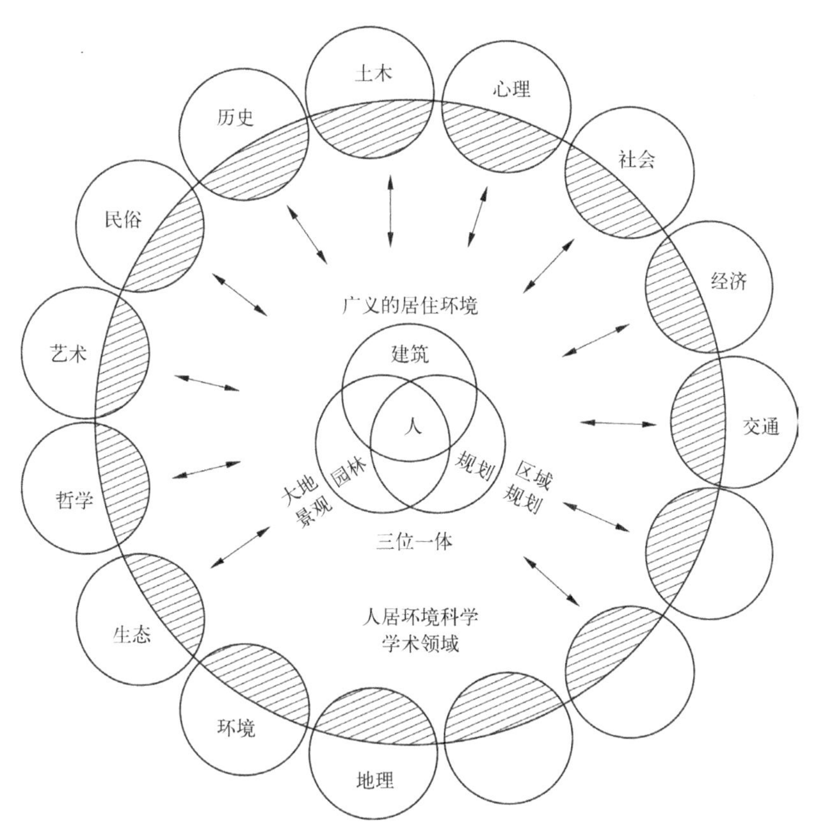

图 1-1-1 开放的人居环境科学创造系统示意——人居环境科学的学术框架[①]

探讨设计规律，与其他自然学科相比是一门惰性较大的综合学科。从学科性质来看，现代建筑学几乎是一门无所不包的交叉学科，世界近 70 年来科学技术专业化与综合化的发展趋势，促进了建筑学思维方式的外向化和多元化，在学科的深度和广度两方面都大大地前进了，已远远不再局限于“盖房子”这样一个较为原始的概念。

现代社会的一大特征是更加强调人的因素的重要性，更加讲求科学性和逻辑性。早在 1981 年，国际建筑师协会第 14 届大会发出的建筑师“华沙宣言”中就强调：人是环境的核心，要“认识到人类—建筑—环境三者之间有密切的相关性，认识到建筑师和规划师在形成人类环境的过程中的历史责任”。这可归结为对近代建筑的功能主义和形式主义的反省，要求对传统、地域、装饰等进行再评价。的确，人类生活被高度发达的技术所支撑，在强调追求经济合理性的同时，要求寻回失落的、丰富的人类生活的期望也日益高涨。尤其是在现代建筑由“现代主义”向“后现代主义”的变化过程中，建筑师们开始有了创造新文化的责任感。近代建筑史上的这些变化，不能不使我们反思：以往对设计及其限制条件的分析认知方法和规划设计建设程序是否还能适应时代的要求。

在这样的背景下，以往的盲目依照业主任务书进行建筑设计的模式需要变革。

---

① 吴良镛 . 人民环境科学导论 . 北京：中国建筑工业出版社，2001：10.

建筑师的工作不是简单地逐项满足任务书的要求，而是包含了从任务书的调查制定到项目使用后评估反馈的全过程。建筑师不仅仅是设计任务的解题人，更是题目的命题人，科学合理的设计条件调查认知与设计任务书设置是成功建筑项目的第一步，也是建筑师职业实践的开始。

考察一下我国近年来的建筑建设流程，不难发现，规划师们在研究城市规模、人口构成、政治、地理、经济环境因素等方面逐渐拓宽了自己的视野和职能范围。在总体规划、区域规划及城市设计等方面做了大量的工作，从构想、论证到模型、图纸，已基本上形成了一套科学的程序。可是，作为建筑师，在建设项目依总体规划立项，确定规模、性质等环节却不如规划师们那样能够积极地参与其中。我国以往的设计任务书的研究和制定一直是建设业主的职权范围，即多是由投资方按照已有的资料，加上专家的个人经验而拟就的，而作为实际设计工作承担者的建筑师则几乎不参与这一设计的前期研究工作，往往是在立项以后，建筑师收到一份由业主制定的设计任务书及规划设计条件，于是在没有对设计条件与问题界定有足够的认知时就按“书”设计，不过问其他了。

由于由城市区域规划到单体建筑的设计以及从立项到具体设计实施，这个过程中没有根据总体规划对建筑本身的规模、性质、容量、性格等影响设计和使用的诸因素作深入的调查研究、归纳分析，从而得出定性定量的结论和数据这样一个环节；因此，往往造成建筑师的盲目设计，或者变成业主、设计者主观意念的强加。这显然是与现时代强调人的因素、强调科学性、尊重物质间的信息交流、相互制约、相辅相成的时代脉搏相悖的。建筑师如此“照章”设计，往往陷入疲于应付一日三改的设计任务书而不得其要领，被动地“照章”设计势必造成建筑在使用以及其他方面的不尽人意。由总体规划到具体设计的实施，其中缺少的这个环节正是建筑师进行设计所必需的科学的依据。

从信息社会的角度来看，业主单方面抑或几个专家所制定的建筑设计条件及拟定的任务书是缺乏科学性的，它缺少系统的思想，不能与时代、环境进行通畅的交流，没有逻辑的反馈，其设计结果也难免出现种种失误。

在我国飞速发展的城镇化背景下，由于讲求建设速度、畸形的政绩观和对经济的盲目追逐，导致我国大陆的城市建设项目鲜有策划过程，建筑师一度成为开发商的绘图机器，导致国内城市的许多建成项目在一开始的建筑设计任务书拟定中就存在着不科学、不逻辑、没有调研、缺乏分析，甚至长官意志和主观臆断等问题，更有甚者将建设项目作为政绩的表现，在设计任务下达时一味追求吸引眼球的假大空，由此造成了近年来城市大拆大建的普遍现象。根据统计，我国每年的老旧建筑拆除量已达到新增建筑量的40%，其中大量的建筑、道路、桥梁还远未达到使用寿命的限制，带来了巨大的浪费。一些建成的酒店、体育场、广场和办公楼，因其功能不合理、使用问题等非质量因素，建成不到十年即被拆除。根据中国建筑科学研究院预测，建筑的过早拆除将导致中国每年碳排放量的增加，同时还将导致巨大的资源浪费，仅在“十二五”期间我国每年因房屋过早拆除而造成的损失可达千亿元。

目前我国建筑设计的这种状况，给我们提出了一个亟待解决的问题：建筑设计的依据到底是什么？以及这个设计依据如何产生？其科学性、逻辑性如何？建筑师的职能范围到底应该有多大？这一建筑设计领域里的指导性理论和方法的研究工作正是当今我国建筑界和建筑师们面临的新课题，也正是建筑学理论中的一个“断层”。建筑师们单单依据仅凭个人经验和资料而制定的缺乏科学性、逻辑性、系统性的设计任务书，设计出的作品始终落后于时代，甚至不能满足人们的全面需要，这不能不说是我国在建筑设计方面的一点遗憾。要填平这一断层，需要寻找一座联系的桥梁，以科学逻辑的方法认知业主的各种合理需要和边界条件，形成恰当的设计原则并付诸实践。

另一方面，随着建筑学领域的拓展，建筑学的体系框架发生了变化，这使得建筑师有必要对建筑学所包含的一些分支理论进行再认识。举例来说，建筑美学可算是建筑学体系中的一个古老分支。从《建筑十书》、《建筑模式语言》、《建筑形式美的原则》到今天建筑学的教科书，古典的比例、尺度、色彩等美学原则一直左右着老一辈和新一代建筑师对建筑的评判标准，至今它仍是我们许多专家在对国优、省优和部优建筑进行评判时不可不提的一个关键点。从前如若某位专家或口头或撰文，以连篇累牍的美学原则来评价一幢建筑是如何如何美或如何如何丑，只要他的美学原则引用得无误，众同僚都会颔首称是，一致曰正确。可是就在传统建筑学被拓展，建筑师被更广博的知识和技术所武装，人类要求在改造生存环境时站得更高、看得更远的今天，一定会有不止一位建筑师站出来大声提出异议：我们以前一直公认为美的建筑，放在人居环境这样一个大范围中，从资源评价、景观评价、生态环境分析、全寿命周期的绿色建筑等方面来评判，它还能是一个优秀的建筑吗？单纯以传统建筑美学来评价的原则是否应当更新？或许将来某一天我们回过头来用当代的美学原则检验当初的结论会得到一个完全相反的结果。

这不是耸人听闻，更不是哗众取宠，因为就在建筑师仍不舍得抛弃旧观念、不情愿接受新观念同时，我们的近邻——经济学家们、地理学家们、人口学家们和生态学家们已经在做着本应属于我们建筑师的研究工作。他们运用 GIS 系统、资源评价、生态分析等对一些建筑师来讲还很陌生的理论和方法，切切实实地对人居环境进行了全新的研究和评价，使建筑学的内涵得以扩大，使建筑学的研究方法得以更新。他们的成果是显著的，是有说服力的，是科学而进步的，我们没有理由不赞成他们。当然，最关键的是我们没有理由不修正我们的思想，不去跟上时代的步伐。建筑美学评论只是一个例子，它告诉我们时代的要求、学科的发展是必然的趋势，建立完整的建筑理论体系及现代方法论的评价体系是当代建筑师的历史使命。

由此我们可以看到，信息时代和学科发展融合给我们提出了更多的问题。建筑师的科学的设计依据应该是什么呢？又应如何得到呢？建筑师如何在建筑设计过程中准确认知并界定问题、寻找解决方法呢？应按照什么标准对建筑方案和建成环境进行评估？建筑如何适应使用者的需求并代表公众的要求？这就引出了“建筑策划”的概念，建筑策划理论和方法可以给出上述问题的答案。建筑策划理论和方法的引入正是建筑师在这一大趋势下所作的思考和努力。

1.1.4 建筑策划概念的引出及明确化

如前所述，提出“建筑策划”这一概念是有其历史、时代及科学意义的。建筑事业的发展，使城乡规划和风景园林各自成为一门独立的学科，从建筑学中分化出来，有了更广阔的发展前景（图 1-1-2）。

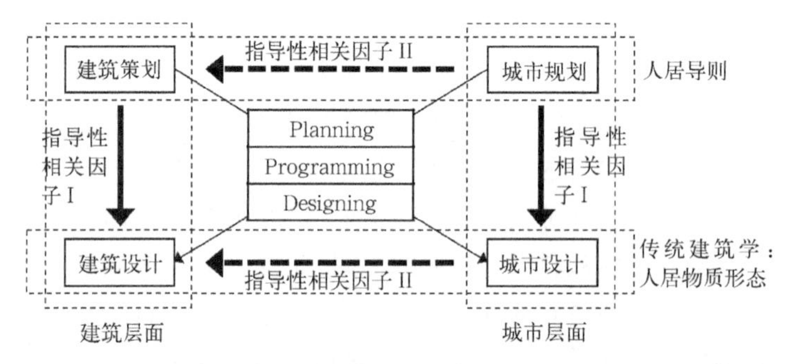

图 1-1-2 城市规划、建筑策划与城市设计、建筑设计的相关模式①

针对上述建筑学中的问题，仅从传统建筑学理论体系中是无法寻找出答案的。这就需要提出一个概念，建立一个理论体系，研究一系列方法，作为建筑学基本架构中的一个重要学科方向，与传统建筑学的基本理论相结合，一起回答和解决上述诸多疑问。这一概念就是建筑策划。事实上，建筑策划的概念在 20 世纪 50 年代就在美国出现了，更早的策划端倪被认为是出现在 20 世纪 30 年代的日本（建筑计画）。半个多世纪的研究、探索和实践使得建筑策划这一概念得到了进一步的明确，理论架构得到了进一步的发展，方法研究也和传统建筑学紧密相联，并与相关近现代学科发展相融合。建筑策划的理论体系已经基本搭建完成。

几十年的建筑策划的研究、积累和发展，其核心概念已经与当代建筑学体系在架构组成和关联上形成了学术共识。城市总体规划与城市设计之间、建筑策划与建筑设计之间是指导性相关关系，其指导的相关承受者正是城市设计和建筑设计。另一方面，在当今存量规划背景下，建筑策划对城市规划的集成与反馈作用也更加凸显；虽然仍在探讨研究阶段，但建筑策划与城市规划互动进行逐渐成为一种新的工作模式。建筑策划与城市规划和建筑设计的相关关系可以用图 1-1-3 表示。

建筑师的职能范围在这里大大地拓宽了。建筑师可以在建筑策划环节与城乡规划师沟通，将规划思想程序化、逻辑化、格式化、数字化地展现出来，从而建立设计工作的科学依据。建筑师的这种职能的拓展是历史的必然，也是建筑师向往已久的。

① 图片来自作者自绘。本书中的图片如无特殊说明，均来自作者自绘、作者及所指导研究生的论文或研究成果。

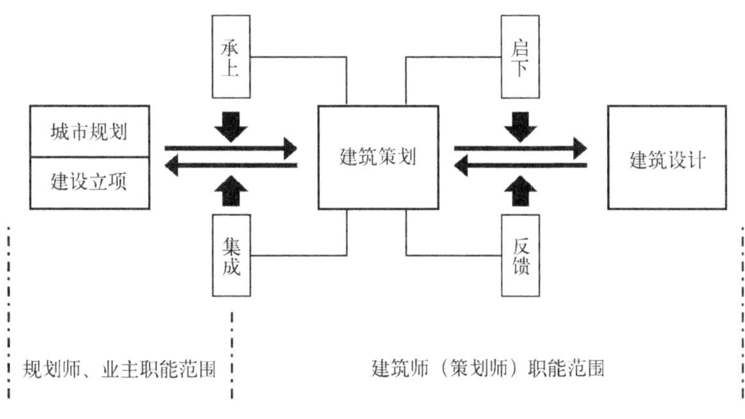

图 1-1-3 建筑策划的承上启下

1.2 策划的定义与原理

1.2.1 建筑策划的定义

“策划”通常被认为是为完成某一任务或为达到预期的目标而对所采取的方法、途径、程序等进行周密、逻辑的考虑而拟出具体的文字与图纸的方案计划。

一般我们所说的“策划”是一个广义的概念，通常有投资策划、商业策划等，而且这一概念正逐渐被其他领域所接受。建筑策划在建设项目的目标设定阶段，或曰项目的总体规划阶段进行。其后为了最有效地实现这一目标，对其方法、手段、过程和关键点进行探求，从而得出定性、定量的结果，并在指导建筑设计的过程中不断反馈，这一研究过程就是“建筑策划”。

建筑策划（Architectural Programming）特指在建筑学领域内建筑师根据总体规划的目标设定，从建筑学的学科角度出发，不仅依赖于经验和规范，更以实态调查为基础，运用计算机等近现代科技手段对研究目标进行客观的分析，最终定量地得出实现既定目标所应遵循的方法及程序的研究工作。① 它为建筑设计能够最充分地实现总体规划的目标，保证项目在设计完成之后具有较高的经济效益、环境效益和社会效益而提供科学的依据。简言之，建筑策划就是将建筑学的理论研究与近现代科技手段相结合，为总体规划立项之后的建筑设计提供科学而逻辑的设计依据。

进行一项建筑策划通常有三个要素：第一要有明确、具体的目标，即依据总体规划而设定的建设项目；第二要有对手段和结论进行客观评价的可能性；第三要有对程序和过程进行预测的可能性。其中建设立项是建筑策划的出发点。达到目标的手段和过程都是由建设目标决定的，而且通过目标来进行评价。研究和选择实现立项目标的手段是建筑策划的中心内容，对手段的功力和效率预先进行评定分析则至

---

① 全国科学技术名词审定委员会 . 建筑学名词 2014. 北京：科学出版社，2014.

关重要。为了对手段进行评价分析，建设项目实施的程序预测是必要的，而正确的预测又始于对客观现象的认识，即相关信息的收集和调查是关键。对现象变化过程和运动过程的认识以及对操作手段的效果的预测是不可或缺的。如果不能进行预测，也就不可能有真正的建筑策划的产生。

建筑策划的概念是以“合理性”作为判断的基准的。它从古代没落的经验和迷信中跳出来，以对事物客观、合理的判断为依据，这正是当今信息社会日益流行的思想。这样说来，建筑策划这个以合理性为轴心，以发展的进步思想为基础的命题，的确是一个近代的概念。

1.2.2 建筑策划与规划的关系

正如前面所述，建筑策划是建筑学的一部分，准确地讲，它是建筑学中建筑设计方法论的核心内容之一。一般认为，传统建筑的创作过程是首先由城市规划师进行总体规划，业主投资方根据这一总体规划确立建设项目并上报主管部门立项，建筑师按照业主的设计委托书进行设计，而后由施工单位进行建设施工，最后付诸使用（图 1-2-1）。

现代城市规划自从勒・柯布西耶等人针对工业革命以后巴黎城市的改造提出现代城市规划的基本原则——“明日城市”的设想，以彻底否定和批判文艺复兴和巴洛克时期的城市规划原则开始，到 1956 年国际现代建筑协会（CIAM）解散，形成了目前被奉为权威的现代城市规划理论。但 1956 年 CIAM 解散以后，对现代城市规划原则的批判开始多了起来。路易斯・康、查尔斯・詹克斯等人的“十次小组”（TEAM X）提出以城市流动性、生长性与变化性等新城市规划原则对 CIAM 进行修正，以及当时日本以黑川纪章为中心的强调传统、发展、文化、地域性的“新陈代谢”理论，使世界范围内的城市规划运动出现了新的潮流。这种新潮流在此后的后现代城市规划中达到高潮。

后现代城市规划原理，在强调从 CIAM 继承城市的功能性和合理性的同时，批判和修正了 CIAM 将城市功能过分纯粹化、分离化的做法，强调传统和历史的引入不是形象的简单重复，强调城市必要的、合理的高密度以及区域之间的联系，强调街道在规划中的地位，强调民众参与和听询规划研究。这些观点构成了城市规划的新的动向和潮流，并已得到全世界的共识。其中强调区域的联系、对街道的研究以及民众的参与和听询，也是与现代建筑策划理论不谋而合的。

建筑策划的理论基点就源于对实态的调查分析，民众参与听询以及对使用者的调查是建筑策划不可缺少的运行环节。还有建筑策划对项目的论证、对规模性质及

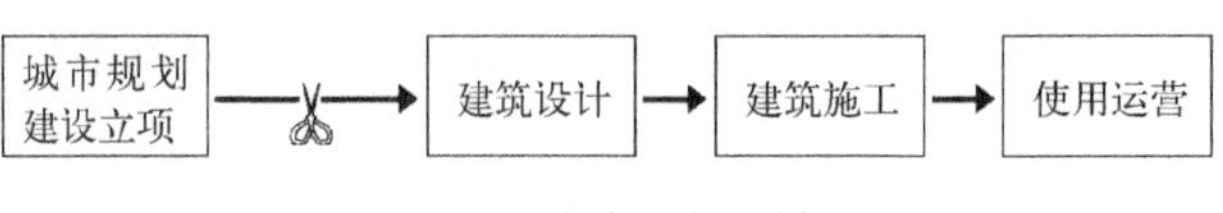

图 1-2-1 传统建筑活动框图

社会环境等的研究分析也使得建筑策划的研究对象大大超出了建筑单体本身，扩大到了街道、区域和社会。建筑策划的理论起点和方法论的形成与城市规划的新潮流达成了一种默契，从中我们可以悟出，生态环境的研究已成为建筑策划的中心课题。

总体规划是由国家和地方权力机构从全局出发，考虑经济、政治、地理、人文、社会等宏观因素，依靠规划师制定的。而投资活动则是由业主单方面进行的，建筑师只是在规划立项的基础上接受任务委托书后进行具体设计，而施工单位只是按设计图纸进行施工。从字面上来看，这是一个单向的流程，但事实上，建筑师的工作既属于建设投资方的工作范畴，又属于建筑施工方的工作范畴，其工作立场是多元的。

为明确建筑师的多重职责，我们可以将总体规划立项与建筑设计从中剪开，插入一个独立的环节，这就是建筑策划。于是，建筑创作的全过程可表示为图 1-2-2。这一过程是与建筑规模的扩大化、建筑技术的高科技化和社会结构的复杂化等近代科技发展特征相适应的。总体规划立项是对建筑设计的条件进行宏观的、概念上的确定，但对设计的细节不加以具体的限制，是一项指导建设规模、建设内容以及建设周期等的指令性工作。但随着社会生活的变更和丰富，设计条件的确定工作逐渐变成了一项异常繁杂的、多元的、多向性的系统工程。于是，自成一体、专事研究这一复杂多向的设计依据问题的建筑策划理论就应运而生了。

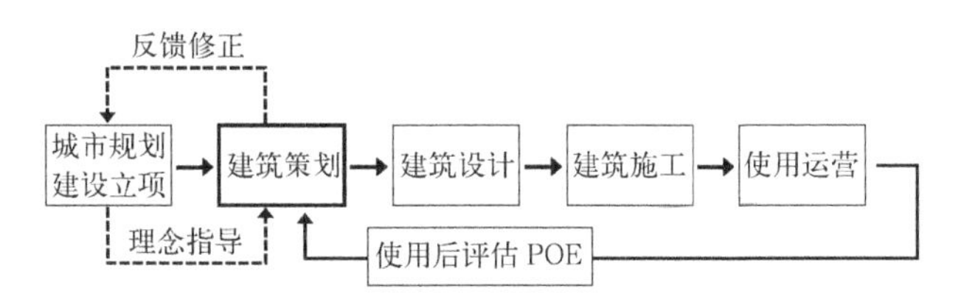

图 1-2-2 建筑创作全过程框图

建筑策划是介于总体规划立项和建筑设计之间的一个环节，其承上启下的性质决定了其研究领域的双向渗透性（图 1-2-3）。它向上渗透于宏观的总体规划立项环节，研究社会、环境、经济等宏观因素与设计项目的关系，分析设计项目在社会环境中的层次、地位、社会环境对项目品质的要求，分析项目对环境的积极和消极影响，进行经济损益的计算，确定和修正项目的规模，确定项目的基调，把握项目的性质。它向下渗透到建筑设计环节，研究景观、朝向、空间组成等建筑相关因素，分析设计项目的性格，并依据实态调查的分析结果确定设计的内容以及可行空间的尺寸大小。

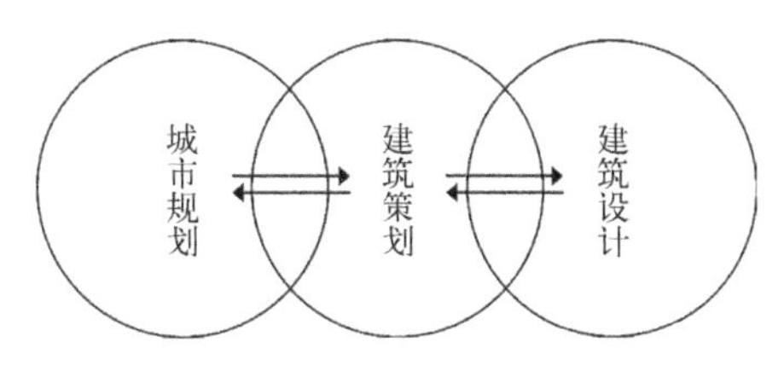

图 1-2-3 建筑策划的领域

建筑策划不同于总体规划。总体规划是根据城市和区域各项发展建设的综合布局方案，规划空间范围，论证城市发展依据，进行城市用地选择、道路划分、功能分区、建设项目的确定等。它规定城市和区域的性质，如政治行政性、商业经济性、文教科技性等，但对具体建设项目的性质不作过细的规定。总体规划确定城市、区域、聚落的位置选择，如沿海、靠山等。它规定城市中心的位置、重要建筑的红线范围，进行交通的划分和组织，但不规定建设项目的具体朝向和平面形式。建筑策划则受制于总体规划，也是总体规划在建筑项目上的落实。在总体规划所设定的红线范围内，依据总体规划确定的目标，对其社会环境、人文环境和物质环境进行实态调查，对其经济效益进行分析评价，根据用地区域的功能性质划分，确定项目的性质、品质和级别。同样内容的建设项目因地域定位和特性的不同而呈现出截然不同的性质，如同样是旅馆，在商业旅游区，它偏重于商业性，而在历史文化保护区则更偏重于文化性和历史性。因此，从城市规划的角度来讲，建筑策划是在城市总体规划的指导下对建设项目自身进行的包括社会、环境、经济、功能等因素在内的策划研究。

1.2.3 建筑策划与建筑设计的关系

建筑策划不同于狭义的建筑设计。狭义的建筑设计是根据设计任务书逐项将任务书中各部分内容通过合理的平面布局和空间上的组合在图纸上表示出来，以供项目施工的使用。建筑师在建筑设计中一般只关心空间、功能、形式、色彩、体形等具象的设计内容，而不关心设计任务书的制定。设计任务书经业主拟定之后，除非特别需要，建筑师一般不再对其可行性进行分析研究，照章设计直至满足设计任务书的全部要求。建筑策划则是在建筑设计进行空间、功能、形式、体形等内容的图面研究之前或进程当中对其设计内容、规模性质、定位、空间尺寸的可行性，亦即对设计任务书的内容和要求进行调查研究和数理分析，从而修正项目立项的内容。简言之，建筑策划工作的实质就是科学地制定设计任务书，研究设计任务书的合理性，以指导设计的研究工作。

建筑策划与建筑设计的关系是分离还是一个有机整体，从建筑策划被提出之初起，经历了学者的争论，几经发展和演变。在美国，20 世纪 50 年代，CRS 试图命名建筑策划过程为“建筑分析”，后来成为美国建筑策划先驱的威廉·佩纳将这种“问题搜寻”的过程与随后设计师们“解决问题”的过程进行比较研究后指出，对于建筑师的日常工作，设计团队每天都要进行“策划”研究。① 佩纳认为策划和设计是两个截然不同的分离的过程。两者有不同的分工：策划者定义问题，设计师解决问题。②

随着使用后评估（POE）的意义逐渐被业界接受，20 世纪 80 年代中期，佩纳和帕歇尔（Steven A. Parshall）撰写了《作为策划回访分析的使用后评估》，将设计前

① Jonathan King, Philip Langdon. The CRS team and the business of architecture. College Station: Texas A&M University Press，2002:45.

② Willie Pena, Steven A. Parshall. Problem Seeking.John Wiley & Sons.lnc. New York.2001:20.

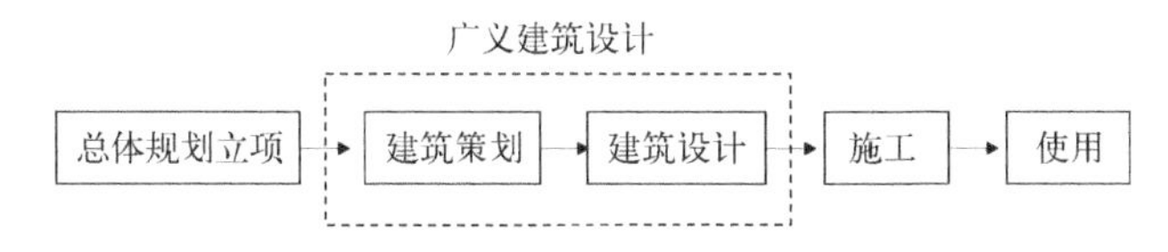

图 1-2-4 建筑策划与建筑设计的关系

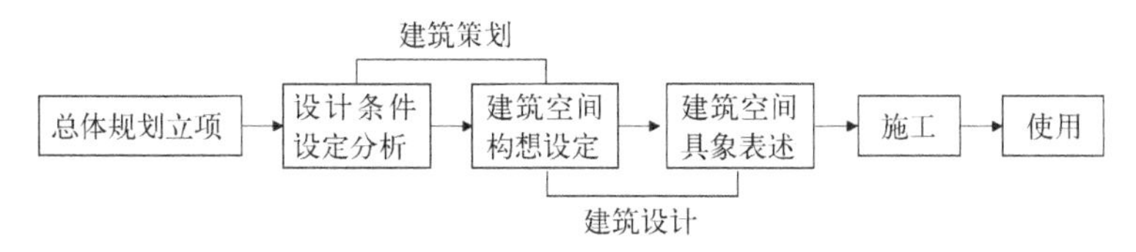

图 1-2-5 建筑策划与建筑设计的内容组成关系

期的策划和建筑投入使用后的评估建立起了联系。[①]1992 年，沙诺夫（Henry Sanoff）提出了在设计过程中将策划、评价、参与集成（Integrating）的思路。[②]

第二代建筑策划大师赫什伯格（Robert G. Hershberger）认为："建筑策划是对一个客户机构、设施使用者以及周边社区内在相互关联的价值、目标、事实、需求全面而系统的评价。一个构思良好的策划将引导高品质的设计。"[③] 由于在工程实践中大多数的中小型建筑事务所不大可能将策划与设计完全分离，建筑策划、建筑设计、使用后评估相结合的全过程建筑策划设计的思潮逐渐成为主流。至此，建筑策划与建筑设计的关系，由最初的互相分离、先策划后设计，演变为相互咬合、各有侧重，同时又互相融合。

今天，我们通常所说的建筑设计是一个广义的概念（图 1-2-4），它实际上包括建筑设计的前期研究，即建筑策划理论，建筑师在实际工作中总是对前期的设计条件有着或多或少的考虑。广义的设计概念应有三个阶段（图 1-2-5）：

（1）设计条件的设定分析阶段；

（2）建筑空间构想、设定阶段；

（3）建筑空间的具象表述阶段。

但从建立建筑策划理论的观点出发，前两个阶段又属于建筑策划的范畴，而且建筑策划通过第二阶段与建筑设计相沟通（图 1-2-6）。

由于现代社会分工精细化的趋势，建筑策划理论的建立已成为必然。建筑设计的概念也由原来囊括所有前期工作的广义概念变成为由建筑策划取代其前期工作的单纯的建筑设计概念。

---

① Steven A. Parshall and William M Pena. Post-Occupancy Evaluation as a Form of Return Analysis. Industrial Development，1983.

② Henry Sanoff. Integrating Programming, Evaluation and Participation in Design: A Theory Z Approach. Avebury, Aldershot,England.1992.

③ The American Institute of Architects.The Architect's Handbook of Professional Practice.Thirteenth Edition. New York: John Wiley&Sons, Inc. 2001:401.

现代的建筑设计全部由建筑师一人承担的情形已不多见了。建筑设计业已成为一个由多方面专业人员组成的系统组织。设计内容的精细化、专业化使日渐复杂的设计工作又呈现出分项、简洁、深刻的趋势，建筑师及各专业工程师们在自己的业务分野内进行着愈来愈专门的研究工作。现代建筑创作程序要求建筑师在进行建筑设计之前，首先要进行建筑策划的研究，所以建筑师的职能范围已由单纯的建筑设计扩展到了设计的前期工作（图 1-2-7）。

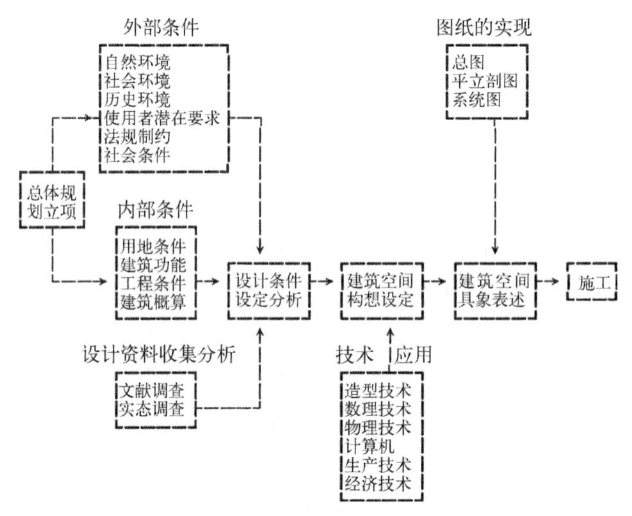

图 1-2-6　广义建筑设计的过程

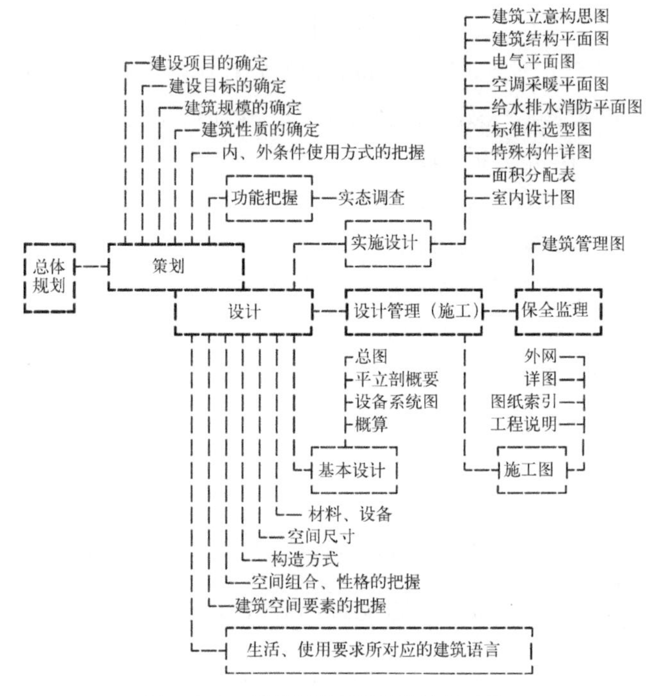

图 1-2-7　建筑创作各阶段相关示意图

由图 1-2-7 可见，建筑策划的后期工作，如空间构想、组合方式的研究、空间要素的把握以及材料设备的考察确定等是与建筑设计的前期工作如初步方案的设计总图、平立剖图、设备系统图等紧密结合在一起的。它们共同为实施设计做准备。这里就给我们提出这样一个问题，就是建设项目的建筑策划结论如何引入到设计中，或怎样在设计中给予落实。

建筑策划中，空间构想的现实性可以保证构想的空间形态在设计中得以实现，并且以最大的限度与现实生活和使用贴近。这是由建筑策划的研究方式的客观性和逻辑性所决定的。在策划阶段的这种细致考虑外部和内部条件、模拟建设项目的使用形制并对构想不断进行反馈预测评价的逻辑思维方法，就印证了在设计阶段的空间构成的现实性和可靠性。

如前所述，建筑策划是研究建设项目的设计依据的。它的结论规定或论证了项目的设计规模、性质、内容和尺寸，它为设计制定了空间的模式和空间的组合概念。因此，可以说建筑策划是建筑创作中建立"骨骼系统"的工作。

建筑设计则是将策划中的空间概念和模式用建筑语言加以丰富充实，并表现在图纸上，绘制出项目的具体空间形态和造型。所以，可以认为建筑设计是建筑创作中填补"肌肉"的工作。

以"骨骼"和"肌肉"的关系来形容和说明建筑策划和建筑设计的关系是恰当而直观的。

"骨骼"的建立，最重要的是对各种要求、条件的全面把握并将其转变为空间概念。而设计阶段填补"肌肉"的工作，最重要的就是将"骨骼"中抽象的空间概念和模式具象化，直至绘出完整的空间图形。这一从"骨骼"到"肌肉"的过程可以简述为：由问题搜寻（problem seeking）到问题解决（problem solving process）再到形态发现的过程（form finding process）。其中建筑策划阶段是"问题搜寻和问题解决的过程"，而设计阶段则是"形态发现的过程"。

但建筑策划与建筑设计的不可分割的先后关系并不意味着建筑策划的研究成果只是建筑设计的前提条件，它在项目的决策、实施等阶段也占有极其重要的地位。因策划结论的不同，同样项目的设计思想、空间内容可以完全不同，更有项目完成之后引发区域内建筑、环境中人类使用方式、价值观念、经济模式的变更以及新文化的创造的可能性。这一点也恰恰是建筑策划的社会责任。

骨骼和肌肉的关系是不言而喻的。只要骨骼的成长科学而严谨，那么未来的肌体则不会先天不足。但生活的常识告诉我们，一个完美肌体的长成不是在先完成骨骼之后再开始形成肌肉的。建筑策划与设计也是同样的道理。在现实中，建筑师进行建筑策划时，头脑中已在不断地想象出与策划的抽象结论相对应的具象的设计形象，这一点可以从图 1-2-7 中看出。建筑设计的基本设计实际上是在策划进行的同时配合进行的。但此时出现的设计图纸只是为了展示策划的构想和模式、检验策划的结论和空间构想的现实性，所以我们又可把它称为"概念设计方案"。尽管它不是正式的建筑设计，但它具有建筑设计的一切特性，并可以得出建筑设计的一般结论，即具象的空间形态。严格地讲，它不是建筑设计，而是策划和设计之间的一个过渡环节。但这个环节正是我们将建筑策划的抽象概念和结论付诸于建筑实施设计（初步设计、扩大初步设计及施工图设计）的关键一步。

从建筑策划与设计的关系来看，建筑师最好同时是建筑策划师，因为两阶段工作的相关性为建筑师连续进行策划和设计创造了特别便利和直接的条件。建筑策划的依据使得业主和建筑师在实施设计阶段无需担心任务书的一日三改，无需再花费较多的精力去研究和考察建筑在功能、使用、内容设置上的问题，而避免实施阶段的设计返工和延误周期以及由此造成的社会、环境、经济效益的低下。

现实中，在愈发分工精细、强调专业化的现代社会中，建筑策划与建筑设计分期、分对象进行的现象多有存在。这一点在西方和日本等一些建筑活动高度商业化的国家中更加明显。这就要求建筑师对建筑策划和设计都能有一个全面、完整的了解，从原理、方法到实践全面地掌握，这样才能在分阶段进行建筑策划和设计时进行相关的考虑，避免因两者割裂而产生错误的决策进而造成误导。这一点或许是建筑策划给当代建筑师带来的新的任务。

在建筑策划的研究中，了解和探究建筑策划与建筑设计只是一个开始，需要我们研究的还很多，诸如建筑策划与建筑商品化、建筑策划与空间论、建筑策划与近代计算机技术等。对于这些内容，我们将在后面的章节里加以论述。

1.2.4 建筑策划的领域

前面两节已经论述了建筑策划向上联系总体规划，向下联系建筑设计，因此我们可以把总体规划与建筑策划之间的研究建筑、环境、人的课题作为建筑策划的第一领域，而把建筑策划与建筑设计间的研究功能和空间组合方法的课题作为第二领域（图 1-2-8）。

把人与建筑的关系作为研究对象是建筑策划的一个基本出发点，也是建筑策划的第一个领域。人类的要求与建筑的内容相对应，从对既有建筑的调查评价分析中寻求某些定量的规律，这是建筑策划的一个基本方法。其内涵、外延极其广阔，例如建筑和人类心理的相互关系及影响、与生理的相互关系及影响、与精神的相互关系及影响以及社会机能等，其中包括对城市景观协调的要求、经济技术的制约因素、

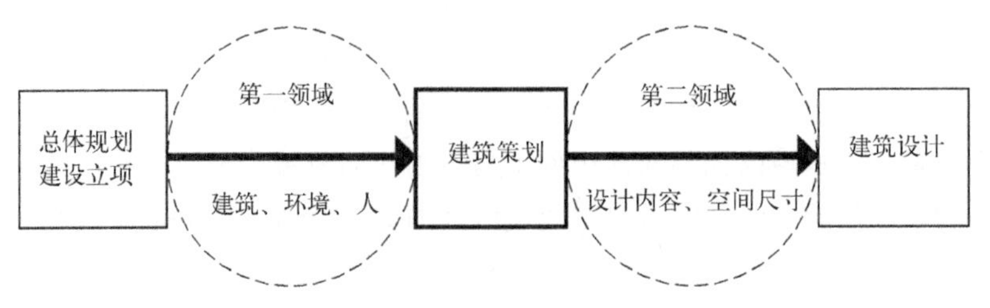

图 1-2-8 建筑策划的领域

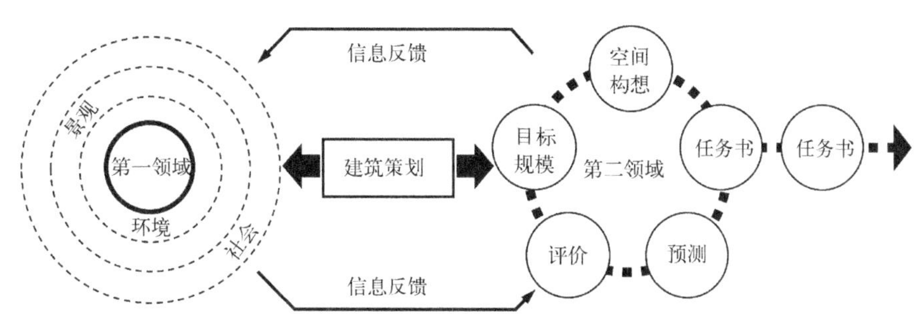

图 1-2-9 建筑策划领域的相关图式

施工建设费用及条件限定因素等。人类要求的多样性、时代和社会发展的连续性意味着建筑策划的第一领域将持续扩展下去（图 1-2-9）。

建筑策划的第二领域是研究建筑设计的依据以及空间、环境的设计基准，它包括以下几个部分：①建设目标的确定；②对建设目标的构想；③对构想结果、使用效益的预测；④对与目标相关的物理量、心理量及要素进行定量、定性的评价；⑤设计任务书的拟定。

建筑策划目标的明确要与第一领域建立信息反馈关系。由第一领域的分析结果考察设计目标的可行性，同时，第二领域中设定的目标又是第一领域中研究的课题和依据。实际上，第二领域中设计目标的设定问题不过是第一领域中人与社会对建设目标要求的另一种说法。目标确定不是一个书面上的文件化的过程，而是研究“目标是什么”、“为何以此为目标”的过程。

接下来是对建设目标的构想，即将既定建设目标与人们的使用要求相对应，在充分满足和完成各使用功能的前提下，对所需的设施、空间的规模进行设定的工作。它要求建筑师把人们的使用要求建筑化地转换成建筑语言，并用建筑的语言加以定性的描述。其研究的方法从直观的设想到理性的推论，并非唯一的答案。这种构想不仅是存在于观念中的建筑形制，其意义的体现必须通过物质性载体来实现。

对构想的结果进行预测是对构想可行性的最好的检验。在这里，建筑师可以凭借自身的经验，依建筑的模式模拟建筑的使用过程，并以此对构想的结果进行预测。随着相关学科研究与应用技术的发展，预测的方法也已经从经验模拟的感性化阶段，向基于空间句法、模糊决策和大数据分析以及虚拟现实等更加逻辑化、理性化的预测方向发展了。

基于预测的结果，接下来就可以进行目标相关物理量、心理量的评价了。按照预测模拟的建设目标构想，进行多方位的综合评价。显然，由于建设目标不同，项目性质、使用的侧重点就不同，各相关量的评价标准和尺度也就各种各样。多元多因子的变量分析评价法可使其得到较满意的解决。对于具体的评价分析方法，我们将在后面章节中加以论述。

这样，目标设定→构想→预测→评价，建设项目的各项前提准备工作就基本完成了。将这一过程用建筑语言加以描述，进行文字化、定量化，就可以得出建设项目的设计任务书。设计任务书经过标准化处理就可以成为下一步建筑设计的依据了。

至此，建筑策划的领域已相当明确，其成果的有效性，影响着下一步设计工作的开展。由第一领域到第二领域，建筑策划受总体规划的指导，接受总体规划的思想，并为达成项目既定的目标整理准备条件，确定设计内涵，构想建筑的具体模式，进而对其实现的手段进行策略上的判定和探讨。归纳起来可以有以下五个内容：①对建设目标的明确；②对建设项目外部条件的把握；③对建设项目内部条件的把握；④建设项目具体的构想和表现；⑤建设项目运作方法和程序的研究。

在这里“目标设定”一点，如前所述，与第一领域建立信息反馈关系，它原本属于总体规划立项范畴，而具体的建筑造型等又属于设计的范畴。这样再三地将建筑策划如此划分，也正体现了其研究领域的双向渗透性和建设程序的前后阶段的因果反馈关系。

一般来讲，对于建设项目的目标确定，总体规划是决定性的、指导性的，但对于目标的规模、性质等内在因素的研究，建筑策划则很关键。实际上，这种总体规划和建筑策划对项目目标的研究，并不总是由总体规划开始再到建筑策划的单向流程。通过建筑策划的实现条件和手段，依据预测评价的定性和定量的结果，不断反馈和修正总体规划的情况并不少见。

建筑策划和建筑设计的关系似乎也是如此，对于建筑策划来说，要决定建筑的性质、性格、规模、利用方式、建设周期、建设程序、预算，从而拟定建筑设计任务书，如果没有具体的建筑构想和方案，决定上述条件是困难的。这种探讨性的方案设计也就是我们通常所说的“概念设计”。但同时我们要清楚，建筑策划的概念设计应属于建筑策划的范畴而不是建设项目的正式设计，它只是建筑策划的一部分，建筑师只是依据这种探讨性的设计方案来为建筑策划的其他内容提供参考。但毕竟这一环节具有了建筑设计的某些特性，因此我们认为建筑策划与建筑设计的先后顺序也并非一个简单的单向流程。

既然如此，建筑策划与前期的总体规划立项和后期的建筑设计阶段之间建立起信息反馈程序就变得异常重要，而且建筑策划的内容中也应包含这些环节。

1.2.5 建筑策划的特性

建筑策划的特性是由其研究对象的特殊性所决定的。大致可归纳为以下几点：①建筑策划的物质性；②建筑策划的个别性；③建筑策划的综合性；④建筑策划价值观的多样性。

建筑策划的实质是对“建筑”这个物质实体及相关因素的研究，因而其物质性是建筑策划的一大特色。布鲁诺·赛维（Bruno Zevi）在 20 世纪中期的“建筑—空间”论可以说并不古老，它摆脱了样式主义的桎梏，把建筑的核心视为生活的物质空间，使建筑在物质空间方面的美学观念得到了很大的发展。

社会、地域一经确定，人们的活动一经进行，作为空间、时间积累物和人类活动载体的建筑就完全是一个活生生的客观存在了。如前所述，建筑策划总是以合理性、客观性为轴心，以建筑的空间和实体的创作过程为首要点，其任务之一就是对未来目标的空间环境与建筑形象进行构想，以各种图式、表格和文字的形式表现出来。这些图式、表格和文字在现实中或在以后目标的实现中与既有的真实建筑空间相对照，它们是对建筑空间的抽象。抽象模式是对实态空间的一种逻辑的描述方式，建筑的全部层面都可由若干个抽象模式来组合表示，通过对这些模式的推敲和分析，最终可以综合出建筑实体空间的全息模型。这一过程由建设目标这一物质实体开始，以建筑策划结论—设计任务书的具体空间要求这一最终所要实现的物质空间为结束，全过程始终离不开空间、形体这一物质概念（图 1-2-10）。

建筑策划的另一个特征是个别性。这是由建筑生产及产品的性质所决定的。由于地域、业主和使用者的不同，即使是由国家投资统一兴建的居住区，业主和建筑师以及使用者们也费尽心机地使它们各自显出不同的面貌。很显然，不同于汽车、电视，建筑是不希望产生别无二致的雷同作品的。因此，建筑策划就非做不可，而不可借用。这种建筑创作行为的单一性就决定了建筑策划的个别性。

但我们同时要看到，建筑生产又是一种大规模的社会化生产。同类建筑的生产又可以从个性中总结出共性。建筑策划将建筑中的共性抽出加以综合，使其具有普遍的指导意义。

建筑策划的最大特征就是它的综合性。建筑策划是以达成目标为轴心的，而现实中目标单一性的场合是很少的。与同一个建筑相关的人，其立场各有不同，对这个建筑的期待也就各异了。此外，建筑的社会环境、时代要求、物质条件及人文因

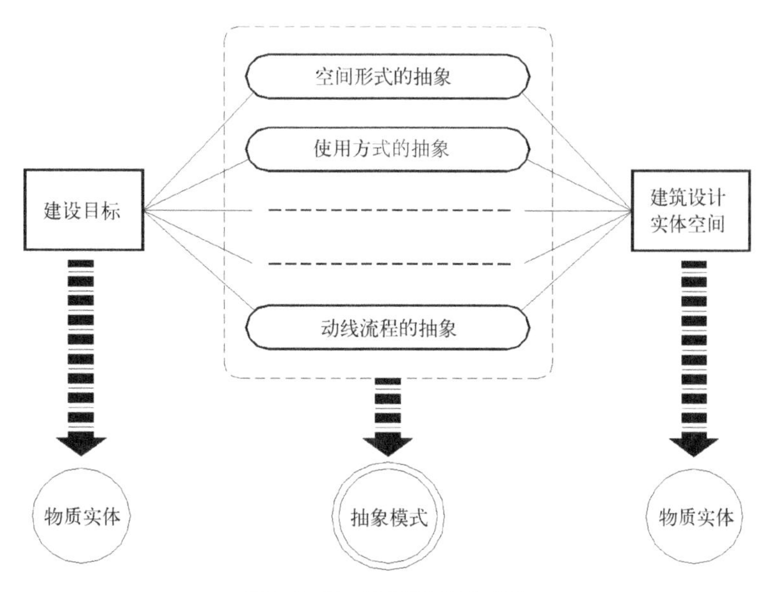

图 1-2-10 建筑策划的物质性

素的影响都单独构成对建筑的制约条件。建筑策划就是要将这些制约条件集合在一起，扬主抑次，加以综合，以求达到一个新的平衡。这里所谓的综合是要求建筑师通过建筑策划使各相关因素在整体构成中各自占有正确的位置，也就是对于各个要素进行个别的评价，评价的方法不同，则综合的方法也就有可能不同。

第二次世界大战前西方社会的建筑行为多一半是投资的行为，投资者的立场即为建筑设计的立场（当时还没有提出建筑策划的概念）。那时的设计者，即建筑师，是站在业主的立场上的，无疑是业主的代言人，那时的建设思想多是反映业主个人的价值观。20 世纪 50 年代末以来，建筑界开始了一场市民参与设计的革命。以居住者、使用者的立场为理论出发点，建筑策划的价值观某种程度上反映了民众的价值观。随着西方市场经济的膨胀，资本成为了社会中的主角。而在现代高科技发展下所进行的建筑策划研究，其新技术、新装备的引进以及与新兴学科融汇，则使建筑策划价值观带有更浓的资本和商品的气息。

20 世纪 70 年代以后，经历了建筑界的思想变动和混乱时期，伴随着价值观的多样化和复杂化，以单一图式来描述社会价值观已属不可能。即便是站在民众的立场上，民众对于何为好、何为坏的观点也是各异的。因此，对建筑策划的形体构想结果也会大相径庭，趋于多样化。

在如此立场分歧、价值观迥异的今天，建筑策划则应更重视本地区社会经济文化中建筑的共性，立足国情，展望未来，这也是现代建筑策划论所应持有的立场。

针对建筑策划的特点及其面临的现状，当今国际上对建筑策划的发展有以下三个指向：

第一，建筑策划决策要有客观化、合理化的指向。建筑策划逐渐摆脱了对业主和设计者个人经验的依赖，通过实态调查对现象加以认识，把握问题的重点。这种基于实态调查的设计方法论，完全是以客观化、合理化的立意为出发点的，对构想的评价、预测也是围绕这一主导思想进行的。在这一研究指向下，越来越多的技术方法和策划理论得以应用，例如结合数理统计的实态调查结果分析、结合决策理论和计算机应用的模糊决策以及定量评估等。

第二，继续强调人是策划主体的指向。实态调查源于建筑环境中使用者的活动与建筑空间的对应关系，从家庭生活到社会生活，全部的生活方式与空间环境的关系都是建筑策划研究的内容，离开人和人类活动，建筑就失去了意义，建筑策划也就失去了真实的内容。这是强调在策划中对环境行为学理论与研究方法的运用。近年来，随着计算机技术的进步，以电子设备等仪器对个体行为的海量记录调查结合大数据的思想和信息挖掘方法，使得建筑策划在对人的关注上有了更科学高效的技术手段，建筑策划逐渐从传统的小范围调查和统计分析，转向大数据挖掘、模糊分析和多种信息的综合。

第三，谋求获得社会性、公众性的指向。建设目标的实现越来越不是一个单纯孤立的事件了。建筑策划要求建设目标在社会实践中，强调该目标的实现对社会的影响与效益、社会的意义以及在社会中的角色。另一方面，建筑策划也更重视地域、规模、文化对建设目标的影响。建筑主体——使用者对建筑策划的介入越来越法定化。那种凭借投资资本积累大小各唱各的调的时代已被“研究社会弱者”连带社区居民运动的趋势所取代。同是针对纷繁的公众意识，研究者也更多地加入到社区居民运动的行列中去。力求多样性的价值观为公共性和理性所概括和包含。但是，哲学原理告诉我们，存在即是差异，偏爱多样性是人类的天性，解决矛盾是建筑策划永恒的使命。

1.2.6　建筑策划的构成框架

根据建筑策划所涉及的领域及内容，我们可以得出其构成框架。如图 1-2-11 所示，建筑策划的构成框架可由两个“节点”分解成四个过程。其一是信息吸收过程，它是将总体规划、投资状况、分项条件、原始参考资料等进行全面的收集，存入原

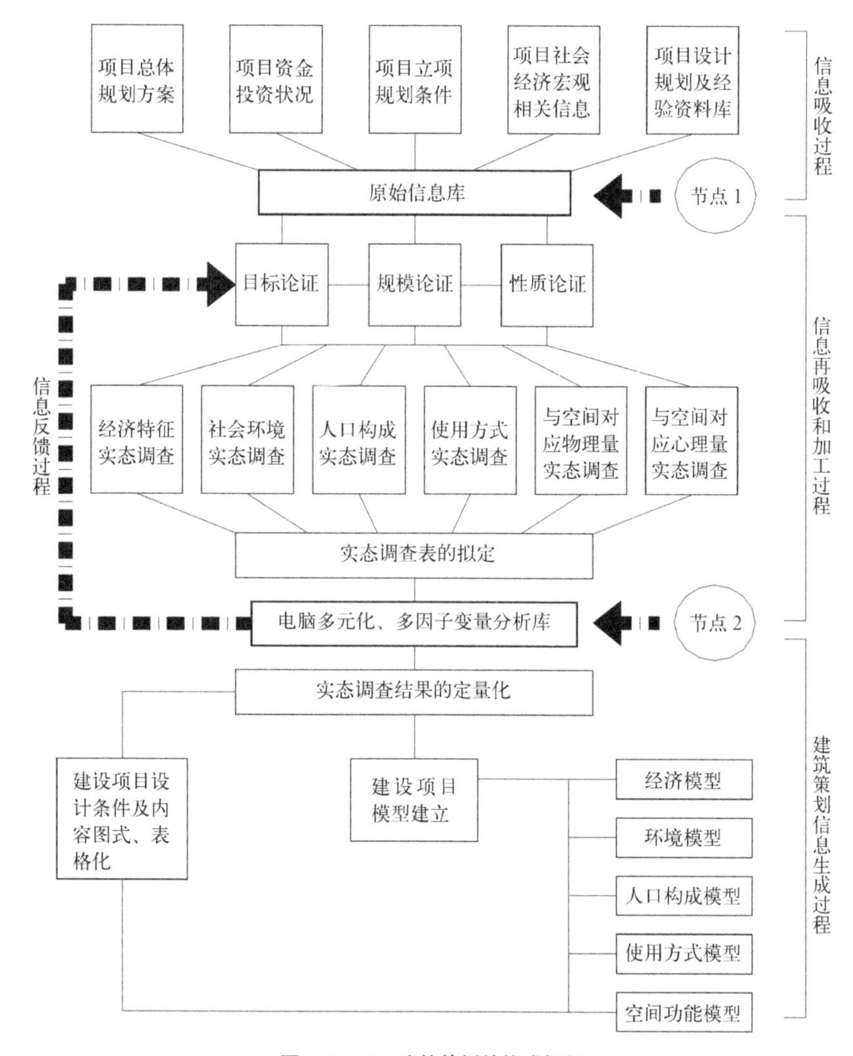

图 1-2-11　建筑策划的构成框架

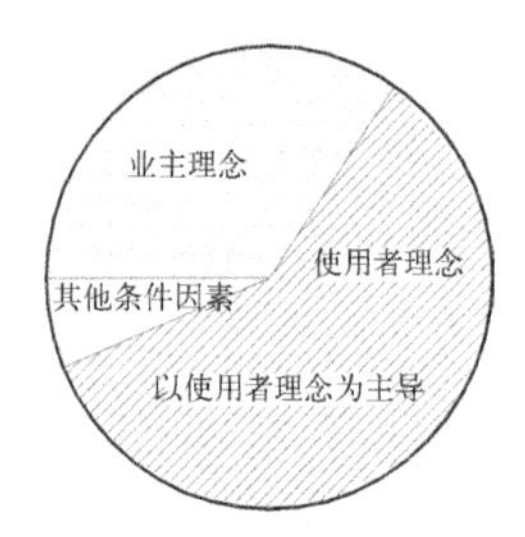

图 1-2-12 建筑策划的理念依据

始信息库，通过对原始信息的初级论证，初步确定项目的规模、性质。而后，在既定的目标及规模性质下，进行全方位的实态调查，拟定调查表，将调查结果用电脑进行多因子变量分析，并将结果定量化，这是信息加工过程。将调查结果反馈到前级的初级论证阶段，对目标的规模、性质进行修正，这是信息反馈过程。接下来是依定量的分析结果，为建设项目建立起模型，并将设计条件和内容图式化、表格化，产生完整的、合乎逻辑的设计任务书，这是最终建筑策划信息的生成过程。框架中的两个节点是至关重要的，它们是建筑策划逻辑性的体现。第一节点是原始信息库的建立，以此作为建筑策划的物质理论依据。第二节点是电脑多元化、多因子变量分析库的建立，以此作为建筑策划的科学技术依据。以这两个节点联系起来的建筑策划的框架是合乎逻辑、全面而科学的。

在这个框架中，第一过程可以说是业主理念的过程，而第二过程则是使用者理念的过程。现代建筑策划的特点就是站在使用者立场上的使用者理念的建筑创作过程（图 1-2-12）。对这一点，框架中第二阶段所占的分量即是最好的体现。

1.3 建筑策划的内容与步骤

1.3.1 建设目标的确定

这个问题本属于总体规划立项范畴，但在建筑策划阶段对其进行检验、修正和明确化是必要的。为便于理解，我们举一个例子：某行政区拟建造一座文化宫，总体规划立项只确定了建设目标是“文化宫”，可这是一个多目的、多功能的建筑综合体，是以音乐观演为主还是以绘画沙龙为主，要不要设置图书馆，需不需要设置教室或研究室，主要面向高层次的文化知识界人士还是雅俗兼具、面面俱到，观演空间的定位是高标准的歌剧院还是综合类的演艺厅，观众厅规模大小、使用者和经营管理者的构成以及使用模式是怎样的等，这些问题是规划建议书和立项报告中未曾加以明确的。要想将项目推进到下一步委托建筑师去做设计，显然上述问题需要在设计任务书中加以说明，而给出说明的前提是进行目标定位的分析研究。

事实上，近些年来，我国部分城市的一些政府投资的项目，如剧场和体育中心项目，在经历了一系列惨痛的教训之后，对目标定位的研究已经有所展现。作为城市文化建设的重要组成和硬件环境，剧场建设曾经在东南沿海城市掀起一股浪潮，但随着十几座剧场的兴建落成，地方政府的噩梦也就此开始，演出一场亏本一场，越是高水平的演出，经营亏本越大，文化事业费完全不能支撑日常的剧场的运营，以至于一些剧场宁可闲置在那里也不愿意演出一场。政府投资的剧场或体育馆的任务书基本上都是按照发改委的指标下达的，剧场和体育中心的组成也是严格按照标准规范的面积比例配比出来的，所以任务书中的建设目标就没有考虑日后运营的空间内容的设置，显然，企图借助一部分商业空间的设置而在运营中支撑剧场和体育场馆赛事的“以商养文”、“以商养体”的理念，因为在立项阶段没有将这部分附加功能计入到设计任务书的建设目标中去，而变得无从说起。类似的剧场群和体育中心在很多城市都变成了城市设施的鸡肋，庞大的建筑伫立在城市中心区，但常年空置，不但没有盈利，而且还要每年投入巨额资金去维护。有些城市的建设者看到了问题所在，他们在确定前期建设目标时就明确在政府固定的投资之外，以自筹的方式增加部分商业服务功能的建设内容，并在设计任务书里明确要求将此部分功能与本体建筑融为一个整体，以期在项目竣工后的使用中尽量达到一个自平衡的状态。这种趋势在当下市场经济的大背景下已经成为一种普遍的认知，也就是说，建设目标的具体确定和修正也应是建筑策划课题的一部分。

在建设目标的具体确定中，首先要确定的是建筑的主要用途和规模，然后是地域的社会状况及相互关系、使用的内容和建筑物的功能以及作出对未来使用的预测，同时对建筑造价、建筑施工作出明确的设想。对建设目标的研究，可以通过建设项目本体功能的设定和附加功能的设定以及两者平衡分析研究而获得，需借助于第四章中的多因子变量分析法、AHP 法以及大数据分析法等手段，建设目标的确定则需要大量的实态调研和信息采集分析，具体方法的展开将在第三章中详细表述。

1.3.2　建设项目外部条件的把握

建筑策划应同时考虑建设项目内、外两方面的条件。

外部条件主要指围绕建筑的社会、人文和地域条件。一般说来，建筑存在于社会环境中，在社会中充当何种角色，其基本情况是由相关的社会因素决定的，亦即社会因素是决定建筑基本性格的基础。社会要求来自各个方面，建筑是和社会、地域分不开的。例如公共设施，其服务区域要考虑使用者的分布范围，其规模和性格也应与使用者的特征相适应。又如医院的建筑策划，要考察地域内居民的生活方式以及与该地域内其他医院的关系。学校的建筑策划则要对地域内儿童的数量、分布情况等进行动态预测，并进行校区划分。

不单是与项目直接使用相关的问题，建筑在其所处地域中有形无形地受着各种各样因素的影响，例如文化建筑的建筑策划要研究地域内的文化特征及变化趋势，商业建筑的建筑策划要研究建筑在城市中的商业价值、与周围道路广场等公共空间的关系。建筑的外形也应考虑建筑在城市景观中所充当的角色以及所在地区的建筑风格和特色、建筑限高与体量大小等。城市设计层面更要考虑与城市公共空间相关的外部因素对项目和街区的影响。

此外，建筑策划还应研究建筑物与其相关的广义环境的相互关系。例如在公共住宅的建筑策划中，要注意该住宅在区域中所处的位置，它的建设对全局、对建筑经济和技术方面有无影响和贡献，即必须对环境进行全方位的考察和研究。这里提及的环境应是一个广义的概念，它包括地理、地质、水源、能源、日照、朝向等自然物质环境概念，还包括经济构成、社会习俗、人口构成、文化圈、生活方式等人文环境概念。这些外部条件的综合协调是做好建筑策划的前提。

外部条件的调查是建筑策划研究工作的基础环节。正如前文所述，建筑策划的核心理念是以使用者为出发点的实态调查，所以外部相关信息的获得就是建筑策划展开研究的基础。其调研和分析方法会借助于第三章中的方法介绍加以详细论述。

1.3.3 建设项目内部条件的把握

建设项目内部的条件是对建筑自身功能的最直接的要求。

建筑作为人类文明的产物，是人居环境中物质需求与精神需求的载体。建筑为人类创造和提供使用空间，是建筑实现其价值最本质的要义之一。满足使用、生活的要求是决定建筑具体性质、造型和平面布局的第一位因素。

把握建设项目内部条件，首要一点就是研究建设项目中的活动主体，即建筑的未来使用者。从建筑的角度，可以依使用方式和范围的不同，对使用者进行划分。例如医疗建筑的内在主体可分为医生、患者、护士、职员、服务人员、管理人员、探视人员等；如再细分，则患者还可分为门诊患者和住院患者。不同的使用者，其活动方式和特征以及对建筑的要求也就各有不同。把握这个主体，其他条件都是由这个主体通过对建筑空间的使用来实现的。这种对使用主体的研究是把握建设项目内部条件的关键。对使用者的研究既包括他们的行为特征，也包括使用者的心理特征，往往对主观偏好性的调查分析有助于对建筑使用者的全面了解。对使用者行为和心理的调查可以借助于环境行为学的实态调查分析方法，这部分将在第三章详细描述。

其次是对建筑功能要求的把握。通常的方法是将以往同类建筑的使用经验作为基础。建筑策划的核心是通过对同类建筑使用和生活状态的实态调查，来统计和推断建设项目的功能要求。由于时代的变迁、生活方式的改变，建筑功能不是一成不变的，调查统计现状，分析推测未来，寻求时代的变化，并对未来建筑的功能变化趋向加以论证，以科学的发展的观点指导设计也是建筑策划的重要内容之一，这部分研究多借助于使用后评估（POE）的研究工作。我们仍以医院为例，医疗技术的进步，医院制度的改革，患者疾病倾向的变化，医生、护士专业水准的提高以及管理方式的变化等，势必带来医疗建筑在使用、管理、运营上的重大变革。其中，患者就医的行为近年来越来越多地表现为两种趋向：一种是西方国家的医疗模式，患者预约就诊，此种行为目标明确，医患关系直接明了，就医流程短，相应无目的性占用医院设施的比重就小；另一种趋向是全体动员的盲目就医行为，为缓解病人的陌生感与焦虑心情，希望更多地帮助患者在陌生的就医环境里完成诊治，往往是一大家人一起陪伴患者长途跋涉来到大医院就医，常规医院的公共空间和诊疗空间就会因就诊人数成倍增加而显得局促，于是一种将接诊、问讯、等候、休息、托幼、餐饮、候诊、交流信息甚至休闲娱乐等功能融为一体的“医疗街”的空间概念就出现了，这种应和人们行为特征的新的医院空间概念显然是通过对就医人群的行为分析而得来的。建筑策划对其进行预测，研究建筑空间模式的变化，这对建筑设计的变革具有深刻的影响。

近年来，对人类生活方式和与之对应的建筑空间环境的研究的方法论有了很大进展。欧美、日本盛行的“以市场立场研究建筑”的运动，使市民在社会这个大建筑市场中参与和听询城市的总体规划和建筑设计，于是各种观点和要求如潮水般涌来。建筑师要想在这个纷繁的世界里满足全社会各种各样的要求，恐怕只是乌托邦式的幻想;而充分协调以求得一个理性的、完善的提案则是建筑策划论所要达到的目的之一。这一提案的谋求过程，不是简单的算术平均，而是与近代数学统计分析原理、计算机技术以及大数据分析相结合产生出来的，这一点我们将在第三章中详细论述。

把握内部条件，还不只是简单地将生活与空间相对应。建筑空间自身也有其规范和自律的一面，如空间形态如何与用途和性格相适应，构造方式如何与设备系统相适应，建筑规模、结构选型如何考虑工程的投资概算等。内部条件的把握是为设计提供依据的关键，同时对外部条件和目标的设定也起到反馈修正作用。

1.3.4 建设项目的动态构想——抽象空间模式及构想表现

这里所说的空间构想，不是建筑空间形式的设计工作，空间和造型的生成与研究是建筑策划之后建筑师的工作范畴。建筑策划中讨论的空间构想指的是与功能相关联的空间生成的逻辑的研究，对于这种研究，希望用空间模式加以构想并将其表达出来。

建设项目具体的形态构想是建筑策划程序的中心工作。形态构想基于外部和内部的条件要求，由这些条件直接自动地生成一个具体的建筑形象是不可能的，离开理论的、逻辑的分析，这个生成过程难以实现。

建设项目的具体建筑空间的构想，是建筑策划对下一步设计工作的建筑化准备过程。设计条件的建筑语言化、文件化为建筑设计制定出设计依据，建筑形态构想这一环节是不可或缺的。

形态的构想基于对建筑项目内、外部条件的把握。首先从中找出决定建筑形态的条件，以空间的形式加以表现，而后对另外一些非建筑形态的条件进行建筑化的转化，构成一个完整的建筑形态的条件。为使这种转化顺利进行，通常采用的一种方法是将项目条件中的空间关系用拓扑学的原理进行抽象化，进行图式化的操作和变化，得到一种空间模式。“模式”的概念具有“表象学”的优点，它能进行高水准的机能分析。从“表象学”的观点看，“模式”就是自然物体内部及内部与外部的关系在几种行动“倾向”（tendency）和“外力”（force）作用的影响下，彼此不发生冲突而在空间中共存的方式。事实上，近年来基于拓扑关系和数据分析原理来研究城市空间及人的行为和街道可达性的空间句法（Syntax）与基于多维度信息在拓扑空间上的信息图谱和大数据分析方法的建筑策划信息模型（Architecture Programming Information Model）也在城市空间策划的研究方向上前进了一大步。

为了便于发现和研究人类活动中的问题，引入“倾向”和“冲突”的概念是必要的。所谓“倾向”，就是满足人们要求的外显的行动，这个要求（need）就是人类群体的文化背景与自然环境的关系和群体生命延续的必要条件与相关系统。与“倾向”相类似，反作用力、非人类的力、风雨等自然力、张力或压力等构造力以及供需的经济力，即各种群体因其所特有的倾向而产生的对系统的影响力就是“冲突”，就是倾向的明确表示。“发现冲突，解决冲突就是‘模式’概念的中心问题。如果没有了冲突，模式就是标准。”[①] 这个求得模式的抽象变换过程可以是多侧面、多方位的，例如可以根据建筑空间内所进行的各种活动之间的联系进行抽象，也可以根据各种空间的功能的联系进行抽象，还可以根据人和物在空间中的动线联系进行抽象等。从各个动态角度出发，加以抽象，绘制出功能图、关系图、组织图，动线图等。这些图没有一个固定的形式，建筑师可用多种方式表达，它们是空间关系抽象化的表述，可以称其为抽象空间和空间模式（图 1–3–1）。

对于建筑空间模式及关系的表示，除框图的抽象表示之外，还有其他表现形式。例如取建筑的一个断面，将与断面中各场点相对应的事件发生的频率值的图线描绘出来，在平面坐标系内标出各点位置（建筑中各场点）的可能性频率，以获得分布图或等值等高线。如果建筑各部分可以图式表达，那么建筑整体亦可以图式表达，其图式的形式选择可与建筑策划所要表达的意图和对象的性格相对应地加以考虑。反过来说，如果一个建筑作了建筑策划，那么一般可以从各个侧面得到多种图示描绘。

这些图示之间不可避免会有相互矛盾的，这是因制图的出发点不同而产生的，所以建筑策划的任务之一就是要分析和综合这些图示。在动态构想阶段，对实态空间及相关非空间形态抽象化，这一抽象化的操作过程是本阶段的主线。空间形态及相关条件抽象得越精练就越具有指导性，越不易受到传统经验的误导，也就越容易产生全新的建筑构想。这也是建筑策划高于传统经验创作的原因。

但是也应看到，对建设项目的整体进行抽象化和图示化往往是不大可能的，而且有些情形不可能进行抽象化和图示化。由于操作者的思想方法的差异，同样的事物可能产生不同的抽象结果，这就是建筑尽管功能要求相同但仍展现出千姿百态的原因。影响抽象思想方法的因素可以是历史、风土、环境、民族和社会制度等，建筑形态抽象过程的这种多元性就决定了建筑策划中单一的模式是不切合实际的。

抽象图示的具象化是建筑策划为下一步建筑设计提供依据的准备。这一建筑化过程通常可以通过图面、模型来实现。图面和模型不仅是向他人传达构思的道具，更是建筑师自己考察、检验、发展其构想的手段。模型由于其直观性而易被人所理解，而且建筑师又很容易通过模型对自己的构想进行三维立体空间的多方面探

① G.T. 莫阿 . 新建筑都市环境的设计方法 .

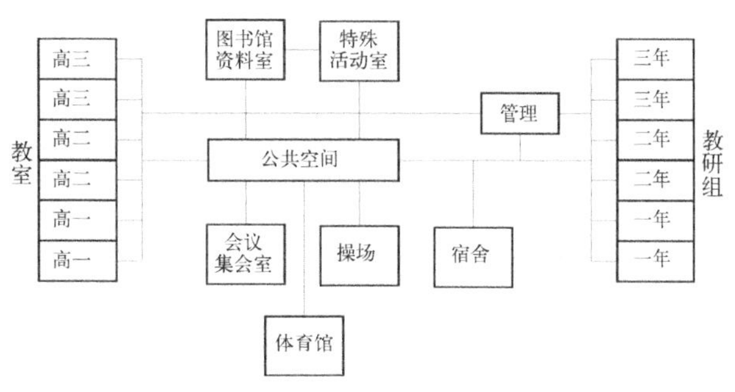

（a）按使用者年龄划分的普通中学空间模式

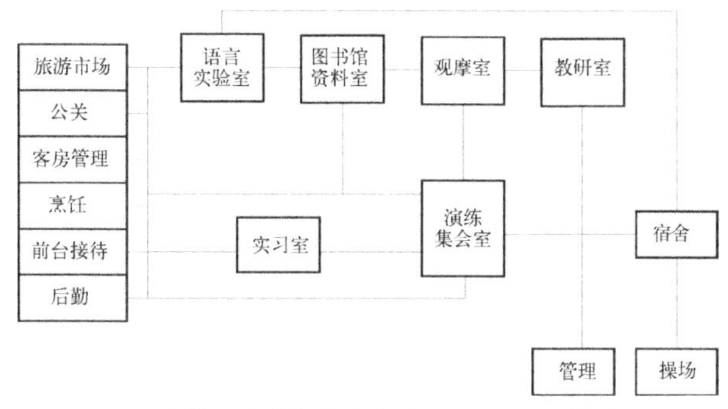

（b）按使用内容划分的旅游职业学校空间模式

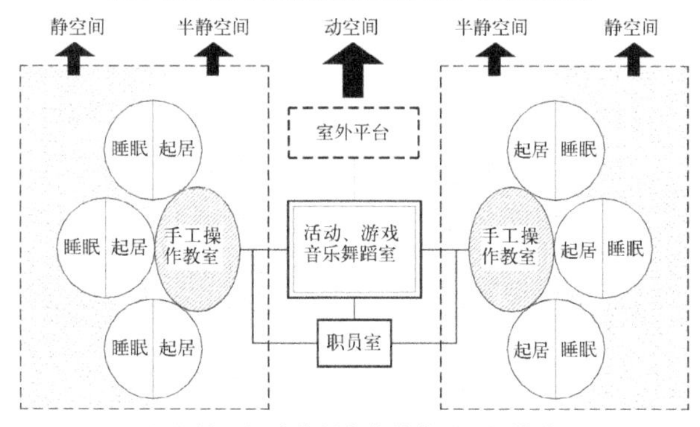

（c）按空间功能划分的幼儿园空间模式

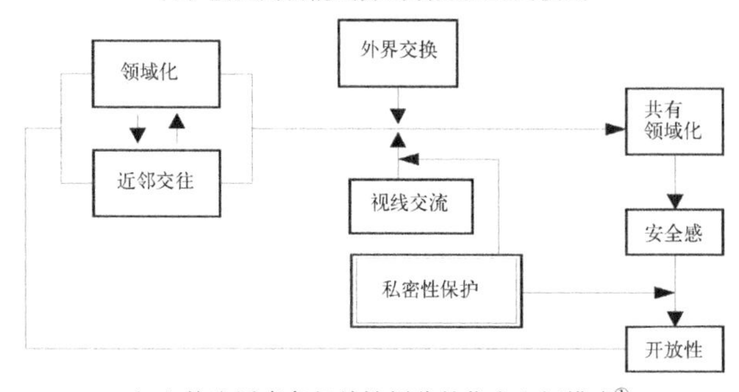

（d）按生活事象相关性划分的住宅空间模式[①]

图 1-3-1 空间模式

① （日）日本建筑学会 . 建筑计画 . 彰国社 .

讨，以修正最初的构想，所以这种构想的模型表达方式近年来越来越受建筑师和业主们的青睐。

1.3.5 建设项目运作方法和程序的研究

在实际工程项目的实现过程中，建设项目的运作方法和程序的研究是建筑策划中的一项重要内容。这里所说的项目运作的方法和程序主要是指由立项到策划再到设计的运作过程，它涉及法规、行政管理的方法，设计者施工者的选择，结构方式和设备系统的选定等因素，不能简单划分。例如居住区的建设项目的运作，首先要考虑和接受地域内有关法规性的指令，在法规的限定范围内争取最大的自由度和可能性，才能充分利用土地，最大限度地争取建筑面积，达到一定的经济效益和社会效益。因此，法规和制度也是建筑策划的一条基本依据。设计者的选定一般属于业主的职权范围，可以通过委托或公开招标来选定建筑师，但建筑策划应对设计者能否履行建筑策划的既定方针而对其人选提出意见，并且依建筑策划的原理和标准来审查各预选方案的可行性。结构方式和设备系统的选型，与工业化、标准化生产有很大的关系，它直接影响到设计阶段的具体设计环节。

建筑策划向上以“立项计划书”与总体规划相联系，向下以“建筑策划报告书（设计任务书）”与建筑设计相联系。它的目的是要将总体规划的思想科学地贯彻到设计中去，以达到预期的目标，并为实现其目标，综合平衡各阶段的各个因素与条件，积极协调各专业的关系。虽然规划对建筑策划而言是制约性的，建筑策划的结论对设计来讲是指导性的，但建筑策划对规划的反馈和修正与在设计阶段建筑设计对建筑策划的反馈修正也不少见。建筑策划如同乐队指挥和电影导演的工作，把作曲者和编剧的思想，通过自身巧妙、科学、逻辑的处理手法传达给演奏者和演员，最终使作品得以实现。超出以往朴素的功能，创造更新的设计理论，开发更高的建筑技术，建筑策划的范围在不断扩大，不但研究功能和技术的发展，同时还担当起了创造丰富新文化的职责。

要研究建设项目运作的方法和程序，应如我们上面所说的，全面了解与项目运作有关的因素，即建筑策划的相关因素，并将它们系统化地联系起来加以研究，如图 1–3–2 所示，这是建筑策划得以进行的必要条件。

为了便于直观地理解建设项目运作的具体方法和程序，我们将在以后章节结合具体实例加以论述。

1.3.6 建筑策划的步骤概述

建筑策划的实施是一个由对项目目标定位的认识，到对相关限定条件的探寻，再到解决方案的构想，最终提出实施策略的逻辑过程，由此生成建筑策划的各个步骤。

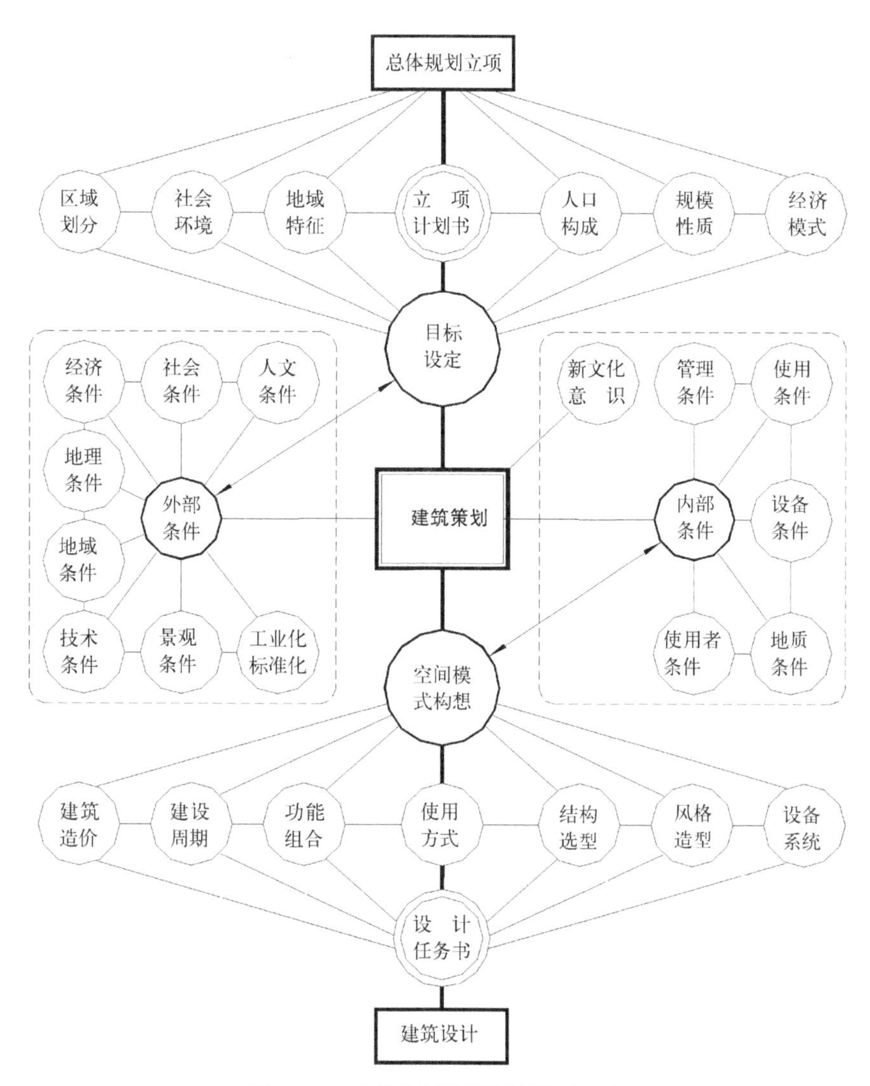

图 1-3-2 建筑策划相关因素及程序示意

由于在具体建设项目的策划中，其目标确定、空间构想、预测和评价等内容是相互交叉进行，且互为依据和补充，所以各个环节的逻辑顺序并非一成不变。一般项目的建筑策划可以分为七个步骤，以图 1-3-3 来表示。

建筑策划的形成和运作模式可抽象概括为以下表述：认识（rrecognition）→限定条件（definition）→解决方案（solution）→实施（implementation）。这不是一个单向的线性过程，而是一个不断反馈、循环的多变量函数的系统运行过程。

在建筑策划的运行过程中，内、外部条件的调查，空间的构想，预测和评价各阶段有其特定的方法和法则，其方法和法则的掌握是进行建筑策划的技术准备和手段。同时，了解和掌握这些方法也有助于更好地理解建筑策划所遵循的唯物辩证的思想方法。有关建筑策划步骤的展开，将在本书 3.3 节中详细论述。

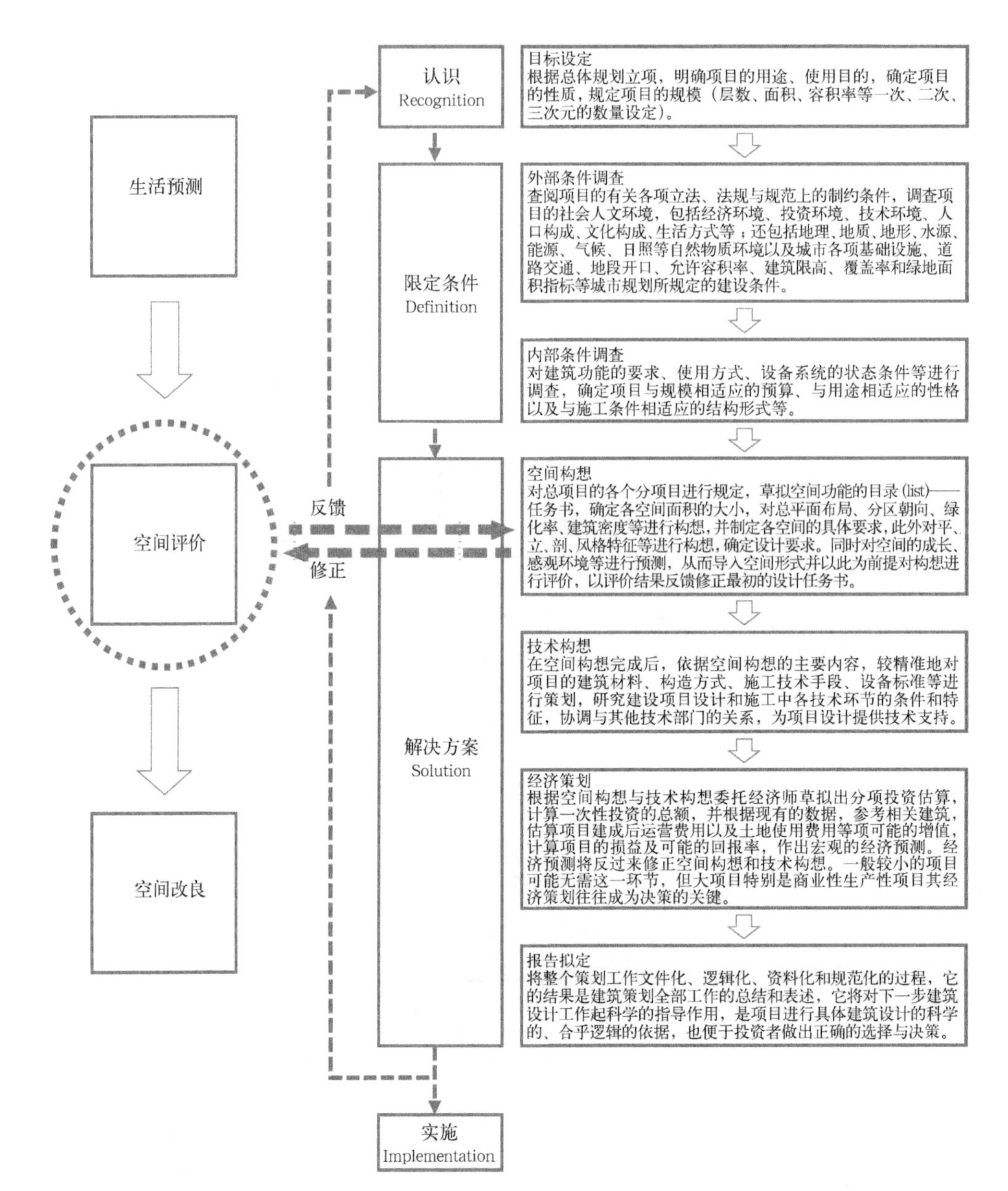

图 1-3-3 建筑策划的步骤框架

2 建筑策划的演进与在中国的本土化

2.1 建筑策划在全球的发展演进

从20世纪30年代日本建筑计画成为建筑策划的端倪和50年代建筑策划正式在美国提出，到今天，建筑策划的概念和理论已经发展了半个多世纪，建筑策划的概念已经在美国、欧洲、日本和中国等国家和地区有了深入的研究和完善，成为了被国际建筑学领域普遍接受和认可的理论体系。当代建筑界国际组织普遍认为建筑策划是建筑师职业实践的重要领域。建筑策划作为全球职业建筑师的基本业务领域之一，其理论已成为建筑学理论的基本组成部分，多学科融合的建筑策划方法也将成为当今职业建筑师的一项基本技能。

1959年美国学者威廉·佩纳（William M. Peña）和威廉·考迪尔（William W. Caudill）在《建筑实录》上发表“建筑分析——一个好设计的开始”一文，被公认为现代建筑策划的萌芽。[①]到20世纪90年代，建筑策划的理论和应用在西方发达国家逐渐发展成熟。进入21世纪以后，建筑策划的全球化和信息化趋势越发明显。

2.1.1 全球与行业中的建筑策划

当代建筑生产关系多元化和多样化的发展演进，使得建筑师的角色和地位发生了巨大的变化，也使得建筑实践的分工更加精细和专业（图2-1-1）。在国际建协理事会通过的《实践领域协定推荐导则》(2004版)(Recommended Guidelines for the Accord on the Scope of practice.2004)中，规定建筑师在设计业务所能够提供的“其他服务”目录中，要明确将“建筑策划”列为紧随第一项“可行性研究”之后的第二项关键业务，要求建筑师在设计前期阶段“帮助业主分析项目需求和限制条件并形成最终项目设计任务书”。[②]联合国教科文组织下属的建筑教育小组（The Educational Architecture Unites of UNESCO）也积极推动建筑策划教育，并将其编写进《建筑基本教育》(Building Basic Education)之中。同时，联合国教科文组织也与各国政府部门进行了针对建筑策划的合作研究，如与阿根廷文化和教育部合作研究的课题包括建筑策划指引、建筑策划基本假设和对电脑辅助建筑策划的提议等。[③]另一方面，国际

---

① 20世纪50年代，在发表这篇论文之前，佩纳等已有一些类似的研究文章。由于《建筑实录》的影响力和考迪尔不久后赴莱斯大学任教时对此的大力推介，使得人们将此作为建筑策划学科诞生的标志。

② UIA-PPC. Recommended Guidelines for the Accord on the Scope of practice.2004 : 4-5.

③ The Educational Architecture Unites of UNESCO. Building Basic Education.1992 : 5.

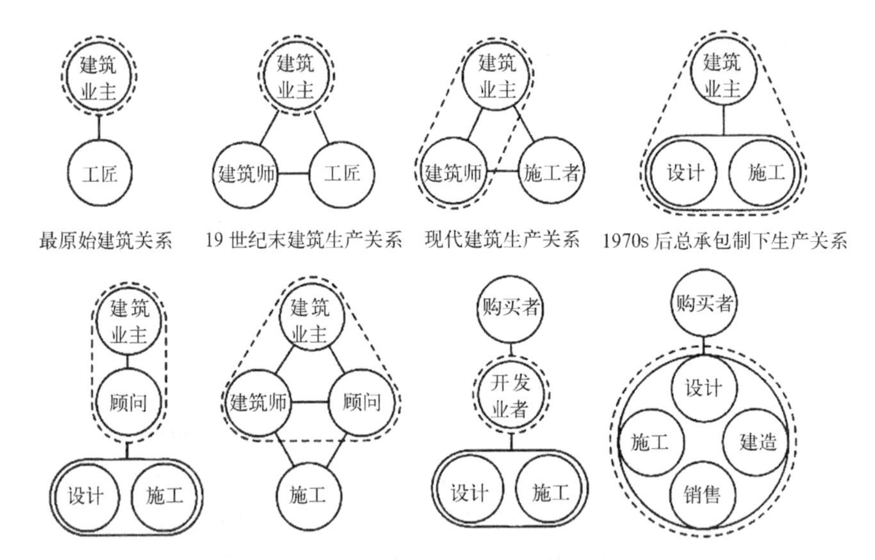

图 2-1-1 当代多元化和多样化的建筑生产关系

建协职业实践委员会（UIA-PPC）制定的与建筑师职业实践相关的国际标准为建筑策划业务的开展提供依据。[①]

国际建协的会员机构也将建筑策划作为一项重要业务来进行推介。美国建筑师学会（AIA）在传统建筑师服务中增加了建筑策划服务。在 AIA 的官方网站上的“建筑师能为你做什么”一栏中，建筑策划列为评估和规划服务的首选项。[②] 美国建筑师学会主编的《建筑师职业实践手册》(2001 年第 13 版）中，在设计前期部分增加了专门的建筑策划章节。[③] 在中国，建筑学会（ASC）近些年的学术年会上，也有多篇与建筑策划相关的论文发表并被评为优秀论文。

在职业实践领域，建筑策划的全球应用一方面与新兴市场的需求相适应，另一方面与一些大型跨国建筑设计集团的推广密切相关。如 CRS（Caudill Rowlett Scott 事务所）曾在沙特阿拉伯等 9 个国家开展过建筑策划业务 ,CRSS（CRS-Sirrine 公司）曾组建“问题搜寻工作组”(Problem Seeking Workshop)，在全球范围内教授推广建筑策划方法与技巧 ,HOK 等跨国设计集团也在世界范围内进行建筑策划实践，HOK 的资深副总裁史蒂文·帕歇尔同时担任 AIA 的建筑性能委员会（CBP）主席，对建筑策划在全球建筑行业的应用起到了积极的推进作用。[④] 在中国，一些设计机构与国际知名事务所在一些建筑策划科研项目上进行合作，力图在策划、设计、建造、使

---

① 庄惟敏，张维，黄晨曦 . 国际建协建筑师职业实践政策推荐导则—— 一部全球建筑师的职业主义教科书 . 北京：中国建筑工业出版社 ,2010：67.

② American Institute of Architects.Identifying the Service You Need. 2008.

③ The American Institute of Architects.The Architect's Handbook of Professional Practice.Thirteenth Edition. New York: John Wiley&Sons, Inc. 2001:519.

④ 庄惟敏，张维 . 全球视野下的当代建筑策划盘点 . 建筑创作，2008（5）.

用后评估等方面有所突破。越来越多的业主也日益认识到建筑策划的重要性。在研究交流方面，随着全球化合作时代的到来，新型的国际化建筑策划研究团队开始形成。2007年第一届国际建筑策划圆桌会议（Architectural Programming Round Table，APRT）在美国得克萨斯农工大学（A&M）举行。APRT由美国得克萨斯农工大学建筑学院和清华大学建筑设计研究院联合主办。会议围绕着建筑策划信息化与全球化主体，就建筑策划的实践、教育、未来等议题展开了讨论，并决定建立一个持续研究小组对世界范围内的建筑策划实践和教育进行研究。

2.1.2 建筑策划的相关政策与法规

鉴于建筑策划在当代建筑行业中发挥的重要作用，一些发达国家通过各级政府部门制定相关政策和各级议会制定相关法规对建筑策划进行引导。随着市场经济的发展，政府在建筑行业中的主导作用逐渐淡化，调控职能日益增加，如美国联邦政府没有设置专门管理建筑行业的一级部门，日本于2001年取消了建设省将其职能并入新成立的国土交通省。但在当代建设行业经济事务中，各国政府对行业发展依然有很大的发言权。政府政策、国会立法都是政府对建设行业进行调控的有效工具。尽管各国政府对建筑策划的引导方法不尽相同，但在实践中对推动建筑策划的发展都起到了一定的积极作用。

在美国，由美国国会批准组建的半官方机构——国家建筑科学研究院（NIBS），制定了《整体建筑设计导则》（Whole Building Design Guidelines），参与制定的机构包括美国联邦法院、国防部、能源部、国土安全部，退伍军人部、环境保护署、总务管理局、国家航空航天局、健康署、国家公园服务局等。在《整体建筑设计导则》中，将建筑策划和建筑学、规划、景观建筑学等列为同等地位的学科。[①] 此外，美国的一些州还会针对特定的建筑类型专门制定规范，对建筑策划提出相应要求。例如得克萨斯州，根据得克萨斯州教育法（Texas Education Code, TEC），得克萨斯州教育局制定了得克萨斯州学校设施标准。得克萨斯州所有公立学校都必须参考《校园设施标准》来制定相关规划，制定完善的策划报告，提交给州教育局申请经费。

英国皇家建筑师学会RIBA也要求："在（工程项目）最初阶段业主要让建筑师了解其真实需求，与建筑师一起制定一份清晰的设计任务书和现实的预算。这将会有助于降低整体成本，保障项目时间和预算的实施，同时在初期识别和减少潜在的风险。"[②] 英国皇家建筑师学会指出："建筑师最重要的一个技能和角色就是协助（业主）去制定设计任务书。"

在日本，政府和议会对建筑策划（建筑计画）在法律上予以支持并形成了"法—施行令—规则"这样一个完整的系统。如被认为是建筑行业大法的《建筑基准法》（昭

---

① http//www.wbdg.org/design/design_disciplines.php

② RIBA Client Services. Working with an architect for your home. London：RIBA Bookshop. 7-11.

和二十五年法律第 201 号，最终改正于平成十六年六月二日法律第 67 号）中的许多章节均对建筑策划相关活动的开展提供了基本的保障。又如《都市计画法》（昭和四十三年法律第 100 号，最终改正于平成十五年六月二十日法律第 101 号）第 16 条对公众参与都市计画听证的权利予以保障，使当地住民和其他利益相关者的意见能够得到反映。第 76 到 78 条等有关社会资本、开发审查的规定为政府对建筑策划（计画）进行审查提供了法律依据。[①]

由于我国建筑策划的系统研究工作起步较晚，目前建筑策划政策与法规几乎还是一片空白。2014 年 10 月成立的中国建筑学会建筑师分会建筑策划专业委员会，是由中国高校学院、政府研究机构、咨询设计行业企业和房地产行业企业等多方人士联合发起的中国建筑学会下设的学术团体，其宗旨和职责是促进建筑策划领域的学术和实践交流、提供行业交流平台、从事相关培训、开展建筑使用后评估（POE）工作、协助制定行业标准及规范、促进建筑策划流程的法制化等。其中，行业标准的制定和推进建筑策划的规范化是重要的方面。

2.1.3 职业教育中的建筑策划

在高等教育方面，美国全国建筑教育评估委员会（The National Architectural Accrediting Board，NAAB）是美国联邦政府教育部唯一被授权的对美国建筑专业学位进行评估的机构。美国全国建筑教育评估委员会制定的 2004 版《建筑学专业学位评估标准》（NAAB Conditions for Accreditation for Professional Degree Programs in Architecture）明确要求学生"懂得应用包括徒手表现和电脑技术在内的典型媒介载体来表达策划和设计阶段必不可少的基本要素"。在"策划准备"要求中，美国全国建筑教育评估委员会提出，建筑系学生"应当具有前期设计的能力，包括制定一个明确的建筑策划方案。这包括评价客户和使用者的需求，对于空间和设备需求的调查研究，对场地现状以及现存建筑的分析，对一些项目可能会使用到的法律法规、规范标准以及它们在项目中应用的评价，对确定选址和相应的设计评价准则的界定。"[②]

在职业教育方面，美国注册建筑师管理委员会（NCARB）于 1972 年将建筑策划纳入考试范围。美国注册建筑师考试（ARE）第一个科目——设计前期（pre-design）就是考察策划与分析。科目要求应试者"评估客户的需要和要求，制定总体策划文件"。文件包括基地特点、空间和功能的关系以及对建筑系统的构想，初步确定项目的规模、分期、预算与进度表。[③] 同时，在设计前期中考察的其他部分如环境、社会与经济陈述，法规、项目与实践管理，场地设计等也是与策划紧密相关的。美国建筑师学会下属一些委员会也会组织建筑策划相关主题的会议和培训。在建筑师职业后续教育

---

① オーム社编集 . 建编基准法令集 2005 年版 . 东京：オーム社，2004：11.

② The National Architectural Accrediting Board. NAAB 2009 Conditions for Accreditation, II.1.1 B1. Student Performance Criteria. 2009 Edition Washington, DC.2009.

③ NCARB areguidelines 3.1 2007:38.

中，在“建筑期刊”的附属题目中也会考察一些建筑策划相关的知识。

美国建筑策划教育的分层较为清晰，能根据不同需求提供不同的教育产品。在美国全国建筑教育评估委员会的要求下，根据学院特点的不同建筑策划教育形式多种多样。一些高校如耶鲁大学、麻省理工学院等通过设计 Studio 方式在设计前期讲授建筑策划内容，加州大学伯克利分校等在讲座中将策划内容融入相关主题。一些高校如亚利桑那州立大学为研究生开设了专门的建筑策划课程，还有一些高校如得克萨斯 A&M 大学是为建筑策划业界知名人士提供客座教授讲席。对于职业建筑师，美国建筑学会的一些地方分会会组织建筑策划科目的职业培训。一些高校提供的专业认证项目要求必须修满建筑策划课程学分。

在英国，策划贯穿于建设项目的整个设计阶段。常见的情况是建筑策划与建筑师的实践活动同步进行。1973 年由英国皇家建筑师学会（RIBA）制定的工作计划指出，策划在整个设计过程中贯穿各个阶段。在设计的各个阶段，策划书从一个概括的纲要性草案转变为一份非常详尽的报告，展现了业主对自己所有需求的深思熟虑及坚定的想法。[①]

当下，还有很多建筑师都有意识地介入策划，例如张永和认为建筑师做策划工作时包含了空间的思维，有可能创造性地搭接某些看似没有关系的功能，或从建筑的角度分析项目条件，提出从市场化角度设计出反常规的使用方案。这些创造性的方案并非凭空想象，而是需要基于大量的实态调研对建筑及社会、文化、经济等要素进行分析，建筑设计也因此不仅是任务书的实现而且是更主动地对建筑创造性的诠释。[②]

随着社会经济的发展，更大尺度、更大规模的空间策划也发展了起来。这些策划内容已经不限于单体和群体建筑，而是扩大到了区域范畴。这类策划往往是为主管机构和开发商服务的，和作为管理工具的城市规划有一定的区别。最初这类空间策划主要是发源于美国中西部大学以及产业园区，之后逐步发展扩大到旧城中心复兴和新兴开发的城市区域。在中国，这样的理念也逐渐被地方政府所接受，空间策划在若干城市进行了卓有成效的实践，并与城市设计、建筑设计联动起来为建设方提供全面的服务。

2.1.4 建筑策划的团队与工具

策划者是否可以成为一个专门的职位？回答是肯定的。1951 年建筑策划第一次被建筑师事务所当作一项业务出售。在美国，建筑策划作为一项专门业务已经得到普及。2007 年 9 月基于网络的调查显示，在 2006 年，纽约最大的 25 家建筑事务所中有 21 家提供建筑策划或建筑分析服务，占总数的 84%。美国建筑师学会的建筑大

---

① 弗兰克·索尔兹伯里．建筑的策划．冯萍译．北京：知识产权出版社，中国水利水电出版社，2005: 40.

② 张永和．我选择．建筑师，2006（1）：9-12.

企业圆桌论坛（AIA LFRT）的 56 名成员中有 49 家为客户提供过建筑策划或建筑分析服务，占总数的 87.5%。[①] 除了大型设计集团外，在美国实践领域还活跃着一批开展建筑策划业务的中小型建筑师事务所，更为常见的情况是一些中小型项目里建筑师承担了策划者的工作。

作为一个专门的职位，威廉·佩纳认为策划者（programmer）必须在某种程度上客观和善于分析，轻松面对抽象的理念，并能在评价信息和定义重要事实的同时拒绝不相关资料。[②] 同时，佩纳也明确地指出策划需要团队的支持，并寻求不同团队在策划过程中的积极作用。在团队协作网络化的今天，正如美国建筑学会金奖得主 B·考迪尔的观点："理解团队扩展的概念必须有一个新的职业观，团队扩展理念允许无限量的学科专家参与到项目里面。这些与建筑及其相关行业有关的设计环节应该让开发商、承包商、制造商、律师、金融规划师参与。更重要的是要让使用者成为团队中的一员。"[③] 这样一种思路在某种程度上是与环境行为研究学者一致的。美国学者普莱瑟（Wolfgang F. E. Preiser）就认为建筑策划是"系统化地发掘组织机构、团体或个人的目标及需求并将之转换为行为—人—建筑三方面的关系，以达到高效的合乎使用者需求的建筑或设施的过程……建筑策划产生的基本动因正是在于环境的设计者与最终使用者间建立有效沟通的需要。"[④]

佩纳在《问题搜寻：建筑策划初步》一书中对传统策划工具第一次进行了介绍，后来切丽（Edith Cherry）等学者也对此在相关专著中进行了描述。[⑤] 归纳起来，尽管使用方法不同，但分析卡片、棕色纸幕墙法、陈述报告都是传统策划工具中的核心。

20 世纪 70 年代，美国一些公司致力于开发建筑策划的电脑程序，将其作为工具以辅助策划决策，如沙诺夫在《建筑策划方法》一书中提到的 ARK/2 system 和 Figure 95 中的一些功能。但第一个被业界广为接受的成熟的专用软件还是 1989 年 CRSS 开发的 K-12 Expert System。这是一个以近千个校园案例资料作为数据库的校园建筑策划软件。到 20 世纪 90 年代，出现了一些能对策划决策起辅助作用的软件，功能逐渐强大，并与部分设计软件兼容，这也体现了策划与设计统一的思潮。Intergraph's Project Programmer™with Project Optimizer™（Intergraph™）这个软件能够让项目策划者为项目定义功能空间，包括可能的楼层数量和尺寸，以满足用户需求。又如 1994 年

---

① 2006 年纽约最大的 25 家建筑事务所名单来源于 2007 年 9 月 http://www.baruch.cuny.edu/nycdata/chapter02_files/sheet011.htm。AIA 建筑大企业圆桌论坛（LFRT）56 名成员名单来源于 http://www.aia.org/SiteObjects/files/LFRT_Call_for_Proposal_06.pdf，2007 年 9 月。调查得到了 TAMU CRS Center 的协助和支持。

② William M. Pena, Steven A. Parshall. Problem Seeking, An Architectural Programming Primer. New York. John Wiley & Sons,Inc，2001 :16.

③ William Wayne Caudill. Architecture by team.New York: Van Nostrand Reinhold Company，1971 :334.

④ Wofgang F. E. Preiser. Programming the Built Environment. New York ：Van NostrandReinhold Company，1985:2–3.

⑤ E. Cherry. Programming for Design, From Theory to Practice. New York: John Wiley & Sons,Inc，1999:259.

The SARA Facility Development System™（SARA FDS）软件中的 program 和 the footprint module，其策划模型使用历史数据库、建筑法规、无障碍法规、空间标准和空间关系等来协助实施策划。1995 年卡耐基德梅隆大学以埃金（ömer Akin）教授为首研发的 SEED-Pro team 是一个能自动生成功能需求的软件，也是一个开放性的辅助用户在建筑策划过程中进行决策的软件。这个程序支持修改和评价策划。这是一个典型的能定义、描述建筑的软件，利用它定义建筑类型、容量、场地、预算等。2000 年之后，建筑策划软件开发作为建筑信息模型（BIM）的一部分得到广泛认同。Trelligence Affinity™ 在一定程度上吸取了以前各种策划软件的优点，又与 BIM 前期的策划需求进行衔接，并与主要的设计软件兼容，操作界面更加人性化。①

信息和通信技术，尤其是互联网的发展，对建筑策划有着极其深刻的影响，策划者与建筑师如何利用互联网辅助策划决策成为新的课题。在信息分析方面，很多美国公司使用 US Census Bureau 等在线数据库作分析报告。借助第三方网站或手机应用获得空间分布与使用信息的方法已经广泛应用于建筑策划分析之中。在策划过程交流方面，HOK Advance Strategies 把问题搜寻的策划方法与基于网络自己开发的工具混合使用以提高效率，如他们自己开发了 SurveyWeb，ProjectWeb，Internal Team Web Site 等。SurveyWeb 是一种用于调研的工具，ProjectWeb 是为 HOK、顾客、第三方顾问利用互联网实时共享项目进度资料的工具。Internal Team Web Site 是为分布在世界各地的团队共享资料、更新管理和实时讨论的工具。需要指出的是，随着各类实时交互工具的不断升级，策划者有了越来越多的选择。一种新兴模式是在策划中应用博客（Blog）和微博（MicroBlog）让群众参与讨论，乔治梅森大学克拉斯诺研究院（George Mason University' s Krasnow Institute）实验室策划设计案例证明了这种实验的有效性。②

随着互联网发展的日新月异，对建筑策划基础研究起支持作用的数字图书馆开始发挥其影响力。CRS Archives 就是这样一个具有交互功能的网站。这个网站将对美国建筑策划影响深刻的 CRS 集团的所有文献予以收集，按出版物、文章、档案、项目成果、幻灯片、图像、录像、影音资料等予以分类。一些专题如人物、口述历史、考迪尔箴言（TIBs）、教育设施实验室（EFL）等也陆续被整理后用 PDF 格式上传以供研究者免费下载。在信息传播的同时，用户也可以与之互动，比如索取查询资料，聆听 APRT 论坛讲演等。这些历史资料的披露间接地推动了建筑策划研究的发展。另一个美国环境设计研究协会（EDRA）下属 POE/Programming Network 网站，也支持在线提供某些策划案例和相关研究信息。

在本书的第三章会对建筑策划的具体方法及其应用进行更详细的介绍。

---

① 张维，庄惟敏 . 美国建筑策划工具演变研究 . 建筑学报，2008（2）:27-30.

② Meredith Banasiak.Programming Blog Offers Information-sharing Loop in Pre-design Stage and Beyond. http://www.aia.org/aiarchitect/thisweek06/1230/1230blog.cfm.

2.1.5 建筑策划作为职业建筑师的基本技能

面对势不可当的全球化大潮，国际建协（UIA）于1994年在日本东京召开的UIA执行局会议上决定成立国际建协职业实践委员会（UIA– Professional Practice Commission）。职业实践委员会作为一个专业机构，为各国建筑师的职业实践和跨国执业提供了有力的支持和良好的交流平台。国际建协职业实践委员会（UIA–PPC）的宗旨是建立各会员国之间建筑师职业实践的相关法律、法规和政策的相互了解机制，促进各会员国的职业实践体系框架的建立，就各会员国之间的跨国执业制定相关的《国际建筑师协会关于建筑实践中职业主义的推荐国际标准》，并在各会员学会间推广使用，指导会员国的建筑师顺利地从事全球范围内的职业实践活动，为建筑师们搭建一个平台，使全世界建筑师能够平等地执业、获取信息、资源共享，相互促进和提高，并最终实现各国建筑师无国界执业。

第一届职业实践委员会由中国建筑师学会的张钦楠先生和美国建筑师协会的詹姆斯·席勒先生共同管理，执行委员会日常工作。在1994~1996年间，委员会经过二十几个月的紧张工作，整理汇编出第一版《国际建筑师协会关于建筑实践中职业主义的推荐国际标准》，并在1996年7月的西班牙巴塞罗那国际建协（UIA）第20次代表大会上通过。自此，该国际标准被确立为国际建协（UIA）及国际建协职业实践委员会（UIA–PPC）工作的指导性方针。1997~1999年间，职业实践委员会又根据UIA理事会、UIA成员组织和职业实践委员会成员对该认同书所提出的意见和建议进行了进一步的修改和完善，形成了第二版，于1999年7月的中国北京国际建协（UIA）第21次代表大会上获得一致通过。1999年，中国建筑学会推荐许安之先生接替张钦楠先生在职业实践委员会中联席主席的职务。为了更好地使UIA成员组织理解和执行《国际建筑师协会关于建筑实践中职业主义的推荐国际标准》，1999~2005年间，国际建协通过了一系列与《国际建筑师协会关于建筑实践中职业主义的推荐国际标准》配套的政策推荐导则，这些导则对《国际建筑师协会关于建筑实践中职业主义的推荐国际标准》中的相关政策作了更加具体的规定和解释。在此期间，许安之先生将《国际建筑师协会关于建筑实践中职业主义的推荐国际标准》第二版翻译为中文，使得中国建筑师能够更好地理解该章程的内容以及国际建筑职业实践发展的趋势。2005年，中国建筑学会推荐庄惟敏教授接替许安之先生担任职业实践委员会联席主席职务，获得UIA批准。为了使《国际建筑师协会关于建筑实践中职业主义的推荐国际标准》能够与时俱进，更好地适应当今国际建筑领域的发展方向，委员会成员通过不懈的努力，于2006年底完成了《国际建筑师协会关于建筑实践中职业主义的推荐国际标准》第三版的汇编及出版工作，并在2008年6月意大利都灵国际建协（UIA）第23次代表大会上获得通过。《国际建筑师协会关于建筑实践中职业主义的推荐国际标准》的政策以及相关的推荐导则已经成为国际建协所有成员组织公认的职业实践标准。

2010年出版了中文版《国际建协建筑师职业实践政策推荐导则》。截至目前，共有17项政策和14项推荐导则，作为全球职业建筑师执业过程中的行业标准。其中，政策第12条和与之对应的推荐导则第12条《职业建筑师实践范围》有如下表的表述（表2-1-1）：

"政策"与"导则"中职业建筑师实践范围对照表[①] 表2-1-1

序号	政策	推荐导则（政策的条文解释）
1	建筑学实践（Practice of Architecture）	
2	建筑师（Architect）	
3	对一名建筑师的基本要求（Fundamental Requirements of an Architect）	
4	教育（Education）	
5	建筑教育的评估和认证（Accreditation/Validation/Recognition）	建筑教育的评估和认证
6	实践经验 / 培训 / 实习（Practical Experience/ Training/ Internship）	实践经验 / 培训 / 实习
7	职业知识和能力的证明（Demonstration of Professional Knowledge and Ability）	职业知识和能力的证明
8	注册 / 执照 / 证书（Registration/ Licensing/ Certification）	注册 / 执照 / 证书
9	取得委托（Procurement）	取得委托——按质选择建筑师
10	道德与行为（Ethics and Conduct）	道德与行为标准
11	继续职业发展（Continuing Professional Development）	继续职业发展
12	实践范围（Scope of Practice）	实践范围
13	实践形式（Form of Practice）	实践形式
14	在东道国的实践（Practice in a Host Nation）	在东道国的实践
15	知识产权和版权（Intellectual Property and Copyright）	知识产权和版权
16	职业团体的作用（Role of Professional Institute of Architects）	职业团体的作用
17	建筑项目交付系统（Building Project Delivery Systems）	建筑项目交付系统
18		设计费的补偿

政策：

国际建协鼓励并促进在道德规范和行为规范约束的前提下建筑服务范围的不断拓展，确保必要知识和技能的相应拓展，以应对服务范围的拓展。

背景：

在大部分国家，建筑师按照多年演变的核心服务范围提供建筑服务，但各国关于核心服务范围的表述差异很大，有些表述非常详尽，涵盖了从项目启动到项目提交业主的工作流程的方方面面，还包括建筑师可提供的其他服务。有的国家还设立了管理机构或相应的行业机构，详细地规定了核心服务范围和其他服务。有的国家则既无管理机构，也无行业组织。国际建协希望在核心服务范围内，对建筑师的责

① 许安之．国际建筑师协会关于建筑实践中职业主义的推荐国际标准．北京：中国建筑工业出版社，2005.

任和在本国开发的其他服务的能力进行界定。国际建协也认识到，有必要让公众和政府行政人员更加了解本国建筑师的服务范围。本政策推荐导则旨在界定建筑师有能力提供的核心服务。①

导则：

1. 核心服务范围：建筑师一般提供如下 7 项专业核心服务：

1）项目管理

· 项目小组的成立和管理

· 进度计划和控制

· 项目成本控制

· 业主审批处理

· 政府审批程序

· 咨询师和工程师协调

· 使用后评估（POE）

2）调研和建筑策划

· 场地分析

· 目标和条件确定

· 概念规划

3）施工成本控制

· 施工成本预算

· 计划施工成本评估

· 工程造价评估

· 施工阶段成本控制

4）设计

· 要求和条件确认

· 施工文件设计和制作

· 设计展示，供业主审批

5）采购

· 施工采购选择

· 处理施工采购流程

· 协助签署施工合同

6）合同管理

· 施工管理支持

---

① 庄惟敏，张维，黄辰晞．国际建协建筑师职业实践政策推荐导则．北京：中国建筑工业出版社，2010.

· 解释设计意图、审核质量控制
· 现场施工观察、检查和报告
· 变更通知单和现场通知单
7）维护和运行规划
· 物业管理支持
· 建筑物维护支持
· 使用后检查
2. 项目流程
1）设计前阶段期
2）概念设计阶段
3）初步设计阶段
4）施工图文件阶段
5）招标、谈判和合同签订阶段
6）施工阶段
7）交付阶段
8）施工后阶段
9）其他服务
同时，国际建协在导则中还建议，以下部分服务也可视为核心服务：
可行性研究、建筑策划、建筑调研 / 检测，如土地利用 / 分区规划调整、为销售和广告宣传册作的特别介绍、生命周期规划、土地利用 / 城镇规划、城市设计、物业管理、景观设计、室内设计、平面和标识设计、声学设计、照明设计、细部设计（如幕墙处理）、建筑物能源研究、成本咨询服务、建筑法规服务、材料 / 设备服务、环境研究、施工管理服务、艺术工程支持、项目管理服务、无障碍设计、争端解决（调解、仲裁、专家见证）、历史文物修复、现存建筑物翻新、使用后评估。
由此可见，建筑策划已经成为被国际建筑师协会和全球建筑行业普遍认可的职业建筑师基本技能之一。

2.2 建筑策划在中国的定位与发展

2.2.1 中国建筑师的国际化

第一个国际建筑师的非政府组织——国际现代建筑协会（CIAM）是于 1928 年在瑞士成立的。国际现代建筑协会（CIAM）最具影响力的事件是在 1933 年的 CIAM 第 4 次会议上通过了《雅典宪章》，标志着现代主义建筑在国际建筑界的统治地位的确立。15 年后的 1948 年，通过联合国教科文组织（UNESCO）的协调，国际建筑师协会（UIA）在瑞士洛桑成立了。不同于以建筑师个人为会员的 CIAM，UIA 是以国家和地区为成员组织的。当时有 27 个国家的建筑师组织的代表参加。对于 20 世纪 50 年代的现代主义大辩论，我们还记忆犹新，它导致了 1959 年荷兰鹿特丹的 CIAM 第 11 次会议上 CIAM 的解散。由于 UIA 坚持各成员间相互了解、彼此尊重的原则，所以并未受当时 CIAM 解散的影响，持续发展到今天，已经成为最具影响力的国际建筑师组织。中国于 1955 年参加了在荷兰海牙召开的第四届世界建筑师大会，正式加入了国际建协。

从帝王君主的御用工匠，到具有系统专业知识的独立执业者，建筑师这个职业随着建筑的发展走到今天，成为了一个改善人类聚居环境的伟大角色。

进入 21 世纪，全球化的趋势使得原本很少走出国门的建筑师们越来越多地打开了面向世界的窗户。20 世纪后半叶，先是欧洲和北美洲，他们开始了互相的跨国设计，而后是北美洲和南美洲。然而，建筑师走出国门并不那么顺利，西方建筑师在亚洲的大部分国家都碰到了很多矛盾，而亚洲建筑师走向西方更是难而又难。国家制度的差异、地方贸易保护主义以及不同的民族文化和宗教等成为建筑师迈出国门的一个很高的门槛。因政治体制及价值观念的差异导致的国家之间的隔阂也妨碍了建筑实践的全球化发展。

然而，新世纪的确是一个需要想象力的时代。全球化使得已经上演了百年的现代主义建筑大戏巡演到了世界的各个角落，各国建筑师们在世界的大舞台上竞相登场。在过去的很多年中，通过竞标与竞争成长起来的建筑师事务所抑或是设计企业无一不受到不同国家制度、习惯、规范等问题的困扰。尽管文化背景的差异与拥有国际事务话语权的多寡使得各国建筑师在这个大舞台上所扮演的角色呈现出明显的主次差异，但毋庸置疑，多元化、多极化已经成为世界建筑文化的主流，建筑师的跨国业务必将形成。在跨国建筑服务贸易迅速增长的今天，我们无法避免地要面对和解决跨国设计实践的问题，这道门槛总是要跨过去的。

近几年来，随着全球建筑师职业实践的广泛开展，UIA 职业实践导则和国际认同标准有了一些新的补充和发展，国际建协职业实践委员会已经将《国际建筑师协会关于建筑实践中职业主义的推荐国际标准》更新为 17 项政策、14 项推荐导则。委员会的工作更是扩大到了对职业建筑师个人操行、道德准则和社会地位及利益的规范和宣传上来。国际建协职业实践委员会（UIA-PPC）俨然已经成为全球职业建筑师从事建筑设计实践活动的最权威、最专业、最具指导性的行业组织。国际建协推荐的建筑师职业实践的政策与推荐导则已成为国际上跨国建筑服务的基本文件。

虽然我国出台了《中华人民共和国注册建筑师条例》等一系列法律和规定，但对相关政策的持续发展的研究和国际化的业务开展仍显得相对滞后。在外国建筑师手持 UIA 职业实践国际标准蜂拥而入的时候，我们的建筑师却显得愈发茫然，不知如何与国外建筑师在业务合作中平等对话，不了解相应的国际标准和推荐导则的要领，政府也没有相应的指导性文件来要求本土建筑师去掌握和熟悉这些政策和导则。对 UIA 规定的建筑师核心职业范围内关于建筑策划、项目管理、分包发包流程、使用后评估等业务内容缺乏了解与实际操作经验，尤其对其中法律的关键点知之甚少。

所以在建筑市场开放以后，地方文化的延续、外来文化的侵入、民族产业的持续发展、本土建筑师的创作权、执业中的法律权益等问题就都一下子摆到了面前。

全球化让我们必须了解国际规则。首先，在全国范围内对注册建筑师进行《国际建筑师协会关于建筑实践中职业主义的推荐国际标准》及政策推荐导则的普及教育，将其作为我国建筑师参与国际和国内建筑职业实践的参考标准；第二，积极参与国际事务，有组织、有计划地参与《国际建筑师协会关于建筑实践中职业主义的推荐国际标准》及政策推荐导则的制定和修订工作，在相关国际政策的制定方面发出我们的声音，尽量避免不利于我国经济和建筑职业实践发展的条款；第三，自上而下地要求高校调整建筑学教学大纲，补充和加强高校建筑学教育中职业实践部分特别是执业方式、职业道德和项目全程管理的法律方面的知识内容，确定明确的教学目标，完善学生职业实践实习的必修及选修内容；第四，提高职业建筑师的外语水平，加强专业外语的训练；第五，尽快学习并熟悉 UIA 关于职业实践网站（www.coac.net）的检索，建筑情报信息机构应定期将相关重要信息译成中文，发布公告；第六，尽快补充 UIA 的职业实践的网站（www.coac.net）中关于中国建筑学会与中国建筑职业实践的信息数据，并建立一个维护更新平台，以加强与国际社会的平等沟通和资源共享；第七，住房和城乡建设部、注册中心、建筑学会等相关部门应共同研究，向 UIA 提供中国建筑师职业实践的相关法律文件和合同文本，研究 UIA-PPC 推荐国际标准中是否有与中国相关法律文件相矛盾之处，并探讨如何解决。

国际化的趋势已经将中国建筑师推上了国际大舞台，不管我们是否愿意，我们最终都会被国际化。面对国际规则，我们都必须给出回应。特别是在中国建筑师迎接跨国合作时，我们要有清醒的头脑、足够的自信和充分的依据，与其他国家的建筑师一道站立在一个平等的平台上。这是我国建筑业发展必须面对的，是我国当代建筑师必须经历的，是中国建筑师在职业实践中创作建筑精品的保障，当然这也是我国建筑师走向世界的起点。

一般情况下，美国建筑界称单一的建筑设计事务所为 Architecture Firm，简称 A，同样道理，E 代表工程，即我们所说的结构、设备等，而 A+E 就是指包括建筑设计、结构、设备机电在内的综合性的建筑工程设计事务所。在西方，建筑事务所一般规模较小，建筑师完成方案后会转交给另一个结构设计事务所及设备机电事务所，进行结构方案的设计和设备系统的设计，当然也有同时协作设计的情况。这一过程可以通过电脑联网、图文传真、有线传输等现代通信手段解决。合同分别签订，责、权、利明确无误。

A+E 形制有其特定的环境和条件。在美国，作为四大自由职业者之一的建筑师有一定的独立性，且行业竞争相当激烈。A+E 形制要有较雄厚的技术、经济实力，才能在快速多变的市场中拥有较强的储备力量，而不致因一两个项目的失败而使公司倒闭。单一的 A 正符合“船小好调头”的原则，机动、快速、灵活，以提高竞争力。两种形制并存、互补形成了一个较为稳定的建筑设计市场。

我国的综合设计院形制是计划经济下的产物。大的有上千人，小的也近百人，包括建筑、结构、水、暖、电、概算等全工种。这种形制在国家计划经济时期曾起到主力军的作用，但随着市场经济浪潮的涌来，这种集团军的形制受到动摇。机构庞大，缺乏竞争机制，各专业责任划分不清，责、权、利不明，降低了工作效率和经济效益。市场迫使这类大型综合设计院的业务向另一种形式转变,亦即设计总承包，综合大院也因此发生了内部结构性的变化。原本只是照章设计的组织架构，随着设计总承包业务的拓展，开始涉足前期的建筑策划以及后期的施工运营和使用后评估。

随着设计市场的开放，集体制、股份制及私有制的事务所纷纷诞生，更给建筑市场带来了朝气。注册建筑师制度的推广和执行，使中国建筑师已经能像国外建筑师一样“挂牌”设计。注册建筑师的认证、考试和继续教育都参照了国际建筑业的标准和原则，这正是中国建筑师国际化的条件之一，至少它使中国建筑师在项目面前可以与外国建筑师一样进行平等的竞争了。对近十年的建筑市场的分析结果表明，中国建筑师的国际化已经取得明显的成果，中国建筑师在国际上频频获奖，尤其是一大批改革开放之初留学回来的中青年建筑师，他们由于接受了西方建筑教育体系的培养，并在国外事务所参与过实践，对国际职业建筑师的核心业务和基本技能都有比较深入的了解，加上和国内现状的结合，受到了国际的认可和关注。这无疑为中国建筑师全方位地参与国际建筑事务打下了良好的基础。

在中国建筑师的国际化的进程中，有两件事情是非常重要的：一是中国建筑师知识结构和眼界的拓展，二是政府与行业管理部门对建筑师执业范围的明确界定和法律保障。

2.2.2 外国建筑师在华实践

20 世纪改革开放后，中国建筑市场打开了国门，在中国建筑业界乃至全社会频频出现一个词汇——“外国建筑师的实验场”。很多人抱怨，外国建筑师涌入中国的建筑市场，在一些开发商甚至官员的纵容下将中国当作实验场。尽管社会的话语焦点会随时代变化，建筑设计的所谓永恒主题不可能存在，但我们仍不能漠视几十年前大师所提出的“适用、经济、美观”的原则及其提法的逻辑意义对我们今天的影响。

中国加入 WTO 之后国门洞开，使全球的建筑师发现了中国这块大蛋糕，蜂拥而至的淘金者无疑也给中国的建筑市场带来了空前的繁荣和激烈的竞争。从国家级的工程到私人投资的房地产项目，无论大小，几乎都来一个国际竞赛。一年之中，大中型竞赛项目不下几十个，使得若干国外事务所在竞赛圈子里都“混了个脸熟”，他们以不变应万变，往往是短时间内征战南北，纵横东西，几个“首席”主创，同时把握若干投标项目，下面有一群中国人作为由方案深化到后期制作的后援，连外国建筑师都感叹：“中国的创作环境真好！我真愿意在中国参加设计竞赛。”

国人希求得到好东西的急迫态度的确也反映了以前几十年我们的建筑创作的空虚和贫乏。所以，当我们面对一个又一个国际招标时，恨不得从一次方案竞赛中得到我们曾经缺失的所有东西，甚至将发掘、继承和延展民族精神的祈盼也寄托在洋人的身上，乃至洋人也很快掌握了国人的心理，于是方案中频频出现"中国龙"、"中国结"、"凤凰"、"荷花"之类的象形比喻。似乎这也成了洋人参加中国的投标竞赛时必须采用的手法，并且屡试不爽，每次都能打动决策者的心。这种简单、肤浅、图示式的建筑创作，无疑会造成中国当今建筑创作语汇的误用和理念的低下。如此这般"轻松"的创作环境,洋人当然趋之若鹜。每每在竞赛之后看到因"一条龙"、"一只凤"的构图博得青睐而一举中标的情景，国内建筑师无不扼腕叹息："我们在当今中国的建筑创作中正面临失语的困境。"这也正是我们的建设项目缺乏建筑策划带来的苦果。如果以历史的观点来检点建筑的要义，形式的问题并非最主要的，或者说对形式问题的讨论至少应该在研究建筑的使用功能的基础之上。无论是维特鲁威在《建筑十书》中谈及的"坚固、适用、美观"，还是普利茨克建筑奖的"坚固、适用、愉悦"的宗旨，其实都表明了建筑最本质的要义，那就是首先要满足功能的需要，而后才是形式问题的讨论。所以，在中国城市改革开放之初西方建筑师的抢滩之战中，由于我们的盲从，在一开始就将调子搞偏了。其根本的原因是我们的业主、开发商及决策者们，面对豁然开放的市场，对于自己的产品定位，心里没有底，同时缺乏对建筑策划以及建筑设计的评价体系，他们需借洋人的名气来张扬自己的品牌，更有甚者直接拿来某洋人龙飞凤舞的几张草图，让中国建筑师去发展深化，最终在楼书上大字书写"某某国际大师倾心奉献,鼎力打造"之类的字样,一时间价位飙升,如此创作机制下的中国建筑，也就对"坚固、适用、美观"的逻辑原则不管不顾了。然而，如此的景象在西方城市并非多见，因为他们深知，满足业主对实用功能的要求是建筑师职业生涯中最基本的原则，而业主是绝不会为一个华而不实的所谓作品买单的。其中建筑策划的研究和一些近乎苛刻的设计任务书的审查制度形成了西方国家城市建设和建筑设计的一种常态和法律规定。

当建筑涉及受到社会、环境、经济等方面的制约和承担社会问题的责任时，建筑就不仅仅是一个个人的作品了，设计活动本身也带有了更多的职业和社会责任。改革开放之初，国内建筑师往往会陷入两难的困境：一方面想做关乎社会、人类、文化的大项目，但迫于竞赛比选的某些令人沮丧的现状和风险，知难而退；另一方面，既苦于没人来请自己，又怕跟定一个发展商有沦为御用建筑师之虞，而踌躇不前。在这种严酷的环境驱使下，"坚固、适用、美观"的原则，设计尊重社会、人文和历史，讲求社会效益、环境效益和经济效益的大前提显然被市场的压力所冲淡。为了在激烈的竞争中博上位，抓人眼球的形式演绎成为建筑师最重要的谋生手段。显然，在这种情绪的引导下，我们在不知不觉当中已经忽略掉了建筑最本质的要义，那就是它为人所使用的功能意义，建筑变成了一种财富和雄心的象征。那么，强调建筑设计理性和逻辑的建筑策划自然也就更没有人去触碰和关注了。事实上,在西方国家,建筑策划的提出与兴起是伴随着二战以后的大规模城市兴建而出现的。"用最少的钱,盖最好的房子"其实就是当时西方大规模城市兴建中的一个口号，只不过这个口号后来被美国建筑师威廉·佩纳和他的同事们演进成为了建筑策划理论体系。遗憾的是，在过去的几十年中，中国的高速城镇化发展都将这一点忽略了。

随着中国进一步改革开放，中国建筑设计行业的多元化进程迈入了一个新时期，大型综合型设计企业与私人设计事务所并行已经形成一种常态。然而，事实上，建筑市场的竞争并不平衡和公平，这归根到底是建筑师的职业化问题，因为国际上公认的注册建筑师无论是大型设计公司还是几个合伙人的小事务所，其设计业务中包含的服务内容和表现出来的专业标准应该是一致的，为业主获得具有经济效益、环境效益和社会效益，满足使用功能并彰显文化和人文关怀的建筑设计作品，即追求和实现建筑的"坚固、适用、美观"的基本要义是不变的。而我们在急速发展的城镇化建设中，将建筑的形式扭曲成财富或权力的象征，一味地放大形式的力量，恰恰是阉割了建筑最本质的要义。建筑策划理论的核心使命正是使建筑师通过既定的程序和方法来实现这一基本要义。

2.2.3 建筑策划研究的本土化进程

建筑策划作为建筑学下的一个分支，在中国本土的系统研究始于20世纪90年代初。更早的研究包括周若祁、俞文青、姚国华等人从建筑经济、建设管理角度的研究，那时主要是引介日本学者对建筑计画[①]的研究成果，或是对施工计划管理及其体制的论述与研究。"试论建筑计划及其研究"（西安建筑科技大学学报：自然科学版，周若祁，1987）将建筑计划定义为"为实现建筑而进行的空间计划"，通过对人的行为和意识与建筑空间的关系的研究，对建筑的目标进行阐述，比较并选择可选方案直至决策。"对建筑计划管理体制中若干问题的探讨"（建筑经济研究，俞文青，1983）则是从经济学的角度对特定时期的建筑设计和生产过程的管理问题进行了探讨，侧重于施工计划中的管理体制改革。"日本的建筑计划管理"（建筑经济，姚国华，1986）则从市场经济与经济管理的角度介绍了日本的建筑计划作为经济手段对社会和国家的影响与作用。建筑计画最初来源于日本，1941年日本建筑师西山卯三发表的《建築計画の方法论》开启了日本后来的建筑计画研究之路，其后，随着研究的逐步深入，建筑计画形成了以调查研究为主要工作方法，以关注环境问题和环境行为为主要研究方向的研究领域。其主要的研究对象是人的生活、行为、心理与建筑空间环境的相互关系。"建筑计划学的研究方法"（建筑学报，邹广天，1998）对建筑计画的调查与分析方法进行了介绍，其中的诸多方法，例如认知地图、环境行为模拟等在环境行为学领域的研究有了一定的深度。

建筑计画起源于日本的建筑学研究，属于建筑设计理论及其方法论的范畴，其产生有特殊的历史背景，之后逐渐走向与环境行为学的结合。今天我们说的建筑计画通常是特指产生于20世纪并延续至今的日本建筑学研究领域的建筑计画研究，与

① 日本的"建筑计画"与今天中国的"建筑计划"含义基本相同。下同。

我国以及欧美国家的建筑策划研究并不完全相同。建筑策划是对建筑设计条件和问题的探寻与界定，通过分析得出设计的目标与方法。2014 年由全国科学技术名词审定委员会编著的《建筑学名词 2014》中对建筑策划进行了明确的解释："建筑策划（Architectural Programming）特指在建筑学领域内建筑师根据总体规划的目标设定，从建筑学的学科角度出发，不仅依赖于经验和规范，更以实态调查为基础，通过运用计算机等近现代科技手段对研究目标进行客观的分析，最终定量地得出实现既定目标所应遵循的方法及程序的研究工作。"早期我国学者将日本的建筑计画引入并进行了相关的研究，虽与今天所说的建筑策划研究有所差异，但对后来建筑策划的本土化研究具有一定的借鉴作用。

1991 年以庄惟敏的博士论文《建筑策划论：设计方法学的探讨》为开端，对我国建筑设计领域中由规划立项到设计的模式进行了探讨，针对社会效益、经济效益和环境效益提出的挑战并借鉴国外建筑策划的发展，将"建筑策划"的概念引入，对中国传统的建筑创作过程中规划立项与建筑师照章设计之间的断层进行了研究和论述。论文提出将建筑师的职能扩大到对社会、环境和其他学科的研究，并阐述了建筑策划的基本问题、原理和策划方法论，这是建筑策划研究本土化的开始。1992 年发表于《建筑学报》的文章"建筑策划论——设计方法学的探讨"（庄惟敏、李道增，1992）进一步将建筑策划的概念和基本问题引入，推动了建筑策划研究的本土化进程。2000 年随着我国学者关于建筑策划核心理论研究的第一部学术专著《建筑策划导论》（庄惟敏，中国水利水电出版社，2000）的出版，建筑策划的本土化研究进入快速发展阶段。《建筑策划导论》一书结合研究实例和中国当代建筑业的现状，系统全面地阐述了建筑策划的概念，在建筑学科体系及现代科学体系中的位置以及策划的原理、方法和应用。建筑策划逐渐得到了国内业界的重视，近年来越来越多的学者和学生致力于建筑策划理论的研究，清华大学、同济大学、哈尔滨工业大学等学校先后开设了建筑策划课程，各大设计院也相继建立了相应的工程咨询与建筑策划部门，一些大型建设项目在实施过程中也进行了前期的建筑策划研究工作，但是相比之下，建筑策划的本土化进程仍处于萌芽阶段。

由于建筑策划的研究在我国起步较晚，虽然建筑策划的思想在建筑师的工作中或多或少有所体现，但建筑策划概念相对来说还是一个新事物。长期以来，我国学者对于建筑策划的理论探讨主要是通过高校的研究团队，指导研究生以建筑策划为主题进行的硕士、博士论文研究工作。从 2000 年到 2014 年中国知网以建筑策划为主题检索到的 461 篇文献（已排除重复和不相关文献）中，硕士和博士学位论文共有 126 篇，超过文献总数的四分之一，另有大量的期刊文献来自于高校研究生论文工作的成果。

在 2000~2007 年早期的建筑策划研究中，相当一部分的学位论文主要是以《建筑策划导论》为依托，把建筑策划理论应用于某种特定类型的建筑实践中，试图提炼总结出该特定类别建筑的策划和设计程序模式。这类研究文献占到近五分之四，比较典型的有《高层写字楼空间组成建筑策划研究》(硕士论文，郑凌，2002，庄惟敏指导)，是在建筑策划理论框架的指导下通过整合建筑学、房地产学和统计学的知识对国内高层写字楼空间组成进行的研究，成为了高层写字楼各空间内容、规模及相互关系的设计与决策依据。《现代城市旅馆主要功能空间面积指标体系研究》(硕士论文，邓洁，2003，李艾芳、吴观张指导)是对旅馆建筑策划的重要数据依据——功能空间面积指标进行研究，通过对国内外城市旅馆各功能空间的调查研究，兼顾经济性和舒适度的原则提出旅馆的面积参数。《我国房地产开发的建筑策划程序研究》(硕士论文，常征，2004，庄惟敏指导)则针对我国房地产开发过程中的建筑策划程序进行研究，阐述了房地产开发过程的建筑策划方法和操作程序。《商品住宅建筑策划方法研究——以资源配置理论为基础》(博士论文，叶晓燕，2004，胡绍学指导)引入经济学资源配置理论，结合国内商品住宅市场调查及策划现状，构建起了以整体优化和综合效益为目标的商品住宅建筑策划科学方法的研究框架。另有少部分文献将国外的建筑策划理论和方法引入并进行了评论和反思，对建筑策划的核心理论有所涉及。例如《对当代建筑策划方法论的研析与思考》(博士论文，韩静，2005，胡绍学指导)对西方建筑策划方法进行了比较系统的对比研究和讨论，形成了建筑策划方法论的理论平台。《赫什伯格与建筑策划——对第二代建筑策划方法论的评析研究》(硕士论文，张阳，2006，庄惟敏指导)将建筑策划大师赫什伯格的建筑策划思想、理论、方法和实例与第一代建筑策划理论进行对比研究，并探讨了其理论在中国的实用性。《建筑策划中的预评价与使用后评估的研究》(硕士论文，梁思思，2006，庄惟敏指导)提出了建筑策划中的预评价，依建筑的模式预测模拟建筑的使用过程并评价其投入使用后的结果而进行反馈修正。《建筑策划与问题界定——美国建筑策划与中国现状分析》(硕士论文，李群，2006，郑时龄指导)是对美国建筑策划的历史、概念、思维模式与程序的简要梳理。

2007年以后的建筑策划研究，更多地包含了建筑策划核心理论的研究和策划方法论的研究。典型的研究成果有：《中国建筑策划操作体系及其相关案例研究》(博士论文，张维，2008，庄惟敏指导)提出了建筑策划操作体系的概念，将原本分散的机构支持、教育机制、自评机制、协作网络等建筑策划子系统整合起来成为功能完善的操作系统，搭建了建筑策划从理论到实践的连接，对我国具体国情下的建筑策划发展和实践具有指导意义。《从建筑策划的空间预测与评价到空间构想的系统方法研究》(博士论文，苏实，2011，庄惟敏指导)通过空间预测与空间评价以及构想空间系统模型的方法进行建筑策划研究，提出了构想空间的基本系统理论模型。《公共体育建筑策划研究》(博士论文，林昆，2011，孙一民指导)是基于大量实践案例得到的公共体育建筑策划和决策的研究成果。除此之外，建筑使用后评估的研究——《温故而知新——使用后评价POE方法简介》(建筑学报，韩静、胡绍学，2006)、《建筑性能化评估：建筑全生命周期及环境可持续发展的保障》(建筑师，梁思思、庄惟敏，2007)，公众参与的研究——《设计竞赛与公众参与——解读美国世贸中心重建的设计过程》（世界建筑，阎晋波、庄惟敏，2013），建筑策划教育的研究——《中美建筑策划教育的比较分析》（新建筑，张维、庄惟敏，2008）、《通过建筑策划系列课程构建建筑师职业化教育平台》（全国建筑教育学术研讨会，苗志坚、庄惟敏，2011）以及建筑策划与城市化的研究都有一定的发展与突破。

以清华大学建筑学院、清华建筑设计研究院为基地的研究团队在建筑策划领域有较多的研究成果。自 1991 年至 2015 年 12 月，清华大学研究团队在建筑策划领域发表博、硕士学位论文 25 篇，期刊论文 41 篇，内容涵盖建筑策划的各个方面，其中包含了清华科技园写字楼建筑策划研究、2008 年北京奥运会柔道跆拳道馆建筑策划研究等建筑策划实践案例和建筑策划的模糊决策等，已经形成了涵盖建筑策划概念、目标与空间构想、建筑策划操作体系与程序、建筑策划的基本方法、建筑策划评估与决策、建筑策划教育等的完整的建筑策划理论与方法体系。

哈尔滨工业大学的邹广天将我国学者蔡文于 1983 年提出的一门原创性横断学科——可拓学引入建筑计划。可拓学以形式化的模型，探讨事物拓展的可能性以及开拓创新的规律与方法，主要用于解决矛盾问题，也可以用于解决创新问题。可拓学方法论的基本特征是：形式化、模型化特征；可拓展、可收敛特征；可转换、可传导特征；整体性、综合性特征。可拓学是一种创新思维模式和思维科学，邹广天将其与建筑设计过程中建筑师应对不断提出的问题与矛盾点而寻求创新的设计解答之间建立起联系，以可拓学的思维和方法应用于建筑设计创新实践和创新理论与方法的研究，实际上是使可拓学、策划学与建筑策划相交叉，针对建筑设计方法，开展可拓学及可拓策划理论的应用研究。在可拓学理论和方法的指导下，研究如何运用拓展分析和共轭分析进行建筑设计分析，使建筑设计分析方法更加科学和完善。“建筑设计创新与可拓思维模式”（哈尔滨工业大学学报，邹广天，2006）、《可拓建筑策划的基本理论与应用方法研究》（博士论文，连菲，2010，邹广天指导）都是可拓学在建筑学领域的应用与研究成果。

华南理工大学的孙一民在大量体育建筑设计研究实践的基础上提出了“体育建筑策划”的相关概念并展开课题研究，其研究是建筑策划理论在体育建筑领域的应用与延伸，促进了体育建筑早期决策的科学性，并对公共体育建筑的规模、功能空间、运营及比赛场馆的赛后利用具有指导意义。其研究成果包括“体育场馆适应性研究——北京工业大学体育馆”（建筑学报，孙一民，2008）、“重大体育赛事与新城建设发展——广州亚运村建设研究”（建筑学报，孙一民、王璐，2009）、“体育建筑——期待科学理性的回归”（城市建筑，孙一民，2008）等。

中元国际工程有限公司的曹亮功也是我国最早研究建筑策划的学者之一。“城市规划与建筑设计的市场特性”（建筑学报，曹亮功，1992）在中国建筑设计与城市规划从计划经济转向市场经济的特殊时期，探讨了规模、需求、功能、政策等多个方面的设计与规划策略。曹亮功自 1994 年起结合设计院具体的建筑策划项目实践，对建筑策划在建筑设计项目中的应用进行了案例介绍和研究，包括建筑策划在科技园区规划设计中的应用、在旧住宅区更新改造中的应用等，其研究成果包括“建筑策划综述及其案例”（华中建筑，曹亮功，2004）等。

在建筑策划的实践与研究中，商业地产咨询公司进行了大量的建筑策划项目的实践并积累了经验。北京伟业联合房地产顾问有限公司（以下简称伟业顾问）是中国本土的一家房地产服务机构,设有独立的建筑策划中心。由于商业地产公司的身份，伟业顾问所进行的建筑策划实践偏重于面向地产投资商提供以经济策划和技术策划为核心的综合咨询服务，不仅包含可行性研究，还包括市场定位、区域规划和概念设计。其建筑策划团队参与到了项目各个阶段的工作中，形成了沟通、调研、构思、深化和跟进反馈的建筑策划全过程。此外，还有诸如华高莱斯国际地产顾问有限公司等诸多服务于地产商业咨询的建筑策划公司，这些建筑策划团队与市场密切接轨，是建筑策划研究在建筑实践中应用的重要力量，为建筑策划的理论应用积累了大量的实践经验。

最近几年，在数据理论和计算机技术发展的背景之下，建筑策划的研究呈现出多元化发展趋势，并越来越多地涉及利用数据收集和统计进行分析、预测和决策。清华大学建筑设计研究院运算化设计国际研究中心的常镪团队将大数据与建筑策划结合应用于城乡发展战略策划研究和城乡空间信息研究，提出了数据科学辅助设计（Data Science Aided Desgin，DSAD）的概念，是一种将信息学与系统论应用在设计相关领域的方法及配套工具系统。通过信息的获取和数据化过程构建知识与信息图谱（Info-Graph System,IGS），进行空间环境与社会结构知识的建立和应用。北京交通大学建筑与艺术学院的盛强团队将空间句法与环境行为学结合，指导学生对城市空间中人的行为进行实地调研和数据收集，通过数据分析形成建筑设计的依据和建筑策划的成果继而指导数据化设计。“大型复杂项目建筑策划‘群决策’的计算机数据分析方法研究”（建筑学报，涂慧君、陈卓，2015）探索了建筑策划群决策计算机数据分析方法，通过建立发现大型复杂项目问题的相关信息矩阵，基于网络平台和计算机辅助决策，在建筑策划的决策过程中引入多方面相关群体的主动参与，以取代传统的建筑师辅助业主的单一决策方式。此外，杨滔和李全宇将数据分析与城市空间策划相结合，使建筑策划的领域由最初的狭义建筑领域扩充到了城市策划领域，基于数据分析进行城市设计的流程也由传统的调研—分析—设计转变为观测—体验—预测—创新—评估。通过调研和数据收集，建立起包含建筑、空间和网络的城市策划理论模型，对其几何拓扑关系等特征进行定量分析，在这个过程中，利用科技手段进行海量数据收集、统计与定量分析替代了传统的感性走访调研，使得城市空间的设计和规划更加科学、理性。建筑策划的发展过程体现出了现代科学研究的跨学科交叉融合特征。2014 年中国建筑学会建筑策划专业委员会成立，也表明我国建筑策划的研究已经在业界有了一个共识，并进入了一个良性发展的时代。

值得注意的是，虽然建筑策划在中国的本土化经过二十余年的发展已经有了初步的成果，但是相比于欧美发达国家的成熟的建筑策划体系，我国的建筑策划尚有诸多不足，尤其是在职业建筑师业务实践、相关政策与法规、公众参与与策划工具研究领域还有很大的空缺。有关我国建筑策划中存在的主要问题，将在本书第五章进行更为详细的说明。

2.2.4　建筑策划——建筑师的职责与责任

通常，提到建筑创作，建筑师都宁愿将其成果表述为作品，形象比喻为“凝固的音乐”，而不大愿意称其为产品。然而，在建筑高度市场化的今天，建筑创作的成果产品化是不可避免的。首先，建筑师是在为市场进行创作，有明确的消费者群，其次，建筑成果兼具使用、买卖的功能，所以其商品属性也无法回避。与维特鲁威的“坚固、适用、美观”不同，中国在大建设之初提出的是“实用、经济、在可能的条件下美观”，在当时国力不甚富裕的大背景下如此界定建筑方针也有其成立的道理。随着商品社会的到来，建筑不以人的意志为转移地成为了商品，建筑师的设计和建筑师创造出来的作品首先成为了社会的产品。既然是产品，关注其适用、经济及美观，且依首先适用，其次经济，再次赏心悦目的前后逻辑关系进行创作也就顺理成章了。但遗憾的是，建筑师对建筑产品的属性要么重视不足，要么就有意回避，究其原因，与国内发展商和个别决策者的价值导向不无关系。

“适用、经济、美观”不是简单的设计原则或设计重点的前后排序，它代表了一种态度，表征了一种国情。时代发展到今天，谁也没有权力苛求所有建筑师一定照此逻辑顺序进行建筑的创作，但它却是对建筑师创作态度的明示，应将它上升到一种思想的高度。这种原则，尤其与当今全球倡导保护生态环境，节省资源，创造可持续发展的人居环境的大潮流相吻合。如此说来，依照适用、经济、美观这一思想进行建筑创作也是对社会负责任。

无论是维特鲁威的“坚固、适用、美观”还是中国的“适用、经济、美观”，这一设计原则的讨论必将引发对建筑师社会责任和职业核心内涵的探讨，使这一命题更具有建筑师这一职业的历史和社会的意义。正如前面所说，作为对建筑师的基本要求，国际建协已经在《国际建筑师协会关于建筑实践中职业主义的推荐国际标准》中将建筑师的业务内容和职责界定得相当清晰，从中我们不难发现，通过建筑策划的研究，达到建筑设计的理性逻辑，确保建筑的坚固和功能适用是建筑师最基本的职责和专业任务，建筑策划是保证建筑师在遵循项目合理的前提下能够充分发挥创造力的一个业务环节。

建筑师肩负着创造人类生存空间，延续和发展人类文明，进而创造人类新文化的使命，社会也常常赋予一个建筑诸多含义。当建筑被赋予过多的含义时，创作主体往往会忽略它最本质的东西——空间的使用功能，这也是建筑作为产品的最基本的内涵，失去它，建筑就失去了存在的意义。但众所周知，建筑学的核心问题是如何在满足坚固、适用和经济的同时，还能有美妙的形式的创作和文化的呈现，而不仅仅是使用功能的满足。建筑策划理论框架恰恰可以通过程序的方式保证建筑师实现这一创作目标。

一般情况下美国规划管理部门的职责是按规划条款审查建设项目的合法性，并不对建筑的外观等艺术处理提出异议。他们认为规划设计的有关条款是国家保证城市环境的最低要求，是法律性的。外观和造型则是建筑师聪明才智的发挥和体现，是建筑师抑或建设者的事情，是自我的。城市建设主管部门的执行者，司其职，体现国家法律的严肃性和权威性；而建筑师则通过法规制约下的自身的创意，体现其对城市环境的理解，体现艺术创造的理念，从中彰显个人的创作魅力。所以，建筑师对自己的作品是很在意的，是不敢信手乱来的。这里的一个保障机制就是国外普遍存在的设计任务书的审查机制。在美国、英国等西方国家以及日本都有政府主管部门对政府投资项目或公益性项目进行设计任务书审查的法律条文，以保证在设计依据上不出现问题。这不是干预建筑师的创作，反而是保障建筑师的创作空间不受到外行的业主或领导的干预。中国当下还没有这种法律保障，如果我们的建筑师再缺乏建筑策划的知识和觉悟，那么创作的风险是相当大的。

当你去欧洲自助旅行时，你或许很容易遇到寄宿小客栈的老板娘向你如数家珍地介绍她的建筑。她对建筑的热爱、理解及专业的程度往往会令你吃惊。这就是为什么欧洲的城市保护和发展得那么好的重要原因之一，全社会的人都明白什么样的城市环境和建筑空间能反映和映射民族的文化及历史，全民族的建筑审美意识都达到了一个相对较高的水准，再加上一些“全民公决”的法律程序，民众把关，其城市环境和建筑就不会因少数人的意志而被破坏。所以，建筑作为文化之一也需要普及和民众化，这也是城市建设者和管理者的责任。城市建设的民众参与恰恰是第二代建筑策划大师——美国建筑师赫什伯格于20世纪所提出的。这一原则也成为了建筑策划理论体系中最重要的原则之一。

2.2.5 建筑策划——建筑设计文化创作的保障

随着温饱问题的解决，人类社会由物质文明向精神文明的进发成为必然，对建筑创作中文化的讨论也就变得不可避免。比如当下的中国建筑创作被人批评为向文化荒芜方向滑去：“……这么快地摧毁历史，却又创造不出新的历史，一个个毫无个性的建筑，一个个毫无个性的城市。诚然，是新的城市，是新的建筑，但是缺乏的是文化的灵魂。”[①]

建筑师作为人类文明世界中高尚职业人群的一部分，正越来越标榜为人类文化的创造者和卫道士。对于建筑师及其作品，“没有文化”的指责是当今建筑师所最不可承受的批评语。无论你设计什么，功能配置如何，空间组织怎样，倘若被归为“没文化”一类，那么一定就是你的作品“没理念”、“不深刻”和“缺乏修养”。

---

① 王明贤．重新解读中国空间．上海：上海书画出版社，2002.

好在在中国建筑发展的这样一个重要时代，我们有一批被称为实验性的建筑师破土而出，他们对城市空间和建筑空间重新进行诠释，执着地进行着建筑新文化的建构。无疑在改革开放的大环境下，他们产生和发扬光大的理由是充分的。他们的确向世界打开了一扇中国现代建筑创作的窗口。对于走向世界的中国建筑，他们是不可或缺的。

但我们也必须看到，建筑的历史不仅仅是记录实验的历史。这不由得使我们反思和重新审视建筑的最本原的东西是什么。

现时的建筑创作往往给建筑师带来更多的功能与空间以外的负荷。信息社会，建筑已成为传媒的一部分。作为大众媒介的建筑，业主或建筑师希冀以建筑形象彰显文化理念，进而张扬个性，这已变成一种时尚或潮流。大凡创作，似乎不谈理念、不提文化就会被视为低能儿。建筑师的创作过程也由最基本的空间功能的研究异化为所谓文化理念的发掘和加载的过程。建筑的创作过程因而变得怪异和有那么点儿癫狂。在现代旅馆中常以“福、禄、寿”造型表现中国传统文化，在建筑造型中，以龙形构图体现中华民族精神，如此等等，建筑师也在其中异化为诗人、哲学家，甚至画家、书法家、雕塑家和时装设计师。建筑方案的阐述和解析的过程也更像是一场哲学的讲演或散文诗歌的朗诵。

很显然，建筑师在这样一个大舞台上，都竞相扮演着自己的角色。在诸如此类的表演中，他们自然而然地淡忘了自己作为一名建筑师的最基本也是最重要的任务，那就是实现建筑供人类活动于其中和使用于其中的功能。泛意识形态论的思潮正令人担忧地蔓延开来，其后果则是产生大量所谓文化理念至上的躯壳下的一堆非功能化空间组合的垃圾。

随着建筑学的发展，建筑的内涵和外延变得越来越宽泛。建筑被赋予了越来越多的含义。因此，相关的建筑师的责任也变得越来越大，既要创造人类新文化，复兴和继承人类传统文化，又要通过城市、建筑和环境的营造创造人类新生活，彰显和传播地域和民族文化，如此等等，建筑师真的变成了救世主和推动人类文明发展的主角，其肩上的包袱十分沉重。事实上，建筑也罢，建筑师也罢，当被赋予了过多的含义和责任时，必将导致其承载力所不能及，因而导致虚假，这就是“建筑的失语”。

纵观历史，建筑创作的精髓显然不是源自形而上的文化或理念的释义。柯布西耶在《走向新建筑》一书中说过，建筑与各种“风格”无关。密斯也说过：“……形式不是我们的目标，而是我们工作的结果。……我们的任务是把建筑活动从美学的投机中解放出来。”

在建筑创作中避免泛意识形态的趋向，与其教导建筑师和业主提高个人觉悟和修养，不如通过一种程序化的控制和操作来规避这种创作中的误区。建筑策划就为这种程序化提供了工具和方法。

对社会来讲，建筑师只是一个实实在在地设计房子和造房子的职业，文化固然重要，理念固然重要，但作为一个社会的角色，为社会提供产品，要想在设计作品的文化创意上步入一个自由王国，就应该使自己首先进入一个建筑设计理性依据研究的必然王国，去关注和研究从人类行为模式出发的空间组合，研究人在建筑中使用的实态，科学定量地分析各部分的比例和定位，进而得出理性的设计依据，也只有在这一基础之上，建筑师才能无顾忌地在这个建筑创作中自由地思考文化这个命题。这也正是建筑策划给建筑师的基本任务，它是建筑师实现文化创作的保障。

3 建筑策划的方法

建筑策划作为国际化职业建筑师的基本业务之一[①]，其相关理论知识已成为建筑学理论的基本组成部分，多学科融合的建筑策划方法的掌握也将成为当今职业建筑师的一项基本技能。截至2014年，《国际建筑师协会关于建筑实践中职业主义的推荐国际标准》的17项政策之一"实践范围"一项中明确了"建筑策划"是建筑师需提供的7项专业核心服务之一。[②]

自1959年美国人威廉·佩纳（William M Peña）和威廉·考迪尔（William W. Caudill）在《建筑实录》上发表"建筑分析：一个好设计的开始"一文开始，建筑策划经历了几十年的实践与发展，传统策划方法已经逐渐走向成熟。同时，随着信息时代的深入发展，大量的数据资源以及信息的共享，使得建筑策划方法在结合建筑工作自身特点的基础上与其他有关学科的发展也始终保持着密切的联系。一方面，在建筑策划的工具层面，自计量制图迅速转变成计算机辅助协同设计以来，调查问卷从人工现场随机采集手工录入逐渐被在线调查数据库所取代，问题搜寻的"棕色纸幕墙"也正在被各种可视化工具所代替，传统的单个文件数据库逐步变成了集成建筑策划信息模型系统；另一方面，模糊数学的发展以及大数据技术的兴起，使得传统的建筑策划方法的理念发生了转变。原本刻意追求精准的决策理念由于模糊决策理论的出现和引入，使得传统决策方法事实上不可能精准的风险得以降低。小数据时代以有限样本数和低纬度数据寻求对问题和信息的简化进而追求精准统计的方法瓶颈被大数据全样本论证方法所突破，方法更新使得建筑策划对问题的界定和信息条件的认知更加准确，使效能大幅度提高。在这个转变的过程中，建筑策划采用融合其他多学科的研究方法，从策划方法理念和策划技术等方面探索出了新的研究视角。

建筑策划作为建筑学一级学科下的一个重要研究方向，已经经历了几十年的发展，从其源起即具有多学科融合的特性。建筑策划研究解决的是建筑设计的底线问题，在决策这些边界条件的过程中会涉及较多定量和定性的分析方法，而这些方法融合了管理、数学、计算机等相关学科领域的知识。因此，从建筑学整体学科体系来看，建筑策划是最适宜多学科交叉研究的焦点之一，是一个追求科学理性的阶段，实现了一个从"混沌"到"清晰"的过程。相对于设计过程的感性与创造力而言，建筑

---

① 美国国家建筑科学研究所（NIBS）编写的《建筑整体设计导则》（WBDG）中将设计学科分为14个部分，建筑策划是其中一个独立的环节。

② 7项专业核心服务分别是项目管理、建筑策划、施工成本控制、设计、采购、合同管理、维护和运行计划等。

策划更加追求客观全面的决策认知、科学理性的决策过程与均衡全面的决策结果。因此，建筑策划比建筑学的其他领域更加容易与现代自然科学相融合。

下面将对建筑策划的具体方法进行介绍。

3.1 建筑策划方法的误解与概念界定

3.1.1 传统方法的三点误解

纵观建筑策划的发展进程，随着时代和科学技术发展阶段的不同，在建筑策划的实操过程中呈现出具有代表性的方法倾向，这些倾向因片面追求和夸大某一方面的方法而使策划缺乏系统性和整体性，我们可以称之为对策划方法的误解。第一点误解是源于事实学的策划方法。根据事实学的方法论，强调社会生活对建筑策划的限定性，从而以认识建筑和社会生活的关系为目的。事实学原本是研究现象对象的学问，在这里就是对建筑和生活以及相关实态加以记述的研究。在建筑策划中，事实学所表述的内容和结果如面积、大小、尺寸等恰恰是建筑策划可操作性的反映，但它摒弃了主观思维方式对与建筑相关的外界实态的充分记述，这种以事实学为理论依据的策划方法可以称为事实学策划方法。事实学的建筑策划方法只反映客观的现象，将建筑策划的方法都建立在事实的记录和收集之上，反对主观的思维和加工，只研究建筑的尺寸、大小等与实态相关的指标和数据，而不关心策划程序中对理论原理和技术的运用。

第二点误解是技术学策划方法。根据技术学的方法论，强调运用高技术手段对建筑和生活相关信息进行推理，只研究信息的分析和处理方法。技术学策划方法忽视建筑策划对客观实态的依赖关系和因果关系，过分强调以技术的手段解决建筑设计中的前期问题，仅以计算机技术来替代建筑策划的研究。技术特有的自我增值和非人性的一面使其游离于现实，把建筑策划片面地引导到只关心高技术的方向上去。

第三点也是最普遍的一点误解就是所谓规范学的建筑策划方法。规范是人们通过对经验的总结而形成的习惯方法和程序的记载。规范学的建筑策划方法是单纯摒弃对现实生活实态的实地调查，不关心社会生活方式因时代发展而发生的新变化，只凭规范、资料及专家的个人经验而进行的建筑策划。规范学的思想忽略了建筑也是一门不断发展的科学，不屑去关心社会生活方式的改变对建筑的影响。总是以既成的、有限的建筑作为新建筑的蓝本。因此，规范学策划方法所创造的建筑是停滞而僵死的空间。

摆脱以上三点对建筑策划的误解，将它们统而合一，建筑策划方法的概念就清晰可见了。那就是从事实学的实态调查入手，获取第一手的关于人们使用空间的行为特征及要求，进而，以规范学的既有经验、资料为参考依据，对实态调查的数据进行比较分析和统计，然后，运用现代技术手段及跨学科方法进行综合分析论证，最终实现建筑策划的方法结论（图 3-1-1）。

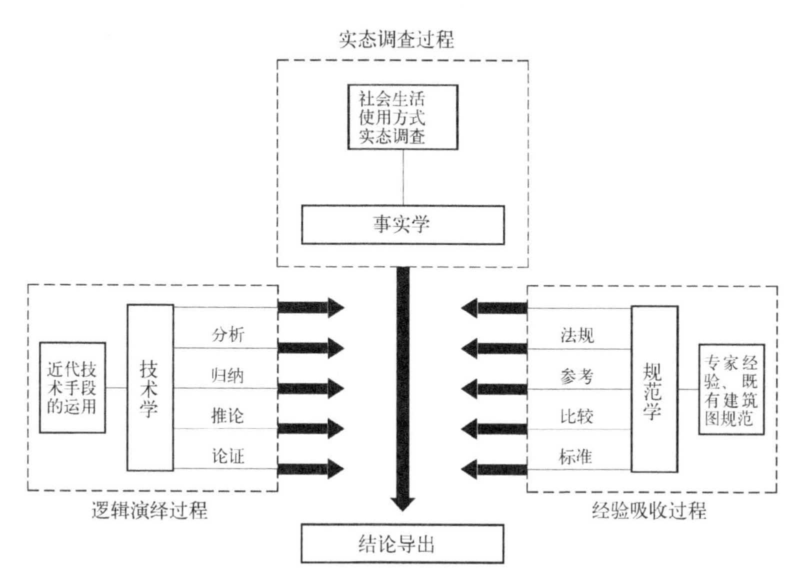

图 3-1-1 建筑策划的方法模式

3.1.2 方法论层面下概念的界定

在建筑策划方法的研究过程中，通过对策划方法的具体解释和表述可以得出建筑策划方法的两个概念界定：一是操作概念的规定，二是现象类型化的规定（图 3-1-2）。

操作概念的规定是指建筑策划过程中对相关物理量、心理量的概念化的描述，它是描述和说明人对物质环境客观反映和直觉感受的“词汇”。对“词汇”的拟定是进行建筑策划的起点，建筑实态的调查目标、调查表格的拟定都是由一组“词汇”的拟定开始的，例如对空间进行建筑美学的调查，建筑师就要分别对相关物理量和心理量进行规定。物理量诸如面积的大小、空间的尺寸等，心理量如明暗、开敞、封闭、压抑等，以此作为建筑策划操作中实态调查和分析的依据。另外，在大数据的采集过程中，“词汇”的语义学界定也是非常有用的，比如在研究和统计城市空间中人群聚集行为和空间负荷量时，可以运用手机终端 APP 的网评数据中语义学的统计，来实现操作概念的明确和规范界定。这些概念的拟定，应当具有明确的可判定性，同时还要有一定的可度量性，以此保证在建筑策划中对各信息的采集和交换时进行建筑化的描述。

类型化的规定是指建筑策划对目标实态性质、特点的认识，它是对技术决策可行性的探讨。类型化的规定不是对共性、普遍性的说明，而是对个别性、必要性的说明。建筑的类型化可以从建筑的使用性质的差异、使用对象的差异、使用目的的差异入手，区分出公共建筑、工业建筑、居住建筑、交通建筑等建筑类型。调查可从实态的角度、规范的角度、技术的角度去进行，它是建筑策划方法的基本步骤之一。需要注意的是，类型化的规定不是固定不变的教条主义，在不同的客观条件和社会环境下，以不同的类型化视角对建筑设计目标进行界定也是建筑策划的内容之一。类型化的规定与前者共同构成建筑策划方法的最基本的内容，并在此基础上进

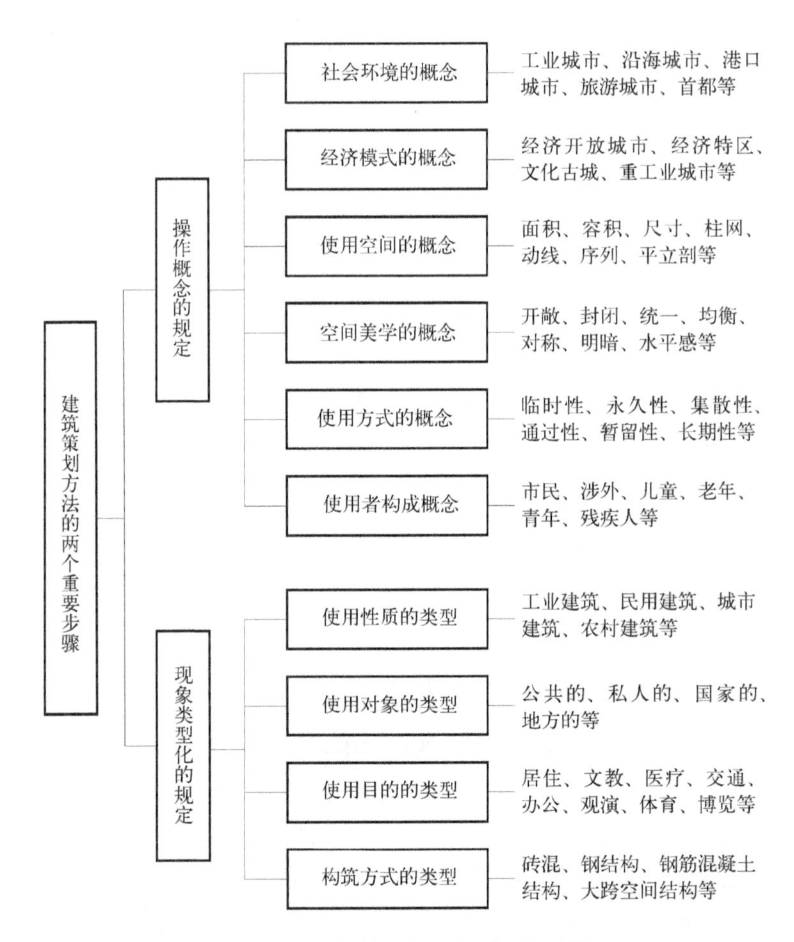

图 3-1-2 建筑策划方法的两个重要步骤

行构想、预测、评价，最终达到建筑策划的目标。对于其中具体的构想、预测和评价的方法，我们将在本章第四节中论述。

3.2 建筑策划的方法

3.2.1 早期的问题搜寻及其局限性[①]

由威廉·佩纳等人于1969年首次出版的建筑策划专著《问题搜寻：建筑策划初步》[②]（Problem Seeking：An Architectural Programming Primer, 1969），包含了对建筑策划早期基本方法的介绍说明。该书至今已出版了第四版，是对建筑策划作为完整的系统方法的全面而细致的论述。书中包含了诸多建筑策划的第一代方法技术，可

① Willie Pena, Steven A. Parshall. Problem Seeking.John Wiley & Sons.lnc. New York.2001:20.

② 王晓京将其翻译为《建筑项目策划指导手册：问题探查》，中国建筑工业出版社。

以笼统地以“早期的问题搜寻方法”概括，其对后来的建筑策划实践及新方法的产生和发展都有重大的影响，并奠定了建筑策划初期的基本技术路线，即发散地进行问题的搜寻、分析，并给出问题的界定和陈述，而将问题的综合解决留给下一步的建筑师在设计中去执行。事实上，威廉·佩纳的这种将策划与设计严格分离的做法，在后来几代建筑策划学者的研究中被逐渐修正与更新，策划与设计的交接变得越来越紧密，直至互相咬合、互相渗透。《问题搜寻》一书中包含的方法均由建筑策划团队在实践中总结发展而来，一些方法至今仍然在建筑策划过程中被广泛使用，例如棕色纸幕墙方法（Preparation of Brown Sheets）、调查问卷方法（Questionnaires）、卡片分析方法（The Analysis Card Technique）等。书中其他的一些策划方法，如数据管理（Data Management）和评估（Evaluation），今天已经发展为在计算机技术的辅助下完成。

图 3-2-1 建筑策划工作中的棕色纸幕墙方法[①]

棕色纸幕墙法（Preparation of Brown Sheets）：棕色纸幕墙法由于最早使用传统棕色纸悬挂粘贴在墙上作为背景而得名。建筑策划师将棕色纸挂在墙上，在纸上用不同大小的白色方块图形表示各个功能所需要的面积大小，以此方式反映建筑项目的空间需求，其目的是在建筑策划师与业主的交流过程中实时反映面积要求并按照预定原则进行空间分配。棕色纸幕墙上的每一块面积都表示该建筑项目已确定下来的、有明确功能用途的面积需求，通过建筑策划师的引导使业主客观地表达对功能问题的构想。棕色纸幕墙使得业主、使用者及公众可以最直观形象地了解到不同功能空间的面积比例，是建筑策划师与业主进行沟通的有效手段。另外，建筑策划师还可以在工作和讨论中利用棕色纸幕墙上不断修正的白色方块商讨面积的分配方式。图 3-2-1 是建筑策划师以棕色纸幕墙方法进行面积分配的场景照片。

在计算机技术尚未普及的年代，利用棕色纸幕墙法能够实现不同部门、不同机构及不同项目相关者的沟通，建筑策划师以棕色纸幕墙的可视化对复杂项目的面积分配进行反复梳理和修正，通过对棕色纸幕墙上的内容定期复制，也可供建筑策划团队进行展示和讨论使用。今天，建筑策划师在计算机上通过框图和分析图进行面积分配过程的梳理，生成可视化的面积分配图，与同项目相关者沟通，追本溯源，都可以回到棕色纸幕墙法上。图 3-2-2 是用计算机生成的面积分配框图，可以看到与图 3-2-1 中的棕色纸幕墙类似。

棕色纸幕墙法可以认为是可视化的面积分析方法系统地应用于建筑策划领域的最早方法之一。在可视化方面，棕色纸幕墙法将众多调研信息在图面上建立起简洁、高效的关联，从而协助建筑师对客观条件进行认知，梳理思维过程和决策过程。同时，棕色纸幕墙法作为最早构建起的建筑策划信息模型，协助策划过程中多主体的协作与沟通，即使在今天，依然具有重要的借鉴价值。

问卷法：问卷调查的方法最早来源于社会学研究，是实态调查最常用的方法之一，在社会学领域广泛地应用于信息的统计和判断，而这些信息的收集过程正对应于建筑策划需要面对的问题搜寻与界定过程。问卷法通过前期针对特定人群设计问卷，发放、

① 威廉·佩纳，史蒂文·帕歇尔．建筑项目策划指导手册：问题探查（第四版）．王晓京译．北京：中国建筑工业出版社，2010.

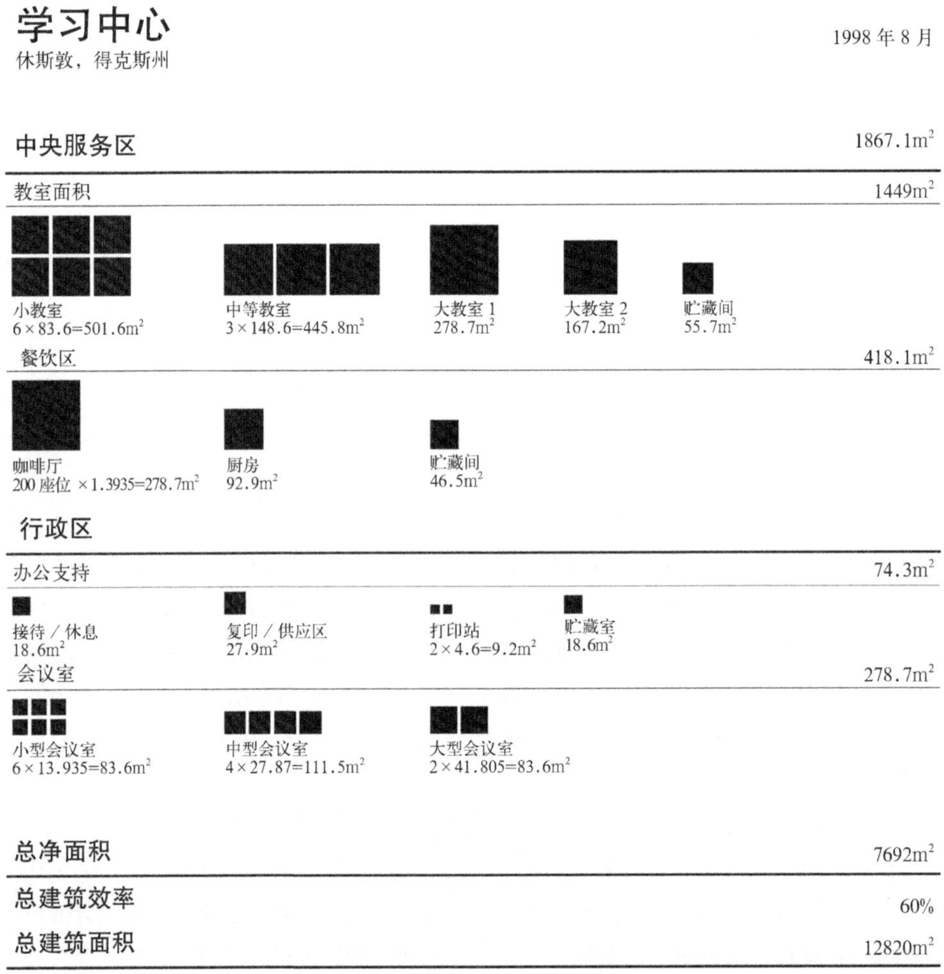

学习中心

休斯敦，得克斯州 1998年8月

中央服务区					1867.1m²
教室面积					1449m²
小教室 6×83.6=501.6m²	中等教室 3×148.6=445.8m²	大教室1 278.7m²	大教室2 167.2m²	贮藏间 55.7m²	
餐饮区					418.1m²
咖啡厅 200座位 ×1.3935=278.7m²	厨房 92.9m²	贮藏间 46.5m²			
行政区					
办公支持					74.3m²
接待／休息 18.6m²	复印／供应区 27.9m²	打印站 2×4.6=9.2m²	贮藏室 18.6m²		
会议室					278.7m²
小型会议室 6×13.935=83.6m²	中型会议室 4×27.87=111.5m²	大型会议室 2×41.805=83.6m²			
总净面积					7692m²
总建筑效率					60%
总建筑面积					12820m²

图3-2-2 计算机生成的面积分配框图[①]

回收问卷，统计问卷而得出有价值的问题和数据，一份有针对性的构思缜密的问卷可起到至关重要的作用。在问卷制定过程中，不仅需要考虑问卷所包含的内容——问哪些问题、得到哪些数据，而且要考虑问卷的发放对象和发放方式，以从正确的人群那里得到正确的数据。例如通过对使用者和业主的问卷调查，可以有效地反映出现有和将来的空间使用者的身份、喜好、空间需求及车辆需求，通过将所得数据按类汇总、分析，可以得到相应的空间需求及应对策略。下面以某公司对员工进入创新型写字楼前后的看法和使用情况进行的问卷调查为例，通过该问卷可以对员工办公环境进行评估，进而提出可行的空间介入手段，对之后的写字楼环境设计具有帮助。[②]

① 威廉·佩纳，史蒂文·帕歇尔．建筑项目策划指导手册：问题探查（第四版）．王晓京译．北京：中国建筑工业出版社，2010.

② Wolfgang F E Preiser 等．建筑性能评价（Assessing Building Performance）．汪晓霞等译．北京：机械工业出版社，2008：7.

	非常不满意				非常满意
声音上的私密性（不受声音干扰）	1	2	3	4	5
谈话的私密性（不被偷听）	1	2	3	4	5
视觉上的私密性（不被看到）	1	2	3	4	5
影响办公室气候（光照、遮光、通风）的可能性	1	2	3	4	5
自然光线	1	2	3	4	5
人工作场所向外看的景色	1	2	3	4	5
办公室总体气候	1	2	3	4	5
您的办公场地的大小					
方便性	1	2	3	4	5
形象	1	2	3	4	5
您的工作环境灵活度	1	2	3	4	5
与同事的距离	1	2	3	4	5
办公场所的分享	1	2	3	4	5
预留给您的工作场地	1	2	3	4	5
工作场地的特殊利用	1	2	3	4	5
工作场地的功能适应性	1	2	3	4	5
办公桌的调节	1	2	3	4	5
座椅的调节	1	2	3	4	5
手推车的移动	1	2	3	4	5

您如何评价新工作环境中的干扰？

	干扰减少	一样多	干扰更多
同事的询问	□	□	□
同事与其他人的谈话	□	□	□
同事打电话	□	□	□
同事在周围行走	□	□	□

下面几个方面在您的新工作环境中有何变化？

	减少	不变	增加
与同事的联系	□	□	□
与上司的联系	□	□	□
您所在部门的团队精神	□	□	□

您的新工作环境对解决问题是更容易还是更难？

□更容易　　□一样　　□更难　　□其他，比如_____

您的新工作环境对您的工作效率有何影响?

□消极的　　□积极的　　□不知道　　□其他，比如______

您如何评价自己在新工作环境中的效率?

1	2	3	4	5	6	7	8	9	10

非常低　　非常高

我更愿意回到原来的工作环境中吗?

□不同意　　□无所谓　　□同意　　□不知道

您对新工作环境的总体印象如何?

□消极的　　□积极的　　□不知道

工作环境中哪 3 个方面对您的工作最具有积极作用?

1.______

2.______

3.______

工作环境中哪 3 个方面对您的工作最具有消极作用?

1.______

2.______

3.______

问卷法的技术原理是基于统计学概念的，即以有限样本的采集获得小数据，通过统计学方法的计算，推导并获得相对精确的普适性的结论。在问卷法中，问卷问题的设计是关键，问题的逻辑性和其反映的目标是数据收集与验证的前提。在问卷设计之前，建筑策划师需通过经验和预调研对问题进行分析与预测，问卷的有效性很大程度上取决于问卷设置的方向性，这是与大数据方法最大的不同之一。与之对应的大数据方法将在本章的第八小节加以介绍。

卡片分析法：卡片分析法被用于记录项目信息，在小卡片上以图形的方式记录与项目相关的目标、事实、概念、需求及问题等。卡片采用较小的尺寸，方便整理，每张卡片只表达一个想法或概念并采用图形的方式，以便人们理解，卡片的比例与幻灯片相同，以便于之后转化为投影向更大范围的人群汇报展示。卡片分析法的优势在于能够利用标题卡片、子标题卡片和内容卡片，以任意编组、分类、排序的方式在墙面上展示，加之图像信息的直观，方便与项目相关的人群迅速浏览并进行判断和决策，亦可随时根据需要增加或减少卡片。卡片分析法是棕色纸幕墙法之外的另一个认知信息关联与构建建筑策划信息模型的方法。威廉·佩纳以“信息全面、

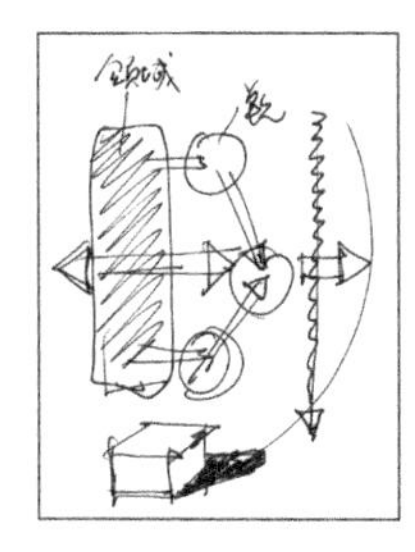
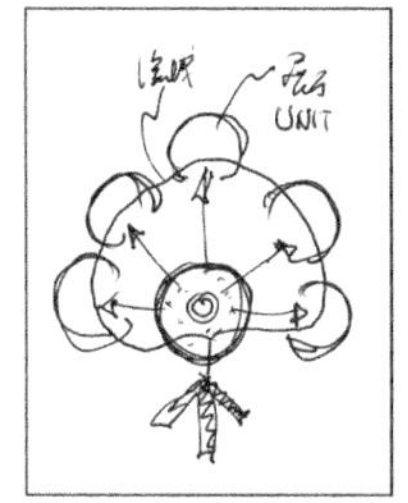
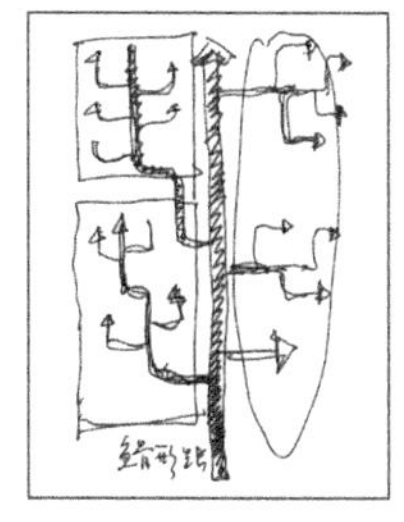
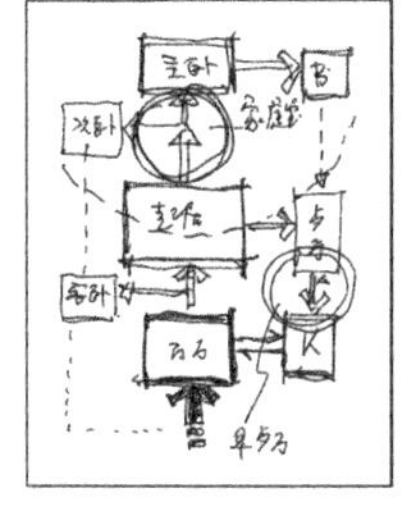

图 3-2-3 用于建筑策划分析的卡片

图 3-2-4 建筑策划中的卡片分析方法[①]

直观图形、最少文字、易于理解、便于展示、卡片分类、鼓励制作、预先准备”概括总结了卡片制作的八点要求。

以棕色纸幕墙法、问卷法和卡片分析法为代表的早期建筑策划方法——问题搜寻，对今天的建筑策划工作仍有指导意义。时至今日，问卷调查、图表绘制、面积需求框图分析等仍然是建筑策划实践中最常使用的手段之一。另一方面，随着建筑项目规模的不断扩大、现代生活的进步，使得建筑的功能进一步复杂化，越来越多新的功能和需求的出现，加之建筑设计方法的发展与建筑技术的进步，使得早期的建筑策划方法已不适应今天的建筑策划工作。于是，近些年建筑策划学者不断探索，结合计算机技术的普及、数学工具的发展、决策理论的引入和大数据思想与方法的兴起，使得建筑策划方法有了更多的发展。在下面几节将会对这些方法进行逐一介绍。

3.2.2 矩阵法

建筑策划流程中的一个重要方面是收集和分析业主或使用者的组织结构、理念、工作流程和它们对应的空间功能关系，其目的是确定业主或使用者内部不同使用群体的相邻条件。矩阵法是一种对建筑空间功能关系进行分析的方法，通过构造相邻关系图、相关系数矩阵进而生成空间关系矩阵，以清晰明确地表达出各功能空间之间的紧密程度。

在进行建筑策划时，设计师可以使用问卷调查法对不同的群体进行调查，以了解不同群体和不同功能之间的相邻关系。相邻关系可以用相邻关系图记载，并以不同程度的描述（例如重要、想要、可要、无所谓）来衡量。

---

① 威廉·佩纳、史蒂文·帕歇尔．建筑项目策划指导手册：问题探查（第四版）．王晓京译．北京：中国建筑工业出版社，2010.

相关分析是测度事物间统计关系强弱的一种方法，旨在衡量变量之间相关程度的强弱，例如血压与年龄、子女身高与父母身高、高层建筑核心筒面积与标准层面积、建筑设备所占面积与总面积等。在建筑策划中，通过对相邻关系的统计和数据处理，可以得出不同功能空间的相关系数。相关系数的绝对值越接近 1，表明两个要素之间相关性越大。相关系数的计算可以使用 IBM 公司出品的 SPSS Statistics 数据统计与分析软件，表 3-2-1 为对多个高层写字楼的各项空间指标进行调查后统计分析形成的各项功能空间的相关系数表，如实地反映了不同指标之间的线性关系。在"3.2.5 多因子变量分析"中也将应用到相关系数的计算。

高层写字楼标准层各功能空间相关系数[①] 表 3-2-1

相关系数	标准层建筑面积	净高	层高	客梯数	标准层进深	标准层男厕数大	标准层女厕数大	核心筒面积	核心筒和走道建筑面积
标准层建筑面积	—	0.1630 (93)	-0.0400 (20)	0.2863 (100)	0.6545 (12)	0.5231 (14)	0.5039 (13)	0.7406 (14)	0.8351 (12)
净高	0.1630(93)	—	0.4497(15)	-0.026 (112)	0.4842 (11)	0.1592 (12)	0.1628 (10)	0.2241 (11)	0.5238(9)
层高	-0.0400 (20)	0.4497 (15)	—	-0.0102 (19)	0.2681 (12)	0.6321 (13)	0.5166 (13)	0.4118 (14)	0.4284 (12)
客梯数	0.2863 (100)	-0.026 (112)	-0.0102 (19)	—	-0.4189 (13)	-0.1548 (15)	-0.1748 (13)	0.1513 (14)	-0.0005 (12)
标准层进深	0.6545 (12)	0.4842 (11)	0.2681 (12)	-0.4189 (13)	—	0.3921 (12)	0.2624 (11)	0.2063 (12)	0.4219 (10)
标准层男厕数大	0.5231 (14)	0.1592 (12)	0.6321 (13)	-0.1548 (15)	0.3921 (21)	—	0.9124 (13)	0.6146 (13)	0.5571 (11)
标准层女厕数大	0.5039 (13)	0.1628 (10)	0.5166 (13)	-0.1748 (13)	0.2624 (11)	0.9124 (13)	—	0.4817 (13)	0.4503 (11)
核心筒面积	0.7406 (14)	0.2241 (11)	0.4118 (14)	0.1513 (14)	0.2063 (12)	0.6146 (13)	0.4817 (13)	—	0.9835 (12)
核心筒和走道建面积	0.8351 (12)	0.5238 (9)	0.4284 (12)	-0.0005 (12)	0.4219 (10)	0.5571 (11)	0.4503 (11)	0.9835 (12)	—

为了更清晰地表示出不同功能空间的相互关系，可以将问卷分析结果进一步表示为互动关系的矩阵。在矩阵中以不同的符号表示不同人群或具体规划设计区域之间的相邻关系。图 3-2-5 为清华科技园区的空间关系矩阵，利用这种方法可清晰地呈现空间的功能联系，以便于建筑师在之后的空间布局中做进一步的设计，避免功能不合理造成的使用上的缺陷。

① 表格来自清华建筑设计研究院有限公司对清华科技园高层写字楼项目的策划报告。

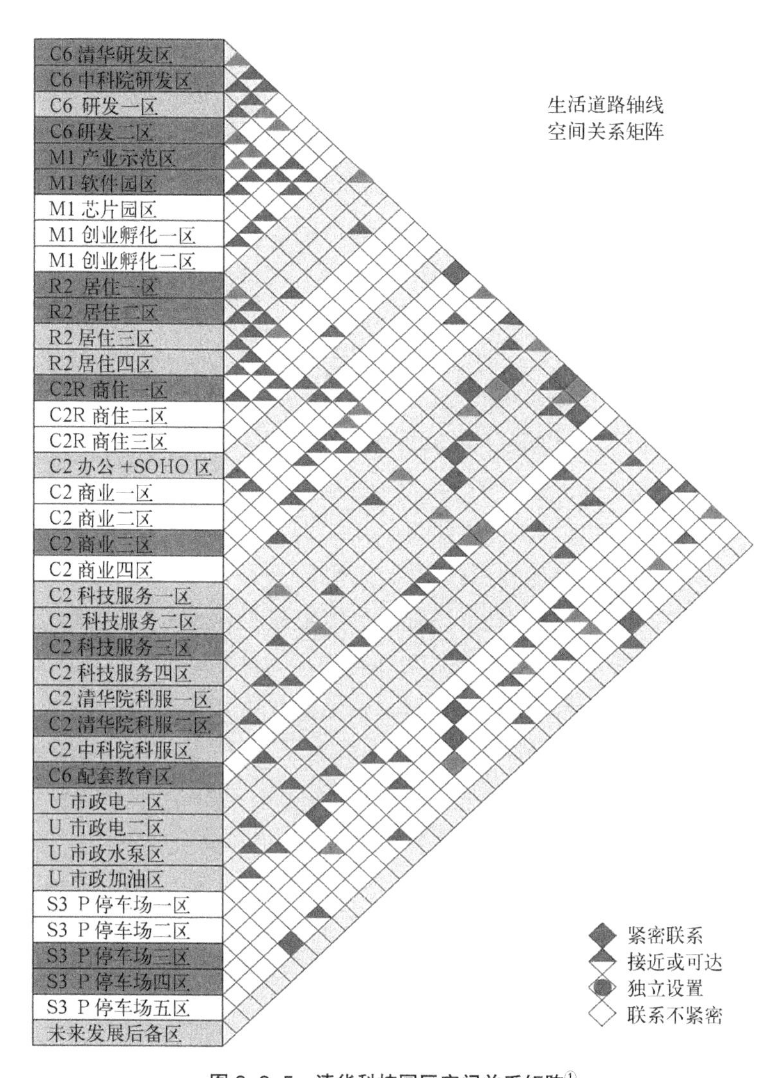

图 3-2-5 清华科技园区空间关系矩阵[①]

3.2.3 SD 法——语义学解析法

SD 法是 Semantic Differential 法的略称，是由 C·E·奥斯古德[②]于 1957 年作为一种心理测定的方法而提出的。从字面上讲，SD 法是指语义学的解析方法，即运用语义学中的“言语”为尺度进行心理实验，通过对各既定尺度的分析，定量地描述研究对象的概念和构造。这本书刚一出版就引起了人们的关注，SD 法在短短的时间内得到了普及。可是，目前 SD 法在心理学等相关领域却慢慢被人们忽略了，而在建筑、室内工程、商品开发、市场调查等领域却备受青睐。在日本，以小木曾定彰和乾正

① 图片来自清华建筑设计研究院有限公司对清华科技园高层写字楼项目的策划报告。

② C.E.Osgood. etal.. The Measurement of Meaning, Illinois Univ. Press，1957.

雄的《SD 意味微分法による建筑物の色彩效果の测定》[①] 为例，运用 SD 法研究建筑空间和色彩等课题已发展到了炉火纯青的地步。此后，建筑策划领域里 SD 法的应用实例也不断增加。但是，以建筑空间为对象进行心理评定的 SD 法与前述的实验心理学的 SD 法却有若干差异，这是由于对不同的对象进行心理评定的相关因子不同而造成的，两个领域尽管研究对象不同，但方法的本质是相同的。SD 法已成为建筑和城市空间环境相关心理量主观评价（如偏好性等）定量分析和评定的基本方法之一。

以建筑和城市空间为对象的 SD 法，可以概括为：研究空间中的被验者对该目标空间的各环境氛围特征的心理反应（如偏好性），对这些心理反应拟定出“建筑语义”上的尺度，而后对所有尺度的描述参量进行评定分析，定量地描述出目标空间的概念和构造。

一般说来，这种行为与平面、意识与空间相对应的心理和生理反应，仅从外部进行客观的观察是困难的，通常我们可以通过直接采访或询问被验者而获得。这种信息的摄取方法可以有许多种，可依据调查研究的目的来选择。

SD 法研究人对空间的体验并对体验的心理和生理反应加以测定，其研究的对象可以是空间的全体，也可以是空间的一部分，例如对“剧场观众厅色彩”的研究等。最初“语义”上尺度的拟定是任意的，建筑师根据目标空间的特性以及建筑策划的目的和内容，运用建筑语言加以设定，这也就是本书第三章 3.1.2 中提到的“操作概念的规定”。获得空间氛围特征的心理、物理参量后，运用数学和统计学的多因子变量分析法进行整理，如果针对目标空间所拟定的描述项目数为 n，则三维物理空间的氛围特征就可以用空间环境的 n 维心理量和物理量加以定量的描述。

SD 法操作要点归结如下：

1. 基本程序（图 3-2-6）

（1）实验的准备：空间环境信息量、相关因子轴的设定以及因子轴构成的代表尺度的设定。

（2）实验的运行：寻求代表尺度的评价值，确定各因子轴的对应数值。

2. 评定的尺度

SD 法相关因子轴的设定和评价尺度的设定就是我们前面提到的“操作概念”的设定。通俗地讲，就是建筑师根据空间环境的特征和研究目标，运用建筑学的概念和语汇对空间环境的相关信息进行语义学的描述和修辞的过程，即描述空间环境“形容词”的设定过程。

有趣的是，这一过程可以从《意大利游记》、《欧洲游记》对建筑空间的生动描述中获得灵感。将研究对象或空间的照片展示给人们，以收集人们由此而联想到的描述空间的形容词。显而易见，对于不同的人，不同的联想甚至截然相反的联想是必然存在的。

因此，形容词的设定一般为正义、反义成对地进行，如图 3-2-7 所示即为评定

---

① 小木曽定彰，乾正雄 .Semantic Differential（意味微分）法による建筑物の色彩效果の测定 . 鹿岛出版会，1972.

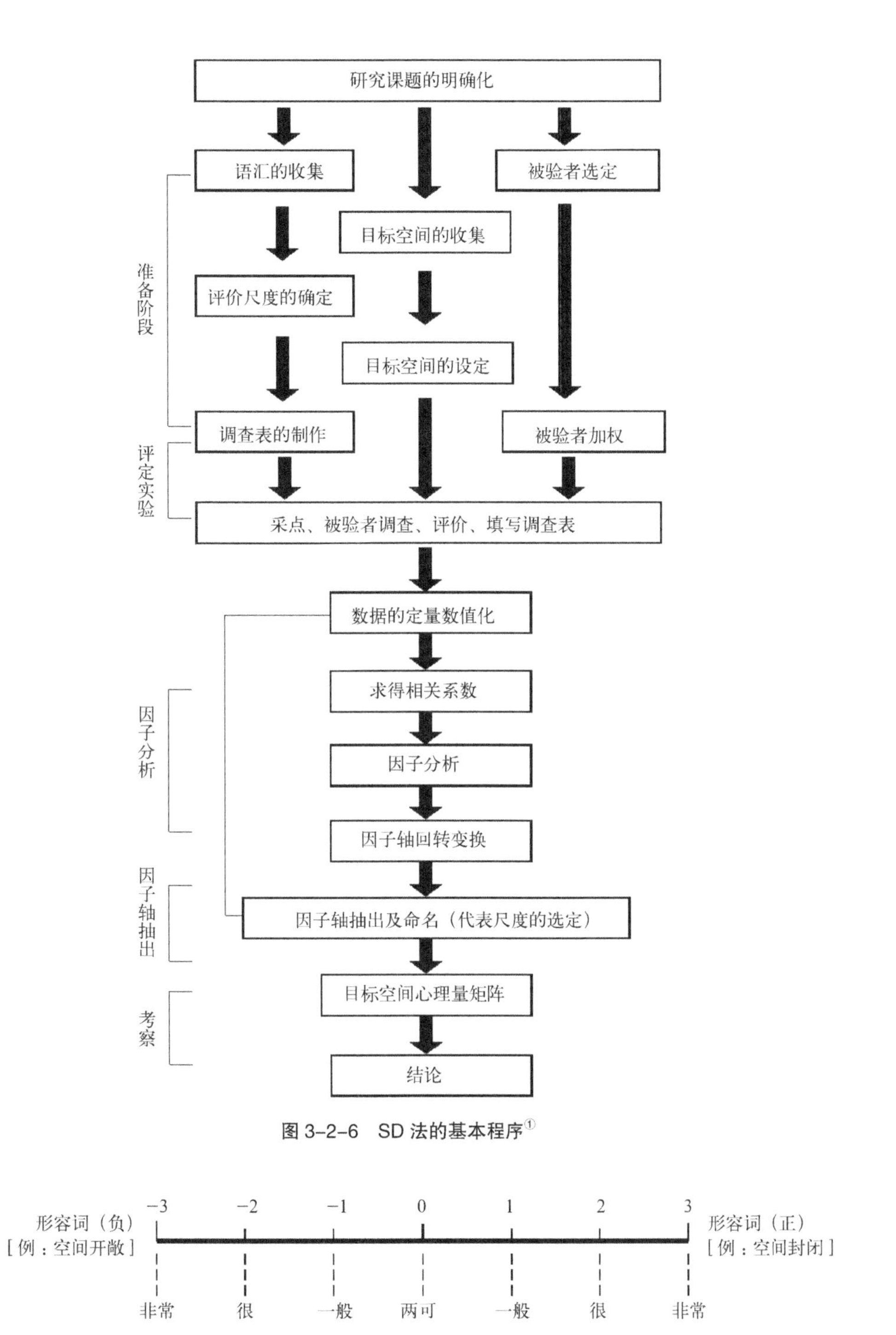

图 3-2-6 SD 法的基本程序[①]

图 3-2-7 SD 法评定尺度的设定[②]

① （日）船越辙 . 多因子变量分析：66.

② 图片出处同上。

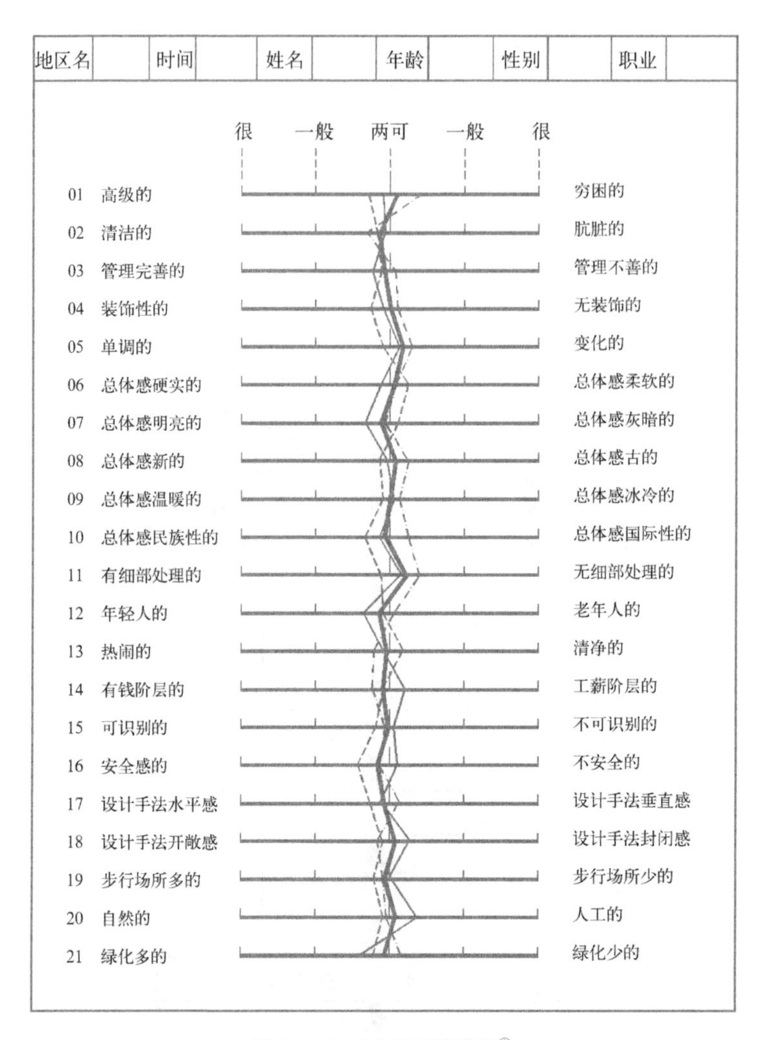

图 3-2-8 SD 法调查表例①

尺度设定的模式。评定尺度的设定是根据“二级性”（bi-polar）原理进行的，在这一过程中要注意避免那些过于牵强的形容词对的选择和不常用语汇的使用。在级段制定时，应避免以 0 为中点的非对称尺度的出现。当评定尺度的级段少于 5 级时，评价的精度将会降低。但单方面追求精度会使因子分析数据处理量增加很多，一般经验认为评定尺度以 5~7 级，形容词对以 20~40 对为宜，这样基本上可以对目标空间进行较为全面、客观且可操作的描述和评价了。随着大数据方法和计算机统计工具的发展，通过互联网大数据检索提取海量形容词进行语义评定已经应用于建筑策划领域，但本质上仍然是 SD 法的发展。

评定尺度设定后，调查表即可制成（图 3-2-8）。具体制表方法我们将在 3.3 建筑策划步骤的展开中详细论述。

① 引自笔者在日本发表的《多摩新城居住区空间调查分析报告》。

3. 被验者

被验者即 SD 法的调查对象，通常包括男、女、老、幼全组分的人群。考虑到加权及概率分布规律，通常选取 20~50 人为宜。为了便于数据的处理和结果的分析，一般又将被验人群分为年龄组、性别组、专家组及非专家组等。但是也要看到这种基于建筑语汇描述空间环境的相关量的调查对于一般非建筑专业的被验者来讲，在对空间环境的描述和理解上是有一定难度的。考虑到由此而可能产生的判断上的误差，调查的同时，建筑师应加强民众化的意识，并努力提高全社会建筑美学的素养，必要时进行不同组分的权重值计算。

4. 评定实验

在评定实验中，最重要的一点是建筑师向被验者展示目标空间的方法，即引导被验者对目标空间进行体验和描述。通常可以通过拍摄照片、幻灯片、录像等手段对目标空间加以记录。在对如地坪标高、顶棚高度等项目进行实测时，亦可制作空间模型，必要时应对模型材料的质感和精度加以说明。在建筑师向被验者展示目标空间的过程中，应注意训练被验者通过对模型和照片的观察想象实际空间的能力。

建筑师在这里要指导被验者掌握评定尺度，向被验者解释描述目标空间的各物理量、心理量的含义及完成调查表的方法。调查表完成之后，要将各调查表中偏差最大的值去掉，而后将所有表格绘出曲线，排列在一起，运用计算机相关程序（将在 3.2.5 中论述）即可便捷地求出它们的平均值，如图 3–2–8 中的粗线，这条曲线即是该目标空间的物理量、心理量评价的平均变化曲线。此后，就可以以此对所收集的数据进行因子分析了。

5. 因子分析

因子分析是运用计算机调查表的数据进行多因子变量分析的过程，是目标空间全方位的操作。其具体方法，我们将在 3.2.5 中详细论述。

6. 因子轴的抽出

根据因子分析的结果，可以列出因子负荷量表（表 3–2–2）。以因子负荷量的大小顺序排列，而后考察因子轴构成的尺度，并加以命名，选定代表尺度。横轴代表目标空间，将代表尺度的各因子值记入，即可得到空间环境的心理量和物理量的相关矩阵。根据矩阵的分布可以对目标空间的 n 次元心理量、物理量进行评价。

SD 法在建筑策划中用于目标的确定，性质规模（广义空间概念）的确定，内外部条件的调查——社会环境、自然环境、景观、空间的物理量、心理量的分析，空间的构想——动线、空间比例、空间形式等环节的设定，为最终建筑策划报告书的制成作理论和技术的准备。SD 法的具体应用实例，我们将在 3.2.5 节和 4.2.4 节中加以介绍。

住宅区外部环境评价的因子负荷量表[①] 表 3-2-2

相关因子	平均值	因子负荷量					
		Ⅰ	Ⅱ	Ⅲ	Ⅳ	Ⅴ	Ⅵ
03 管理完善的	2.400	0.817	−0.121	0.042	−0.113	−0.013	0.099
04 装饰性的	2.330	0.656	−0.083	0.089	−0.133	0.160	0.220
09 总体感温暖的	3.030	0.561	−0.389	0.122	−0.227	0.149	0.125
08 总体感新的	2.420	0.485	0.271	0.049	−0.315	−0.253	0.302
01 高级的	2.850	0.479	0.097	0.402	0.265	0.147	0.192
02 清洁的	2.790	0.393	0.263	0.315	0.081	0.312	0.217
19 步行场所多的	2.210	0.389	0.277	0.087	0.140	−0.213	0.053
10 总体感民族性的	2.620	−0.009	0.784	−0.025	−0.024	−0.043	0.145
21 绿化多的	2.670	0.135	0.766	0.229	0.013	0.096	0.046
20 自然的	2.850	−0.209	0.739	−0.100	0.207	0.089	−0.098
07 总体感明亮的	3.210	0.028	−0.723	−0.163	0.031	0.041	0.083
12 年轻人的	2.550	0.069	0.425	−0.416	0.096	−0.157	−0.024
17 设计手法水平感	3.540	−0.143	−0.207	−0.701	−0.001	−0.062	0.022
06 总体感硬实的	2.880	−0.089	0.029	0.685	−0.174	−0.063	0.272
05 单调的	3.140	0.126	0.004	0.098	−0.776	0.039	0.064
13 热闹的	2.570	0.229	−0.304	0.008	−0.608	0.103	−0.034
14 有钱阶层的	2.800	0.114	0.146	0.074	−0.236	0.532	0.216
15 可识别的	3.010	0.371	0.014	0.190	0.064	0.045	0.593
18 设计手法开敞感	2.820	0.230	0.018	0.403	−0.166	0.272	0.525
11 有细部处理的	3.530	−0.238	0.054	−0.218	0.012	−0.037	−0.163
16 安全感的	3.030	0.185	−0.087	−0.010	−0.316	0.046	0.390

3.2.4 模拟法及数值解析法

建筑策划在确定复杂的前提条件、评价建筑设计构想等方面，由于涉及的范围和因素越来越广，所以建筑策划的实际工作也就越来越繁重和复杂，现实中逐一进行详尽的、直接的调查已变得越来越不可行，而且如此庞大的工作量，其经费问题也会令建筑师和业主挠头。鉴于这种情形，以与现实目标相仿的模拟空间作为研究对象，模拟实态环境、进行实验和数据分析的“模拟法”应运而生。

模拟法是用模型对实态事象、环境、空间进行模拟，并通过对模拟环境空间的分析来演绎和归纳现实环境和空间的方法。模拟的方法可以分为物理模型模拟法和理论模型模拟法。

物理模型模拟法可分为两种：一是运用简单材料，对环境空间的物理形态按比

① 引自笔者在日本发表的《多摩新城居住区空间调查分析报告》。

例缩小而建立起来的在特定方位上类似于真实目标的具象模型；二是运用计算机进行虚拟空间（cyber space）的描述，在屏幕上显示目标的三维虚拟图像，对这些小比例尺模型或计算机虚拟的空间图像进行分析研究。这种方法比较感性且直观，但逻辑性和说明性较差。

理论模型模拟法，是模拟法的核心。它是运用数学公式、流程图、框图等逻辑数理模型对实态环境、空间进行描述和分析的方法。理论模拟法的关键是将目标空间及环境"数式化"的过程，对数式进行解析而获得的一般解即为理论模型的模拟分析结果。尽管理论模拟法具有抽象性和普遍性，但由于建筑条件的复杂性，其中人文、自然等因素的交错盘结，非一般数学公式所能模拟，所以数式的模拟是有特定范围的。

很久以来已为建筑师们广泛运用的流程图和框图是另一种理论模拟的方式。它将人、物、环境的特性变化、运动流线、活动的前后顺序抽象出来，以框图、符号等通过图像加以模型化。这种图式的模型对建筑设计前期条件的分析，目标确定的研究，空间环境各物理量、心理量的相互制约关系及特性进行逻辑的表述有其独到的优越性，在建筑策划中有广泛的使用前景（图 3-2-9）。

理论模拟的运用在解析过程中会产生许多离散的解，对这些离散解的处理方法就是我们所说的数值解析法。计算机的运用使处理巨大而庞杂的理论模拟的离散现象成为可能，这也为建筑策划达到目标做好了技术准备。

作为技术手段，模拟法运用于建筑策划中主要是用来对建筑策划的相关情报、空间构想中的空间评价及空间品质进行预测。这种预测又分为静态预测作业和动态预测作业。所谓静态预测，是指在以某一实态空间环境为目标的理论模拟的模型中，标量（scalar）或矢量（vector）能够被确定，在此基础上进行的预测；所谓动态预测，是指在上述过程中再加入时间变量和场所变量，而形成的全方位的预测。模拟法是实现对现象的模拟，现象不仅是静态的，大部分是动态的，这种动态的模拟预测对建筑策划的内外部条件的确定、建筑策划空间构想的评价等有重要的意义。

首先，对于建筑策划的内外部条件的确定。以公共建筑为例，调查确定目标空间中非特定的多数使用者，预测其人口规模、特性、使用方式等，动态的模拟预测是基本的方法。此外，用地环境的条件、由潜在使用者到具体使用者发展的推测若

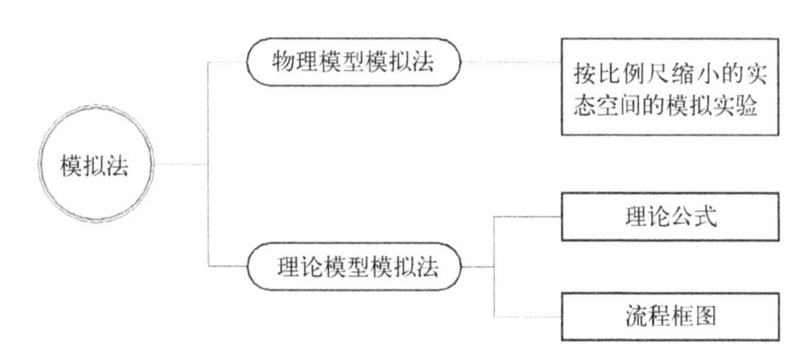

图 3-2-9 模拟法的分解示意

干年后的变化预测等，各种各样的外因和人口学等一系列复杂因素也只有通过动态预测才能进行正确的分析。另外，在城市建筑环境的调查中理论模拟法也经常被采用，而且往往是数学表达式和框图法同时并用，图 3-2-11 即为通过框图法来表达城市人口预测的模型，而图 3-2-12 是对建筑空间内卫生设备使用时间进行调研和大量数据的计算机拟合后形成的函数图像，其所表达的函数公式即为数学表达式的模拟法。

对于建筑策划案中的评价环节，使用者行为的预测是一个重大的课题。其涉及的范围从活动方式、对各类家具设施和设备的使用行为到使用区域中使用者的分布状态，亦即从家具、室内空间、建筑单体直至城市空间广阔的领域。

对于建筑空间中家具、设备等的策划构想和评价，是与行为科学相联系并以行为科学为依据的。为进行这一评价，首先要对使用者的使用行为进行模拟，而这个模拟过程则应运用行为科学的原理进行模型的组建，为使用行为的预测评价提供资料。

在建筑空间的构想方面，对动线的策划评价是最普通的。对平常及非常时交通工具器械的使用及人类的运动方式特征加以模拟，通过与人的活动相关的动态资料进行动线策划和评价。通常所说的“与人的活动相关的动态资料”的获得，是由对建成环境中人的活动以及人与建筑的各相关量的调查而得来的。这是由于待策划的建设项目尚不具有具象形态作实态调查的条件，这对物理和理论模型的建立造成了一定的盲目性。与建成环境的既有建筑相对应，则有利于较直观地建立起模型，而且其品质的评价也可以在对应目标环境的条件下，不断反馈、修正而使其愈发逼近真实的目标空间。因此，对实态空间的调查和模拟在模拟法中占有举足轻重的地位。模拟法进行空间实态的模拟，并通过模拟对建筑策划的空间构想进行评价，其关系框图如图 3-2-10 所示。

在这里我们可以举下面的例子来对理论模拟法的数学模型和框图的建立加以论述。

在建筑策划外部条件的确定中，人口的预测是一项重要的工作。与人口动态有关的“来源变量”、“层次变量”、“职业变量”、“比率变量”的相关量是模型建立的相关因子。“来源变量”是指人口的来源构成，“层次变量”是指某一参考标准时刻，

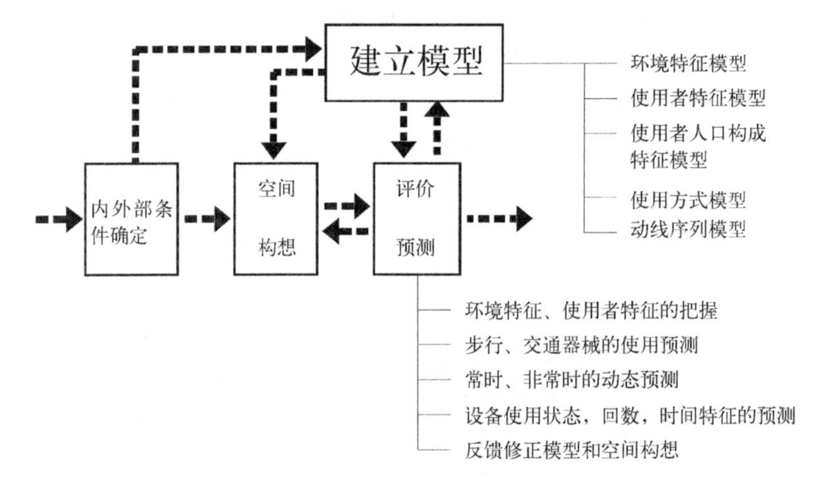

图 3-2-10　模拟法的关系框图

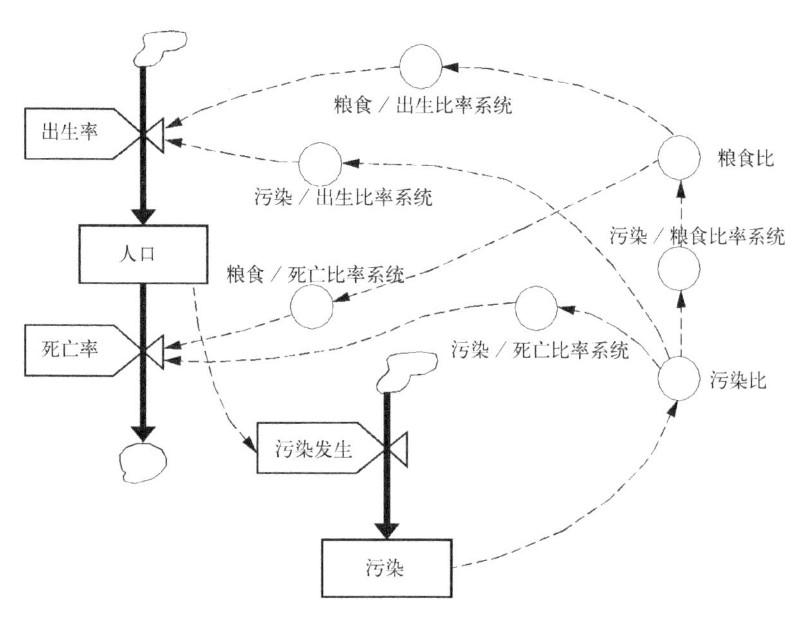

图 3-2-11 人口预测相关系统动态模式[①]

男、女、儿童、青年、中年、老年等依性别或年龄划分的人口构成，“职业变量”是指以职业划分的人口构成，而“比率变量”则是指出生率与死亡率比值的变化量。图 3-2-11 反映了人口预测相关系统动态的模式。

在住宅区域内多元的因素中，从地域人工化开发、自然破坏的因素开始到住宅区域内人口的死亡，各项因素间通过实态调查分析可得出相关图式，加入时间参考量即可得到整个系统按时间变化的相关轨迹，人口变化的预测即一目了然了。

其次就是通过对区域内设施使用状态的模拟预测，以此辅助建筑策划方案的评价。下面是以建筑空间内的卫生设备的使用状况目标进行模拟预测的一个例子。

假设使用设备为一只盥洗盆和两只恭桶。模拟分析的相关数据包括使用时间的间隔分布，使用者到达时间的间隔分布。这两个数据即可描述设备使用纯过程（所谓纯过程，是指使用者从到达、等待设备腾空到使用完毕的过程）的全方位状态特征。

首先，按被验使用者的序号，利用计算机对使用者到达时间和使用时间进行随机的记录，通过对既往实态的纯过程的观察和测定，使用时间的理论分布很容易推算出来（图 3-2-12）。将使用时间的理论分布用转迹线的圆盘刻度表示。使用频率高密集的段，刻度间隔较大，反之，使用频率低密集的段，刻度间隔较小（图 3-2-13）。这个转迹线，对于每一个使用者当指针旋转一次，指针停止的位置即为该使用者使用时间的刻度。转迹线全周与指针随机停止的刻度成对应关系。可见，其转迹线的刻度的疏密与图 3-2-12 所示坐标系的曲线是完全吻合的。

如果将使用者顺序编号的话，根据这一结果，可以顺次求得 1 号使用者的到达

① （日）茅阳一，森俊介．社会システムの方法．オ－ム社：46. 图 3-11.

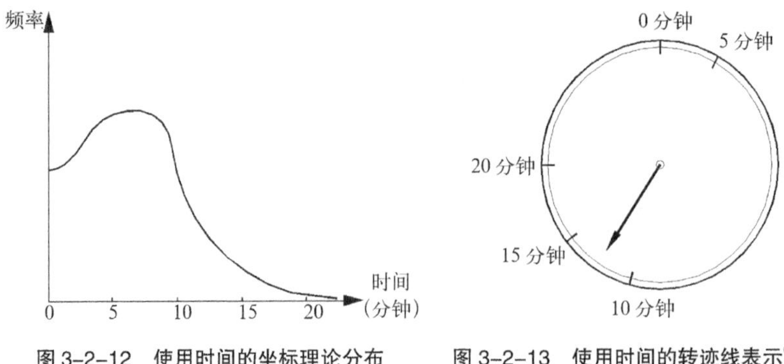

图 3-2-12 使用时间的坐标理论分布 图 3-2-13 使用时间的转迹线表示①

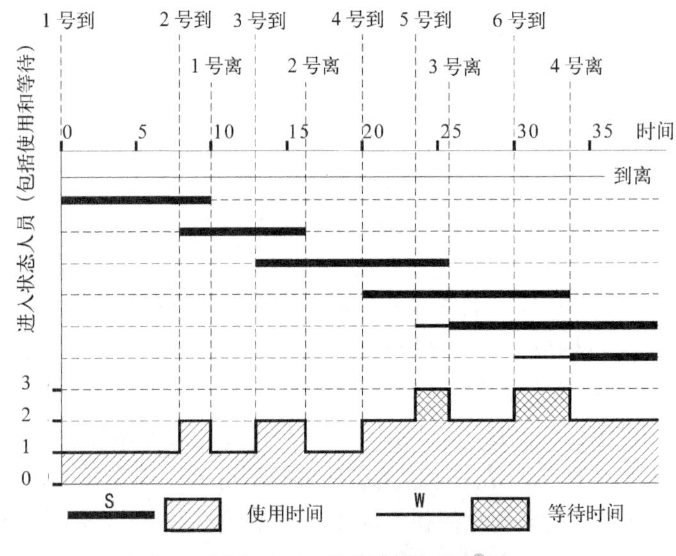

图 3-2-14 设备使用实态图②

时间、使用时间，2 号使用者的到达时间和使用时间……将这些数据理论化地全程相连，即可得到如图 3-2-14 所示的设备（两台）使用状况实态图。

图 3-2-14 的实态图反映了设施使用的纯过程的理论模型。这是一个随时间推进的连续的离散型模型，是对设施使用的单一事件的记录。这种按时间的单位间隔连续记载而建立起来的模型称为连续型模型。这种连续型模型，可以用来模拟随时间推进的事件的顺序起落、关系复杂的不特定的多数使用者的使用状况以及包含设施性能发生变化时各相关因素变化的比率等实态，是设施和设备使用状态理论模拟的重要方法，也是建筑规范中设备设置标准的依据。

一般在单位时间内对事件、使用者、设施等要素的运行状态进行随机确定，并描述全过程的连续型模拟法，对其模拟精度要进行必要的考证。将模型中的数据与既往数据加以对照，寻出不同数据点所对应的条件的差异，再反馈回来，对建立起的模型

① （日）服部岑生 . モデル分析：180. 图 2.3.

② （日）服部岑生 . モデル分析：180. 图 2.3.

加以修正。此外，还要尽可能提高模型的抽象性和理论指导性。这也就指出了模拟法的两个对立面：一是对实态高感度的追求，二是对实态理论表述抽象性的追求。

寻求模拟法的高感度，模型对实态的内外条件、前后相关关系、流程及因果关系越直观、越形象地表达越好，全程全方位地模拟以求得近似于实态的模型。另一方面，寻求抽象理论表述则要求强调模型的指导性，抓住主要矛盾，力求突出模型的特性，使模型更抽象，更具有普遍指导意义。一般来讲，模型越是抽象就越具有理论价值。一个优秀模型的建立，正是巧妙而完美地解决了这两个对立面的矛盾。

模拟法的意义在建筑策划中不可低估，它不仅在建筑策划的操作过程中提供了技术的手段，而且还为建筑创作的一般方法提供了一种抽象概括的模式，它是建筑策划和设计方法论的重要组成之一。

3.2.5 多因子变量分析及数据化法

多因子变量分析及数据化法主要对应于SD法（3.2.3节），是对SD法中的相关因子进行数据处理分析的补充方法。

在建筑策划的研究中，通过各阶段、各方法获得的数据需进行分类处理，才能找出其间的联系，并正确反映实态空间及事件。因此，研究多因子变量在数量和值域上潜在的个性、共性和相互关系是研究建筑策划方法论的关键。一般来说，少量的数据，在说明和解析空间及事件时很难全面、准确地反映出实态的全貌，因而多因子变量的数据处理多是大量的成组的操作。因子分析法正是研究大量相关数据，寻求其内在联系和规律性的逻辑法则，通过从大量的数据中抽取出潜在的、不直观的主要影响因素，可以将不明确表达的主观偏好提取出来，亦可将复杂的多变量降维为几个综合因子。但这里所说的“大量数据”仍然不是我们今天所说的大数据，它依旧是以统计学为理论基础，以有限样本统计为前提，通过统计学的数理分析，寻找普适性结论的一种方法。这类方法在建筑及其他相关领域的运用已经有很长的时间，但随着大数据的出现，人们开始对数据分析方法又有了新的认识。对于大数据方法，我们将在本章3.2.8中论述。

因子分析法的目的是从大量的现象数据中抽出潜在的共通因子，即特性因子，通过对这些特性因子加以分析，得出全体数据所具有的结构，为以数据作为实态表述来反映目标空间的调查手段提供理论的依据。SD法中多数的“语汇尺度”的评定值是变量，从这些变量中抽出若干潜在的特性因子，为下一步寻找并抽出明确目标及概念结构的因子轴作准备。

因子的数据化法就是将因子的特性项目（catalog）分类，将对这些特性项目的调查取样（sample）加以收集，这一收集过程是按照“同类反应模式”（pattern）进行的，而后在最小次元空间坐标系中求得因子的分布图，以此来研究数据的结构。

因子分析法是现代统计数学的基本方法之一。它的应用范围极广，在经济预算、商品销售、工业数据处理等方面都占有重要的位置。尽管所表述的目的不同，但原理和基本方法是相同的。

为了更加直观地了解和掌握这一方法，我们下面引用某中学初中二年级23名学生期末考试成绩的因子分析研究案例来对其基本方法加以论述。

【例】

某中学初中二年级某班级学生23名，在期末考试后，对他们的语文、数学、英语、政治、物理、地理、历史和生物共八门课程，以满分为100分来进行成绩的因子分析并进行数据的评价。选用的分析工具为IBM SPSS Statistics 20.0（以下简称为SPSS）。

首先，将23名学生视为调查样本个体从1~23进行编号，将八门课程的成绩录入SPSS。SPSS软件可以直接导入Excel电子表格，得到表3-2-3。这些数据直观上看不出规律，我们可以通过多因子变量分析对其八门学科变量进行分析。操作步骤如下（原理将在分析结果中阐述）：

在SPSS中选择“分析－降维－因子分析”，选择八门课程作为变量。

在“描述”中选择“KMO和Bartlett的球形检验”。

在“抽取”中选择“主成分方法”、“相关性矩阵分析”、“未旋转的因子解”和“碎石图”。选择“基于特征值”，特征值大于1。

在“旋转”中选择“最大方差法”，勾选输出“旋转解”和“载荷图”。

在“得分”中勾选“保存为变量”，选择“回归”方法，并勾选“显示因子得分系数矩阵”。

点击“确定”后得到结果。

学生成绩原始数据表[①] 表3-2-3

	CHINESE	MATH	ENGLISH	POLITICS	PHYSICS	GEOGRAPHY	HISTORY	BIOLOGY
1	87.00	95.00	91.00	93.00	93.00	87.00	78.00	84.00
2	92.00	77.00	46.00	88.00	81.00	99.00	91.00	91.00
3	86.00	39.00	49.00	88.00	60.00	60.00	43.00	51.00
4	76.00	32.00	59.00	77.00	45.00	67.00	62.00	45.00
5	82.00	68.00	30.00	70.00	33.00	71.00	60.00	67.00
6	81.00	62.00	58.00	56.00	59.00	64.00	41.00	56.00
7	83.00	36.00	39.00	74.00	42.00	62.00	56.00	74.00
8	83.00	41.00	66.00	80.00	51.00	50.00	26.00	62.00
9	77.00	60.00	24.00	74.00	51.00	57.00	50.00	69.00
10	87.00	46.00	32.00	66.00	51.00	72.00	76.00	63.00
11	65.00	88.00	29.00	50.00	86.00	70.00	13.00	57.00
12	81.00	49.00	51.00	84.00	48.00	56.00	31.00	50.00
13	86.00	73.00	90.00	90.00	83.00	75.00	78.00	70.00
14	77.00	31.00	35.00	84.00	47.00	64.00	51.00	68.00

① 原始数据来源于互联网。

续表

	CHINESE	MATH	ENGLISH	POLITICS	PHYSICS	GEOGRAPHY	HISTORY	BIOLOGY
15	79.00	24.00	34.00	79.00	72.00	80.00	33.00	56.00
16	68.00	51.00	30.00	92.00	42.00	74.00	52.00	48.00
17	74.00	52.00	33.00	68.00	60.00	63.00	44.00	55.00
18	85.00	26.00	42.00	77.00	48.00	62.00	69.00	57.00
19	83.00	39.00	35.00	52.00	62.00	47.00	44.00	85.00
20	85.00	39.00	44.00	69.00	61.00	64.00	30.00	54.00
21	59.00	53.00	57.00	55.00	63.00	48.00	33.00	83.00
22	67.00	49.00	36.00	80.00	52.00	69.00	33.00	65.00
23	80.00	35.00	46.00	63.00	60.00	59.00	34.00	73.00

下面进行结果的分析：

生成的分析结果首先包含相关矩阵（表 3-2-4），是对八门学科相关性的分析。从表中可以看出，数学和物理、历史和语文、历史和地理课程之间的成绩相关性较高。但是仅从相关系数[①]并不能得出学生成绩的影响因子及其比重。通常，如果所有变量之间的相关性都很低（例如都低于 0.3），就不适合进行因子分析。

相关矩阵表 表 3-2-4

		CHINESE	MATH	ENGLISH	POLITICS	PHYSICS	GEOGRAPHY	HISTORY	BIOLOGY
相关	CHINESE	1.000	-0.016	0.296	0.354	0.117	0.313	0.572	0.179
	MATH	-0.016	1.000	0.330	0.031	0.590	0.480	0.245	0.361
	ENGLISH	0.296	0.330	1.000	0.349	0.480	0.148	0.291	0.203
	POLITICS	0.354	0.031	0.349	1.000	0.016	0.485	0.473	-0.098
	PHYSICS	0.117	0.590	0.480	0.016	1.000	0.462	0.100	0.389
	GEOGRAPHY	0.313	0.480	0.148	0.485	0.462	1.000	0.593	0.157
	HISTORY	0.572	0.245	0.291	0.473	0.100	0.593	1.000	0.367
	BIOLOGY	0.179	0.361	0.203	-0.098	0.389	0.157	0.367	1.000

因子分析可行性还可以用 KMO 和 Bartlett 检验（表 3-2-5）。通常，如果同时满足取样足够度大于最低标准 0.5，球形检验 Sig. 值小于 0.001，说明该组数据适合进行多因子变量分析。本案例中上述条件均可满足，可以进行因子分析。

① 相关系数的求得是将 SD 法的调查结果输入 SPSS 软件系统中，通过电算得来的。相关系数的计算可以在 SPSS 中选择“分析 - 数据 - 双变量”，在进行因子分析时 SPSS 将附带完成相关性分析，根据 SD 法调查表的数据，分别以语文、数学、英语、政治、物理、地理、历史和生物为基点，用数理方法检验与其基点的值差，经过加权处理依次求得相关系数。

KMO 和 Bartlett 球形检验结果　　表 3-2-5

取样足够度的 Kaiser-Meyer-Olkin 度量。		0.506
Bartlett 的球形度检验	近似卡方	65.325
	df	28
	Sig.	0.000

在主成分列表（表 3-2-6）中，我们可以看到从八门学科中提取出的因子。由于八门学科只有 8 个变量，因而最多需要 8 个因子即可 100% 地表征原变量。通常我们选择特征根值大于 1 的主成分作为公共因子，本例中提取两个公共因子（因子 1 和因子 2），累计贡献率达到 60%。公共因子的提取也可以通过碎石图（图 3-2-15）进行选择，碎石图中前两个因子坡度较大，从第三个因子起坡度减小。

主成分列表　　表 3-2-6

成分	初始特征值			提取平方和载入			旋转平方和载入		
	合计	方差的 %	累积 %	合计	方差的 %	累积 %	合计	方差的 %	累积 %
1	3.124	39.055	39.055	3.124	39.055	39.055	2.407	30.092	30.092
2	1.646	20.569	59.624	1.646	20.569	59.624	2.363	29.533	59.624
3	0.989	12.362	71.987						
4	0.918	11.472	83.458						
5	0.548	6.849	90.307						
6	0.405	5.061	95.369						
7	0.263	3.287	98.656						
8	0.108	1.344	100.000						

提取方法：主成分分析。

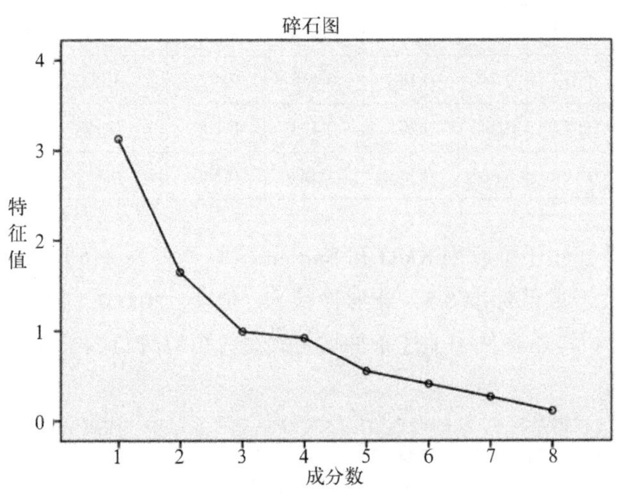

图 3-2-15　碎石图

因子载荷表示的是不同的原始变量在该因子上的载荷，载荷相似的变量可以归为一类。通过因子载荷矩阵（表 3-2-7）可以解释各项因子的意义。在本例中，旋转前的载荷在因子上的解释不明显，因而对其进行了旋转，得到旋转因子载荷矩阵（表 3-2-8）。在旋转因子载荷矩阵中，历史、政治和语文在因子 1 上有较大的载荷而在因子 2 上载荷较小，物理、数学、生物在因子 2 上载荷较大而在因子 1 上载荷小，因而结合对学科的理解，我们可以将因子 1 称为“人文因子”，将因子 2 称为“科学因子”。地理和英语两门学科在这两个因子上的载荷相当，这也符合我们对学科属性的认知。

因子载荷矩阵 **表 3-2-7**

成分矩阵 a

	成分	
	1	2
GEOGRAPHY	0.767	–0.104
HISTORY	0.749	–0.403
PHYSICS	0.634	0.593
MATH	0.616	0.569
ENGLISH	0.606	0.094
CHINESE	0.558	–0.496
BIOLOGY	0.488	0.406
POLITICS	0.526	–0.614

提取方法：主成分。
a. 已提取了 2 个成分。

旋转因子载荷矩阵 **表 3-2-8**

旋转成分矩阵 a

	成分	
	1	2
HISTORY	0.819	0.232
POLITICS	0.805	–0.075
CHINESE	0.746	0.033
GEOGRAPHY	0.623	0.459
PHYSICS	0.042	0.867
MATH	0.046	0.838
BIOLOGY	0.067	0.631
ENGLISH	0.369	0.489

提取方法：主成分。
旋转法：具有 Kaiser 标准化的正交旋转法。
a. 旋转在 3 次迭代后收敛。

我们可以进一步将 8 个学科变量在旋转空间的因子载荷坐标系中绘出，更加直观地看到不同学科变量与因子的关系（图 3-2-16）。

提取出人文因子和科学因子后，可以得到不同学科对不同因子的贡献值，用因子得系数来表示（表 3-2-9）。借助此表我们可以将每一个学生的 8 门课程成绩别与课程对应的得系数相乘求得学生成绩因子得，对每一个学生在人文因子和科学因子方面进行评估。SPSS 在因子析中已经自动生成了因子得，我们将其绘制在因子坐标系中，可以得到每一个学生的成绩因子得坐标图（图 3-2-17）。在图中可以看出，每一个学生在人文与科学方面的擅长程度不同，这一结果对学生未来专业的选择具有一定的帮助。

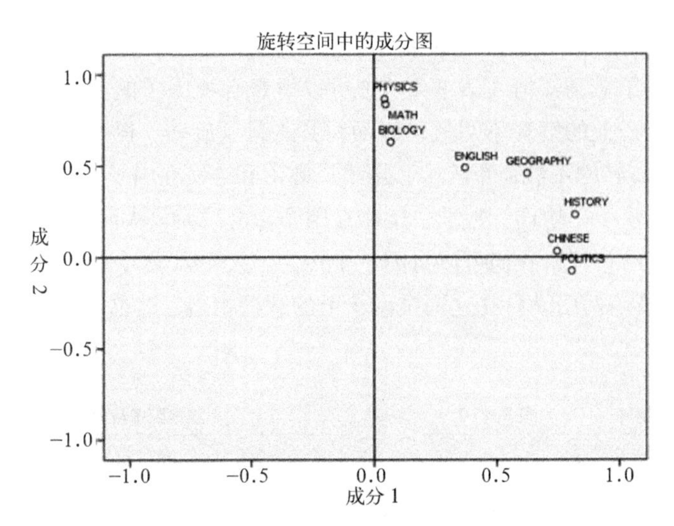

图 3-2-16 旋转空间因子载荷坐标图

因子得分系数表 表 3-2-9

成分得分系数矩阵		
	成分	
	1	2
CHINESE	0.338	–0.092
MATH	–0.099	0.385
ENGLISH	0.099	0.176
POLITICS	0.381	–0.151
PHYSICS	–0.105	0.400
GEOGRAPHY	0.220	0.125
HISTORY	0.343	–0.009
BIOLOGY	–0.060	0.286

提取方法：主成分。
旋转法：具有 Kaiser 标准化的正交旋转法。
构成得分。

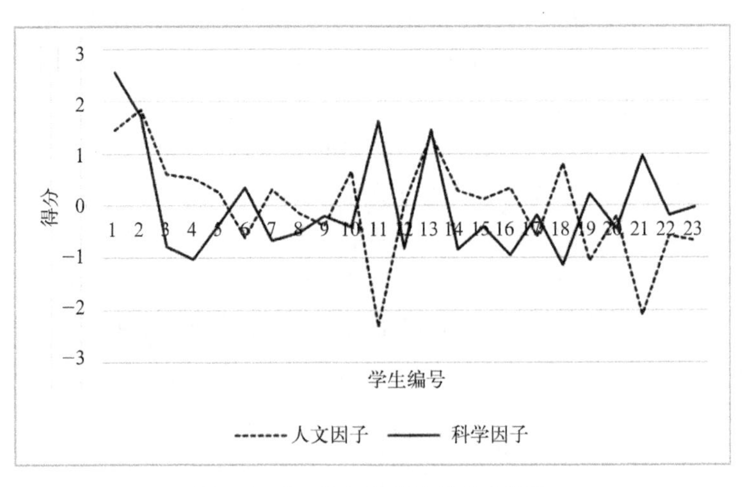

图 3-2-17 学生成绩因子得分坐标图

上述只是为了说明因子分析的方法而举的一个分析实例。对于建筑策划中各环节的构想、预测和评价，均可以通过对由SD法而获得的数据进行同样的多因子变量分析而得到。通过这个实例可以看出，多因子变量的分析可以为建筑策划的方法论提供直观且逻辑的数据分析和判断，它是建筑策划方法论中重要的实验手段之一。

3.2.6 AHP法——层级分析法[①]

层级分析法（Analytic Hierarchy Process），简称AHP，是一种通过将定性与定量相结合确定因子权重以进行科学决策的方法。层级分析法将与决策目标有关的因素分解成目标、准则、方案等层次，在此基础之上进行定性和定量分析。该方法是美国运筹学家——匹茨堡大学教授萨蒂于20世纪70年代初，在为美国国防部研究“根据各个工业部门对国家福利的贡献大小而进行电力分配”课题时，应用网络系统理论和多目标综合评价方法提出的一种层次权重决策分析方法。这种方法的特点是在对复杂的决策问题的本质、影响因素及其内在关系等进行深入分析的基础上，利用较少的定量信息使决策的思维过程数学化，从而为多目标、多准则或无结构特性的复杂决策问题提供简便的决策方法。层级分析法的基本思路与复杂决策问题的思维判断过程大体一致，尤其适合于对决策结果难以直接准确计量的场合。

层级分析法将决策问题包含的因素分层：最高层（解决问题的目标）、中间层（实现总目标而采取的各种措施，必须考虑的准则等，也可称策略层、约束层、准则层等）、最低层（用于解决问题的各种措施、方案等）。把各种所要考虑的因素放在适当的层次内，用层次结构图清晰地表达这些因素的关系。层次分析法不仅适用于存在不确定性和主观信息的情况，还允许以合乎逻辑的方式运用经验、洞察力和直觉。这些优点使得其能够应用于建筑策划的方案评价中（图3-2-18）。

层级分析法通常可以分为四个步骤。首先建立层次结构模型。在深入分析实际问题的基础上，将有关的各个因素按照不同属性自上而下地分解成若干层次，同一层的诸因素从属于上一层的因素或对上层因素有影响，同时又支配下一层的因素或受到下层因素的作用。最上层为目标层，通常只有1个因素，是评价的核心目标或需要解决的问题。最下层通常为方案层或对象层，中间可以有1个或几个层次，通常为准则层或指标层。当准则过多时（如多于9个），应进一步分解出子准则层。第二步是构造成对比较矩阵。从层次结构模型的第二层开始，对于从属于（或影响）上一层每个因素的同一层诸因素，用成对比较法和1~9比较尺度构造成对比较矩阵，直到最下层。其次进行权向量[②]的计算并做一致性检验。对于每一个成对比较矩阵，计算最大特征根及对应特征向量，利用一致性指标、随机一致性指标和一致性比率作一致性检验。若检验通过，特征向量（归一化后）即为权向量；若不通过，需重新构造成对比较矩

① 此章节参考：郑凌．高层写字楼建筑策划．北京：机械工业出版社，2003；清华大学建筑设计研究院有限公司的清华科技园建筑策划案例。

② 权重向量，其大小代表相应的目标在多目标最优化问题中的重要程度。

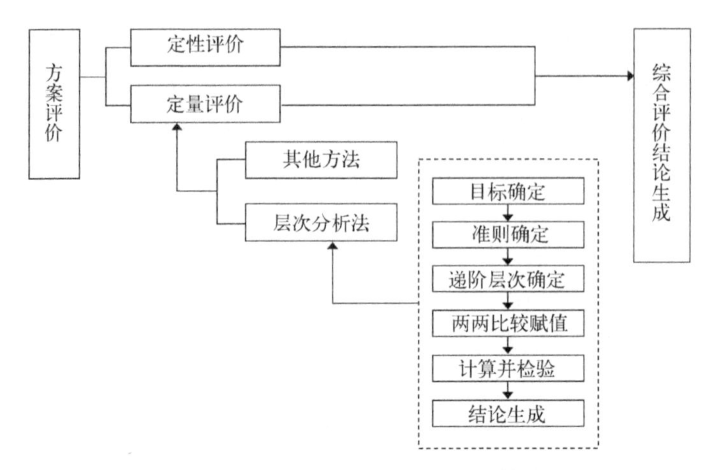

图 3-2-18 层级分析法应用于方案评价

阵。最后计算组合权向量并作组合一致性检验。计算最下层对目标的组合权向量，并根据公式作组合一致性检验，若检验通过，则可按照组合权向量表示的结果进行决策，否则需要重新考虑模型或重新构造那些一致性比率较大的成对比较矩阵。

层级分析法在建筑策划中通常用来对不同的方案进行定量评价，下面以某建筑项目的方案综合评价层级分析为例，说明其具体的计算方法。

首先建立层次结构模型。由于该研究旨在对不同的设计方案进行综合评价，以进行最优项目的选择与决策，因此其目标层即为“方案的综合评价”，而方案层为不同的三个设计方案。根据经验可知，一个设计方案的优劣不仅与建筑设计有关，同时与经济性和技术性有关（经济、适用、美观的原则），因此，我们从建筑设计、经济和技术三个方面对方案进行综合评价，每一个方面都对方案的综合评价产生影响。在每一个方面中，又有诸多因素对其产生影响，在此将这些因素构建为子准则层。最终的层次结构模型如图 3-2-19 所示。

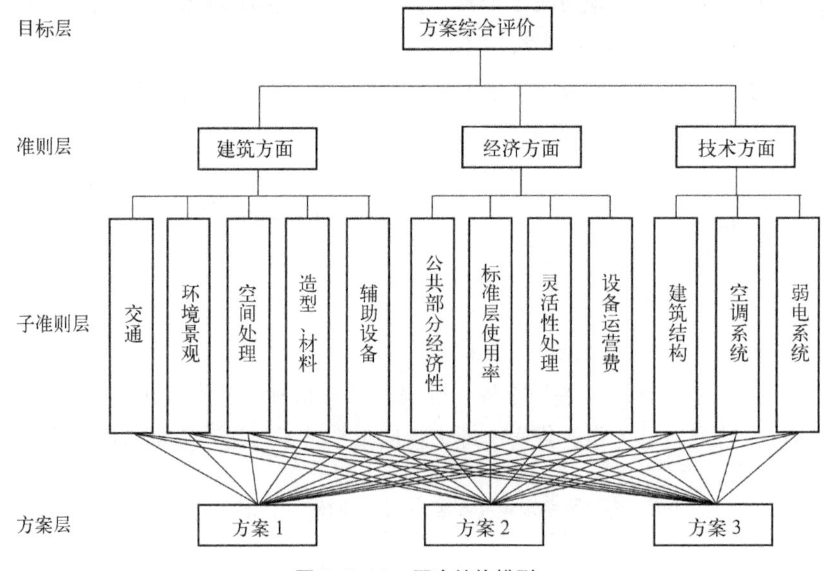

图 3-2-19 层次结构模型

之后构造成对比较矩阵。以建筑方面的子准则层为例，采用成对比较法和 1~9 比较尺度（表 3-2-10），依次比较第 i 个元素与第 j 个元素相对上一层某个因素的重要性，并使用数量化的相对权 A_{ij} 来描述。例如在表 3-2-11 中，交通与造型材料之间的相对权为 3，意为该建筑项目的交通设计比造型材料稍微重要。

层级分析比较标度值 表 3-2-10

标度值	标度的含义
1	两个元素相比，具有同样的重要性
3	两个元素相比，一个元素比另一个元素稍微重要
5	两个元素相比，一个元素比另一个元素明显重要
7	两个元素相比，一个元素比另一个元素强烈重要
9	两个元素相比，一个元素比另一个元素极端重要

标度为介于上述值之间的偶数值时，表示重要性介于二者之间。

建筑方面子准则层比较 表 3-2-11

	交通	环境景观	空间处理	造型材料	辅助设备
交通	1	2	1/2	3	1
环境景观	1/2	1	1/3	2	1/2
空间处理	2	3	1	5	2
造型材料	1/3	1/2	1/5	1	1/3
辅助设备	1	2	1/2	3	1

之后对矩阵进行最大特征根判断和对应特征向量的计算，按照矩阵每列归一化—归一化矩阵按行求和—向量归一化—计算最大特征根的步骤进行。

$$A=(A_{ij})_{5\times5}=\begin{bmatrix}1 & 2 & 0.5 & 3 & 1\\0.5 & 1 & 0.333 & 2 & 0.5\\2 & 3 & 1 & 5 & 2\\0.333 & 0.5 & 0.2 & 1 & 0.333\\1 & 2 & 0.5 & 3 & 1\end{bmatrix}\xrightarrow{\text{元素按列归一化}}$$

$$\begin{bmatrix}0.207 & 0.235 & 0.197 & 0.214 & 0.207\\0.103 & 0.118 & 0.132 & 0.143 & 0.103\\0.414 & 0.353 & 0.395 & 0.357 & 0.414\\0.069 & 0.059 & 0.079 & 0.072 & 0.069\\0.207 & 0.235 & 0.197 & 0.214 & 0.207\end{bmatrix}\xrightarrow{\text{按行求和}}\begin{bmatrix}1.06\\0.599\\1.933\\0.348\\1.06\end{bmatrix}\xrightarrow{\text{归一化}}\begin{bmatrix}0.212\\0.120\\0.387\\0.069\\0.212\end{bmatrix}=\omega$$

$$\lambda_{max}=\frac{1}{n}\sum_{i=1}^{n}\frac{(A\omega)_i}{\omega_i}=\frac{1}{5}\sum_{i=1}^{n}\frac{(A\omega)_i}{\omega_i}$$

$$(A\omega)=(1.065\quad 0.599\quad 1.940\quad 0.348\quad 1.065)^{T_1}$$

$$\lambda_{max}=\frac{1}{5}\left(\frac{1.065}{0.212}+\frac{0.599}{0.120}+\frac{1.940}{0.387}+\frac{0.348}{0.069}+\frac{1.065}{0.212}\right)=5.019$$

对生成的矩阵需要进行一致性检验。所谓一致性，是指判断思维的逻辑一致性。例如本案例中，空间处理与环境景观的相对重要性为 3，而环境景观与造型材料的相对重要性为 2，那么显然可以推断出空间处理与造型材料之间的相对重要性为 2×3=6，此时为绝对一致。实际情况中很难得出绝对一致的矩阵，例如本例中空间处理与造型材料间的相对重要性为 5。因此，通过对矩阵进行一致性检验以判断是否符合逻辑，就是判断思维的逻辑一致性，否则判断就会有矛盾。判断的方法为计算成对比较矩阵的不一致程度指标 C.I., 并与一致性标准 R.I. 进行对比。

在本例中：

C.I.=（$\lambda_{max}-n$）/（$n-1$）=（5.019−5）/（5−1）= 0.00475

查表，n=5 时，R.I.=1.12

C.R. = C.I. / R.I. = 0.00475 / 1.12 =0.0042 < 0.1

因此矩阵 A 的一致性可以接受，故有

A=（0.212　0.120　0.387　0.069　0.212）

即对于建筑方面而言，各子准则的权重值为：

交通占 21.1%；

环境景观占 12%；

空间处理占 38.7%；

造型材料占 6.9%；

辅助设备占 21.2%。

通过上述方法求得各子准则层的权重值后，对方案层中的不同方案的每一项子准则进行两两比较并计算矩阵，以方案 1 和方案 2 的交通为例。

交通	方案 1	方案 2	方案 3
方案 1	1	5	3
方案 2	1/5	1	2
方案 3	1/3	1/2	1

$$C=(C_{ij})_{3\times 3}=\begin{bmatrix}1 & 5 & 3\\ 0.2 & 1 & 2\\ 0.333 & 0.5 & 1\end{bmatrix}\xrightarrow{\text{元素按行相乘}}\begin{bmatrix}15\\ 0.4\\ 0.1667\end{bmatrix}\xrightarrow{\text{元素开 } n \text{ 次方（此时 } n=3\text{）}}$$

$$\begin{bmatrix} 2.47 \\ 0.74 \\ 0.55 \end{bmatrix} \xrightarrow{\text{归一化}} \begin{bmatrix} 0.657 \\ 0.197 \\ 0.146 \end{bmatrix}$$

即在交通问题上：

方案 1 得分 65.7%；

方案 2 得分 19.7%；

方案 3 得分 14.6%。

最后根据不同方案在不同（子）准则层的得分及不同（子）准则层所占权重计算出不同方案的总权重，并进行综合方案比较。本例中，方案 1 的交通在方案综合评价中的总权重为 50%（建筑方面占综合评价的权重）× 21.1%（交通占建筑方面的权重）× 65.7%（方案 1 交通相对得分）=7%。

层级分析法在建筑策划中主要用于对多方案进行定量比较，在建筑策划评价中的位置如图 3-2-31 所示。

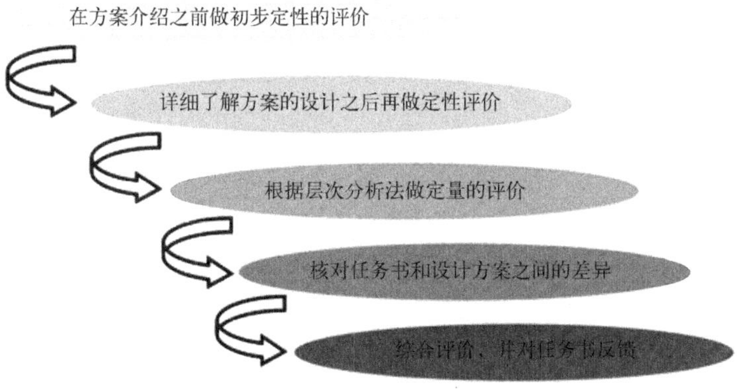

在方案介绍之前做初步定性的评价

详细了解方案的设计之后再做定性评价

根据层次分析法做定量的评价

核对任务书和设计方案之间的差异

综合评价，并对任务书反馈

图 3-2-20 层级分析法在建筑策划评价中的位置

3.2.7 策划评价、使用后评估与建筑性能评价

1. 策划评价（Programme Review）

建筑策划在操作过程中应该进行评价（Programme Review）。威廉·佩纳提出了建筑策划自评的概念并创造出了一套切实可行的策划阶段自评方法，并将其应用于实际当中。佩纳认为，质量评估应该是针对产品而不是程序，对产品的评估应该从功能、形式、经济和时间四个方面进行测量。[①] 佩纳表示建筑策划的自评一定要具有可操作性。这是因为太过于细化的权重因子设定可能过于琐碎和关注细节，往往会忽略整体。另一方面，自评的人往往是建筑师，过于复杂很可能会导致建筑师难于

① Willie Pena Steven A. Parshall. Problem Seeking.New York：John Wiley &Sons.lnc. 2001:208.

掌控，在实际项目工程领域不具可操作性。德克在此基础上进一步提出了在设计过程中由不同的团体共同参与评估的工作，设计人员、技术人员和管理者共同评估设计的优点，即设计的形式、功能、经济和时间四个方面，评估团体的每一个成员依标准给各个项目评分，然后求出总的分数。这四个项目包含了最佳建筑物200项的评估标准。[①] 德克的方法在科学分析角度更加细致，但实践中佩纳的方法更具有可操作性。赫什伯格在《建筑策划与前期管理》（Architectural Programming and Predesign Manager, 2005）中提出了策划过程的评估标准：内容全面性、信息准确性、有效性、时间可行性、经济可行性。赫什伯格提出通过模拟的方式进行策划评价，将其分为心理上的模拟、图纸或模型的形象模拟、公式或数字的数学模拟以及试验性模拟。[②] 当下的住宅地产开发商建造样板房在某种程度上就是一种试验性模拟的策划评价方法。通过装修完善的样板房，开发商可以评价空间、材料和整个设计系统并及时调整，在大批量设计最终方案之前首先对重复性单元进行模拟评估将使策划后的设计过程事半功倍。

下面以某瑞士制药公司的伦敦分部建设用地选择所做的策划评价为案例说明策划评价的过程与作用。[③]

某瑞士制药公司计划将其在英国的子公司改为公司的英国分部，子公司内原有的研究和生产功能将被取消。原先这些功能对应的设施和建筑可以有多种选择：改建使用、租赁、拆除或新建，也可以选择在其他的基地内建造新的建筑。该公司通过建筑策划团队对可能的选择方案进行比较策划研究，并对策划结果进行评价以确保最大的功效。

策划团队通过调查研究一一列举出满足该公司要求的用地选择方案，包括可能的选址以及建筑类型的选择（表3-2-12）。策划团队通过与英国子公司的部门经理进行访谈，了解其业务需求，通过卡片分析和棕色纸幕墙（参见本书3.2.1）对需求进行统计提炼，得到策划评价的标准，如靠近市场、增加员工、与机场之间便捷的交通等。通过层级分析法或多因子变量分析的方法（参见本书3.2.5和3.2.6），逐个确定评价标准中每一子项的权重值，得到评价标准表（表3-2-13）。

制定完评价标准后，依照标准进行访谈和问卷设计，对每一个可选方案的每一个评价标准项进行打分，按照之前确定的权重综合统计各个方案的得分并进行排名（表3-2-14）。从结果中可以看到最优的三个方案即为该项目策划评价的结果，新征用地新建、用地原址新建和东侧用地新建是该策划的最优结果。

---

① 杜尔克.建筑计划导论.宋立垚译.中国台北：六合出版社，1997：193.

② 赫什伯格.建筑策划与前期管理.汪芳，李天骄译.北京：中国建筑工业出版社，2005.

③ Wolfgang F E Preiser 等.建筑性能评价（Assessing Building Performance）.汪晓霞等译.北京：机械工业出版社，2008：7.

可能的方案选择 表 3-2-12

序号	方案组合	A	B	C	D	E	F
		原建筑改造+新建	原建筑修复+新建	租用办公空间	新建	租用办公空间并改造	建筑不变，减少人员
1	用地原址	1A			1D		
2	东侧用地		2B		2D		
3	北侧用地				3D		
4	新征用地			4C	4D		
5	办公楼 1					5E	
6	办公楼 2					6E	
7	20 英里内用地 1			7C			
8	20 英里内用地 2		8B				
9	20 英里外用地			θ	θ		
10	其他地区			θ	θ		

评价标准表 表 3-2-13

分类	序号	评价要求	权重值（%）	分类权重（%）
Ⅰ功能	1	接近火车站	4	36
	2	接近市中心	3	
	3	有停车场	3	
	4	提供多概念组合	5	
	5	适应特殊使用者要求	4	
	6	理想的沟通	4	
	7	满足需求、有效的流线	5	
	8	优良的工作环境（AC/ 架空地板）	4	
	9	达到 BOC 办公空间标准	4	
Ⅱ形式	10	崭新的形象	5	26
	11	吸引高素质人才	5	
	12	良好的景观	4	
	13	灵活性	5	
	14	可成长性	3	
	15	安全措施的易识别性	4	
Ⅲ经济	16	与基地相关的成本	3	20
	17	建设成本	4	
	18	效率	4	
	19	保险费	5	
	20	最低运营成本	4	

续表

分类	序号	评价要求	权重值（%）	分类权重（%）
Ⅳ时间	21	使用期限为 3 年	5	14
	22	使用期限为 4 年	5	
	23	安全的使用年限	4	
Ⅴ联系	24	工作相互干扰	4	4

评价得分表 **表 3-2-14**

得分	方案组合											
		1A	1D	2B	2D	3D	4D	4C	5E	6E	7C	8B
Ⅰ功能	1	7.0	7.0	7.0	7.0	7.0	4.2	4.2	7.0	4.2	4.2	4.2
	2	5.2	5.2	5.2	5.2	5.2	3.1	3.1	5.2	3.1	3.1	3.1
	3	3.1	5.2	3.1	3.1	1.0	3.1	3.1	1.0	3.1	1.0	1.0
	4	1.7	8.7	5.2	8.7	5.2	8.7	1.7	1.7	1.7	5.2	5.2
	5	1.4	7.0	4.2	7.0	4.2	7.0	4.2	1.4	1.4	1.4	1.4
	6	1.4	7.0	4.2	7.0	4.2	7.0	1.4	1.4	1.4	1.4	1.4
	7	1.7	8.7	5.2	8.7	5.2	8.7	1.7	1.7	1.7	1.7	1.7
	8	4.2	7.0	4.2	7.0	7.0	7.0	7.0	4.2	4.2	7.0	4.2
	9	4.2	7.0	4.2	7.0	7.0	7.0	7.0	4.2	1.4	7.0	4.2
Ⅱ形式	10	1.2	3.6	1.2	3.6	1.2	3.6	1.2	1.2	1.2	3.6	1.2
	11	4.5	7.5	4.5	7.5	4.5	7.5	4.5	1.5	1.5	4.5	4.5
	12	3.0	3.0	0.6	0.6	0.6	3.0	1.8	0.6	0.6	0.6	0.6
	13	1.5	7.5	4.5	7.5	1.5	7.5	1.5	1.5	4.5	4.5	1.5
	14	2.7	2.7	0.9	0.9	0.9	4.5	2.7	0.9	0.9	2.7	0.9
	15	3.6	3.6	3.6	3.6	1.2	6.0	3.6	3.6	3.6	3.6	3.6
Ⅲ经济	16	0.4	0.4	1.3	1.3	0.4	2.2	2.2	2.2	2.2	2.2	0.4
	17	3.0	1.8	1.8	0.6	0.6	3.0	1.8	1.8	1.8	1.8	1.8
	18	3.0	1.8	1.8	0.6	0.6	3.0	1.8	1.8	1.8	1.8	1.8
	19	2.2	2.2	3.7	3.7	0.7	3.7	3.7	3.7	3.7	3.7	3.7
	20	1.8	3.0	1.8	3.0	3.0	3.0	1.8	1.8	1.8	1.8	1.8
Ⅳ时间	21	0.7	0.7	2.2	2.2	2.2	3.7	2.2	3.7	3.7	2.2	3.7
	22	3.7	3.7	3.7	3.7	2.2	3.7	2.2	3.7	3.7	2.2	3.7
	23	1.8	1.8	1.8	3.0	1.8	3.0	1.8	3.0	3.0	3.0	1.8
Ⅴ联系	24	0.4	0.4	0.1	0.4	0.7	0.7	0.7	0.7	0.7	0.7	0.7
总计		63.4	106.5	76	102.9	68.1	113.9	66.9	59.5	56.9	70.9	58.1

2. 使用后评估（Post Occupancy Evaluation, POE）

随着使用后评估（Post Occupancy Evaluation, POE）概念的出现，以W佩纳和W普莱瑟等为代表的一些策划学者成功地将POE与策划结合起来，使得建筑策划的自评机制又向前进了一步。在20世纪60年代，针对建成环境的使用后评估从环境心理学领域发展起来了，它是对建筑投入使用后的绩效（performance）进行的评价。通常将建筑策划评价称为预评价，是设计的前馈评价，而使用后评估的对象是建成环境，是对设计的反馈。在《问题搜寻：建筑策划初步》（Problem Seeking, 1969）中，佩纳介绍了一种比较实际，既全面又易于操作的方法。这一程序包含5个步骤：建立目标、收集和分析定量的信息、识别和检验定性的信息、作出评价、说明得到的经验和教训。佩纳法最大的优势是将策划后评估与POE在功能、经济、形式、时间四点上进行无缝衔接。与佩纳不同的是，普莱瑟更关注POE理论的研究。普莱瑟认为使用后评估的目的是判断由建筑师们所作出的设计决策是否真正地反映了使用者的需要。普莱瑟认为由于客户的目标和使用时间长短的不同，后评价的使用和价值可以分为短期价值、中期价值和长期价值。对于操作程序，普莱瑟认为由于使用后评估的目的和价值不同，因此在进行实际项目操作时灵活度是非常大的。根据评价深入程度的不同，可以将使用后评估的方式划分为三种：陈述式、调查式和诊断式，每一种方式都分为评估计划、执行和应用三个阶段，每个阶段又可分为三个子步骤，每个步骤都需要同时考虑目标、理由、执行过程、资料来源和结果（表3-2-15）。[①] 至此，建筑使用后评估POE成为一个成熟完善的研究体系，但POE仍然与建筑策划密不可分，并且是建筑策划的重要评价手段。

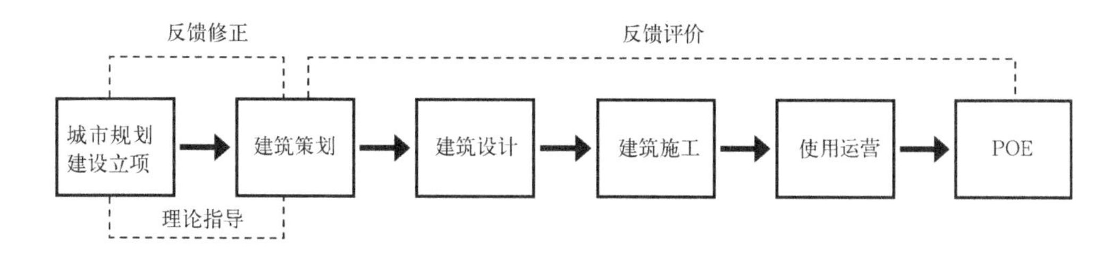

图3-2-21 POE作为建筑策划评价的手段

POE的操作流程[②] **表3-2-15**

实施阶段	评估计划	执行	应用
具体步骤	1. 勘测与可行性 2. 资源计划 3. 研究计划	1. 场地原始数据采集 2. 数据收集过程的监测管理 3. 数据分析	1. 汇总发现问题 2. 提出建议 3. 检验结果

① Wolfgang F E Preiser, Harvey Z Rabinowitz, Edward T White. Post-Occupancy Evaluation.New York: Van Nostrand Reinhold Company, 1988：54.

② 资料来源同上。

3. 建筑性能评价（Building Performance Evaluation, BPE）

全过程的建筑性能评价（Building Performance Evaluation, BPE），是和全过程建筑策划的概念紧密联系在一起的，也是与当今行业实践的趋势紧密联系在一起的。建筑性能评价是将建筑策划、建筑设计、建造和使用的全生命周期结合在一起进行评价，利用系统论的方法保证评价的前馈作用和反馈作用得以贯穿整个建筑过程。在这样的过程中，评价信息得以在设计程序中连续循环，不断优化，获得的不断更新的数据库也将为建筑决策提供依据。建筑性能评价包括使用后评估和策划评价。建筑性能评价最早在 1989 年由普莱瑟在《建筑评价》(Building Evaluation, Springer–Verlag New York Inc.; Softcover reprint of the original 1st ed. 1989）中提出，1992 年亨利·沙诺夫在《策划、评价、参与融合设计》(Integrating Programming,Evaluation and Participation in Design, 1992）一书中对此进行过探讨。在世纪之交，以赫什伯格、布莱斯（Alastair Blyth）和沃辛顿（John Worthington）等人为代表的策划研究学者，对建筑策划全过程评价进行了系统的阐述。赫什伯格认为，评估的环节是应该渗透到建筑的全过程当中的。他将建筑过程大致分为四个阶段，分别是策划阶段、设计阶段、建造阶段和投付使用阶段。在他看来，在每两个阶段之间，都应该留出适当的时间段来，以便对上一阶段的效果进行评估。①

建筑性能在不同时代的含义有所差异，但都是从人的价值、需求和与环境的互动层面对建筑进行的评价。建筑性能评价的核心是建立符合客观条件的可实施的评价标准，评价标准的生成又需要大量的实态调研和对项目库的对比分析，这也是建筑策划的核心工作之一。建筑性能评价的标准并非僵化不变的，受到社会发展、经济、技术等多种因素的影响。维特鲁威以“坚固、实用、美观”为建筑性能的评价标准，中国在 20 世纪 50 年代提出的“经济、适用、在可能条件下注意美观”也是在特定历史时期和社会背景下对建筑性能评价的一种标准，生态性、节能性与可持续发展则越来越成为当代建筑性能的重要指标。在《使用后评估》中，普莱瑟将建筑性能分解为设备与设施、使用者、建筑性能标准三个要素（图 3–2–22），并将评价标准定义为三个层级：健康安全性能，功能功效性能，心理学、社会文化及美学性能。建筑性能评价按照这些评价标准在整体化的策略规划、策划、设计、建造、使用和循环再生过程中进行（图 3–2–23）。

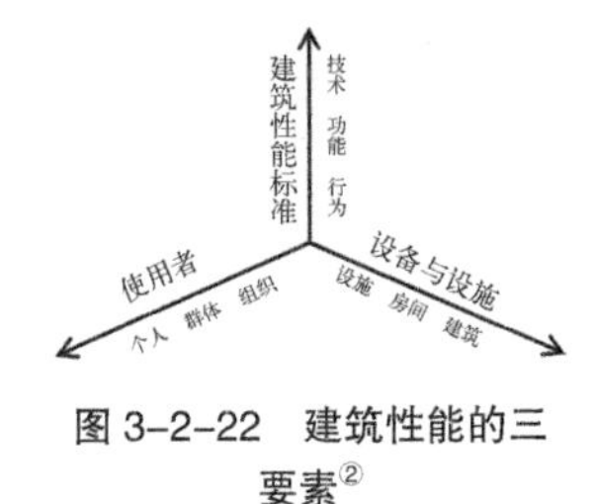

图 3–2–22 建筑性能的三要素②

3.2.8 大数据方法及在建筑策划中的应用

人类社会经过农业、工业革命浪潮的冲击，现在已进入信息和新技术革命时代。从信息论的观点来看，信息性是客观世界的物质属性、能量属性之外的第三种属性，它是物质的普遍属性。任何物质都载有信息并发出信息。广义信息是指物质世界的普遍的相互作用。我们把与人有关的相互作用亦称作信息，它又分自然信息与文化

① 赫什伯格. 建筑策划与前期管理. 汪芳，李天骄译. 北京：中国建筑工业出版社，2005.

② Wolfgang F E Preiser, Harvey Z Rabinowitz, Edward T White. Post–Occupancy Evaluation.New York: Van Nostrand Reinhold Company, 1988：54.

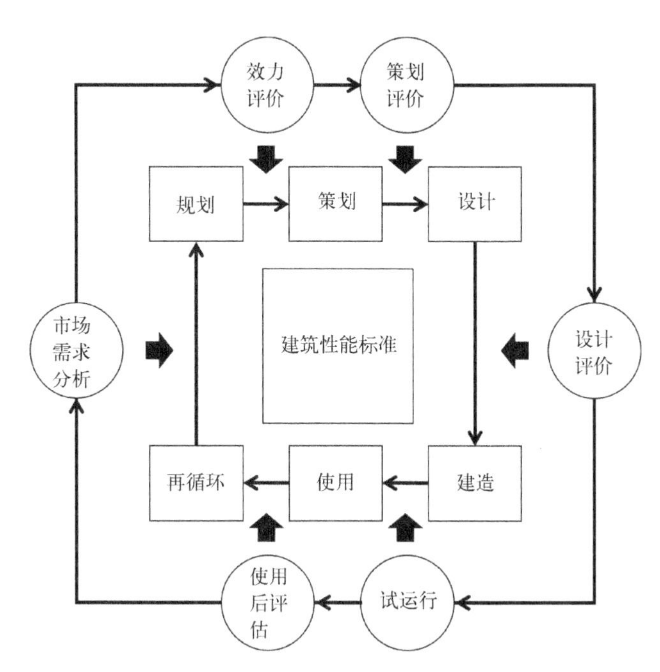

图 3-2-23 建筑性能评价过程[①]

信息两种，前者指人与外界（包括他人）直接的相互作用，后者则指人们利用语言、文字、符码、图像等对前者的变换。鉴于信息论的普遍存在，控制论的创始人——美国数学家维纳（Winner）称信息是“人类社会的粘合剂”。信息的流程实际上就是认识、思维、观念的流程，包含由人对外部信息的感觉到知觉的理解并选择利用信息的全过程。如果说建筑策划是对建筑相关的信息进行收集、处理、认知与利用的过程，信息是指世界中事物的特性、状态、变化规律与相互关系，那么，数据就是指可被计算机识别或者运算的信息，而大数据的概念正是在信息革命时代诞生的。大数据将为建筑设计和建筑策划过程中对空间及其他相关信息的认知、关联及规律的发掘提供重要的手段。

信息的使用需要对其数据进行处理。最初，人们由于需要处理的信息量越来越大，已经超出了一般电脑处理数据时所能使用的内存量，因而促进了新的处理技术的诞生，如 MapReduce、Handoop。今天通常认为“大数据”是指大规模的数据及其处理方法，事实上，大数据是一种新的信息和数据处理模式与思维方法。在最早洞见大数据时代的数据科学家维克托·迈尔－舍恩伯格和肯尼思·库克耶所著的《大数据时代》一书中，大数据代表了对所有的数据进行分析和处理，而非传统的随机分析、抽样调查的方法，具有更多、更杂、更好的特征。[②] 大数据的研究机构 Gartner 对大数据的定义为“需要新处理模式才能具有更强的决策力、洞察发现力和流程优化能

① Wolfgang F.E.Preiser 等 . 建筑性能评价（Assessing Building Performance）. 汪晓霞等译 . 北京：机械工业出版社，2008：7.

② Schönberger V. 大数据时代 . 周涛译 . 杭州：浙江人民出版社 ,2012：27-96.

力的海量、高增长率和多样化的信息资产”。[①]

大数据的四大特征可以用 4V——Volume 大量性、Velocity 快速、Variety 多样性和 Value 价值来表示。[②] 表 3-2-16 对比了这四个方面的传统的数据和大数据的差别。大数据技术的战略意义并不是掌握庞大的数据信息本身，而是对这些具有意义的数据进行专业化处理，通过数据的加工处理发现数据的意义，实现数据的应用。

传统数据与大数据差异比较[③] **表 3-2-16**

	传统数据	大数据
数据体量 Volume	GB, TB 量级	TB, PB 以上
速度 Velocity	数据量相对稳定，增长不快	持续、实时产生数据，增长量高
多样性 Variety	结构化数据为主，数据源不多	结构化，非结构化、音频视频、多维多元数据
价值 Value	统计价值，报表的形成	数据挖掘、分析预测、决策

大数据的信息处理更强调广泛性而非精确性。在大数据收集和处理中，允许格式不一或不精确性的存在。传统的数据分析建立在目标和结果的假定之上，对所选样本和获得的数据要进行预处理，通过少量有代表性的数据证实目标，这就导致了样本可能偏颇性强，一些重要信息和发现可能被遗漏。大数据则通过接收混杂性数据而避免了原始分类错误带来的影响，不需要在数据收集之前将分析建立在预先设定的少量假设的基础上，而是通过大量数据本身得出结果。

大数据在建筑策划领域对于建筑策划信息的获取与处理、建筑策划中的决策、建筑问题的搜寻发现、问题相关性的研究以及预测和评估都具有重大的应用价值。由于大数据是对总体数据进行全样本分析，相比于传统建筑策划问卷法的随机样本，大数据能够获得更加完整全面的数据（例如特定使用人群的特征、需求和使用规律），通过增加数据量而提高分析的准确性，能够发现抽样分析无法实现的更加客观的关联，帮助建筑师更准确地了解和把握空间与建筑和环境的演变机制，提高设计的价值和效率。

大数据的核心应用是预测，在犯罪预测、疾病预防、城市规划与交通、互联网和商业等领域都有广泛的应用。由于传统建筑师对计算机技术、数据处理及统计学掌握、了解得较少，大数据在建筑设计领域的应用几乎还是空白，而建筑策划涉及对信息和数据的处理以及对空间的预测和评估，且建筑设计与建筑策划涉及的信息具有高度复杂性、高维度和高关联性，因此，运用大数据的方法进行建筑策划研究是必然趋势之一，目前已有一些学者开始涉足这一领域。建筑策划信息模型（Architecture Programming Information Model，APIM）是建筑策划的一个应用方向

---

① Laney, Douglas.The Importance of “Big Data” : A Definition. Gartner. 2012.

② Laney, Douglas. 3D Data Management: Controlling Data Volume, Velocity and Variety（PDF）. Gartner. 2001.

③ 表格提供自清华建筑设计研究院有限公司运算化设计国际研究中心（IRCCD）

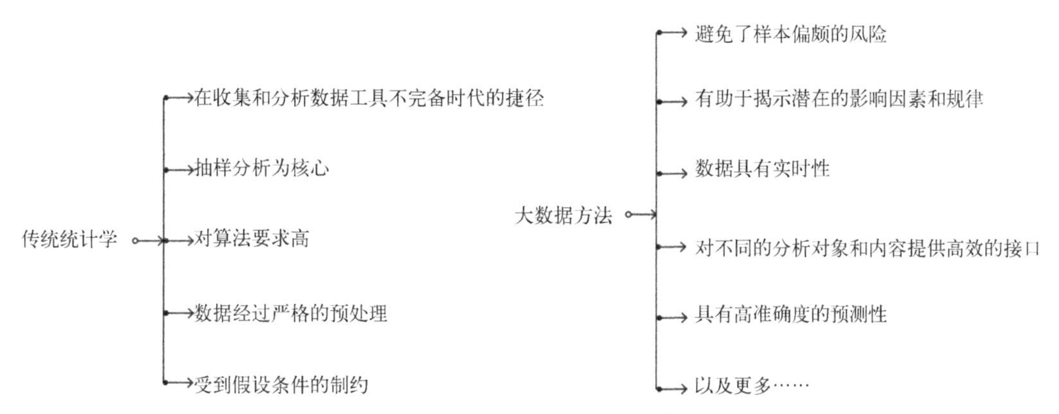

图 3-2-24 传统数据与大数据差异比较[①]

（见 4.1.2 节）。信息模型（Information Modeling）是描述信息的产生、传输、接收和分析处理的逻辑关系的工具[②]，是对概念、关系、限制条件、法则以及实施方式的表述，以表征一个特定范畴内的各数据的语义内涵，其优势在于提供一个可分享的、稳定的且组织有序的信息结构。[③] 2000 年以后国际建筑业兴起的对建筑信息模型（Building Information Modeling，BIM）的研究，实际上是将信息模型应用于建筑工程领域，以解决建筑设计与工程中设计、施工与管理部门之间形成的信息孤岛问题，实现建筑的信息交换和共享。之后，城市信息模型（City Information Modeling，CIM）也在城市规划与管理领域被提出。在建筑策划领域，对多维度、高密度信息的收集、规范化、处理分析、建立关联与发掘规律是建筑策划和决策的关键，这也是必须提出建筑策划信息模型的原因。与 BIM 不同的是，由于建筑策划本身包含对信息数据的分析，所以 APIM 不仅是建筑策划过程中的信息数据共享平台，同时也是建筑策划数据分析和规律与知识的发现、建立与验证的平台。在建筑策划信息模型的构建过程中，与建筑相关的海量数据具有无指向性、多维度、互相关联的特征，通过传统的数据采集与统计学方法对建筑师的预设进行验证对建筑师的洞察力有很高的要求，在数据爆炸的时代，面对与建筑和城市相关的众多条件限定和复杂知识关联往往造成信息的疏漏和缺失，大数据的出现正弥补了传统数据方法对信息的不断降维造成的信息缺漏的不足，为建筑策划信息模型提供了多维复杂信息关联技术支撑的可能性。大数据方法在建筑策划中的应用对建筑师、数据科学家和其他相关行业的合作提出了更高的要求，当大数据应用于建筑策划领域时，建筑学呈现出高度交叉的学科融合特征。可以预计，未来大数据在设计、策划和规划领域中，输入因素的确认分类影响因素的量化、评估、现实环境的模拟以及设计效果的预测等方面将有更多的应用和发展。

---

① 表格提供自清华建筑设计研究院有限公司运算化设计国际研究中心（IRCCD）

② 何万钟，何秀杰等．中国土木建筑百科辞典：经济与管理．李国豪等．北京：中国建筑工业出版社，2004：3.

③ Y. Tina Lee. Information modeling: from design to implementation. Proceedings of the Second World Manufacturing Congress，1999.

3.3 建筑策划步骤的展开

前一节论述了几种有关方法的原理，建筑策划的步骤也已在 1.3.6 节中进行了概述，下面对建筑策划的步骤展开论述，并进行详细的说明。

3.3.1 目标规模的构想方法

建筑策划第一步的任务就是确定目标，构想（或是印证）目标的规模大小。建设目标通常可分为两大类：一是生产性、商业性建设项目，如工厂、旅馆等；另一类是非生产性、非商业性建设项目，如学校、文化纪念性建筑等，在这里我们称之为一般性建设项目。生产性和商业性建设项目的经济效益对规模有直接的影响。此类建筑的规模确定主要是由经济因素决定的，这一点我们将在本章 3.3.6 中进行论述。这里我们首先讨论一般性建设项目规模构想的方法。

目标规模的构想有两个含义：一是以满足使用为前提，二是避免不切合实际的浪费与虚设。它一般包括以下两个过程：

（1）求得预定使用的数量；

（2）求得使用者单位数量所对应的规模。

这两个过程又可具体化为：

（1）抽象单位元法求得单位尺寸；

（2）使用方式的考察（静态方式、动态方式），求得最大负荷周期和最大负荷人数及空间特征；

（3）对项目在社会环境中的运转荷载的考察。

所谓“抽象单位元法”，是指以建筑的使用者个体为判断基数，提取与之对应的相关空间、设施、设备等单位量的方法，以求得建筑面积的单位规模、设备的单位个数以及各种相关量的单位尺寸。通常，抽象单位元可以通过对既有建筑的调查、实例分析、POE 以及遵循国际、国内设计规范或依靠建筑专家的经验，结合新建筑的使用概念和具体特征来完成单位元的构想。

最常见的单位元的构想结果通常是以人均用地数量、人均用地面积、人均单位尺寸等来表示的，或者是用建筑空间相关的单位指标如每间客房的面积、每座面积等来表示。例如进行小区规划时，单位元法要求先求得人均用地量、人均绿化面积、人均建筑面积等；而在研究公共建筑策划时，则通常要先根据该建筑的使用对象的人数及公共建筑的使用性质来确定人均使用面积，诸如走廊的人均宽度、大厅或前厅的人均面积、楼梯梯段的人均宽度以及疏散口的人均宽度等。在室内空间的建筑策划中，单位元法则要求考虑室内空间人均使用的最佳尺度，如图书馆空间出纳台和阅览室座椅的人均宽度，医疗及旅客站候车、候机大厅座椅的人均宽度等。所有这些与建筑有关的人均单位尺寸的获得及对这些尺寸的印证就是单位元法的基本内容（图 3-3-1、表 3-3-1）。

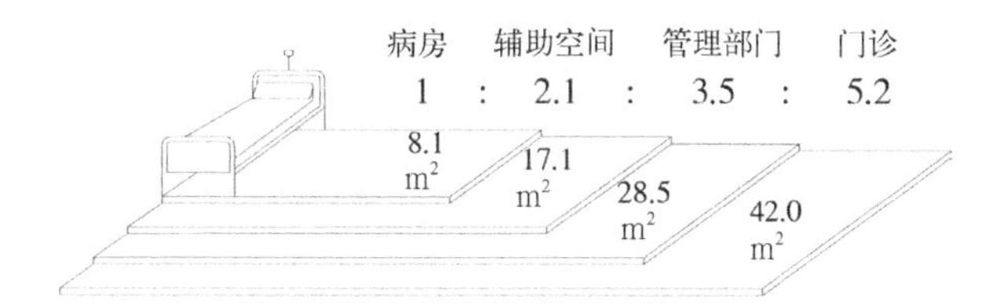

图 3-3-1 单位元法的例（医院以病床为单位元基本量）[①]

各类建筑的单位元基本量表[②] 表 3-3-1

0.5 1.0 2.0 5.0 10 20 50 m²

建筑类型	单位元基本量
电影院	0.5 座席 / 人
食堂	（0.9−1.2−2.0）餐位 / 人，厨房 1/3 餐厅面积
中小学校	普通教室（1.5−1.8）/ 人，校舍面积（5−7）/ 人
公共浴室	浴室（1.2−2.4）/ 人，更衣室 3/4 浴室面积
公共图书馆	阅览室（1.5−2.0−3.0）/ 人，书库 200−250 册 /m²
青年旅行社	寝室（2.0−3.0）/ 人，总面积（7−10−12）/ 人
寄宿舍	寝室（2.0−3.0）/ 人
事务所	寝室（5−8）/ 人，总面积（10−15−20）/ 人
住宅	寝室（5−8）/ 人，总面积（10−11−13）/ 人
综合医院	单人间 6.3/ 人，两人间以上（6−10−15）/ 人，总面积（30−45）/ 人
旅馆	标准间（16−26）/ 人，平均（19−21）/ 人
停车场	（11−17−25）/ 辆，总面积（30−35）/ 辆

上述这些内容通常可以由建筑设计资料集、规范或是通过建筑师的经验而获得。但我们应当清楚地认识到，以往这些数据大多来自于建成环境的建筑空间，其建筑空间的形式及使用方式，现在看来不免显得陈旧且满足不了现代生活方式发展的要求，所以建筑策划方法论中的一个主要任务也就是在现代生活方式的指导下对单位元法所取得的数据进行新的探讨和研究。

这就为我们引出了规模构想的第二步——“使用方式考察法”。使用方式考察法的研究通过两个要素来进行：一是对“使用时间—人数要素”的考察；二是对“使用空间要素”的考察。

使用时间—人数要素的考察是指研究目标空间所对应的使用者的使用时间及人数，它的基本方法是对同一时间内使用者人数以及使用时间进行分类和描述。社会活动及生活方式的变化使人们对建筑的使用方式也起了很大的变化。不同年龄、性别、职业的使用者对同一建筑的使用有不同的时间段需求。随着建筑创作日益民主化，这种对使用者、使用时间进行细致划分研究的要求将越来越高。在对使用方式的考察中，“建筑的同时使用人数”的概念有必要澄清一下。使用者对建筑的使用是有其

① （日）日本建筑学会 . 建筑计画 ：165.
② （日）日本建筑学会 . 建筑计画 ：165.

周期性的，这个周期依建筑的不同类型及目的而不同。使用者在这个周期内对建筑进行使用。所谓“建筑同时使用人数”就是指在这个使用周期内，同时使用同一建筑的人数。一般来说，同一建筑有若干不同使用周期，不同使用周期的使用特性是不同的。例如城市市民艺术中心大致可分为三个使用周期：一是平日作为市民文化艺术活动的场所，活动多在白天进行，其特征是使用者使用时间的零散性和不定时性以及使用者构成的多向性，可包括成年人、儿童、职工或退休者。二是艺术中心平日晚间的固定性文艺、电影的演出，其使用特征是集中性、定时性，且使用者构成是多向性的。三是节假日有组织的文艺汇演及庆典仪式活动，其使用特征是完全集中性、定时性的，使用者多为有组织、单一性的。由图 3–3–2 可以看出，这类建筑的三个使用周期中，第三个使用周期为最大负荷周期。最大负荷周期中的使用者人数及使用方式，就构成了决定该建筑规模的要素之一。所以，使用时间要素的考察，简言之，就是寻求目标空间的最大负荷周期的研究。

最大负荷周期，一般可以通过对目标空间使用者构成及使用时间的调查列表比较得出。可以通过采访同类建筑的经营管理者，再听询投资建设者的运营设想以及使用者的民意测验，经过列表、比较、归纳即可判断出该目标空间的最大负荷周期。

最大负荷周期确定以后，我们可以得出目标空间的最大负荷人数，以此人数值与前述单位元基本量相乘，即可得到目标空间的各项最大理论参数。将这一参数结合行为科学原理和社会环境特定要求，即可确定项目的规模。这里所说的与行为科学相结合是指运用行为科学的原理，对既得参数进行检验和修正；而对社会环境要求的考虑则是指建筑功能要求之外的社会环境条件的研究和分析。只有结合这两点才能保证项目规模确定的准确性和科学性（图 3–3–3）。

在根据建筑使用时间—人数参量确定了最大理论参数之后，下一步就是进行使用空间与使用者活动要素的考察。空间要素是指根据行为科学的原理，从人类对使用空间的物理、心理要求出发，对空间的规模加以设定的各项参考要素。空间要素的考察与前述单位元法有相似之处，都是既依据以往的理论原理，又考察新空间的

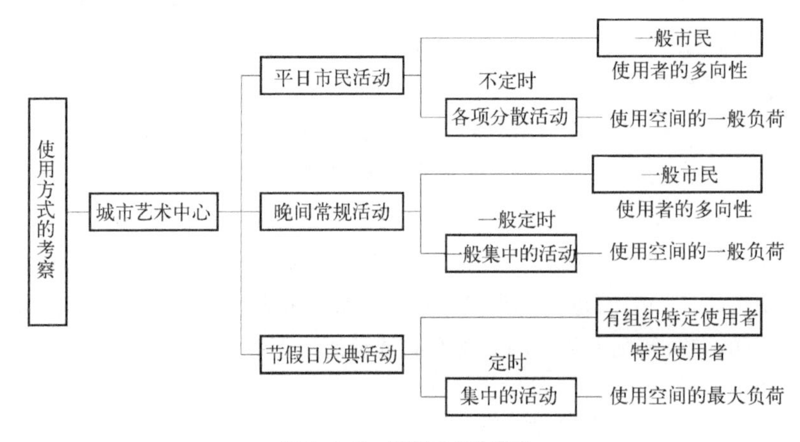

图 3–3–2 使用方式的考察

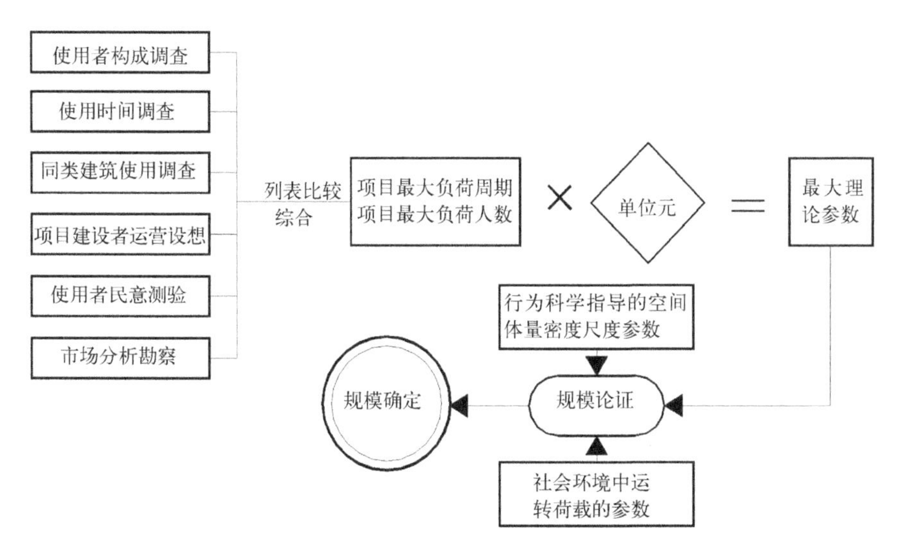

图 3-3-3 项目规模确定程序的关系框图

使用特征。所不同的是，单位元法只是研究使用者单位数量所需的空间活动范围及尺寸大小，而空间使用方式的考察中空间要素的研究则还要对使用者的行为方式、特征、动线轨迹以及与相邻空间的关系等进行研究。空间要素的研究又可分为静态研究和动态研究。

静态研究是指确定目标空间大小、高低尺寸、面积、容积等物理参数，运用行为科学的原理对空间体量、尺度、建筑与街道的距离、建筑与周围环境的影响等方面的因素进行研究，以确定空间的最佳物理参数。动态研究是指通过对目标空间中使用者活动流线、轨迹的研究，来分析使用者在目标空间中由内到外的运行方式，求得最佳的空间组合比例及环境空间使用量上的分配比，以此来确定目标空间的规模大小（图 3-3-3）。

当建设项目的单位尺寸（单位元基本量）、最大负荷周期、最大负荷人数以及目标空间的体量、尺度、运营方式等参量获得以后，就要进行第三步——考察项目在社会环境中运转荷载的参数。

项目的运转荷载主要指建筑物使用和运营过程中的上下水源、水量的利用，燃气的利用，电力、电话和通信设施的利用，网络系统资源的利用，消防及楼宇自控资源的利用以及进出基地的交通量和基地内建筑的配套设施的使用荷载。通常，项目运转荷载的考证及参数的设定是属于城市规划、市政设计范畴的，但这一点与项目规模的设定有极其密切的联系，这也反映出了建筑策划与城市规划和城市设计之间的紧密联系。项目建筑策划的建筑师应当对这些条件有较深入的调查。在城市规划部门的配合下，取得这些重要的参量，并依据这些参量结合已取得的最大负荷理论参数及空间体量、尺度等参数，综合考虑而确定建设项目的规模。

但是，我们必须清楚，这一规模是初步指导性的理论参数，它只是为了进行下面各研究步骤而拟定的。很显然，目标规模还与经济损益、未来发展等因素有关。而对规模的经济预测、项目成长的构想都是在初步确定了规模以后对照这一规模大小而进行的。换言之就是，先拟就一个定量的目标，为以后各环节的分析研究和反馈修正提供一个比较和修正的参量标准。尽管这不是最终的结果，但它却是建筑策划的开端，这种拟定—考察—反馈—修正的过程程序，也正反映了建筑策划程序的开放性和逻辑性。

在项目规模确定的同时，项目性质的论证也在进行。一个建设项目是“商业性的还是文化性的”就是最常见的项目性质的论证问题，因为同一类建筑因性质不同，其内容和空间组成、风格造型将大相径庭。例如同样一个文化中心项目，在沿海经济特区和在历史文化名城，因两地地域特征不同，项目的性质也大不相同。沿海经济特区的开放政策往往更加注重经济效益。因此，建在那里的文化中心无疑受总体环境气氛的影响，通常经济效益的权重较大。它的设计内容、空间形式、风格造型等均以此为目标。但在一座历史文化名城，情况或许就大不相同了。由于历史文化名城的特性，使这一项目要求文化性为第一位，它的设计、造型、空间内容等自然应更多地从文化性这个角度出发。显然，最终后者的设计结果与前者不同。这就是建设项目在规模确定的同时要论证的一个重要内容——项目的性质。

项目的性质多是由建设投资者和城市规划师一起确定的。建筑师在建筑策划中只是对既定的建设项目的性质进行论证和调整（或是在未定性质时，提出性质论证的参考），其论证可以运用SD法、模拟法以及建筑策划的其他相关方法，对城市环境进行调查、模拟，以推断出建设项目的性质参量。但往往为方便起见，建筑师多直接引用城市总体策划和开发发展规划的有关文件，再通过必要的调查分析来验证其性质。但无论采取何种方式，建设项目的性质同规模一样，是决定建筑策划下步各个环节的关键，是建筑策划为建筑设计制定设计依据不可缺少的前提之一。所以，建筑师在进行建筑策划时一定要首先考虑这两点。至于项目的用途和目的，一般在规划立项时已作了规定。作为建筑策划的任务，这两点在前面规模、性质的论证和确定的研究中已然包含其中了。也就是说，在既定用途和目的下的项目规模、性质如果可行，则项目的目的和用途一定是成立的。反之，如果项目在既定用途和目的下的规模和性质不可行，则项目的用途也应重新加以论证修改。这一点必须引起建筑师的注意。

项目规模、性质确定以后，下一步就是对内外部条件进行调查、研究、分析，以反馈修正目标的规模、性质等，同时也为下一步空间构想作准备。

3.3.2 外部条件的调查与把握方法

建筑策划的外部条件主要包括地理条件、地域条件、社会条件、人文条件、景观条件、技术条件、经济条件、工业化标准化条件以及总体规划条件和城市设计、详细规划中所提出各种规划设计条件和现有的基础设施、地质资料直至该地区的有关历史文献资料等。对这些条件的调查和把握是对上一步所确定的项目规模及性质的印证和修改的客观依据，也为下一步把握内部条件提供了方向和范围。为了便于对方法的理解，我们首先对各条件的内涵加以解释，以掌握这些条件的纹理脉络。

地理条件，是指特别与建筑设计、建筑施工、建筑运营有关的地理条件。它包括：项目用地的地理位置是内地还是沿海，是南方还是北方；用地的地理特征，地形是山区还是平原；用地所处区域的地理气候，如年平均温度、最高与最低温度、风向、日照、雨季、风季、降水量、地下水位深度、霜冻期及地震等。

地域条件是指用地所处城市的行政区域的性质、行政区域的划分等级及与周围行政区的关系。还有用地性质的划分，在城市规划的区域划分中是属于哪种性质用地，如行政办公、商业、文化娱乐、住宅、工厂企业等。

社会条件，是指用地周围的社会生活环境的状况、城市配套设施的现状、各社会组成的比例分配、社会治安状况及社会秩序的现状。

人文条件，包括：用地区域内或附近人口构成的特征，所聚集人群的性质是属于科技文教类还是商业娱乐类，甚至涉外、旅游类等；人口文化素质的比例现状，年龄构成段划分，职业构成等；还有城市及用地附近的历史文化背景；有哪些传统习俗，曾发生哪些重要的历史事件，该地区有哪些需珍视和保留的特色等。

景观与生态条件，是指用地本身在城市中的景观效应，用地周边的生态环境、生态特征以及景观资源和景观特征。如哪一方位的景观对市民最具吸引力，附近有哪些景观值得保留，规划中有无景观走廊穿过，城市设计对景观提出哪些要求，建筑在城市中应充当什么角色，用地周边有没有生态保护区，有没有湿地、森林、泉水、需保留的植被和自然地貌，有没有生物物种资源等。

技术条件，是指用地范围内大型现代技术机械的使用水平，周围道路状况、交通状况，一般技术手段的使用及效益，城市基础设施近期和远期的配备状况等。

经济条件，是指建设项目的总投资有多少，投资的各分配比例是多少，城市土地价值如何实现，此项目的建设对地区的经济发展有无促进和带头作用以及用地区域内公共资金的状况、经济结构的基本模式、用地规划后的经济合理性及经济效益等。

工业化标准化条件，是指用地与周围建筑材料加工厂及构件厂的关系，标准化生产的条件，大型建筑材料的生产能力以及大型建筑构件的运输能力与吊装能力等。

此外还有城市总体规划的文献资料，包括用地的性质、等级、使用意向、未来发展等方面的书面文件以及业主投资者的主观设想，经有关上级主管部门正式批准的立项计划任务书，还有各种设计规范资料集等。建筑策划的外部相关条件可概括为图 3–3–4 所示的网络图。

这些外部条件中，有一些是明显属于客观资料型的条件，如地理条件、地域条件、生态条件、总体规划条件和有关设计规范资料集等，以及项目明确提出的特殊要求。它们多属于其相对应部门和单位的特别研究的范畴，如国土规划局、经济地理研究所、城市开发研究所、规划局以至政府有关部门。这些部门的研究成果文件，即构成相

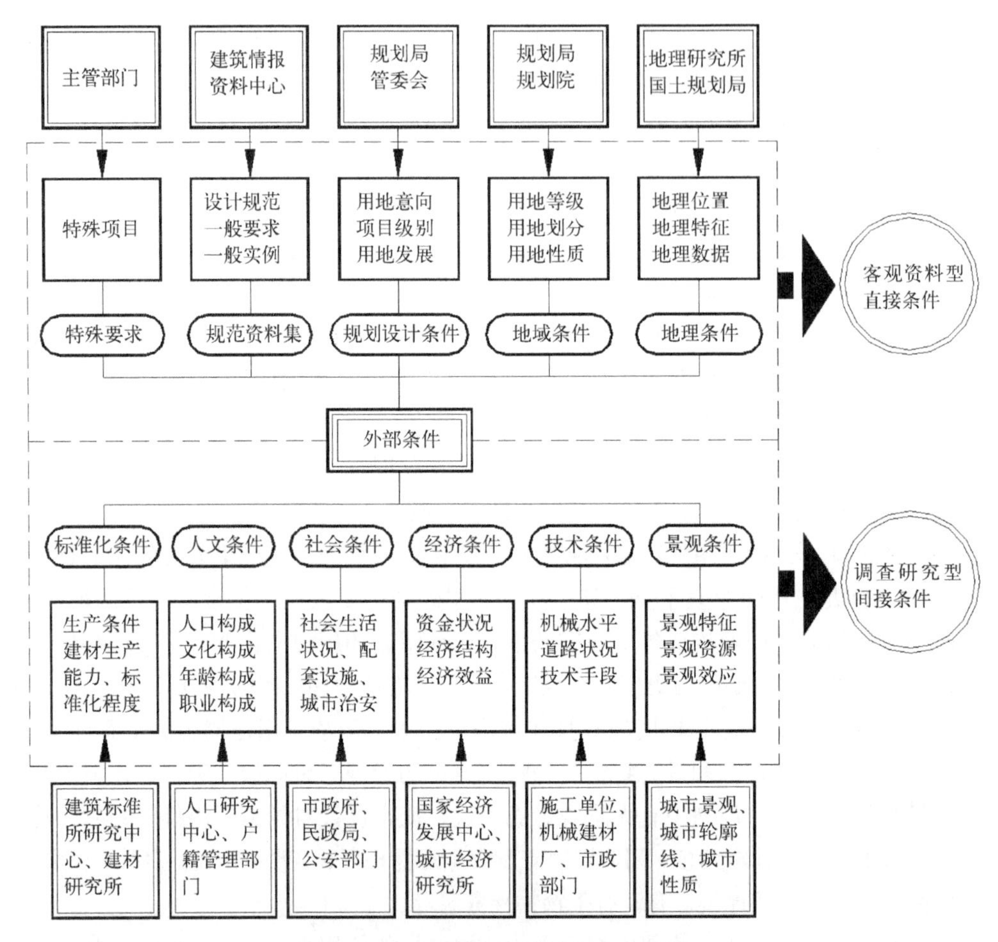

图 3-3-4 建筑策划外部条件的相关网络图

对应的建筑策划的外部条件的资料文件。对于这些文件和资料，建筑策划可以直接进行引用，而无需再行调查和研究。我们将这些资料称为既存资料，由这些资料掌握的条件称为直接条件。

除直接条件之外，余下的就是间接条件了，如景观条件、人文条件、社会条件等。它们没有直接或明确的资料来源，需要建筑师去进行调查研究和分析把握。下面我们就来谈谈这些间接条件获得的方法。

考察这些间接条件，我们可以将它们分为客观条件和主观条件。客观条件即客观存在的、有普遍认同性的物质现实；主观条件即通过对主观心理判断的调查分析而获得的条件。客观条件通常可以通过建筑师直接地进行实地采访，拍摄照片、幻灯片、录像，汇集有关资料而获得。如在人文条件中，人口的年龄构成、职业构成等可以通过对当地户籍管理部门的采访而获得。而景观特征的资料则可以通过拍摄的照片、幻灯片、录像来获得并加以反映。调查的结果可以用表格图示方式表达出来，也可以建立起模型。

主观条件则不同于客观条件，它须通过对不同被验者的心理调查而综合获得。如对社会条件、生活状况、安乐度、社会治安、景观效应的心理反应等都要通过对社会成员的心理量的调查分析而获得。这一调查可以简单地通过民意测验，以直接问答形式获得调查结果，也可以通过模拟法（物理模拟、理论模拟）对项目外部条件进行模拟，建立相应的模型，分析、掌握其条件特征（图 3-3-5）。如对景观条件的把握，可以对用地及周围环境进行物理模拟，制作环境模型，按比例做出周围主要建筑的高度、体量以及周围的山脉、河流、湖泊等，再在模型上进行分析。在对未来发展条件的把握研究上，可以建立起城市用地发展模型、经济开发模型，在模型上进行理论的演绎和论证。

此外，心理主观条件的把握也可以运用 SD 法。建筑师对调查对象拟定出操作概念，列出描述性形容词，定出评价尺度，对被验者进行心理测定。将测定结果进行多因子变量分析，得到不同因子轴的因子得点图表，以此绘出调查对象的图像以及演变趋势，从而把握主观条件，并保证调查分析结果的科学性和逻辑性。

建筑策划外部条件的把握是一个复杂的多方位、多渠道、多手段的综合过程，

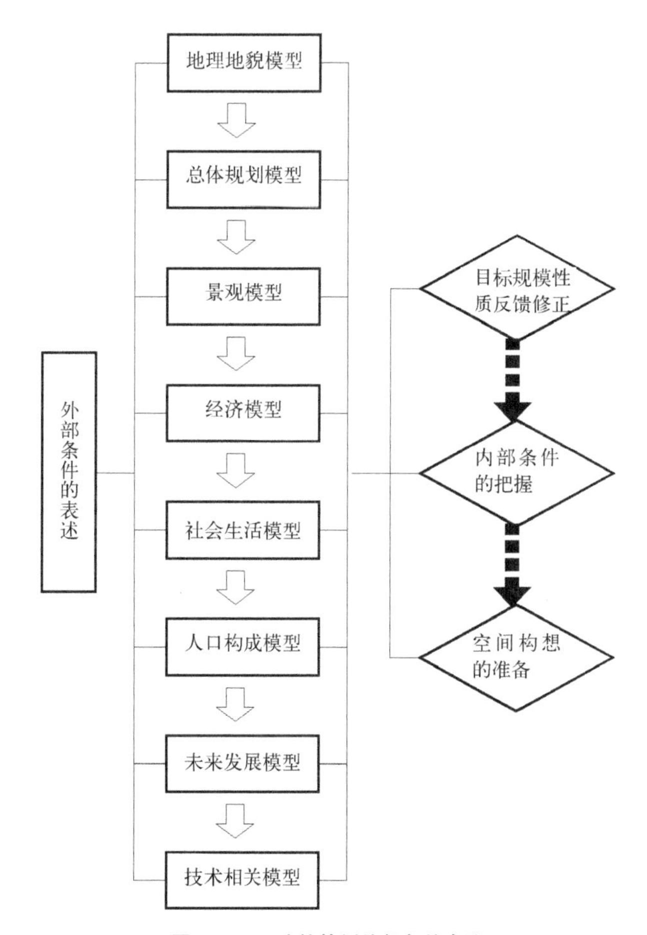

图 3-3-5　建筑策划外部条件表述

对它进行单一的表述或简单方法的限定，显然是不明智的。我们这里只能论述其涉及的范围、主要内容和相关的部门以及提出几种方法，推荐几个模式。具体的外部条件的把握方法可以借鉴“3.2 建筑策划的方法”一节，选取其中适宜的方法，还需在实际项目的研究中根据具体情况巧妙完善地加以运用，在此不再赘述。

外部条件调查和把握的一个主要职能还在于它具有对项目规模、性质、用途、目的等进行反馈修正及论证的作用。以外部条件的调查结果及建立的模式去衡量和验证前面所确定的项目的规模、性质、用途和目的，看其在定性方面是否可行，在定量方面是否恰当和精确，这一环节是建筑策划程序中不可缺少的。当外部条件的分析结果的反馈信息发出后，建筑策划的总程序即从项目规模性质构想开始重新进行，如此反复，直到规模和性质达到最佳、最实际为止，而后继续向下执行程序。这种前环节指导后环节，后环节又不断反馈修正前环节的逻辑运行特征正是建筑策划方法论的科学化的标志。外部条件的系统是一个开放的系统。随社会的发展、科学的进步，这一系统的内涵将越来越大，建筑师也应学会不断扩大对外部条件的信息交流，力求更全面地加以把握。

3.3.3 内部条件的调查与把握方法

建筑策划的内部条件，主要是指建设项目自身的条件。它包括建筑的功能要求、使用者的条件、使用方式、建设者的设计要求、管理条件、设备条件和基地内的地质、水、电、气，排污、交通、绿化等条件。内部条件中，以建筑的功能条件、使用者的要求条件以及使用者的使用方式为最重要的因素。

这些条件和要求的获得方法大约可分为三种，一种是直接由使用者听取，另一种是由代理人听取，再者就是通过预测的方法而获得。公共建筑和住宅大体上多采用第一和第三种方法，即对不特定的多数使用者的要求的听询和预测。

对于不特定的多数使用者要求的预测，要调查使用者的人口学特征——年龄、家庭构成、职业、收入状况、居住行为特征、使用频率等，特别是要了解使用者对建筑的使用方式。

与建筑有关的人类活动，从单体到群体，其活动范围是非常广的。从公用电话亭、卫生间的利用到事务所、大学、展览中心的活动等，与建筑相关的人类的活动都是在建筑空间中进行的。人们在建筑空间中交往、交流，进行物品的交换，其活动的基本类型是由人与人的关系所决定的。尽管有各种各样的活动、各种各样的建筑空间，但在其中的人类活动不外乎两种，即人与人的活动和人与物的活动。如在电话亭中打电话的活动就是人与物的活动，而在商店里购物的活动则是人与人及物的活动。

在以人与人相关活动为主的建筑空间中，使用者是一个使用集团，它包括空间内的使用者和空间外的外来使用者。使用者又可分为服务者和被服务者，例如商店的使用者是顾客和店员以及经管者三类人。空间内的使用者是店员和经营者，而外来的使用者是顾客。如果将店员为经管者的工作和为顾客的工作都广义地称为服务的话，那么建筑空间的活动，又可分为对外来者的服务和内部使用者相互间的服务。但是在众多的建筑中，住宅是个例外。住宅内所进行的生活、活动不存在服务与被服务问题，这是由人类固有的家族形式所决定的。服务者和被服务者的关系是空间构成的基本因素，也表现出对其造型的影响。人与设备的活动形式，也可以把设备对人的关系模仿为人对人的关系。

对使用者的分类和特性的研究是把握建筑策划内部条件的关键。它决定空间主体的使用方式和空间的基本构成。通常的建筑空间的使用者的特征可以部分地概括为表 3–3–2。

根据不同空间不同使用者的使用特征，其空间的构成特征显然不同。与固定性、经常性活动有关的承载空间，要求具有一定的物理不变性及耐用性，即保证在经常不变的单一形式的活动中不会造成影响使用的问题。另一方面，根据使用的渐进变化特性，空间形式的调整也要加以考虑。如在居住建筑中，家庭成员的成长、活动范围的变化、居住空间的改变和调整是必须加以考虑的。

在建筑策划的内部条件中，对建筑空间功能的把握是另一项重要任务，即考察建筑的用途以及在此用途下的建筑空间中的活动性、经济性和文化性等。

建筑空间的使用者的使用特征[①] **表 3–3–2**

建筑	被服务的使用者	参与服务的使用者	使用特征
办公室	来访者	职员、管理者	有组织的活动
市政厅	来访者（个人团体）	公务员、向导、管理者	各种目的、随机的
商店	顾客	售货员、推销员、经理	随机的
教堂	教徒	主教、牧师、管理者	有组织、团体的
餐厅	顾客	厨师、服务员、经理	随机、定时的
中小学校	学生、家长	教师、职员、厨师	有组织、团体的
综合医院	院内外患者、家属	医生、护士、管理者	24 小时随机的
旅馆	旅客、来访者	服务员、经理、厨师	24 小时日常服务
大学	学生、研究者	教师、学长、职员	研究、授课、学习
少年之家	儿童、收容者家属	教师、管理者、厨师	日常服务、授课
美术馆	观众、听众	讲解员、职员、管理者	有组织、随机的
图书馆	读者、听众	管理员、出纳员、职员	有组织、随机的
旅客站	旅客	售票员、服务员、职员	24 小时服务的

建筑的用途是多种多样的。住宅是为了居住而用的，商店是为了出售商品而用的，医院是为了治疗疾病而用的等。建筑空间为实现这些目的，必须结合以下这三个空

① （日）日本建筑学会．建筑计画．表 3.10.

间的条件进行考虑。

（1）满足空间的功能条件；

（2）满足空间的心理感观条件；

（3）满足空间的文化条件。

条件1是构成满足空间中人类活动的要素，是形成建筑物的基本条件，如工厂的空间是为了供人们在其中进行物质生产活动的。条件2是使空间具一定的心理舒适度的要求，如与休息、谈话、吃饭等有关的空间。条件1和条件2通常要求同时满足。例如餐厅中，用餐活动的功能要求与用餐时的环境气氛的心理感观相适应，并同时满足是很重要的。条件2还与空间中活动的效率有关。条件3是空间的文化要求，是关于社会形成的传统、习惯等文化模式的要求条件，以此来决定行为方式和空间形式。文化条件多在举行集体仪式的空间中如教堂、会堂内表现得比较充分，而在如旅客车站、医院等使用功能较强的空间中，由于使用功能的比重大大超出了文化的要求，往往被人忽略。然而空间的文化因素是在所有空间中，都存在的，是不容忽视的客观因素。正如E·霍尔关于"民族固有的空间感觉"的观点，认为尽管建筑各种各样，但都潜在有不被人们意识到的文化条件。特别是在现代建筑已有较长历史的今天，人们已开始对各种各样的文化条件的确定进行思考，已不局限于功能和心理感观的条件，而对传统、地域的交叉点也开始关心起来了。这种研究建筑文化条件的课题，也逐渐变得热门起来了，特别是在建筑策划领域当中，正如日本建筑计画研究家服部岑生所说："现代的建筑创作已从以往继承了功能的合理方面，而自后现代开始，又承担起了另一方面的任务，即创造和丰富新文化。"

在内部条件的把握中，对建筑内部空间中的活动的把握需要我们对活动的特征进行调查和分析。把握空间中活动的特征是把握建筑策划内部条件的重要内容。

居住小区、住宅的设计多为标准设计。由于标准设计的准则是建筑师们想象的居住生活的平均要求条件，所以生活实际往往与之有偏差。其他建筑也如此，标准设计带来某些不适宜的情形变得多了起来。因此，考虑与建筑空间场所相关的活动主体的个性特征就变得至关重要了。

与普遍的条件相适应是必要的。标准设计可以节约工程造价，但往往使建筑失去个性，使用者自由创造空间的机会被剥夺。回顾人类社会生活的发展，可以说我们的生活已变得更加丰富多彩，对使用者的活动已不再能够平均化地得出一个普遍适应的标准来了，而需考虑各种类型的分布，必须创造不同类型和具有个性差异的建筑空间的时代已经到来。

在如图3-3-6所示内部条件的相关因素中，对空间经济性的条件应加以重视。现代建筑不是从来就重视经济问题的。由于设计的民主化，使用者介入设计越来越多，对建筑物提出进行各种各样的改进和满足各种需求的要求也越来越多。可是对经济性的考虑又使业主希望大量性建造的建筑尽量整齐划一。尽量标准化可以提高建筑空间的经济效益，协调这两者间的矛盾仍是建筑策划的重要任务之一。

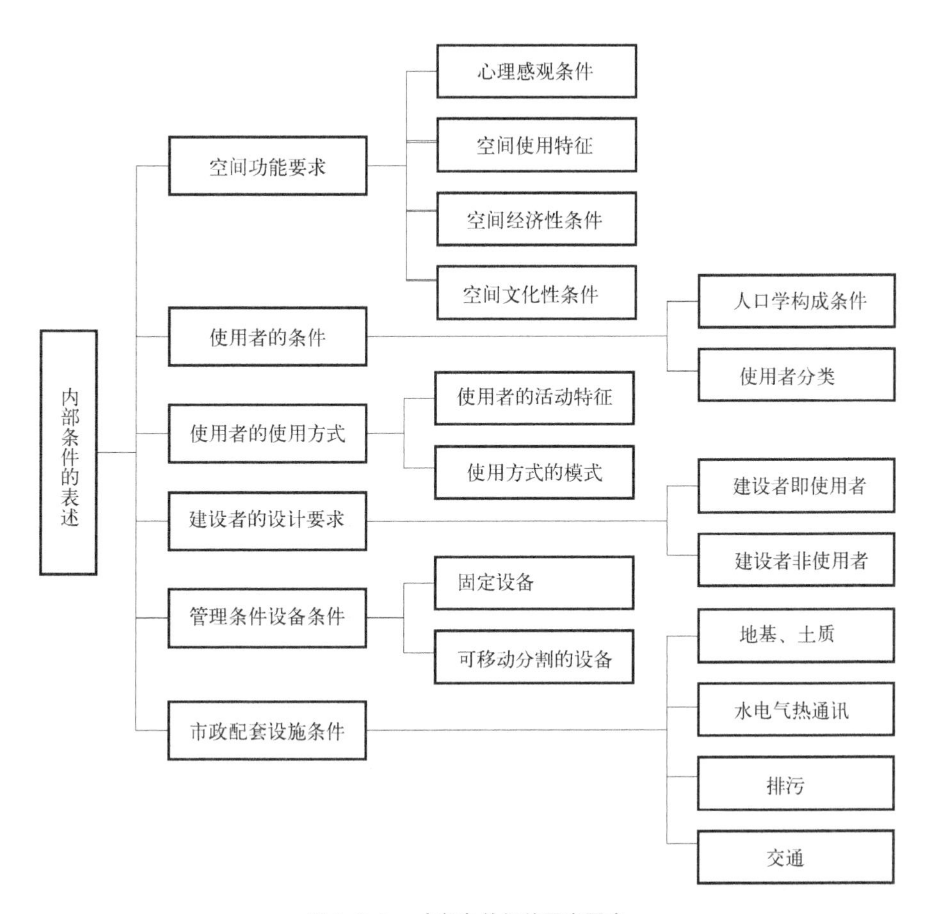

图 3-3-6 内部条件相关因素图式

空间的内部条件的经济性是与空间的使用效率有关的。对于空间经济性的把握，可以通过以下几点来解决：

（1）调查空间的使用方式；

（2）调查与此使用方式相对应的使用效率；

（3）比较不同使用方式下的空间特征；

（4）调查空间内部的运行费用；

（5）分析空间内部活动外移的可行性；

（6）调查与内部空间相关的外部运行费用；

（7）比较内部和外部运行费用的大小；

（8）建立空间“外部化”和“专门化”的概念。

以公共图书馆为例，对于居民区的公共图书馆使用效率低下的状况进行调查，可以发现常规图书馆的标准化设计中大阅览室的空间组合造成的读者使用模式的固定化，使空间使用效率低下。其原因是阅览室内读者的长时间滞留，单位时间内个人占有图书量增加，造成图书周转及借阅效率低下。为了提高利用率，在公共图书馆的建设中，使用者要求事先进行建筑策划。建筑策划的研究以原使用方式的调查为切入点，设想新的使用模式和影响新模式的空间组合，以最终提高建筑的使用效率。如在密集服务区分建小型分馆，而分馆的特征主要是以借阅出纳空间为中心，舍弃原馆的大规模阅览空间。考察新的使用空间中的使用效率，可以发现，以完善的出纳中心高效率地向外借阅，使读者借得图书后可以在图书馆以外的空间场所（如家中）进行阅读，避免了原阅览空间的超负荷运转和周转率下降的状况，同时提高了投资分配的合理性，可以使分馆的藏书量大大增加，改变了以往要想扩大藏书量就必须扩大图书馆面积的被动局面。这无疑可提高建设项目的经济效益。这种将阅览室面积缩小，把原图书馆的部分活动内容转移到外部的做法，是有其可行性的，且得到了社会的认可和赞同。通常这种内部活动的外移，可使内部空间的造价、运行费用大大降低。那么，外移后，相关的外部运行费用如何呢？这就要求我们对外部运行费用进行调查，并对内、外部运行费用进行比较。

一般来说，建筑空间中特定行为、设备和物件是否可以外移化，外移化的费用和因外移化而压缩的内部空间及节约的费用是否平衡是我们需要比较的关键（表 3–3–3）。

空间活动经济性的比较 表 3–3–3

内部		外部
内部空间使用的费用 内部装备使用的费用 其他维持管理的费用 内部人与物件的自我消耗费用	比较	外部设施使用的费用 外部运行服务的费用 交通、通讯的费用 外移后获得时空自由度的转化价值

如果比较结果是平衡的，且在提高使用率的前提下，通过建筑策划的改进是有效的。反之则是无效的。有效的情况下就要求建筑策划在空间构想时一并考虑这种“外移化”的空间，以重新构想出与原传统模式不同的空间组合。如果无效，则建筑策划还需再一次对其内部条件进行更深入的分析，从其他途径研究内部空间功能外移化的可行性以及其使用特征和使用效率，为下一步建筑策划的空间构想准备条件。

建筑策划的内部条件除了建筑的功能要求、使用者条件、使用方式、设计要求之外，就是项目具体的物质条件了，即设备条件、地质条件及用地内水、电、气、排污、交通等。通常这些条件是直接由建设单位以书面报告的形式提供的。建筑师在进行建筑策划时，依据这些条件进行考察和论证，作为下一步建筑空间构想的依据。

至于对内部空间使用方式和使用者要求条件的把握，如果认为直接由业主、使用者提供的条件不甚完善和客观的话，则有必要运用 SD 法和模拟法进行空间行为方式的物理量、心理量的调查和分析。首先按照确定的空间目标，拟定出操作概念——空间（或使用方式等）的描述语言，设定出评价尺度，制成调查表，对各组成成分的使用者进行调查，而后用多因子变量分析法进行分析，得出目标空间使用方式的因子表述图像，推断出其使用方式的特征，加以把握。同样，采用模拟法，可以通过缩比模型，物理模拟目标空间的使用方式及使用者要求。亦可通过数学理论模拟，用公式和图像来表述空间的内部条件（SD 法等策划方法可参照本书 3.2 节内容）。

直接由建设单位、使用者、经营者获得内部条件，或是由建筑师本人通 SD 法或模拟法以多因子变量分析而获得内部条件，其宗旨都是为了对目标空间进行全面客观的把握，所以通常，建筑师可以分段、分类、分目标地选择不同的方法，以求用高效经济的手段来完成空间构想前的这一准备工作。

如果说对外部条件的把握是为了使项目遵循总体规划思想，制定和修正项目的规模性质，把握项目建设的宏观方向，那么对内部条件的把握就是考虑项目的具体设计和方法的关键。它使项目有一个更科学、更逻辑、更符合客观实际、更经济适用的空间构想。

3.3.4 空间构想

空间构想又称空间策划，它是对应于内、外部条件的一个研究过程。这一过程将制定项目空间内容（list），进行总平面布局，分析空间动线，进行空间分隔，平、立、剖构想以及感观环境构想，最终将空间形式导入。这一过程的重点是对空间、环境、氛围等依据功能要求和心理量、物理量因素进行研究。

在进行空间构想前，我们有必要介绍几个空间概念。

建筑的空间是行为的场所，也是行为和行为相结合、联络的场所。这时，空间可以被称为"活动空间"（activity space）和"联系空间"（circulation space）。活动空间用 A 空间表示，一般是指人类在其中有明确行为内容的空间，多为具体的房间；联系空间用 C 空间表示，是指联络各 A 空间的流通过渡空间，多为过道、通廊、前厅等。通过对人类使用活动的构成的调查，可以确定这两类空间的存在。

考察建筑的历史可以发现，西方古典建筑多为砖石结构，各个房间多为六面体的闭合空间，相互设有通道。这些六面体的封闭空间就是包容特定活动内涵的 A 空间，A 空间之间的连廊则是 C 空间（图 3-3-7），而中国古典园林内相互流通渗透的空间和日本古典书院的和式空间则恰恰与其相反（图 3-3-8、图 3-3-9）。木构的框架结

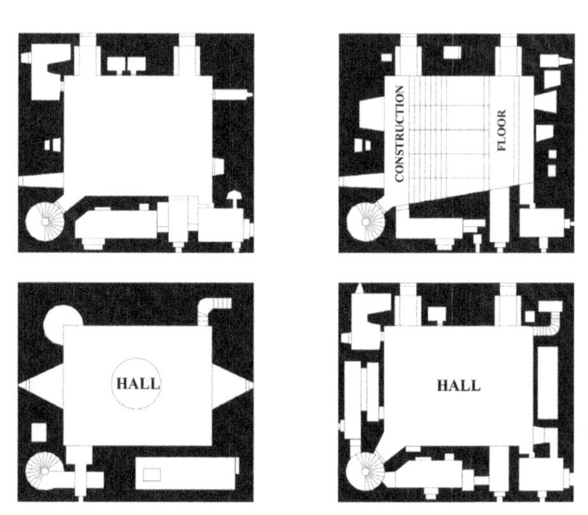

图 3-3-7 欧洲 CONMLUNGAN 城厚重封闭的空间

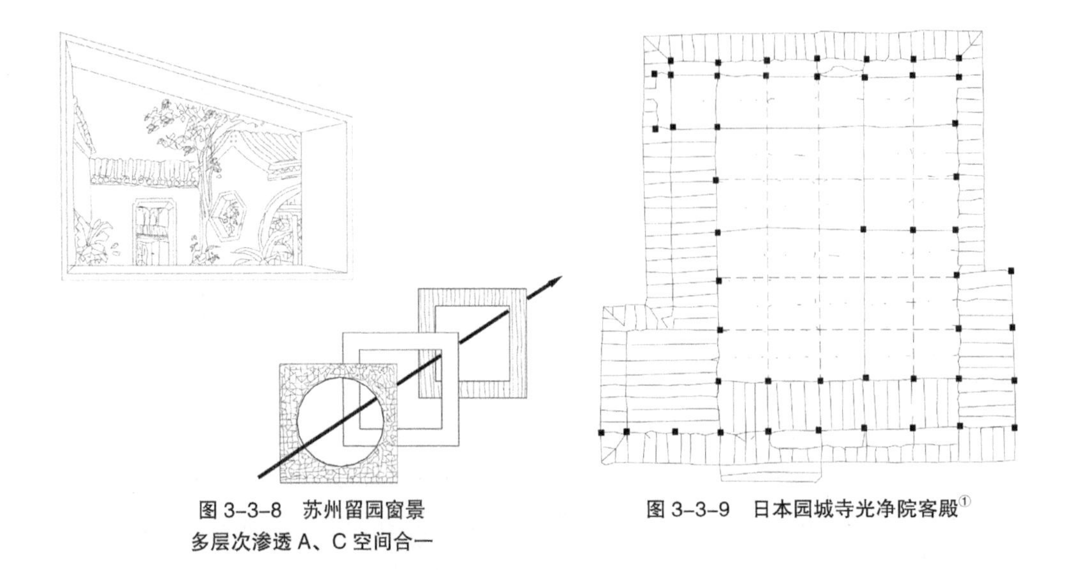

图 3-3-8 苏州留园窗景
多层次渗透 A、C 空间合一

图 3-3-9 日本园城寺光净院客殿[①]

构取代了砖石结构，为自由灵活地分隔空间创造了条件。各部空间相互连通、贯穿、渗透，A 空间与 C 空间已连成一个整体。尽管其中“活动空间”很明显，但从平面图上读出 A 空间和 C 空间来似乎并不那么容易。

这一差别，主要源于历史文化和主要建筑材料的不同。欧洲古典建筑的活动空间（A 空间）和联系空间（C 空间）相对独立，而中国和日本古典建筑的 A 空间和 C 空间则趋于一体化。这种文化的差异反映出了在传统方面各个不同地区的空间构成概念的不同。

随着建筑材料的更新发展以及人类空间活动意识和空间美学思想的改变和进步，欧美的近代建筑自现代主义之后也开始注意对活动空间与联系空间的重新研究和组合，以寻求两者相互渗透、更为丰富、更富于启发和促进人类活动的“组合空间”及“多功能空间”（图 3-3-10）。随之而来的就是空间美学原理的更新发展，出现了类似“沙漠别墅”式的 C 空间淡化了的“流通空间”，波特曼式的“共享空间”以及黑川纪章式的“灰空间”等。人类的文明发展促进了空间概念和空间构成的变化。

但是，如果我们考察一下空间对人类活动的反作用，我们也必须承认，空间是具有空间力的，这就是我们所要提出的另一个空间概念，即“空间力”的概念。

概括地讲，空间与人类行为的互动有以下三种：

（1）启发行为（provoke）；

（2）促进行为（promote）；

（3）阻碍行为（prevent）。

如果行为的目的是有意识的，那么空间就反映促进或妨碍行动的程度。适当大小的空间，加上适宜的气候、环境条件，人类的行为会变得舒适且效率提高。反之，

① 太田博太郎 . 书院造 . 东京：东京大学出版社，1966.

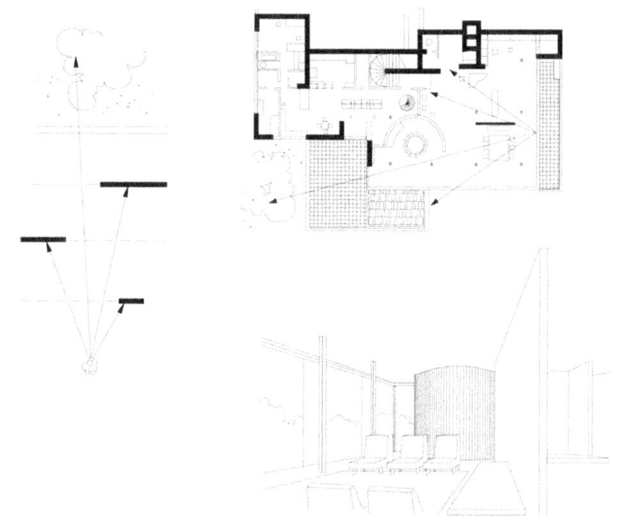

图 3-3-10 屠根达住宅
C 空间淡化了的多层次空间渗透[1]

则使人在活动时感到烦闷而效率低下。这就是空间力的促进和阻碍作用。另一方面，如果行为的目的不明确，例如在空间中很自然地出现某种行为，则此空间可能存在诱发或是启发某种行为的因素。反之，则对这种行为有抑制作用。

在空间构想中，空间和行为的作用与反作用，就使得一方面人类的活动要求空间有合理的排列组合，另一方面，空间的有意识的排列组合又启发和影响人类的行为方式。空间构成的关键，就是人类活动方式的关键，而空间构成的过程也就折射了人在其间活动的行为序列。

在空间策划中，基于空间的使用所构成的相关要求和条件，基本上不存在对空间构想的制约。可是，空间的策划并非绝对完善，行为和活动不总是一成不变的，而是随着人类的价值观的变化而发生变化。因此，这就形成了空间和人类活动之间的一种动态关系。

以居住空间为例，尽管人们居住的个性各种各样，但在标准化设计的住宅中，生活方式却趋于同一。这就是空间对人类行为的作用结果。反之，如果人类不能忍受这一空间的规定性,那么新空间的创造就变得急不可耐了。人类的行为作用于空间，空间就一点点地发生了变化。对于这种基于人类行为作用所产生的新特性空间，人类生活自然也就随之而接受了。人类活动与空间相适应，调整自我的行为节律，或被空间所改变，形成新的自律，或将空间改变，形成新的空间条件，空间的构想正是由此诞生的。

建筑空间构想除了对 A 空间、C 空间的经营之外，还须考虑由同种活动和有连续关系的行为活动而形成的组群，即由 A 空间通过 C 空间相连而形成的带有领域性

---

① 《中国大百科全书》“建筑分册”第 260 页。

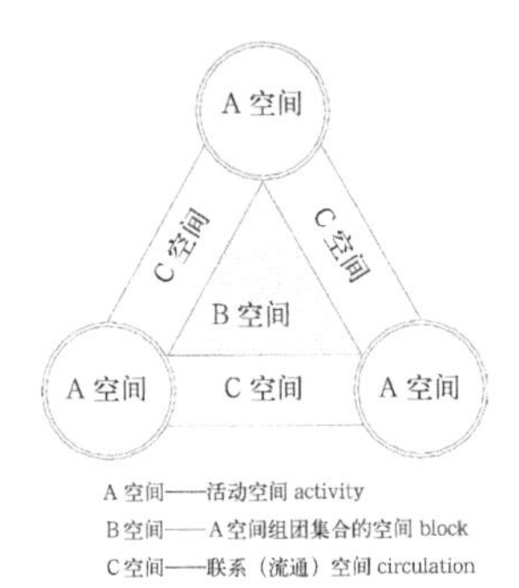

图 3-3-11 空间的分类及相互关系

的空间——B 空间（block）（图 3-3-11）。B 空间的构想过程是 A 空间组团化的过程（grouping）。组团化的方法要考虑空间单元和人类群体活动两方面的条件。在空间单元方面，同种类、同形状、同规模的空间可以是一个组团；而在人类群体的活动方面，同系统、同管理制度的使用群体的使用空间可以构成一个组团。到底采用哪种组团方式以及如何确定组团的规模，都应该通过形成该组团的经济性和人类行为科学的原理来进行选择。B 空间的构成是现代建筑历史进程中建筑师普遍关注的焦点，也是建筑策划空间构想的重要内容之一。

前面简述了 A、B、C 空间的概念，下面我们就运用这些概念对空间构想的各环节进行论述。

1. 关于 A 空间

A 空间作为人类活动的承载空间，在建筑空间的构成中占有极其重要的地位。它作为行为的场所，有各种各样的形式。最原始的 A 空间是自然的空间，如凹地、洞穴、树木底下等。这些开敞或半开敞的自然空间，后来就发展为今天我们所常见的四壁围合、有地面和顶棚的封闭式的房屋了。这种由开敞到封闭的演变是由相应的行为方式以及该行为要求的环境条件所决定的。

一般来说，瞬间行为或自发行为，其空间设计多以开敞式为主；经常性的行为、有一定领域范围的行为，多设计为封闭式的，也就是房间。根据活动内容的性质还可以将 A 空间分为公共活动空间、特殊用途空间、辅助空间等。

对于 A 空间的构想，要注意以下几点：

（1）空间的充分利用性；

（2）使用者行为的流畅性；

（3）满足使用者潜在要求的视觉诱导性。

A 空间的策划是下一步进行建筑设计的关键。为了科学地提出空间设计的具体要求，应对 A 空间在将来设计中所遇到的各个环节进行构想策划。A 空间的构想不但要与其内部活动的性格相呼应，同时还应满足其他有关功能。它应研究其声、光、热等物理环境特征，还应对其模数、尺度、开口、间隔位置、材料质感、色彩等进行构想，进一步扩展到设备、家具，进而由单一空间扩展到整个建筑，囊括主空间、附属空间、联系空间（流通空间）直至组团化的全体空间集合，全方位地策划制定出空间的构想模型。

2. 关于 A 空间和使用者

A 空间的特性不能只根据物理属性来进行研究，同时也要根据使用的主体即使用者的使用属性及条件来考虑。

单位的 A 空间，在使用属性上有以下两种类型：一是如住宅的卧室、学校的教室、事务所的各部门工作间、经理室、馆长室等，使用者主体特定的或使用集团特定的空间；另一种是如住宅的起居室、学校的综合活动室、图书馆的阅览室等，使用主体不是特定的人或集团的空间。前者称为“人系空间”，后者称为“目的系空间”（图 3-3-12）。

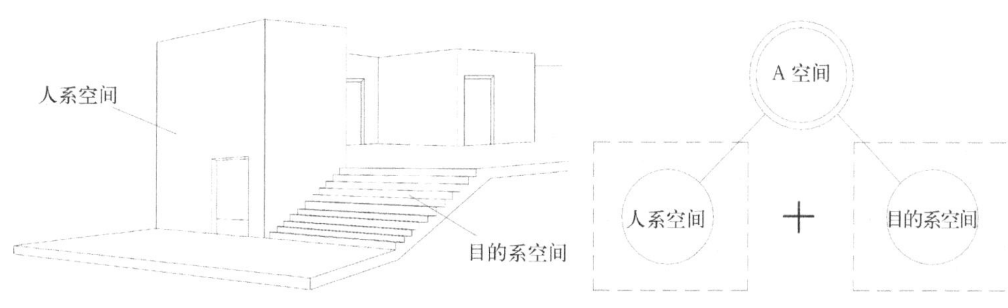

图 3-3-12 A 空间的人系空间和目的系空间①

图 3-3-13 A 空间与使用者及使用方式的相关性

在人系空间中，所形成的空间、装置和设备等是由作为使用主体的个人或集团所决定的，至于空间状态，则不一定对外开敞。空间的内部则因使用者的不同、使用要求和爱好的不同，呈现出各种各样的灵活的要求和布置方式。

目的系空间，使用者不特定，空间的形式、装置和设备等都是由使用目的所决定的，是和使用目的紧密联系在一起的，它多为开放性的，且应满足多种使用者的使用要求。

可以看出，人系空间的构想偏于使用主体一侧，而目的系空间的构想则偏于不特定对象的共同活动的要求一侧（图 3-3-13）。

3. A、B、C 空间的联系

一个封闭的活动空间 A 是有出入口的。出入口与外部连接，与人和物相流通，与联系空间 C 相连接。这一出入口就是 A 空间与 C 空间连接的物质承载体。房间和通道相连，出入口起到了分割两个空间的作用。但 A 空间的组团 B 空间与 C 空间之间的联系则没有明显的“出入口”样的连接体，其连接多为抽象了的空间形式（图 3-3-14、图 3-3-15）。

图 3-3-14 日本金泽市立图书馆上下贯通空间成为空间联系中心

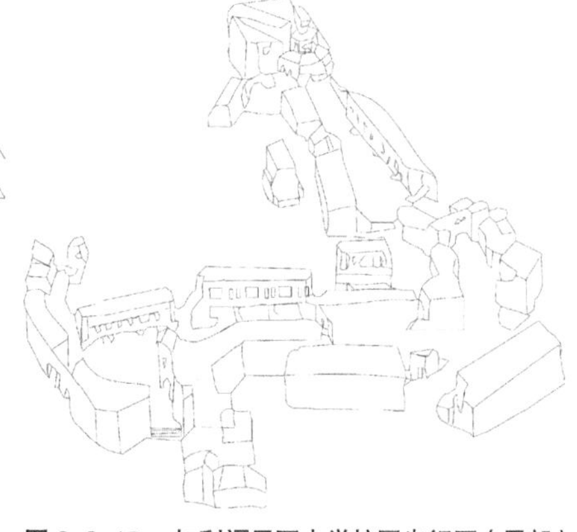

图 3-3-15 加利福尼亚大学校园步行区（局部）连续的外部空间以及与不同内部空间的联系

① 参考（日）山本理显，石井邸。

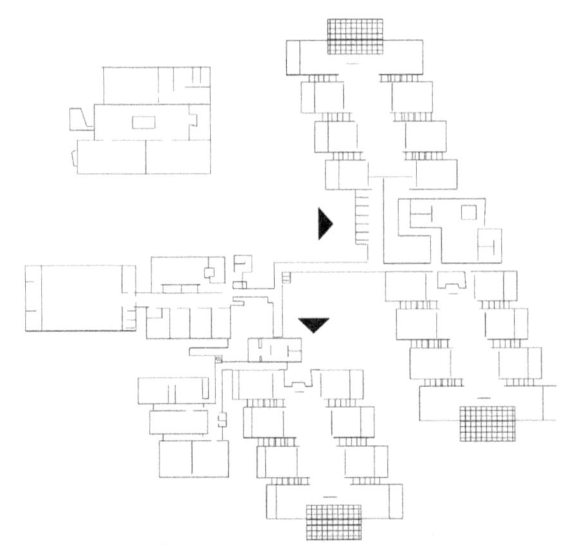

图 3-3-16 日本熊本县人吉市西小学平面

一般来讲，B 空间的组合多先从外部开始进行，其次才是 B 空间内部。在这个组合过程中，C 空间系统是不可缺的，也就是说，在 A 空间与 B 空间两个实在空间之间，C 空间构成联系的系统。这一系统有平面形式，也有立面形式（图 3-3-16）。

联系体系 C 空间的形式是多样的，可以是最普通的走廊、楼梯间、回廊，还可以是门厅、前厅以至多功能化了的上下贯通空间、共享大厅和室外平台、广场等，前者的意义无需解释，后者则由于建筑中加入了这些多功能化的联系空间，如上下贯通空间等，在视觉上加以诱导，使 C 空间体系及流线一目了然，同时还使单一功能的 C 空间的环境气氛上升到了一个新的高度。所以，在现代建筑中，这种多功能化的 C 空间经常被反复使用。

一般来说，单体建筑中的联系系统比较简单，而由几种用途空间复合而成的综合建筑的联系系统则复杂得多，这是因为综合建筑的各系统内部都存在有 A、B、C 空间，而各系统之间又需要联系。由此可见，无论是单体建筑还是综合建筑，空间策划的首要问题都是对联系系统的研究。那种只追求 A 空间使用功能，而极力压缩 C 空间，一味强调建筑高使用系数的做法，势必使联系系统功能低下，造成使用者活动行为受阻不畅，反而抑制了 A 空间功能的发挥。所以，在进行空间策划的联系系统构想时，一定要充分考虑联系系统中一系列自发和人为的行为特征以及与其相应的空间环境，而且要与 A 空间内部活动相关考虑。

4. 空间的动线

空间的动线又称为流线，是使用者在 C 空间中活动的轨迹，所以动线系统就是 C 空间系统，也就是建筑空间的联系系统。

动线的目的在于提供使用者在建筑内连续活动以及物品的运送。因此，对应于这种连续变化的空间使用特征，空间动线的策划就应是一个动态策划过程（表 3-3-4）：

动线的一般条件 表 3-3-4
（1）瞬间的事件，直进性；
（2）诱导性（分为决定性的、自由性的）；
（3）秩序和形式；
（4）相对独立性和合理性；
（5）个性和人情味；
（6）安全和防灾

最简单的动线策划是对两个空间进行联系。最基本且最关键的作用是使用者更好地利用空间，以便迅速地到达目的地。动线策划一定要简洁明了，力求选用距离短、直接的方式。为了使动线网络简洁明了，在总体策划上考虑其秩序和序列以及构图的均衡是必要的。

根据使用者的活动特征，建筑空间中的人类活动大致可分为三类：一是无特定目的的运动（如散步）；二是两地点间的往复运动（如由居室到卫生间的运动）；三是回复原地点的运动（如从展览室入口出发，又回到入口）。人类活动的特征和对建筑空间的使用方式千差万别，但基本上可以归纳为以上三点。因此，动线的策划就应结合考虑活动的类型来进行。

动线的一大特征就是要有外部接口，即有与外部开敞空间的联系出口（亦即疏散口）。动线接口的策划是形成 A 空间、B 空间的导向和关键。这些接口通常是以主出入口、次出入口、辅助出入口为物质形式的，其中主出入口的策划是建筑空间构想的最重要的环节。

动线的策划不单是人或物的通路的策划。通路是为了满足使用者在 C 空间中辅助的或自发的行为而存在的特殊空间，这是动线策划的基本要求。除此之外，还应考虑与 A 空间的整体协调问题，如小学校的走廊可以策划为孩子们的课余活动场所等。

动线的物化实体C空间也是人类各种动线活动的集结场所。对于不同种类的活动，要进行公用和专用的分类，即分析承载使用者活动的 C 空间所对应的是公共活动的公用空间还是专项活动（或专人活动）的专用空间。例如，展览馆中，观众观览的活动与馆员搬运展品的活动所对应的动线 C 空间就有公用空间和专用空间之分。由于人的活动，使动线的性质有了划分。反过来，动线的划分和规定性又支配了人的活动。

此外，动线的策划还要考虑与活动的性质相适应的动线环境的氛围。这一点将在后面平、立、剖的构想中进行论述。

5. 关于建筑空间内容（list）的策划

不同目的的建筑是有不同空间组合内容的。一个建设项目的空间内容的确定是进行空间策划和设计的基本条件。没有空间内容的建设项目是盲目和虚空的。只有项目的大目标而没有具体的空间内容要求，建筑师则无疑充当了“无米巧妇”的角色。因此，作为建筑设计基本依据的空间内容的确定的确是建筑策划的重要任务之一。

建设项目的空间内容，又称为房间明细表，它是建设项目设计任务书的基本组成部分。以往的空间内容都是由业主提出书面的设计任务书，而通常设计任务书中空间内容明细表是由两部分组成的：一是房间的名称，二是房间的数量和大小。由于建筑策划的设计宗旨从来都是在科学合理的前提下满足建设者的要求，故建设项目的空间内容、各房间的大小及使用要求等自然首先由业主提供。但建筑策划不同于以往的设计程序——在接受任务书后只是依书进行设计，建筑策划首先要对所要求的空间内容和各空间规模大小进行细致的推敲研究，对各房间的用途、性质，使用者的使用特性，使用对象等结合前面所述的建筑策划的外部条件和内部条件进行可行性的论证。这也就是建筑空间内容的策划。它包括以下两个方面：

（1）各空间内容（名称）的确定；

（2）各空间规模的确定。

下面就从这两方面论述空间内容的策划。

首先是建设项目所要求的各空间内容的确定。这一方面的工作通常是全部由业主承担的。业主在建设项目立项初期就对其内容有了设想。如某业主要投资兴建一座剧场，其主要内容包括观众厅、舞台、前厅、休息厅、演员化妆室、后舞台、布景库、快餐厅、展廊等，这些内容就是后来提供给建筑师的设计任务书中的房间要求。

通常一个建设项目的空间内容又可分为两大类：一是满足建设项目立项功能的最少空间内容，又称基本内容。如剧场为满足观演功能要求，其最少空间内容是观众厅、休息厅、舞台、后台化妆室、布景库，以维持项目功能的最低要求。另一个是项目特定的补充空间内容。同是剧场，可以附加贵客休息厅、小卖部、快餐厅、艺术展览廊、排演厅、研究室、交谊厅等（图 3-3-17）。

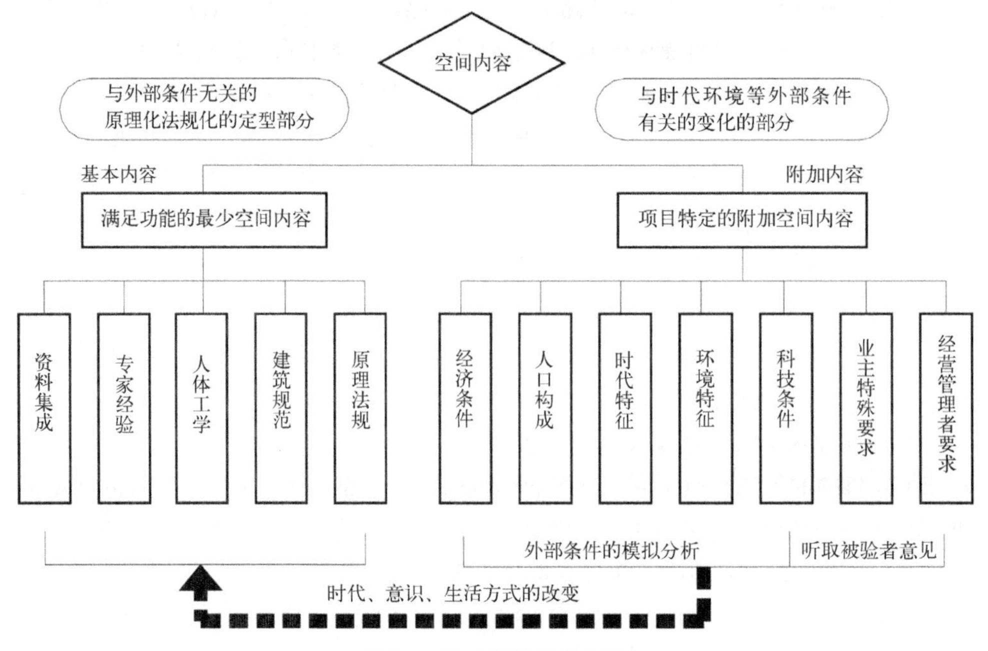

图 3-3-17　空间内容的组成

满足目标功能的最少空间内容（基本内容）是由建筑规范限定的。它的确定是经过长期建筑活动的实践，以人类从事各项活动的最基本的规律出发，根据人体工程学、行为科学及有关学科的基本原理而法则化了的规范，是具有普遍意义的。建筑资料集及规范中的原则条例就是各类建筑基本内容的总结。它们一般不受外部条件的影响，很少有变化，是原理化了的部分。业主和建筑师在项目立项确定设计内容时，在其基本内容上是无大分歧的。由于它明确地规定于书本规范中，比较容易获得理解和认同，它是业主立项、建筑策划和设计的基本法则。

但是，只达到功能的最低要求是远远不能使使用者、经营者满意的，也会使业主失去投资兴趣，而且建筑创作也会形同工厂复制机器零件，失去了建筑创作本身的价值。于是，这里就引出了规定空间内容的附加空间的确定问题。

在充分满足建筑基本功能的前提下进行附加空间的构想，往往是最能引起业主和未来经营者兴趣的焦点，也是现在时髦的民众参与设计的最好题目。对这些灵活空间内容的构想策划可以使建筑更具有特色，更具有民众性和趣味性，使建筑更接近生活。可以说，只满足基本功能的建筑不能称之为真正的民众的建筑，只有加入了活跃的社会生活，加入了反映时代特征的特定空间内容，建筑才能成为人类活动于其中的真正的建筑、时代的建筑。

在建筑策划的空间构想中，其空间内容的策划不同于以往的设计，它要对附加的各项内容进行可行性分析，根据分析结果，对附加空间内容进行增改。附加空间是明显受时代、社会、生活方式、科技水平等外部因素影响的。它的确定首先是听取业主、经营者、使用者的要求。通常，业主在提出任务书时，除规定了基本空间内容外，一般都有按自身要求提出的另一些附加空间。如投资剧场的业主多希望在满足观演功能之外还能更多地吸引民众，提高剧场的利用率，扩大剧场的影响，增加剧场的文化气氛，于是就提出还要增设艺术画廊、艺术品陈列厅、艺术品商店甚至要求增设舞厅、咖啡厅等。

建筑师在收到这样一份设计任务书后，如果不进行内容的再策划，则势必造成将来使用上的一系列问题，如内容设置不当或功能无法满足等。所以一定要在建筑设计之前对项目的基本功能内容和附加内容进行分析研究。以 1997 年建成的上海大剧院为例[①]，大剧院的基本功能内容为剧场的主体功能，包含观演部分、办公辅助部分，其附加内容是剧场作为公共建筑具有的公共服务功能，包括休闲、商业、宴会和停车等功能。在方案设计的初始阶段，设计师就进行了对建筑的功能及空间的构想（图 3-3-18，表 3-3-5）。设计师将剧场核心部分按照经典的十字形体块布局在中央，并抬起到 4.1m 标高处，布置剧场大堂并通过大台阶与外广场相连；在 ±0.00 处布置面向城市的公共服务功能，包括商场、餐厅和咖啡厅（图 3-3-19、图 3-3-20）。

---

① 该案例及图片引自许瑾的硕士论文《上海大剧院使用后评析》（2000 年 5 月），指导教师李道增、章明。

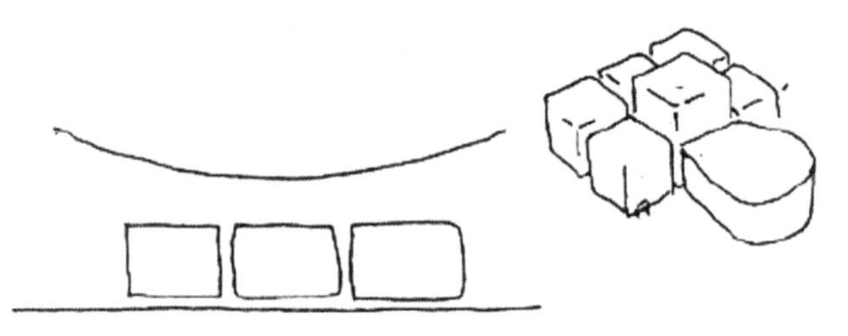

A FUNCTIONAL CLUSTER.
A RECOGNISABLE CLUSTER.

图 3-3-18 功能块的组合

建筑各功能空间面积分配 表 3-3-5

·观演部分（单位 m²）				合计 6666		
观众厅	主舞台	左侧舞台	右侧舞台	后舞台	中剧场	小剧场
3791	768	330	330	380	687	380

·辅助部分（单位 m²）			合计 15901.1	
化妆间	乐队休息室	乐队排练厅	合唱排练厅	芭蕾排练厅
2164.6	405	252	188.5	188.5

布景车间	木工车间	钳工车间	机械车间	雕塑车间	服装车间
912	220	312	152	108	630
布景装卸	布景架存放	乐谱资料	服装库	灯具仓库	设备维修
384	375	180	690	83	730

办公室	档案室	职工餐厅	自行车库	建筑设备用房
2433.9	225.6	1080	315	3872

·公共部分（单位 m²）				合计 18388		
大堂	观众休息厅	贵宾休息厅	咖啡厅	商场	宴会厅	公共车库
5700 （各层叠加）	1352	510	584	2500	1600	6142

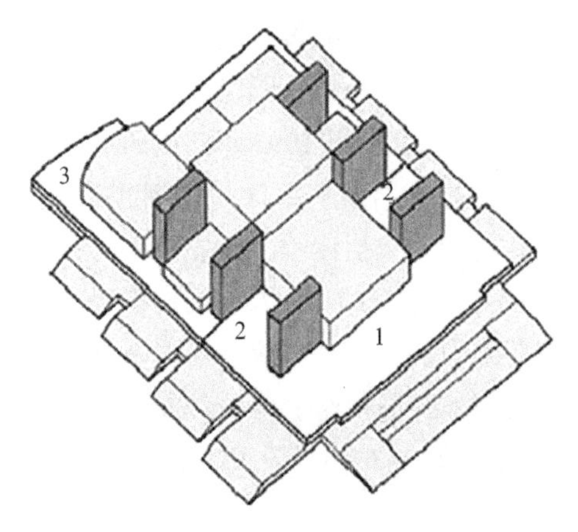

1- 大堂；2- 观众休息厅；3- 办公

图 3-3-19 上海大剧院 4.1m 标高平面

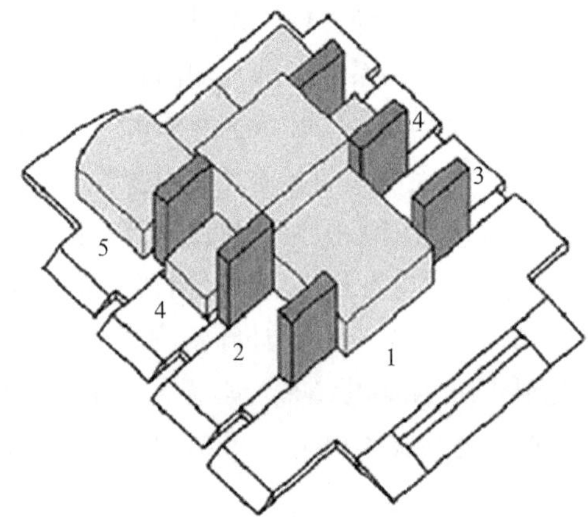

1- 商场；2- 咖啡厅；3- 贵宾休息厅；4- 主要演员化妆间；5- 管理用房

图 3-3-20 上海大剧院 ±0.00 标高平面

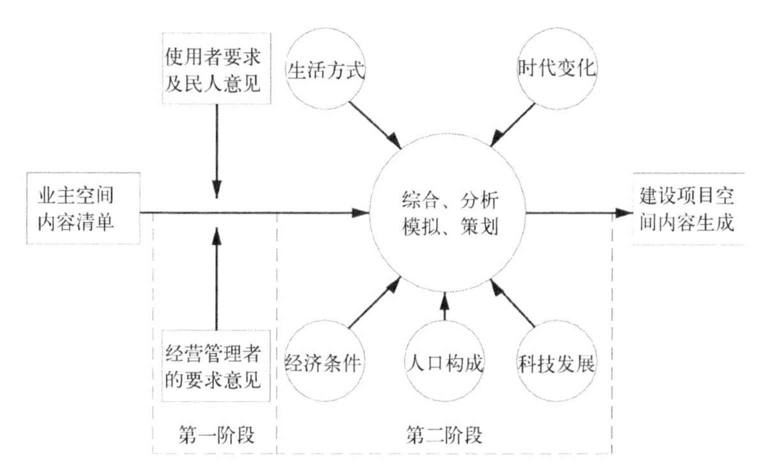

图 3-3-21 空间内容的生成过程

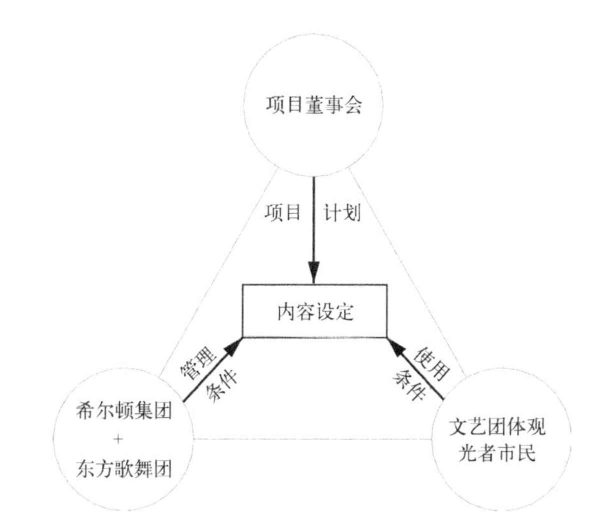

图 3-3-22 北京东方艺术大厦建设项目内容设定的三元体系

空间内容的策划可以分为两个阶段（图 3-3-21）。第一阶段是以业主的原始任务书为基准，听取使用者的要求，听取经营管理者的意见，这就是所谓民众听询。如北京东方艺术大厦项目是由酒店和剧场组成的综合体，原建设业主是政府文化部与香港亿邦发展有限公司组成的董事会，经营管理者是美国希尔顿（国际）酒店管理集团（酒店部分管理经营）和东方歌舞团（剧场部分管理经营），使用者是国际国内演出团体、文化交流旅游团体和观光者及市民。业主、使用者、经营管理者这三方构成了一个三元体系（图 3-3-22）。业主制定基本内容，使用者提出满足使用要求的空间内容，经营管理者提出满足经营管理的空间内容。在这个三元体系之中，经营管理者与使用者是紧密联系在一起的。他们要听取使用者的要求，研究使用者的使用方式及趋向，以确定经营管理的方法。同时，使用者也受制于经营管理者的管理要求。两者是相互作用的。空间内容策划的第一阶段就是协调、综合好这三方的要求，将它们的要求归纳、排列、分类。如对公众使用空间、管理空间、经营办公空间、内部使用空间等进行分类划分，为第二阶段提供依据。

第二阶段是通过对外部条件的研究分析，对第一阶段产生的空间内容的初稿进行考察和论证。这一阶段主要涉及社会生活方式、使用者使用模式、人口构成模式、经济条件和科技条件等。首先是对社会生活方式的考察。任何建筑都是不能脱离开社会环境的。社会对建筑的影响主要表现为社会生活方式对空间的影响。以为人类提供活动场所为目的的建筑，其成败与否的关键首先是看其能否满足社会生活的要求，适合社会生活的方式。这里，社会生活方式是一个较笼统的概念，它包括人的生活习惯、风俗习惯、生活节律、表达方式、交流方式、价值观、审美观等。不同种族、不同民族、不同文化圈内的人的社会生活方式是不同的，他们有各自的社会生活特征。如第二次世界大战以后一个时间段内美国和日本的建设就是一个很好的例子，美国国土辽阔、资源丰富、科技经济基础雄厚，加上美国的移民政策，使美国本身形成了一种全民族、全色彩、开放不羁、追求奢华的社会生活基调；而日本则由于地域狭窄，资源匮乏，战后经过几代人拼命努力才得以发展起来，所以民族危机感时时笼罩在头顶，形成了日本民族勤勉节约、极讲求经济效益的价值观，就是在社会物质极大丰富了的今天，日本人的生活方式仍是追求经济与高效，这与美国的社会生活方式是有很大差别的。因此，建筑创作的出发点也就大相径庭。同样的建筑在这两个不同民族之间就产生出了大不相同的理解和处理方法，显然，为满足不同社会生活方式所要求的基本空间以外的内容就大不相同了。这一点可以通过比较同类建筑的空间组成及分割的差异来了解。

社会生活方式的差异影响建筑空间的组成不仅在不同国家、民族之间，就是在一个国家的不同地区、不同区域内也有所反映。在我国沿海开放城市和特区，如深圳、广州、上海等地，开放政策使得与外界的交流扩大，海外的生活方式也不断被吸收和效仿，以追求工作环境的质量，提倡工作环境的多向空间为时尚，于是，办公楼中增设咖啡厅、茶室或将休息厅改为咖啡厅、茶室甚至交谊厅的做法很是普遍。这种在保证基本建筑空间功能之外，又要增加建筑空间内容的要求，正是源于社会生活方式的变革。显然，对社会生活方式的考察是论证建筑空间内容合理性、可行性的首要点。

其次是对建筑使用者、使用模式的考察，这一点是建筑策划理论的关键点之一。建筑的空间内容和形式与使用者的使用方式是直接相互作用的。使用者的使用模式不仅影响建筑空间内容的增减，还关系到对建筑空间使用质量的预测和评价，所以它是一个极其重要的相关因素。关于对空间使用质量的预测和评价，我们将在本章下一节中论述。这里我们只谈一下它对空间内容增减的作用。

前面谈到建筑空间的主体是活动空间 A 空间，它是用于满足人类活动的空间，并以人类的使用为目的。所以，空间的被使用是空间的自然属性，它的产生、成长、定形和衰亡是与其使用方式紧密相联的。不同的使用方式对应不同的空间内容，一定的使用模式就对应一定的模式化的建筑内容。这一点在住宅中有充分的反映。日本的和式住宅，地板铺以榻榻米，家庭成员在住宅中的活动大部分是在榻榻米上进行的，一般不穿鞋子，所以家庭成员在进入住宅时都要脱鞋（有时换上软拖鞋）。这一特殊的生活方式就给住宅的使用带来了特殊性。为满足这种使用模式，和式住宅的大门内通常增设一间门厅（日文称为“玄关”），它可以是一小间，包括外出鞋柜和拖鞋柜等家具，也可以是一块不铺榻榻米的开敞或半开敞的空间，这个“玄关”的空间内容显然是日本人对住宅的使用模式的特殊性所决定的。洋式住宅，包括我国的普通住宅，通常没有“玄关”这样一个概念，即使有门厅也并非必不可少。但近些年住宅的设计也越来越趋于人性化，满足进门换鞋、挂衣、放包的类似“玄关”的空间也逐渐成为住宅设计的必备空间，这也是由使用模式的转变所决定的。

既然使用模式对空间内容的影响如此之大，那么在确定空间内容之前对使用模式的考察就变得必不可少了。使用模式的调查可以利用我们前述的模拟法和SD法来进行。模拟法就是对使用者的典型使用状态进行物理模拟，拍摄使用过程的照片、幻灯片和录像等，而后对使用过程进行抽象，列出使用序列的框图，绘出空间使用频率图，这样就可以对使用方式所对应的空间的必要性有所了解，以此确定附加空间的内容。当所涉及的空间较复杂、使用者和使用模式也较复杂时，则多用SD法。首先，由建筑师拟定一系列与使用模式相关的建筑描述量，而后制定评定的尺度，制成调查表对使用者进行调查，将调查结果进行因子分析，根据分析的定量结果绘出空间使用频率图和使用趋向图，最后按使用频率大小列出使用空间的明细表。不论用何种方法，都可依照使用模式得出该模式下使用空间的状况图表，以此来对照原设计任务书中的空间内容进行增减和修改。

第三阶段是对人口构成模式的考察。不同年龄、性别的人对建筑空间的理解和使用是不同的，这一点实际上可以归结为使用方式的不同。由于年龄、性别、职业等的不同，使用者的特征化带来了使用方式的特征化。所以，进行使用者人口构成的调查，实际上是掌握特定使用模式的过程。研究人口构成的模式通常是人类学家、社会学家和规划师的工作范畴。在进行城市规划和区域规划时，人口构成的研究是一项重要的工作。建筑师在这里不妨借用规划师的成果，在了解了人口构成模式后，根据人口构成的特征，寻找出使用模式的特征，以此得出该人口构成特征下的附加使用空间的内容。

第四阶段是对经济和科技条件的考察。这一点在以往的建筑创作中似乎不大受到重视，但是由于时代的进步、科技的迅猛发展、经济的高度成长，人类生活的环境已因此而发生了不可想象的变化，人们越来越重视科技和经济对建筑设计的影响了。看似同样的博览建筑，在沿海开放城市、经济特区和内地文化古城内，其空间内容的衍变是有很大区别的。经济特区的高速发展，使得对外贸易量扩大，会展中心的需求变得极为迫切，其经济效益的体现也成为最重要的因素之一，所以特区的博览、会展项目的内容设置和设计建造以及建成后的使用管理都要强调开放性和经济性。在空间内容上，除必要的展示空间外，还应考虑大量的会议、展销、洽谈、谈判、推展演示等空间的设置。由于此类会展中心主要用于产品的展销，要强调经济效益，加快展品的周转，所以库房的面积可以相对压缩，而扩大展销、洽谈、交谊面积。相反，内地的文化古城有浓厚和深远的文化影响，其博览项目的性质也多为文物、古物等藏品的展示及研究，它的宗旨是宣传和弘扬本土的文化、历史和艺术，而经济因素则相对放在第二位。这样的博览建筑显然以文物、艺术品的大展厅为主，而销售部分则只限于复制品、图册和照片等。由于文物、艺术品等较长期固定展览，要求库房在藏品保存等方面有很高的标准，所以高要求的库房也是主要的空间内容之一。显然两者在空间内容上是有很大差别的，也正说明了经济模式和科技条件对建筑空间内容的影响。

当然，除以上所说的诸多外部条件外，还有其他影响因素，但上述几点是关键。对其他因素的研究和考察可以采用同样的方法进行，直到完成对建筑空间附加内容的全面论证和修订。而后与基本空间内容相结合，这就形成了一套完整、全面且适应时代和场所特征的空间内容明细表。

接下来就是对空间内容大小、规模的研究了。这里要补充说明的一点就是，前面所讲的空间基本内容和附加内容的概念是相对的。虽然基本内容一直变化不大，如火车客站，基本内容一直是进站口大厅、出站口大厅、售票厅、候车室、检票厅、站台等空间，但近年来由于社会生活方式的变化、科技手段的更新，铁路客运在一些国家已成为同地下铁和地面公共交通等一样的普通交通工具。高铁和航空业的迅猛发展，也使空港、铁路、城际快轨、地铁、汽车等的联合客运达到了很高的效率，乘坐火车变成极为方便和快捷的手段，在行李托运、候车等方面都大大简化，候车室与商业空间等城市公共服务空间相结合，营造出了城市交通枢纽综合体的新模式。这种基本空间内容的变化或许是缓慢的，但必须要引起建筑师的注意。

关于空间内容的大小和规模问题，实际上我们已在“3.3.1 目标规模的构想方法”一节中论述过了。对建筑各空间内容大小的构想和限定与目标规模的构想方法是一致的，仍是通过三个步骤来完成。

（1）以抽象单位元法求得各使用空间的单位尺寸；

（2）对使用方式进行静态和动态的考察，求得最大负荷周期和最大负荷人数及空间特征；

（3）空间的运转荷载。

所不尽相同的是，第一步是考察使用空间单体内各部分面积的人均单位参数。以剧场为例，存衣间内每人对应的存衣面积及存衣柜台长度、公共卫生间的人均面积及其厕位的单位参数等，首先考察确定空间内容中的单位尺寸参量，如人均面积、人均容积、人均长度、人均占有设备的比例等，这些参量通常可以通过资料集和设计规范来获得。第二步是对各空间的使用者、使用状况进行分析，这一点与项目规模的确定中使用方式和最大负荷参量的考察方法是一样的。第三步是对空间的运转荷载的考察，它主要是指对象空间自身的设备、能源、环境条件，即建筑主体所能提供的正常运营的最大荷载参数，如电源、水源、气源等的最大许可极限，设备的最大运转荷载等。其考察及结论应结合项目总体规模构想来进行，它以项目总体规模构想为依据，而不得超越项目总体规模的宏观控制范围。

对各空间内容的大小、规模的确定工作从属于项目的规模构想，但它可以反馈修正项目总体规模的前期输入，通过各组成空间规模大小的确定和更改来修正总体规模的大小。它的下一环节——平、立、剖的构想及环境构想和预测评价也将不断地提供反馈信息，分段地对前两步进行修正。这也是建筑策划理论开放体系的一大特征。项目的各内部空间的大小经过不断地制约、导向、反馈、修正，逐步趋于合理、科学和严密，这样，一份完整的项目空间内容的表格就产生了。

接下来就是依据这一既定的空间内容进行平、立、剖面以及空间成长的构想和环境的构想，最终导入空间形式，以其结果制成项目的设计任务书，为具体设计工作制定科学的依据。

6. 关于空间配列的模式

所谓空间配列的模式，就是指建筑空间的位置和关系的构成。以往我们都或多或少地对这一命题进行过探讨，但原理和配列的模式却只潜在于日常的设计之中，而没有加以理论化。目前这一研究在国外开始盛行，下面就对这一问题结合国外的研究成果进行论述。

在研究空间的配列模式之前，首先对建筑空间的表记方法进行一些说明。对空间进行抽象表记的最有效的方法是相关矩阵法，即以二阶尺度（连续、不连续）、顺序尺度（强、中、弱）、间隔尺度以及比例尺度等，列出空间关系时相关矩阵。对配列方法的研究国外已有许多尝试，大致可归纳为两类，一是决定论方法，二是组合论方法。

决定论方法中最普及的是通过初期条件将相关矩阵展开而求得配列模式的方法。用“集束分析法”（cluster）[①] 或“多元尺度法”（MDS）[②] 对相关矩阵进行分析，以得出平面构成或区域规划模式。此外还有线性计划法和非线性计划法，以研究建筑空间的尺寸和面积、体积。决定论方法中以英国的 P.Tabor 的“Analysing Communication Pattern”（Cambridge Univ.Press，1976）和日本的川崎清的“建筑空间の论理构成”（建筑杂志，1973.11）最具代表性。

组合论方法中，分割法和附加法最为普遍。分割法是以平面的等级模式为基础，以模数空间为分割单位，并将其对应于制约条件，以空间相关系数的大小来进行分割的方法。分割法以 J.M.Seehof 和 W.O.Evans 的 ALDEP 法（Automated Layout Design Program，Journal of Industrial Engineering Vol.18,No.12，1976）最具代表性。通过计算机对空间相关系数进行大量的迭代计算从而提高了研究的精度（图 3-3-23）。

与分割法的思考程序相反，附加法是以基本空间为核心，依建筑策划的制约条件为限制条件，逐次附加而完成空间配列的方法。

---

① 集束分析法是多变量解析理论的概念。它指对复杂的现象以适当的类似度和相违度逐次进行定义而求得等级束的算法。

② 多元尺度法是指对对象空间的类似程度进行测试，将对象在多元空间内以点表示，观测点的距离，以确定类似点的布置方案的方法。

上述空间配列的方法都是以电脑人工智能的研究成果为手段进行的，其方法原理是抽象的、普遍的。它不仅可用于建筑空间的研究，还可用于设备、装置、资源等的分析处理。

序号	面积(平方英尺)	面积 10^2 模数
01	0610	06
02	1537	15
03	2532	25
04	2417	24
05	1721	17
06	3321	33
07	1630	16
08	3239	32
09	2014	20
10	2024	20
11	2210	22

（a）不同空间所需面积

	01	02	03	04	05	06	07	08	09	10	11
01	X	A	D	B	D	D	D	C	C	D	F
02	A	X	D	C	D	D	D	D	D	D	D
03	D	D	X	D	D	C	C	D	D	B	C
04	B	C	D	X	B	D	D	D	D	D	D
05	D	D	D	B	X	D	D	B	D	D	B
06	D	D	C	D	D	X	A	D	D	D	D
07	D	D	C	D	D	A	X	D	C	D	D
08	C	D	D	D	B	D	D	X	D	D	D
09	C	D	D	D	D	C	C	D	X	C	D
10	D	D	B	D	D	D	D	D	C	X	C
11	F	D	C	D	B	D	D	D	D	C	X

提示含义：
A：相邻是必要的
B：靠近是必要的
C：最好靠近
D：远近皆可
F：远些为好
X：无意义

（b）不相关矩阵

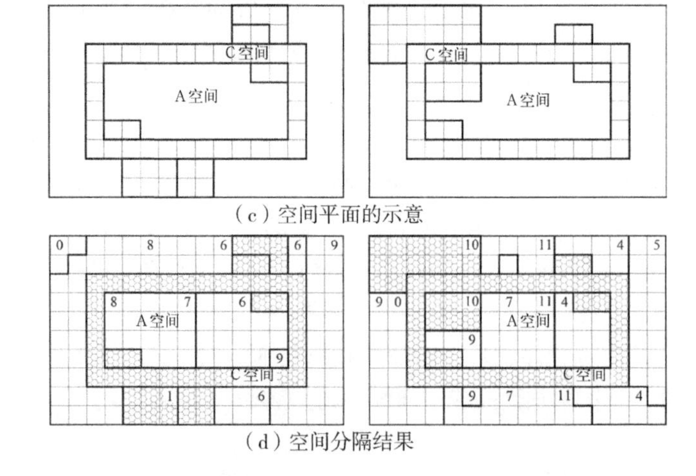

（c）空间平面的示意

（d）空间分隔结果

图 3-3-23　ALDEP 模式图[1]

① J.M.Seehof, W.O.Evans.Automated Layout Design Program.Journa1 of Industrial Engineering ,1976,18 (12).

观察国外的研究成果可以发现，近代方法论、电脑智能的应用是建筑空间分析的关键，而这些方法和手段又都是建立在近代数学理论之上的。建筑师要想在当今的信息时代高效率地进行建筑的创作和研究，不掌握和了解电子计算机、系统论以及多因子变量分析和多变量解析法及大数据等近代数学手段是不可能取得成功的。这里介绍的国外的理论方法，由于应用条件的差异而不可能简单地照搬，需要进行国产化处理，而这项研究工作又是异常艰巨的，只靠建筑师本身是不可能完成的。本书暂不对此进行深入论述，而是集中力量对与建筑师关系更密切的、更建筑化的问题进行探讨。

7. 关于平面的构想方法

当项目的空间内容确定以后，依据 A 空间和 C 空间的设定条件，进行平面（包括多层建筑的竖向剖面）的构想。其方法有两个："树型"构想法；"格型"（lattice）构想法。

（1）"树型"构想法

它是以 C 空间的动线为主线，从主入口到达建筑各部分的树状的构成方式。对于 B 空间，同样是由主 B 空间开始，以 C 空间的动线为主线，到达各次 B 空间的构成方式。这一构成法的关键是动线系统的构成。通常这种构成要考虑全体的动线系统，包括使用者、管理者、货物、服务等的动线。B 空间、C 空间构成以后，A 空间的位置也就确定了。由于基地条件的不同，C 空间的"树型"要作必要的变形，但基本原理保持不变，大多数建筑空间的构想均是采用这种办法（图 3-3-24）。

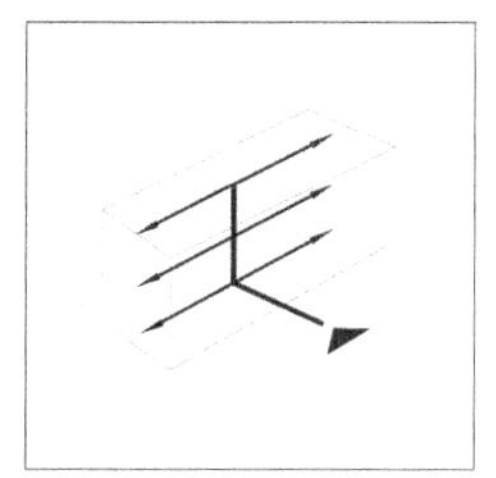

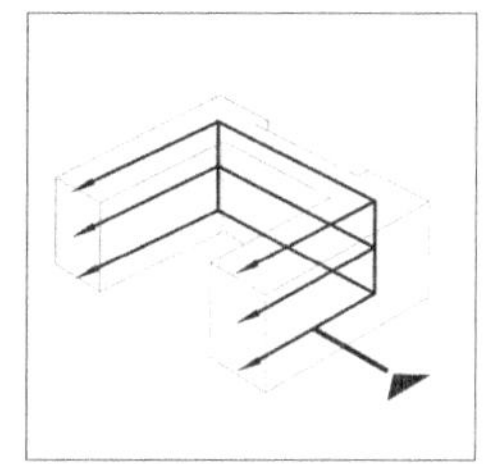

图 3-3-24 小学校的实态树型构想[①]

（2）"格型"（lattice）构想法

当建筑为多系统综合体时，如果它是多系统同格动线，即动线关系是由若干并列的相同的动线束集合而成的，如公共住宅、学校等，那么动线系统的构成就可以用"格型"均质空间构想法来完成（图 3-3-25）。

"格型"构想法是"树型"构想法的变形方法，实质上是将各不相同规律的动线的树型构成合为一个连续系统的树型集束的构想法。

正如我们前面所说的，平面的构想实际上是 C 空间系统网络的构想。只要将这个与使用空间的行为活动相联系的连续空间的平面位置设定好，那么 A 空间的确定就水到渠成了。C 空间的动线构想在建筑中被具象为走廊、楼梯、电梯、过厅、门厅等，它既包括水平系统，又包括垂直系统，是一个全立体的网络。平面构想的实际过程就是 C 系统立体网络的构想过程。

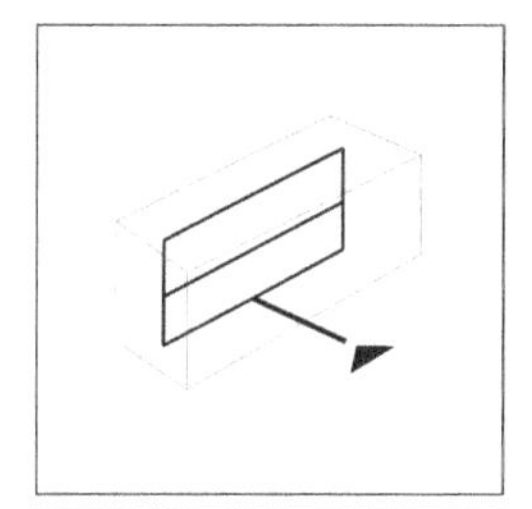

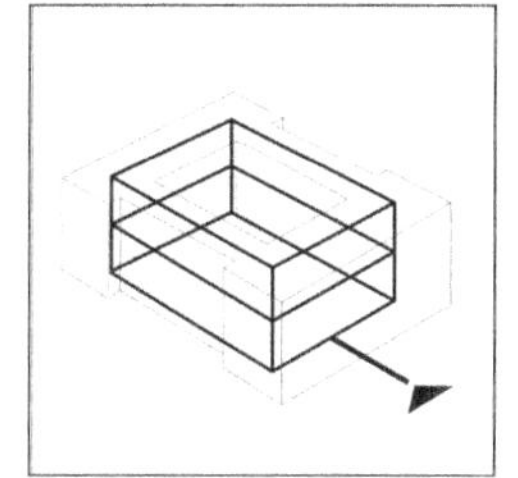

图 3-3-25 小学校的实态的格型构想[②]

8. 空间成长的构想

为避免建筑空间在建成之后因空间的老化而无法满足日后的社会生活和使用的新要求，造成老化建筑空间对新需求的禁锢，在建筑策划进行空间构想阶段就要提

① 参考（日）日本建筑学会《建筑计画》。

② 参考（日）日本建筑学会《建筑计画》。

出空间“成长”的概念，并加以研究。

空间成长的概念，大致有以下几点：

（1）空间中同样目的的活动方式的改变；

（2）空间中同样目的的使用方式的改变；

（3）空间中活动和使用的速率的改变；

（4）空间构成材料的耐久性和寿命的改变。

（1）、（2）点对应的是住宅中人们生活方式的变更及公共建筑中使用和服务方式的变更。（3）点是关于现代科技手段的运用对空间中的各项活动和使用速度的影响。（4）点是考虑建筑的使用寿命和不同使用空间的耐久要求及选材问题。

空间成长的构想，通常可以从以下三方面来进行：

（1）对活动内容和用途变化的构想；

（2）分段空间构想的形成；

（3）空间的增加或修改可行性的构想。

首先是活动内容和用途变化的构想，这是空间成长构想的原发点和依据。其次是根据预算的制约对空间活动的内容进行时间上的划分，分段地对基本功能要求的活动进行先期构想，而对未来设想的活动内容则进行预留。最后是对建筑由于活动规模的增加、设备的更新等引起的增建和改建的物质和技术条件的预测和研究。

空间成长的构想，通常要完成以下三方面的内容：①空间可变性保证；②成长变化对应空间的设定；③备用空间的设定。其中，①要求完成建筑空间在规模上的充裕量及内部空间分割的可能性；②要求空间构想在初期（或一期）阶段就要确定可能成长的空间位置及内容、用途的改变；③要求在未来增建或成长空间实施之际有足够的备用空间的提供。

空间成长的构想是建筑策划理论中的一个关键点，尽管其原理和内容十分简单，但它确是建筑设计理论的科学化、现代化的标志，也是建筑策划理论的重要原理之一。

9. 感观环境构想

空间的感观环境是指空间环境中对人的感官构成影响的环境物理量的集合，如光、空气、热、声音等。它们的作用使空间中的人类的感观具有一些特定的心理指向性，如空间居住性的感觉、温暖的感觉、快适的感觉、压抑的感觉等。这些能引起和影响人对空间环境心理反应的物理量就是感观环境的条件。

在空间中，人眼可以观察到的是空间的形态，如透过窗射入的光线、人工的照明、墙壁材料的质感和色彩以及家具装置等。它们同时对视觉产生刺激，形成空间感观的综合效应。通常我们对这些感观环境物理量进行整理，可以分为以下四点：

（1）空间的感觉；

（2）光、色彩的感觉；

（3）密度和尺度的感觉；

（4）时间的感觉。

空间的感觉是我们以前所熟知的，如顶棚高的空间给人以开敞和向上开放的感觉，顶棚低的空间给人以压抑和向下封闭的感觉，平面进深大的空间给人以纵向方向性的感觉，而圆形或正方形的均质空间则给人以向心性的感觉。不同的空间都保持各自的空间感觉。这是空间的自然属性，任何空间的构想都要与这些属性发生关系（图 3-3-26）。

光和色彩的感觉，不仅指明度和颜色等纯技术化领域的物理现象，而且关系到光和色彩的心理效应。从对外部的日光、天光等通过窗子进行控制，到对人工采光的照明灯具的位置和大小、明暗、色彩及光影等的设计，都是建筑策划中空间构想环节所应考虑和研究的问题。由于光、色的明暗变化，空间亦呈现出开放、封闭与方向性，它们可以强化空间的感觉。此外，除去空间中这些固有的光、色因素外，使用者本身也是光和色的动的感觉源。人的服饰在光色、灯色的照明下，反射在墙壁、顶棚等空间材质上，与光、色的静环境形成一种多变的感观效果。

对于密度和尺度的感觉，是研究单位面积人口密度和家具、设备密度给空间带来的尺度上的变化的问题。高密度往往与生理学上的不快感和压抑等恶劣感觉相联系。空间构筑物尺寸上的变化往往引起空间尺度上的改变而加剧空间密度的感觉。

最后一点是时间的感觉，空间物理量对人体产生作用，反映为心理量表现出来，若被感知是需要有一个时间过程的，那么这一时间的过程就包含着心理感觉的产生、定位、变化与消亡的互动关系。中国古典园林设计手法中的“步移景异”就是对于时间因素对感观环境影响的最好诠释。另外，时间还可以通过窗户的天光变化、周围人的活动来感觉。这种与时间相关的感观环境的构想就是我们常用的一个术语“建筑空间的序列”。同样在建筑策划中的空间构想阶段，这种空间序列的构想是感观环境策划的重要内容之一。

对感观环境的描述，多引用心理学的术语。以往我们总是认为心理量是感性的，不像空间大小、材质、容重等物理量能够通过定量的方法加以控制，但运用建筑策划方法论中提出的 SD 法和模拟法，这个问题就可以迎刃而解了。心理量可以同物理量一样进行定量地评价与构想，这为建筑策划理论的严密性和全面性提供了关键的方法。

当我们在空间构想中研究了空间动线、平面构想、平面成长及感观环境以后，构想的物态化就跟着到来了，即开始导入空间形式。

10. 空间形式的导入

空间形式的导入，形象地讲是为动线构想形成的骨骼填充以血肉的过程，这也是建筑策划导向实际建筑设计的关键。空间形式的导入通常没有定法，且空间形式也是变化多端的。根据构想的框架形式对空间形式进行探究，我们可以总结出以下几种空间导入的形式。

（1）加、减法形式

根据空间的要求，沿动线及 C 空间形成的骨骼网络，运用加法（又称为拼贴法）

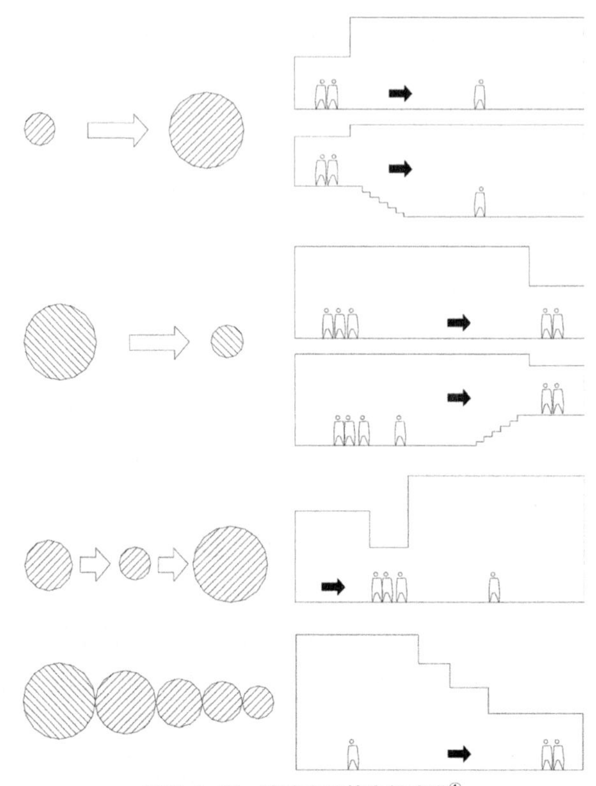

图 3-3-26 连续空间的空间感觉[①]

或减法的原则使 A 空间导入。图 3-3-27 所示为最典型的幼儿园指形平面的形成，就是以加法原则实现空间导入的。勒·柯布西耶的萨伏依别墅就是典型的减法原则的空间导入实例（图 3-3-28），在一个方形的几何平面内，将空间沿动线的骨骼网络进行划分，分出室内和室外空间，室外空间（包括平台）在图中以方格网表示，仿佛从正方形几何平面内减去了若干的空间，而形成了各层同处于方形几何体内的由室内和室外空间组成的空间图式。

此外，还有一种引申了的加减法原则，即将 C 空间与 A 空间相融合，A 空间由扩大了的、功能化了的 C 空间所包容，而形成一种简洁明了的空间形式。如赖特的古根海姆美术馆即为一例，它将展示室 A 空间附加到参观动线 C 空间之上，形成了一个从上到下的螺旋形的空间，这个空间既是 A 空间又是 C 空间，它是 A 空间和 C 空间的相加融合，我们又称其为空间的异化。这种空间导入的方式，对于那些既强调动线方向而又需顺序使用各 A 空间的建筑如美术馆、展览馆等尤为适合（图 3-3-29）。

（2）副空间体系诱导形式

如果将 A 空间称为主要使用空间或主空间，那么 C 空间如疏散楼梯、电梯、上下水管道井、电缆井、煤气管道、空调竖井等则可称为副空间。副空间由于功能的要求，

---

① 参考（日）日本建筑学会《建筑计画》。

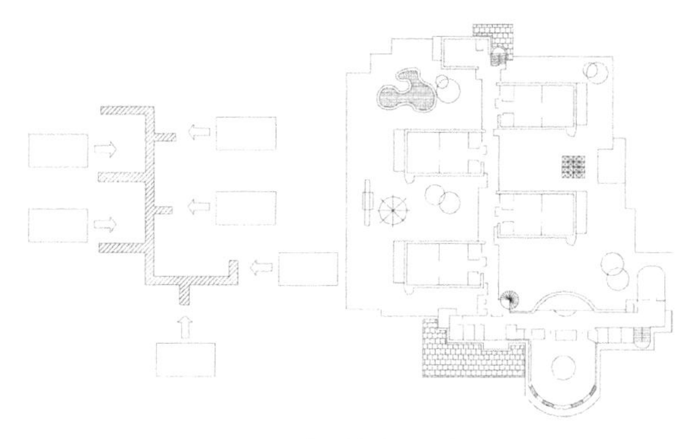

图 3-3-27 典型的幼儿园指型平面

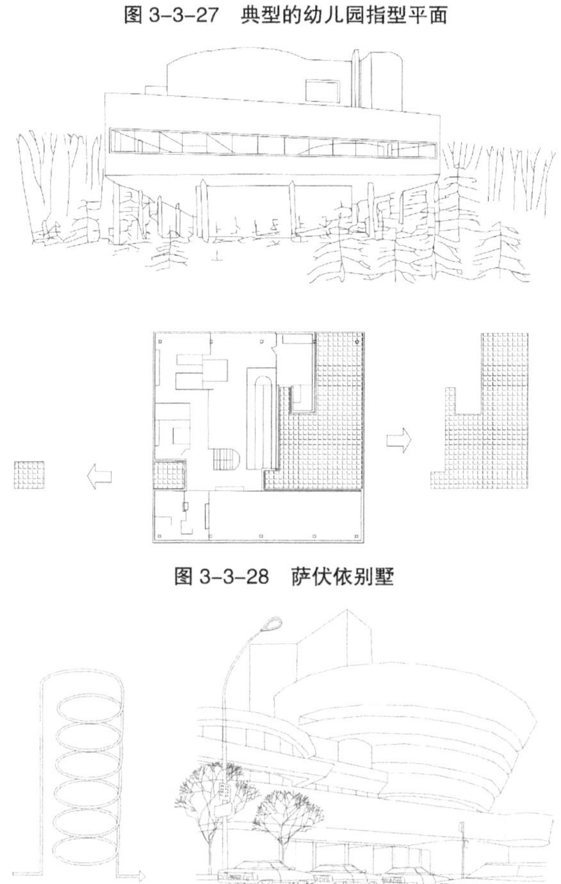

图 3-3-28 萨伏依别墅

图 3-3-29 古根海姆美术馆

必须上下沟通连成网络,因此在满足使用要求的前提下自然形成体系。它们多为均衡、对称的集中或分散式的竖向构筑空间。A 空间随 C 空间网络走向分布。这种由设备交通等副空间诱导的空间形式在平面和立面上往往给人以功能明确、逻辑性强的感觉。它多用于科教、医院、办公等类型的多层或高层建筑中，因为它们的主空间由许多使用空间组合形成并且其疏散、上下水、电、煤气、空调等设备辅助空间又相对重要。路易斯·康的理查德医学研究所（图 3-3-30）和丹下健三的山梨县文化馆（图 3-3-31）都是很好的例子。

（3）C · 摩尔（C.Moore）的住宅空间模式法

如图 3-3-32 所示将住宅空间分为使用空间（A 空间）和设备辅助空间（C 空间）。A 空间的构成有连续型、集合型、围合型、分栋型、大空间分割型和大空间围合型六种；辅助 C 空间的构成有房间围合型、中心型、附加粘贴型、空间连接型四种。因此对于住宅有 4 × 6=24 种空间导入形式。图中纵轴方向表示使用空间（A 空间）的构成方法，横轴方向表示设备和辅助空间（C 空间）的构成方法。

以上三种空间导入的形式反映了空间构想的最终环节、内容和特征。空间形式的导入标志着空间软构想的完成，且使这一构想从对空间的认知开始，经过动线分析、空间内容的确定、平面构想、成长构想、感观环境构想直到空间的导入，始终保持逻辑性和因果互动相关性，同时使各个环节具有开放的反馈修正功能。这为下一步对构想的预测、评价提供了具象的目标。空间的构想不是对建筑空间进行具体设计，而是对建筑空间依据其外部、内部的条件进行理性的研究，从而得出指导性、规律性的东西。所以，建筑策划中，空间的构想不是设计的结果，而是设计的指导，同

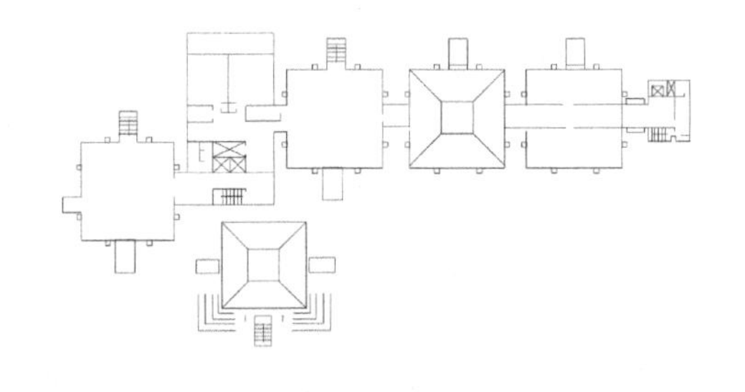

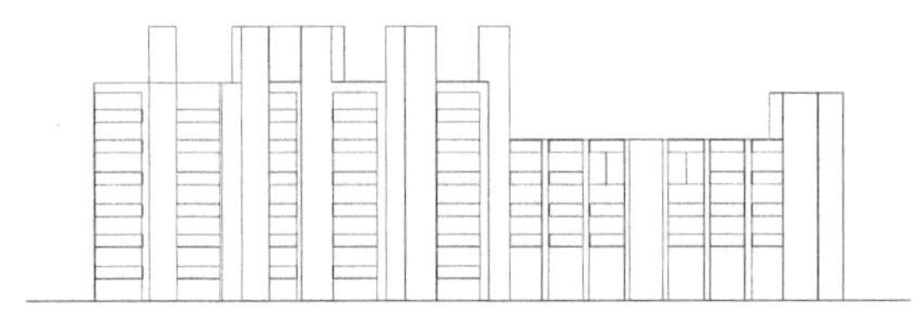

图 3-3-30 理查德医学研究所
辅助空间和主空间的分布构成法

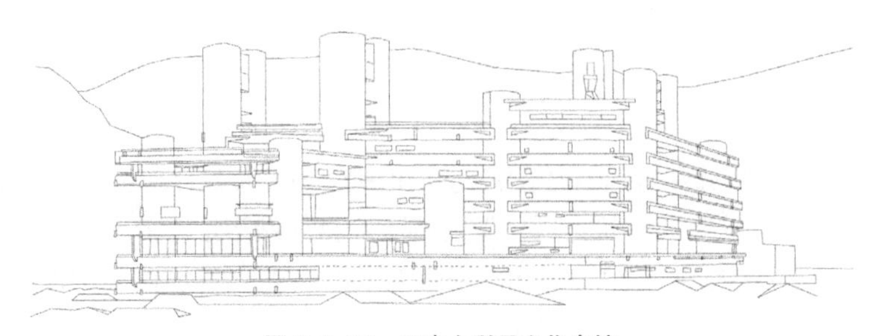

图 3-3-31 日本山梨县文化会馆
辅助空间的诱导构成法

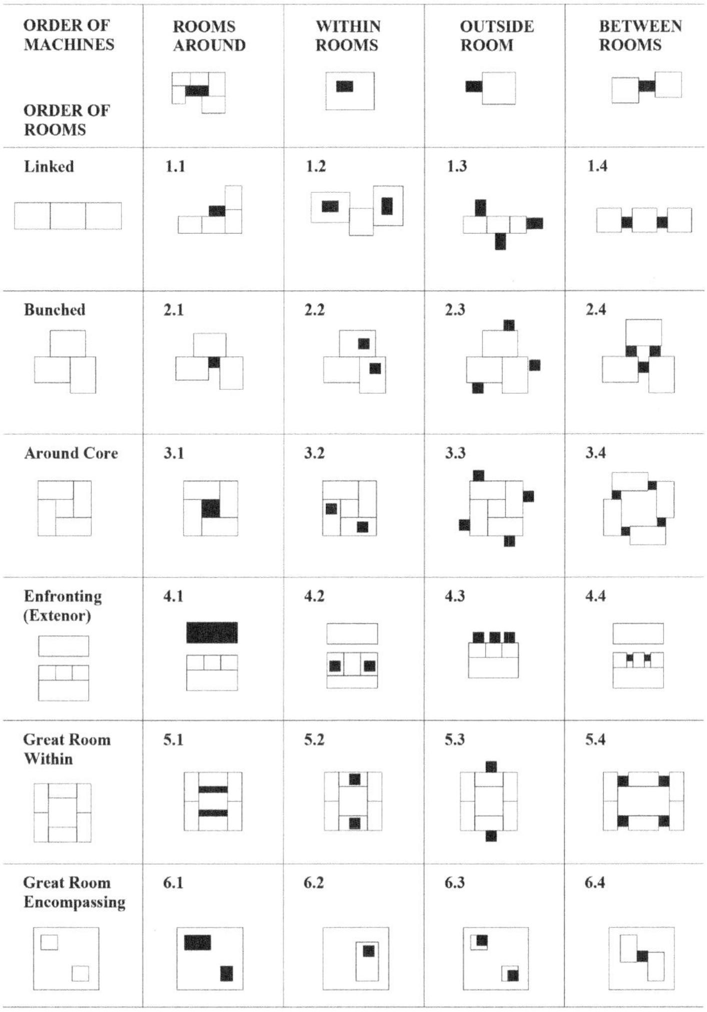

ORDER OF MACHINES / ORDER OF ROOMS	ROOMS AROUND	WITHIN ROOMS	OUTSIDE ROOM	BETWEEN ROOMS
Linked	1.1	1.2	1.3	1.4
Bunched	2.1	2.2	2.3	2.4
Around Core	3.1	3.2	3.3	3.4
Enfronting (Extenor)	4.1	4.2	4.3	4.4
Great Room Within	5.1	5.2	5.3	5.4
Great Room Encompassing	6.1	6.2	6.3	6.4

图 3-3-32 C.Moore 的住宅空间模式[1]

时由于建筑策划方法论的结构特征，其构想的结果还需被预测和评价，这就引出了本章的下一节。

3.3.5 空间构想的预测和评价

“预测”一词表示对未来进行预计和推测。它是根据过去的实际资料，运用已有的科学知识手段，来探索事物在今后可能发展的趋势，并作出估计和评价，以指导和调节行动或发展的方向。预测成为一门方法论，从 20 世纪 40 年代开始形成直到 20 世纪末的几十年间得到了迅速发展。它研究的对象是带有不确定性的事物，如经济模式、城市空间构成等。其方法因其多元性和随机性的特征而又要求运用统计

① C.Moore.Graphic Thinking.1980.

学和概率论的方法来解决，因而预测的结果带有概率性。计算机的运用使预测和评价的可靠性和精度大大提高，但仍改变不了其结果的概率性。预测的方法有许多种，但常用的可归结为以下三种：

（1）定性预测；

（2）定量预测；

（3）预测评价。

其中定性预测法包括专家调查法、主观概率法、相互影响分析法等；定量预测法包括时间序列法、因果分析法、经济计量模型法等。对其基本方法的介绍，谢文慧的《建筑技术经济概论》中有详细论述，我们在这里只对建筑策划中与空间构想有关的预测进行论述。

预测和评价是建筑策划方法论的重要环节，是开放、反馈、逻辑方法的重要体现。预测和评价也正是建筑策划区别于建筑设计和其他方法的关键所在。它通过对构想的目标建筑的内外环境模式以及空间模式进行使用（生活）方式的预测评价、空间质量的预测评价、经济模式的预测评价，用多元多变量因子对其进行描述和解析，进而再对这些变量因子进行相关性的分析，最终得出定量的评价修正建议。它是建筑策划理论的重要组成部分。

建筑策划方法论中，预测包括三个问题：①策划对象即目标建筑的空间内容与对应的现代生活的预测；②构想结果对未来使用的影响、效果的变化的预测；③使用者人口特征动向和生活要求动向的预测。前两点是基于建筑策划的构想结果，后一点则是研究构想的前提条件。

首先我们来讨论目标建筑对应的现代生活的预测，它有以下三个相关方面：

（1）复杂生活的相关预测；

（2）特殊生活的相关预测；

（3）空间变化的相关预测。

对生活的相关预测，其方法又可分为间接法和直接法。间接法是先将复杂的生活表象简化，而后进行处理的方法，它与生活、空间表象的记述法紧密相关，通过将复杂空间的复杂生活形式以不同的表象方法进行记录来简化研究对象的复杂性，如运用相关矩阵法等。直接法是指用数理手段建立数学模型，通过电算对多元多次方程式进行解析的方法。简单的例子是医院病床使用状况的预测：

$$B=P \times D/U$$

其中 B 是床位数，P 是一天中新入院患者数，D 是平均入院天数，U 是病床平均利用率。利用电脑对此数学模型中的四个变量进行分析。这种分析方法用途极广，它可以用来对建筑在灾害情况下的避难时间进行预测（如体育馆的人流疏散公式等），可以用来对使用者等待电梯的时间进行实态分析以及对建筑使用的经济效益进行多元方程式的建立和分析等。

不论是直接法还是间接法，都有与之相对应的操作过程。间接法，通常是建筑师运用SD法，首先选定与预测生活相关的目标空间，而后设定空间及生活的描述量，确定评价的尺度（见3.2.3），制定调查表，令被验者回答问题，而后对回答结果进行分析，建立起各描述量相关因子的相关矩阵，对矩阵进行分析，抽出各表述因子，建立因子轴，绘出相关因子图像，进而对目标空间的活动进行描述和预测。

直接法则是通过对目标空间中使用者活动的物理模拟，建立起数学模型，运用电算完成数学方程的运算，以数学的结果反映和预测目标空间中的活动特征。但是，往往与建筑空间相关的生活及活动是极其复杂的，不可能一次性地数学模型化。例如对复杂平面构成中各种人的活动的预测，需设定多方参量的数学模型，如在上一例中加入时间参量，沿时间流和以各种人的出发点、目的地进行模拟，则可以建立起空间中人活动的多元复合数学模型。依照直接法（物理模拟法、数学模拟法）和间接法（SD法、相关矩阵法、多因子变量法），可以对空间相关的复杂生活、特殊生活和空间变化进行预测，其方法和原理是相同的。目标空间中生活和使用方式的预测是对已进行的空间构想的反馈修正，研究其空间性质的把握是否准确。空间中使用和活动方式的调查在空间构想以前的内部条件的调查中作为空间构想的依据进行过分析，而在空间构想之后对空间生活方式的预测则是作为对空间构想的检验（如图3-3-33）。

除了对使用方式和生活内容的预测外，我们不能忽略其使用主体——人。使用者种类、人数的增加以及使用特性的复杂化等，都是使用者方面的因素。我们这里研究的使用者并非是个别的人，而是一个群体，亦即使用者的特性参数是一个变量，在生活预测中应对其特性参数同时进行考虑。

接下来我们讨论构想结果对未来使用的影响、效果的变化的预测。它有以下两个相关方面：

（1）对使用区域变化的预测；

（2）对周边影响相关性的预测。

所谓对未来使用的影响、效果的变化多指横跨其他领域的广义的影响和效果，如投资效果、经济效果等，单纯的对影响和效果的研究是没有的。构想空间对未来使用的影响和效果的预测是与使用区域的变化相关的。在建筑策划的初期阶段，使用区域的划分是根据建设目标项目的外部和内容条件划定的。其区域的大小与总体规划和投资立项有关。当把握了内外部条件以后，完成了空间的构想，在构想的空

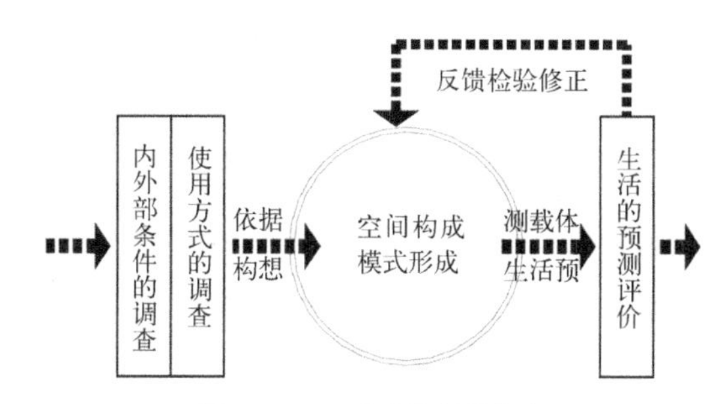

图3-3-33　空间构想的程序

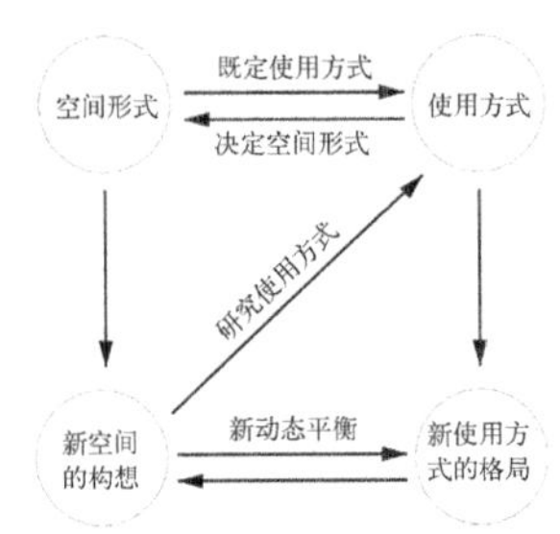

图 3-3-34 空间形式和使用方式的相互作用

间中使用及生活方式因构想的新空间的出现而形成了新的格局，亦即在空间——使用方式的相互作用下新的动态平衡体系建立起来了（图 3-3-34）。由于空间使用和生活方式的变化，相应使得使用区域发生连带变化。这种变化可以是显性的，也可以是隐性的，但它都对构想的空间构成了新的要求。在这种新的使用方式和空间的新平衡维持一段时间以后（通常可以是几十年甚至几百年），就会发生下一次空间的再构想，于是建筑的更新和改造就出现了。这种空间和使用方式相互作用、不断发展的特性，就推动了建筑不断向前发展，而促成这一发展也正是建筑策划理论的宗旨，其中对使用区域变化的预测又是关键。

使用区域变化预测的另一种表述方式就是对区域影响相关性的预测。由于构想空间对使用及内在生活的新的规定性以及与周围环境的物理相关性，研究其对周边的影响是必要的。如果说对使用区域变化的预测是研究目标的内部条件，那么对周边影响相关性的预测就是研究目标的外部条件。

这两个预测都涉及领域学、环境学的概念和方法，单凭建筑师往往是力所不能及的。但以往我们所进行的邻里相关性的分析、环境行为分析等都可以作为我们进行预测的方法手段，如 SD 法和模拟法仍适用，只是调查和描述的对象发生了变化。如此通过对以上两点的预测就可以掌握空间构想对未来使用的影响及效果和变化了。

关于预测，我们来讨论最后一点:对使用者人口特征动向和生活要求动向的预测。这一点不同于构想前期的对使用者人口构成的分析和实态调查，而是对其动向进行预测，它包括以下两方面：

（1）对使用者人口的确定及变化的预测；

（2）对使用要求动向的预测。

使用者人口的确定又称使用人口的确定，它是空间构想的依据。而使用者人口变化的预测则是对人口构成的变化以及这种变化将给空间带来的影响的相关预测。预测的方法除前述的多因子变量分析法和模拟法之外，日本建筑师吉武、土肥、船越辙等也对其进行了深入的研究。这方面的论著包括《地域人口推计の精密化に关する研究——相关矩阵法》、《时间变动的回归方程式法》等。这里我们只论述预测的原则和内容特征，对方法的介绍，读者可以参照上述两本专著。

对于使用要求动向的预测，我们可结合相关学科进行，如近代数理统计学、计算机学、大数据等。已经运用的方法包括因子分析法、多变量解析法、指数平滑法、Adaptive Fitting 法、GMDH 法（Group Method of Data Handibook）等，但建筑师运用的方法仍以建筑领域中的 SD 模拟分析法为主。建筑师运用建筑语言，根据 SD 法的原则制定出反映使用要求动向的调查表，确定评价尺度，进行调查，对调查结果进行多因子变量分析和因子相关矩阵的模拟分析，绘出相关因子的坐标图和动向变化图，以此来对使用者人口特征和生活要求的动向进行预测。

前面已经提到，预测的意义在于反馈修正和指导空间构想，它是建筑策划方法论科学性和逻辑性的表现。对于预测的内容我们虽然已经明了，但是预测的方法仍是一个课题。这一点在建筑领域往往不太被重视，建筑师对近代数学手段知之甚少，近年来计算机和近代数学理论及方法的运用，尤其是大数据时代的到来，使建筑学的方法论向前跨进了一大步。

前面谈了预测，预测是构想的辅助环节，它是对构想的结果和未来进行分析判断的过程。而对构想结果的质量以及可行性的判断却是构想的另一个辅助环节，即我们接下来所要谈的评价。

评价和预测一样都是构想方法的辅助环节。为了决定构想结果的采用与否，除了根据构想进行预测之外，对构想结果进行评价也是必要的。构想的空间对于使用者的使用活动的容纳性以及使用者在空间环境中的物理、心理反应，空间构想系统的环境特性等都是评价的课题。

现代建筑策划论的预测和评价也是达到其客观合理性的关键。设计条件的多元化使评价变得越来越复杂，因此，对评价的方法也就期望很高。另外，要求建筑技术的独创性、合理性及社会立场和价值观的多样化更使评价变得复杂和困难。建筑策划的评价与预测方法是两相呼应的。它有两个要点：一是对所预测生活的空间构想的评价，另一个是根据构想的影响和效果对构想进行评价。G.T.Moore 在"Emerging Methods in Environmental Design and Planning"[①] 中将评价的内容归纳为以下三点：

（1）实态的评价；

（2）构想方案的事前评价；

（3）构想成功与否的评价。

对于评价方法的考察最好从对方法成立的原发点的考察开始。现代建筑策划论的评价思想源于建筑策划的基本思想，即"合理性"的思想。以合理性为原则是建筑策划评价方法成立的原发点。对评价方法的研究关系到多元评价指标的综合化问题、评价尺度和基准的客观化问题以及相关者评价意识组合的个别化问题。

最简单的评价法，即所谓的测验法（test），它研究评价对象、对象的构成要素、合计点、评价基准和评价的内容五个部分。对每一项进行精细的回答显然是不可能的，用现代科学的辩证观点来看，刻求全面精细反而可能僵化，而对现象规律性的揭示却往往可以把握其全局和要害。因此，评价中把握上述综合化、客观化、个别化就变得很必要了。

综合化，是评价尺度确定的基础和条件。它揭示建筑空间各性能要求的条件以及对各性能要素的评价的可能性。

客观化，是评价在同一制约条件下和设计条件下，保证其有共同衡量尺度的条件。建筑策划的开放性决定了多元的评价以共同的宏观尺度为基准，以揭示评价对象的普遍性。通常这一客观共同尺度的选择可以是单位面积或是单位造价。

个别化，是与客观化相对应的。它是研究使用者使用条件所对应的个别性，分

① G.T.Moore.Emerging Methods in Environmental Design and Planning. MIT, 1970.

析和组织评价主体的评价意识。它揭示使用主体的使用意识和态度。通常在住宅区公共设施的评价中使用。

通过这三种方法的结合运用，评价的可行性和准确率将大大提高。至于具体的方法，则非常之多，难以一一列举，除前述的SD法和模拟法之外，尚有平面理解法（Plan Understanding）、主客对应评价法等。居住空间构想的评价中，平面理解法占有重要的地位，运用这一方法，日本的杉山茂一提出了“关于居住模拟的平面评价——居住性相关评价法及测定法”[①]，P.Taber提出了“典型平面型的特性与人活动发生概率的评价法”[②]，此外还有T.Willonghby提出的“平面特性分析法”[③]。

方法的创造和摸索是无止境的，但基本原理是不会改变的。评价不是最终的目的而是手段，它旨在对构想的空间进行科学化、逻辑化、完善化的处理。它通过对目标空间的实态调查的评价、构想方案的评价以及构想之后成功与否的评价，来达到修正和改进构想方案的目的。这是建筑师在建筑策划方法论中需着重掌握的一点。

3.3.6 规模的经济预测和评价——经济策划

关于项目规模的确立，对于一般建筑项目的规模的预测和评价，我们在3.3.1中进行了论述，但对于商业建筑而言，其经济效益的预测和评价却是决定项目规模的重要依据。

商业建筑以营利为目的，其规模的确定除了3.3.1中所论述的运用建筑学的相关概念进行设定之外，经济的预测和评价变得至关重要。由于项目的规模主要取决于投资情况，而投资的活动关系到经济效益和经济模式，所以经济预测和评价就是反馈修正项目规模构想的重要环节。

在我国以往的基础设施建设运作模式中，工程项目的投资包括在基本建设经济活动的范围之内。基本建设投资的来源、具体运作的过程和最终的结果可由基本建设投资运动流程图表示（图3-3-35）。项目的投资，无论采取何种投资渠道，都是求在最短的时间内创造出最大的经济效益。项目的规模，决定投资控制数，而反过来投资又规定规模的大小。经济的指标始终贯穿于整个项目进行的过程中，我国现行基建程序图（图3-3-36）就说明了这一点。如何在现有的投资下确定适当的建设规模？如此构想的建设规模的经济损益如何？按其经济损益的分析结果如何修正建设规模？对这些问题的回答就是建筑策划进行规模经济预测和评价的目的。

预测和评价的方法很多，在前一节我们已作了简单的论述。这里我们只对投资与经济损益进行预测分析，来确定规模构想的可行性。在进行规模经济预测之前，我们有必要对投资的有关概念进行一些了解。

---

① 杉山茂一.住みるシミュレ－ションにみる平面评价——居住性に关する评价法及び测定法の开发.建设省，建筑研究所，1978.

② P.Taber.Analysing Communication Pattern//Manch，L.ed.The Architecture of Form.Cambridge，Univ.，Press.

③ T.Willonghby.Understanding，Building Plan with Computer Aids.Construction Press，1975.

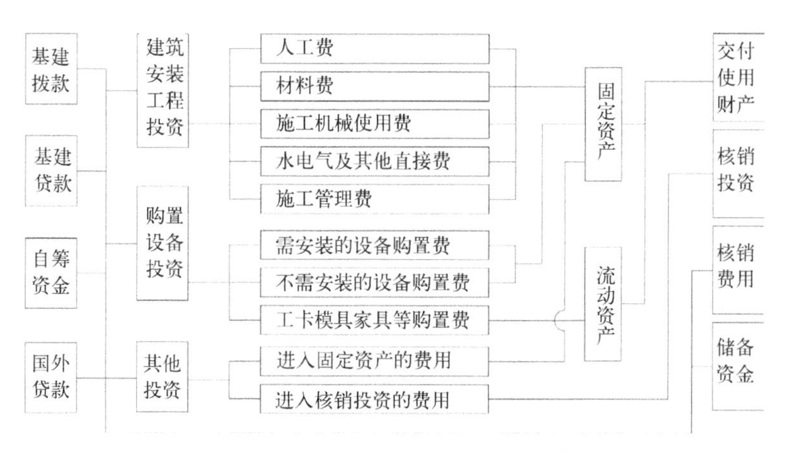

图 3-3-35 基本建设投资运行流程图[①]

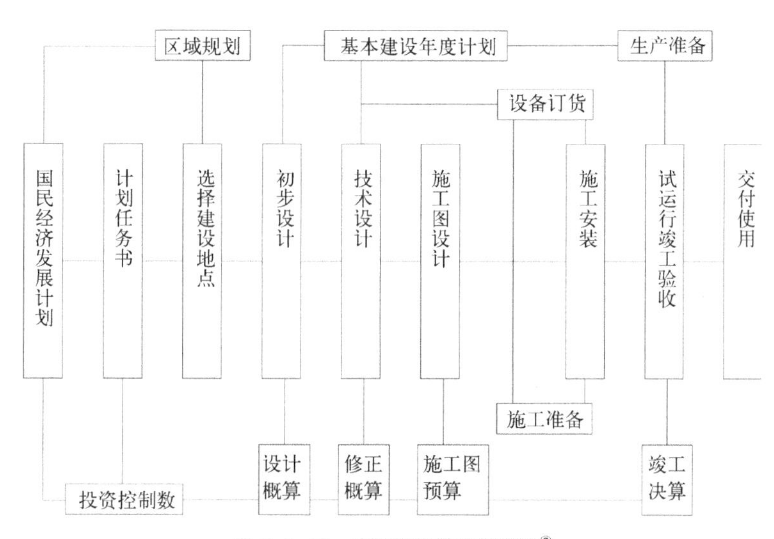

图 3-3-36 中国现行基建程序图[②]

我国目前的投资方式大致可分为四种，如图 3-3-37 所示，其中无偿投资是由国家财政预算拨款的，一般用于非生产性建设项目的投资，它们无法从项目本身得到偿还。无息投资一般也是由国家财政预算拨款的，只需偿还本金，但不计利息。单息投资是指由银行贷款，计息偿还的投资方式，其利息按单息计算，不再生息。复利计息投资多是由国外银行贷款或国外财团投资，它不仅本金要付息，利息到期不付也要计息，利息又转化为本金。当工程建设的计划投资额相同，而资金占用的时间不同时，无论采用不计息、单息还是复息的计息方法，都会使实际投资额有较大的差异。而在投资额一定的情况下，则规模的大小必将依不同的投资方式而改变。表 3-3-6 为三种投资方式的比较。

① 谢文慧 . 建筑技术经济概论 .1982：7.
② 资料来源同上。

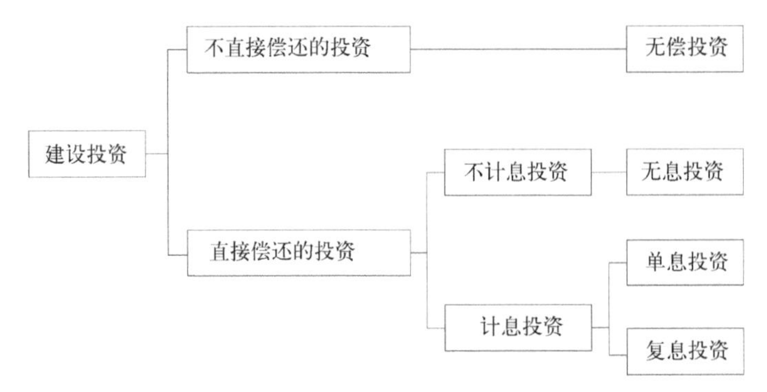

图 3-3-37 投资方式示意

三种投资方式的比较[①] 表 3-3-6

计息类别	贷款额（万元）	年利率	资金占用期 3 年		资金占用期 5 年	
			利息和	本利和	利息总和	本利总和
无息	100	/	0	100	0	100
单息	100	5%	15	115	25	125
复息	100	5%	15.76	115.76	27.63	127.63

由表 3-3-6 可看出，无息贷款与资金占用时间无关，资金从借到还，数值不变，称为“静态计算”。单息贷款的资金，其利息额与时间成等差级数增值，称为“半静态计算”。复息贷款的资金，其利息额与时间成等比级数增值，称为“动态计算”。可见资金占用时间与资金的偿还是有重大关系的。

因此，项目建设周期的长短，必然影响资金的周转，影响投资的偿还及经济效益。而项目规模的大小又与建设周期相关，因此规模的构想在项目总投资和资金占用周期两方面对经济效益有双重的相关性（图 3-3-38）。

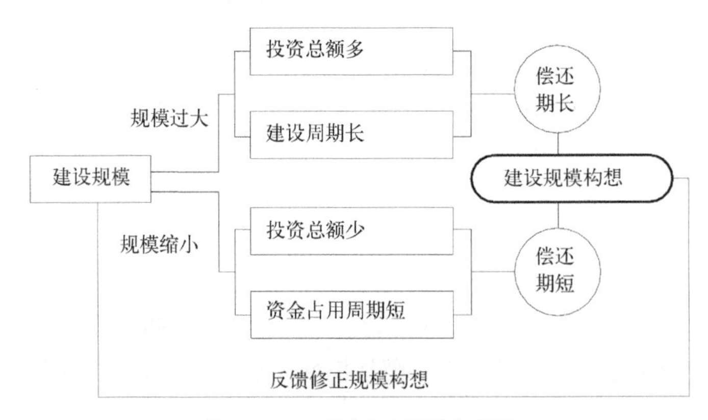

图 3-3-38 投资与规模的相关性

① 谢文慧 . 建筑技术经济概论 .1982：30.

对项目规模进行经济预测和评价，通常要进行如下必要的程序：

（1）投资计划的明确；

（2）设定规模下的盈利参数；

（3）项目的盈亏计算表；

（4）经济评价分析。

为便于理解，我们以中美国际工程公司和清华大学建筑系于1985年对北京华侨国际大厦[①]项目合作进行的经济测算为例进行论述说明。

北京华侨国际大厦是由一座570间客房的五星级酒店、300套公寓的公寓楼、30000m^{2}的写字楼和15000m^{2}的商业购物中心及文体娱乐服务设施组成的综合体。

1. 大厦的投资计划

（1）总投资，包括拆迁费、平整场地和市政工程费、建筑施工费、设备家具装修费、不可预见费、通货膨胀费、技术服务费、组织管理设计费、应使用者要求的改动费以及开办费。

总投资计划　　表3-3-7

项目	酒店 570间	公寓 300套	写字楼 30000m^2	购物娱乐 15000m^2	金额 千美元
拆迁	5123	4947	3730	1920	15720
清场	1750	450	400	500	3100
建筑施工	37600	33251	20000	11320	102171
设备安装	11000	150	150	600	11900
不可预见	2460	1692	1020	620	5792
通货膨胀	3950	2720	1632	992	9294
技术服务	5300	3440	2204	1900	12844
组织管理	1000	400	250	380	2030
改动费	—	9	2640	4700	7340
开办费	2000	450	200	450	3100
合计	70183	47500	32226	23382	173291
贷款利息	6700	4500	3100	2200	16500
总计	76883	52000	35326	25582	189791

其中：不可预见费，考虑施工、清场、装修、设备的费用的可能变化而综合决定，约为5%。通货膨胀率，考虑在施工过程中国内的通胀率和国际市场通胀率，约为8%。投资中80%为贷款，年利率平均为12%，20%为自筹资金，须先期支出。

大厦的投资总金额共计189791（千美元），分项总投资见表3-3-7。

---

① 北京华侨国际大厦是首都华侨服务公司委托中美国际工程公司（CAIEI）实行总承包，并邀请清华大学建筑系专家合作设计研究的项目。该项目于1985年3月完成项目实施初步设想和可行性研究。作者作为其中一员参与了其研究工作。该项目后因资金原因下马。

（2）自有资金和借贷的比例 20：80。自有资金先期支出。

（3）贷款是按混合借贷形式估算的，平均年利率为 12%，15 年还清。

（4）贷款将从中国国内和国外筹集，既可是买方信贷也可以商业贷款。

（5）税前收入列在收入预测表格中。

2. 设定规模下的盈利参数

按原计划项，目的可行性分析于 1985 年初开始，1989 年实现全面开业，其盈利预测如下：

（1）酒店部分

酒店部分盈利预测 表 3-3-8

相关因素		经济参数
可租房间		546 套
1985 年平均租金		100 美元 / 客房・日
1989 年平均租金		134 美元 / 客房・日
通货膨胀率		5%（固定）
客房使用率	1989 年	65%
	1990 年	70%
	1991 年	75%
	1992 年	80%
	1993 年	80%
	1994 年	85% 从 1994 年起稳定在 85%
营业毛收入		37%（总毛收入）
餐饮百货毛收入		78%（总毛收入）
固定费用（管理、税、折旧）		5%（总毛收入）

这些盈利数据是在进行了市场调查，并与北京其他各大宾馆酒店进行比较分析以后得出的。其中客房租金和毛收入，考虑到高档酒店的运转费用较高，采取较低测算值，以提高酒店的竞争力。

（2）公寓部分

公寓部分盈利预测 表 3-3-9

相关因素	经济参数
1985 年平均租金	23.0 美元 /m^2・月
1989 年平均租金	26.9 美元 /m^2・月
小间（47m^2）租金	27.0 美元 /m^2・月
单间（93m^2）租金	25.0 美元 /m^2・月
双间（130m^2）租金	22.0 美元 /m^2・月

续表

相关因素	经济参数
三间（185m^2）租金	19.0 美元 /m^2·月
平均金额	22.7 美元 /m^2·月
停车场（1985 年 210 个车位）租金	50.0 美元 / 车位·月
空闲面积率	5%（固定）
可出租净面积	35750m^2（300 套）
实际出租净面积	34913m^2
毛收入来源	出租面积和停车场
通货膨胀率	4%（每年）
日常经常支出	10%（毛收入）
① 全面开业的第一年为 1989 年。	
② 毛收入不包括工商税、房产税、土地使用税、保险费等。	

（3）写字楼部分

写字楼部分盈利预测 表 3-3-10

相关因素		经济参数
可出租净面积		26400m^2
停车场		250 个车位（200 位可出租）
空闲面积率		10%（固定）
1985 年平均租金		37.66 美元 /m^2·月
1989 年平均租金		25.70 美元 /m^2·月
动力费用		由承租者负担
工商税（另测）		由承租者负担
停车场租金		50.0 美元 / 车位·月
毛收入来源		租费和出租停车场
通货膨胀率		4%（每年）
日常消耗费		10%（毛收入）
折旧年限	建筑	20 年（每年等量）
	设备	10 年（每年等量）
	装修、家具	7 年（每年等量）
	前期研究摊销	3 年（每年等量）
	开办费用摊销	3 年（每年等量）
①毛收入不包括工商税、房产税、土地使用税、保险费等。		
②减少可租率和调低租金主要是考虑到未来市场的竞争。		

（4）购物娱乐中心

购物娱乐中心盈利预测 表 3-3-11

相关因素		经济参数
可出租建筑面积		9750m^2
停车场		140 个车位（免费）
出租率	1989 年	70%
	1990 年	75%
	1991 年	85%
	1992 年	90%
	1993 年	95%
①从 1993 年起出租率将稳定在 95%。		
1989 年平均租金		36.50 美元 /m^2 · 月
日常经营支出		10%（毛收入）
商品工商税		由承租者负担
动力费用		由承租者负担
②最初几年有关租金的测算因缺少北京方面的数据，故算得较低。		
③毛收入不包括工商税、房产税、土地使用费和保险费。		

3. 项目的盈亏计算

北京华侨国际大厦建筑群各部分的盈亏计算按 15 年损益分别进行，计算公式如下：

年营业额 = 平均租金 ×（1+ 通货膨胀率）×（客房数 / 出租面积 / 车位数）× 出租率 ×365

年总营业额 = 出租面积年营业额 + 其他部分收入

固定支出前毛利 = 总营业额 – 经常费支出

贷款利息 =（总贷款额 – 偿还贷款额）×12%

所得税前毛利 = 固定支出前毛利 – 固定支出费

纯利润 = 所得税前毛利 – 所得税

纯利润现金流 = 纯利润 – 自有资金偿还

偿还贷款前现金流 =（折旧费利用 + 开业费利用）+ 纯利润现金流

偿还贷款前现金流累计 = 本年偿还贷款前现金流 + 上年偿还贷款前现金流累计

净现金流 = 偿还贷款前的现金流 – 偿还贷款 – 维修保养预留费

净现金流累计 = 本年度净现金流 + 前一年净现金流累计

净现金流累计

净收入与总投资之比 = $\frac{\text{净现金流累计}}{\text{总投资额}}$%

总投资额

4. 经济评价分析

由盈亏计算表可知：

（1）大厦总体运营后，占总投资 20% 的自有资金于第一年（1989 年）开始到第十年（1998 年）的 10 年间还清。

（2）占总投资 80% 的贷款（当年付息，单息计算，12% 利息率）于第三年（1991 年）开始到第十二年（2000 年）的 10 年间还清。

（3）五星级豪华酒店理论盈利时间从第七年开始；公寓理论盈利时间从第一年开始；写字楼理论盈利时间从第一年开始；购物娱乐服务设施理论盈利时间从第十四年开始。

由此可见公寓部分和写字楼部分初期投资低于酒店部分，且都是在开业当年就获得净利润，贷款偿还能力远远高于酒店和购物娱乐服务部分，因此经济效益较高。酒店部分初期投资最高，从第七年开始获得净利润，投资效益较低。购物娱乐服务设施尽管初期投资最少，但从第十四年才开始净盈利，所以综合投资效益最低。

因此，理论上讲，公寓和写字楼所确定的规模和标准是可行的，而酒店则由于标准较高，初期投资较大，运营费用较高，所以应考虑适当压缩规模，调整客房的标准。购物娱乐服务部分投资为酒店的三分之一、为公寓部分的二分之一，由于投资效益过低，理论上应压缩规模，但考虑到建筑使用及与酒店、公寓、写字楼功能上的配套关系，规模压缩又不可过大，应以满足前三者的功能要求为前提。

实际上，酒店和购物娱乐服务设施在初期的经济效益的低下是由写字楼和公寓共同负担的。总体来看，全大厦净盈利实际是从第七年开始，而偿还贷款则须到第十二年全部完成，这还只是个理论的推测，因此，大厦在规模上有压缩的必要性。减少一次性投资贷款，维持投资效益高的写字楼和公寓，缩小酒店的规模，适当减少购物娱乐设施的规模，以此提高整个大厦的经济效益和投资效益。

当然，如果在资金筹划上加大自筹资金的比例，在设计和施工组织上计划得更加周密，那么贷款偿还周期也会得到缩短，大厦的经济活力会更大。

这个例子说明了经济预测和评价对规模设定、构想及反馈修正的作用。这种经济预测和评价方法主要是验证建筑规模在既定的投资情况、贷款偿还协议及贷款现状下的可行性。当然，除了调整规模之外，改善贷款方式、改变投资渠道也是提高经济效益的有效办法。但建设规模确是影响建筑活动及今后市场经营效益的重要因素，所以，对于生产性和商业性的建筑，其规模的设定一定要经过经济的预测和评价，不断地反馈修正，才能保证建设规模的恰当。

当我们设定了一个建设项目的规模并根据掌握的外部、内部条件完成了空间构想，而且对规模和构想进行了科学而严密的预测和评价，最终得到修正和肯定之后，我们就要以这些软构想为前提，进一步对软构想进行技术化和物质化的处理，亦即进行空间的技术构想。这就是我们下一节要讨论的内容。

3.3.7 技术构想

技术构想又称为技术策划，是以空间构想为前提条件，研究构想空间中的结构选型、构造、环境装置以及材料等技术条件和因素的过程，涉及空间中的结构构造、

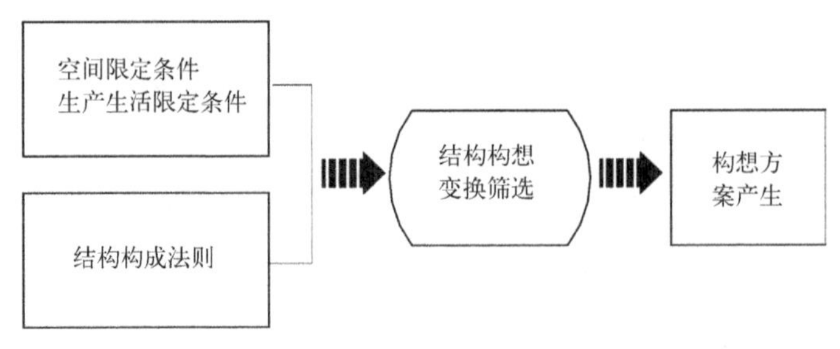

图 3-3-39 结构构想的程序框图

设备材料等技术及硬件装备。

下面我们就技术构想的各个环节进行论述。

1. 结构选型、构造的构想

结构选型与构造的构想是研究与构想空间相关联的最普遍的结构方式，以及特殊场合的结构选型和结构的开发条件。其构想多是对如何利用和组合已知的结构形式以及根据空间软构想对结构技术条件进行认识的过程。

首先，由于已经进行了空间构想，即完成了平面的构想，A、B、C 空间的划分，各空间的边界线、交点等已经构想完毕，因而结构支点、位置等的构想就已水到渠成，结构的柱网、平面构图的对称均衡性、连续性等就很容易被确定下来。通常结构构想是由软构想的要求（制约条件）出发，通过结构的构成法则，经过变换、筛选，最后确定出构想方案（图 3-3-39）。

结构的构成通常有木构、混凝土、钢、钢筋混凝土和混合结构五大类。

诞生结构方式的空间多种多样，如房间、通路、开敞空间等，其结构方式和种类也各不相同。不同性质的空间选择相对应的结构方式，并且满足该空间的生活使用需要是结构选型的关键。如供体育比赛及表演的体育馆，文艺及音乐会表演的剧场、音乐厅，大型集体活动的会场，候机大厅等大跨度空间，其结构形式以无柱大跨度结构为宜。又如在抗震设防地区，高层或超高层建筑多选用钢结构或钢筋混凝土结构以增大其整体刚度。这些相关的构想方法的掌握属于建筑师的基本职能，他们应在一开始的空间构想、确定空间平面和立面的形式时就一并确定出来。因为在空间构想中，对空间内活动的研究应该明确其活动的特征是什么，对应的结构形式又是什么，如前面谈到的体育馆的表演场地中不能有柱子和剪力墙，贵宾休息厅及会议厅内也最好没有柱子等。这又引出了空间构想中的一个问题，那就是建筑师对空间中各种活动和使用特性的把握问题：何种空间形式对应何种活动及活动主体对空间形式的要求。

尽管我们把技术构想中的结构研究放在这里进行论述，但事实上它是与空间软构想一并开始的，而且不应游离于空间形式的构想之外而单独进行。

2. 环境装置的构想

建筑空间一经构想完成，其屋顶顶棚、地面、四壁及门窗等建筑元素就构成了一个立体形态的建筑空间环境。房间的形态、开口部位的采光条件、墙壁的围合方

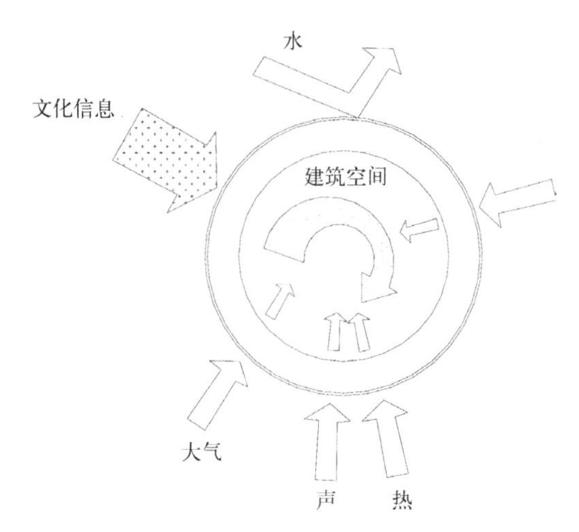

图 3-3-40 建筑空间的外界刺激

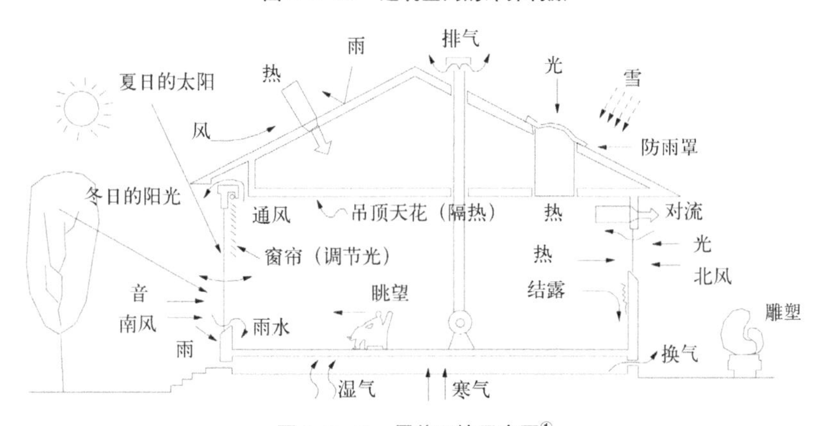

图 3-3-41 居住环境示意图[①]

式及保温隔热等特性的控制就是对建筑环境、装置的构想。其中保证建筑空间在经济可行的前提下保持良好的环境特性是环境装置构想的目的。

环境是指空间的热、光、声等物质和文化环境，它是由空间本身的建筑元素和设备与空间外部的各种刺激达成动态平衡的一种物质形态。它包括自然因素如雨、风、雪、露、尘、阳光、声等的影响，也包括人文的因素如装修、小品、雕塑、装饰壁画、陈设等的影响（图 3-3-40、图 3-3-41）。

空间中用以达成内外环境动态平衡的设备就是我们所说的环境装置。它不仅包括我们所熟悉的换气扇、保温隔热层、冷暖气空调、电气电信设备、上下水设备、卫生设备、消防防灾设备，还包括空间环境中的标语牌、指示牌、固定家具等。建筑空间的质量、品质以及实用性的高低就在于对其环境装置的全面而巧妙的构想设计。

现代社会的建筑环境在满足使用的前提下，更强调舒适和其精神作用，即强调环境的气氛和情调。越来越强调人文环境因素、要求越来越高正是现代建筑环境的

① （日）日本建筑学会 . 建筑计画：183.

一大特征。在空间满足了人类使用的声、光、热等基本物理要求之外，要更高一层地满足人类使用的心理和精神要求，这也是现代建筑策划中的一个重要任务。强调人文环境的质量应成为建筑师创造环境时不可忽略的部分。

人文环境的气氛因素是与建筑空间的内在使用及功能要求紧紧地联系在一起的。不同使用目的的建筑空间，要求有不同的环境气氛，甚至不同使用对象也要求有不同的环境气氛。如政府办公会议空间，应表现出庄重、权威、宏伟等气氛；而舞厅、酒吧则以轻松、热烈、欢快为主要基调。老年人活动空间宜恬静、优雅、质朴、静穆；而少年儿童活动空间则宜明亮、鲜艳、丰富、变化。这种对环境气氛的构想是环境构想的准备，它与建筑设计阶段的环境设计的目标相同，但范围和深度略有差异，它具有设计指导的意义。

建筑策划阶段的环境构想，是对空间环境进行指导性的研究，它不涉及环境细部的处理问题，只强调环境的构想对空间的使用、气氛的形成、空间感观的改变的作用。因此，对于建筑策划既定的建设目标，必将对应有空间构想和环境装置的构想，以确定出项目目标在下一步设计阶段中的空间内容、形式、动线网络以及环境气氛特征和固定装置。正因为环境和装置的构想在设计前期即建筑策划中进行，所以这一研究工作可以较宏观地在研究空间内容及构成的同时与外部和内部环境一同发生关系。这样能更准确地把握建筑空间的环境和装置的构想，以使下一步设计工作不致偏离方向。

随着社会生活质量的不断提高，环境和装置的研究将变得越来越重要。照明设备、高龄者使用的电梯、残疾人使用的辅助设备、高密度城市空间的防灾诱导疏散系统等，多种高技术装置的开发都是建筑策划中环境和装置构想的研究对象（图 3-3-42）。

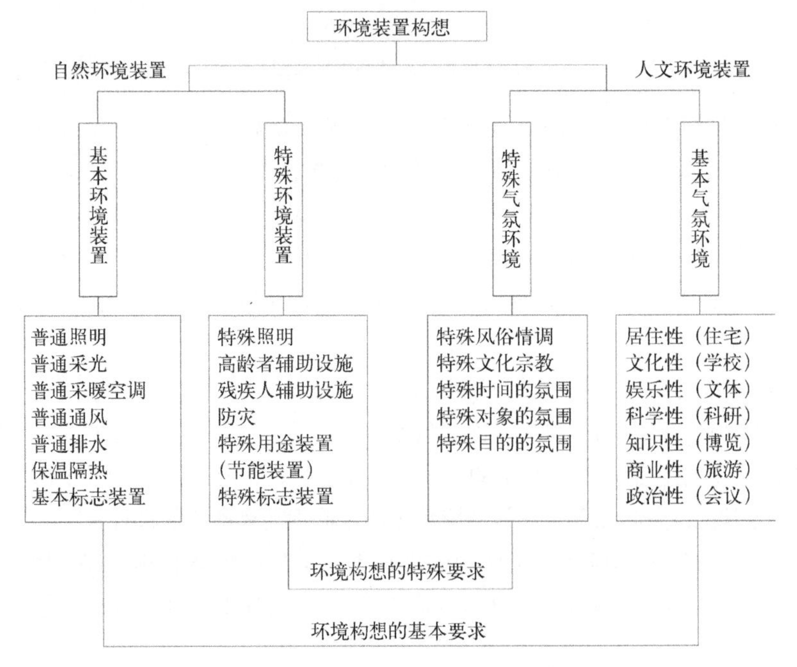

图 3-3-42 环境构想的范围及涉及内容

从图 3-3-42 中可以看出，建筑环境和装置的构想可分为基本环境装置构想和特殊环境装置构想，对它们的区分和构想是决定下一步建筑设计的关键。特别是其中特殊要求的环境装置构想，如节能建筑（被动式和主动式太阳能建筑）的环境和装置构想是进行空间构想和设计的必要条件。因为其功能和使用要求的特殊性就决定了其环境和装置的首要性。

环境和装置的构想，通常并不是和空间的构想前后进行的，大多是同时加以考虑研究的。这是由空间形态和环境装置的密切相关性所决定的。所以建筑师在进行建筑策划时应当对这一点予以重视。

3. 材料的构想

区别于建筑设计阶段的材料的选定工作，建筑策划阶段对材料的构想是指关系和影响到空间构想和环境装置构想，并通过材料的选定来实现上述空间环境的基本和特殊要求，及创造环境气氛的研究工作。根据空间的构想是半开敞或开敞的形式，选择墙壁、地面、顶棚的装修材料；根据空间开口部位的性能选择材料，解决采光、隔声、保温、隔热等要求。另外，通过选用材料来创造空间环境的气氛，结合环境装置的构想，满足建筑环境的物质与精神要求。

此外，材料的选择还需考虑到施工的简洁方便和经济效益等，是一个由多项因素决定的工作（图 3-3-43）。

材料的构想在策划阶段不是最终的和决定性的，它只是为配合空间和环境的构想而进行的辅助和说明性的工作。它的结论首先是完善空间和环境的构想，其次是为下一步设计阶段材料的选择制定大方向（图 3-3-44）。这个阶段的材料构想只考虑其使用目的、使用位置和施工、经济等因素，而对其色彩、肌理、质感等视觉细部上的要求只能在设计阶段进行深入的研究。

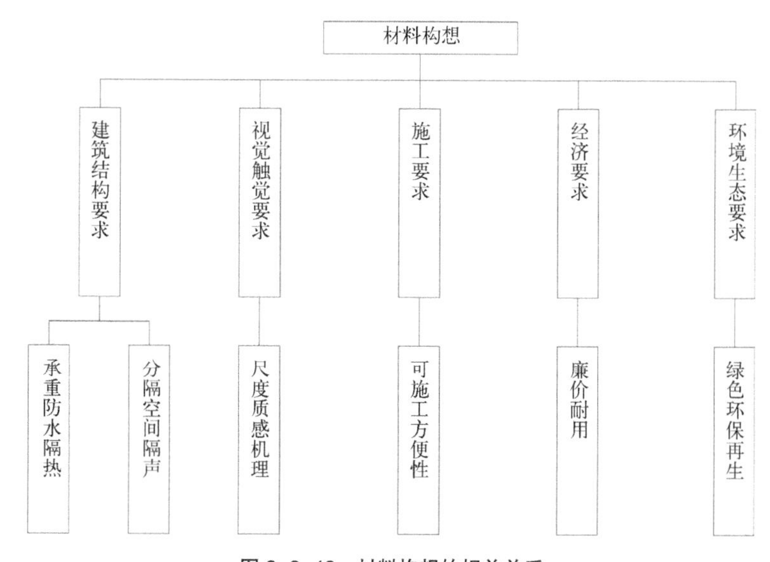

图 3-3-43 材料构想的相关关系

图 3-3-44 一般墙壁的要求

至此，建筑策划的各部分构想全部完成。由外部、内部条件的调查分析开始到预测评价反馈修正，已经形成了一套逻辑完整的程序，其结论既是对总体规划立项的解析和反馈修正，又是对建筑设计的指导和参考。为了得出一个完整清楚的结论，我们在这里将各个环节的结论归纳起来。

3.3.8 结论的归纳及报告的拟定

建筑策划各环节的结论可以归纳为两种形式，一是模式框图，二是文字表格（图 3-3-45）。

框图部分，用来归纳和说明项目外部条件如经济、人口、地理、环境等以及内部条件如空间功能、设备系统、使用方式和预测、评价等。将上述研究结果以框图表示，可以提高其逻辑性，有利于电脑进行多因子变量分析和数理统计的演绎，也便于与城市总体规划的准则和结论相比较。文字表格部分用来归纳和说明项目规模、性质、用途、房间内容、面积分配、造价、建设周期、结构选型、材料构想等。

也就是说，建筑策划的结论是由框图和文字表格两部分组成的。各部分的内容如图 3-3-45 所表示，形成了一个完整、科学、逻辑、开放的体系。围绕建筑创作活动的各个因素都体现在框图或是表格中。换句话说，各种因素的影响都可以从框图和表格中寻出其机制和相关关系，同时得出相应的要求。文字表格部分可作为建筑师按照以往的习惯进行下一步设计的依据。

这一由框图和表格文字组成的建筑策划的结论报告，正是建筑设计的科学的依据。由于它自上而下、由外向内地系统分析和把握了建筑创作的相关因素，继而又

图 3-3-45 建筑策划结论报告的组成

由内向外、自下而上地进行预测、评价、反馈修正，同时还运用了近代数学和电子计算机技术手段，使得研究全面、细致且论证、定量分析与评价也具有一定的精确度。这就使建筑设计可以完全摆脱以往那种建筑师只按照以业主个人或个别专家的意志拟就的设计任务书，埋头设计的被动局面，使建筑创作的科学性和逻辑性大大提高。它的意义还不仅在于此，由于运用了近代数理原理和方法，运用了计算机等近代手段，使建筑创作增添了新的活力，增加了现代化的内容，使建筑设计的理论有了重大发展，并因之提出了许多相关的新课题，使建筑创作的理论和实践变得更加活跃。

为了更直观地说明建筑策划原理及方法的运用，我们将在下一章对建筑策划所完成的具体实践进行分析论述。

3.4 建筑策划的决策体系及模糊判断[①]

3.4.1 建筑策划与决策

正如我们在第一章中所论述的，“策划”是为完成某一任务或为达到预期的目标

① 部分内容编写自：庄惟敏，苗志坚．学科融合的当代建筑策划方法研究——模糊决策理论的引入．建筑学报，2015（03）。

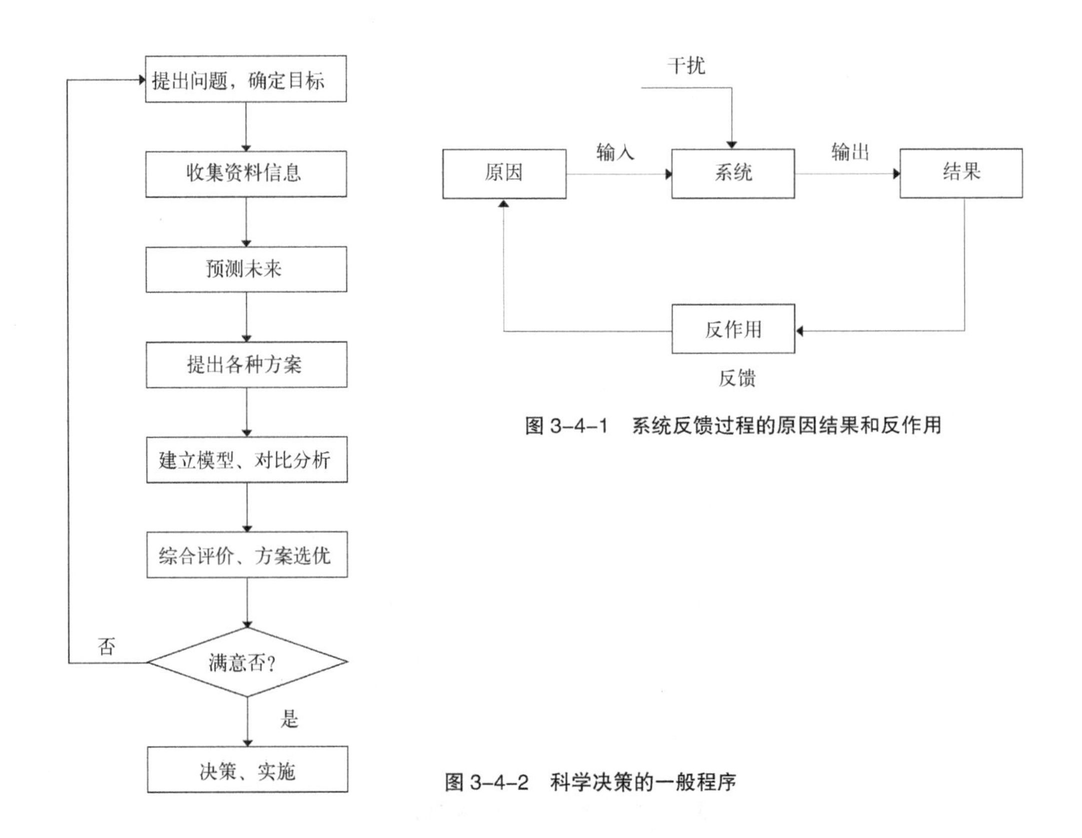

图 3-4-1　系统反馈过程的原因结果和反作用

图 3-4-2　科学决策的一般程序

而对所采取的方法、途径、程序等进行周密、逻辑的考虑而拟出具体的文字与图纸的方案计划。一个项目的建筑策划的结论最终需要确定下来，并且作为总体规划立项之后的建筑设计的依据，显然这一程序的最终环节应该包含决策的过程。

培根曾经对系统反馈过程的原因、结果和反作用以及科学决策有过描述，经后人不断完善和发展，形成了当今决策程序的一般共识（图 3-4-1、图 3-4-2）。

在一些国家，尤其是发展中国家，许多建设项目由于建筑策划环节的缺失或者不够重视而导致的建筑决策失败不仅错误地引导了建筑师的设计工作，更为今后的使用和运营增加了很大的难度。这种现象是造成全球性的土地资源紧缺的原因之一，与可持续发展的趋势相背离。然而，许多发展中国家正在或即将进入快速城市化的阶段，大量的城市建设需要在理性、科学的指导下进行。因此，建设项目，特别是城市公益性项目，需要履行建筑策划环节并且提高建筑策划决策的准确度。

建筑策划的核心工作内容是作出正确合理的决策，指导后续的建筑设计。正确合理的决策应当是在满足设计委托方要求的前提下，给建筑师以充分的设计和创作空间，从而引导后续各个环节的顺利进行。

建筑策划的决策过程可以抽象为一种评估和取舍执行方案的过程。运用多元评价法是策划决策方法的一个特点。建筑策划决策的正确与否，直接影响了建筑策划对建筑设计的有效指导和界定，进一步影响建筑设计的依据、过程和最终结果，因此，建筑策划决策对建筑设计的最终结果意义重大。

建设项目初期阶段产生的决策失误会对之后的设计、建造和运营产生巨大的负面影响，决策的原始谬误有几个方面：在建筑策划过程中对信息与界定条件的片面认知；忽略在决定“怎样建”的过程中需要设立“底线”；过度相信经验的价值；缺乏评价决策的标准等。这些原始谬误是之后诸多问题产生的源头，是一个或一群决策主体思维的固有逻辑，虽然在项目初始阶段它们不会落实到一个可以识别的显性结果，但是对整个项目的决策过程具有深远的影响。

建设项目初期阶段的决策过程中，如果没有将问题是什么梳理清楚，并且单纯地相信通过技术手段可以解决一切问题，以此作为原始前提，将会给后续的设计工作带来诸多不便。建设项目初期阶段应该是公共决策、管理决策和技术决策共同作用的结果，公共决策和管理决策从更加宏观的视角保证技术决策运行在一个正确的轨道和方向上。

公共决策、管理决策与技术决策是三个不同层面的决策类型。将其对应到建筑领域，公共决策是指对于建筑的公共性与公共价值在一个宏观环境中的整体决策，公共决策可以由政府组织或非政府组织协作决策，它关注的是建筑对城市物质环境和社会环境的贡献；管理决策指一个项目的管理过程中所要履行的决策，其更加关注整个项目的流程，协调相关的各方开展各自的工作，保证这个项目的顺利推进；技术决策是与项目相关的各方专业人员所能提供的专业决策，对于建筑师来说，能够提供与公共决策、管理决策相适应的技术决策，并且在公共决策与管理决策过程中提供建筑学专业技术决策支持是我国建筑师走向国际化的一个重要的必备技能。

技术决策是在正确的公共决策背景下、科学的管理决策引导下展开的。从技术决策的角度，可以看出，建设项目在决策初始阶段，通常与建筑设计相衔接的环节做得不够充分。虽然建筑设计是一个创作的过程，但是这个创作是在一定的限制条件下展开的。建筑策划的任务就是找到并且明确这些限制条件，在这个过程中，建筑师的工作不仅包含传统的技术层面的决策，还包含参与公共决策的引导、管理决策的顾问等工作，而后者又是前者有效进行的前提。

从技术决策角度看，建设项目的决策失误对后续建筑设计会带来较大的影响，如不合理的建筑设计任务书，一方面会给建筑师的设计工作带来不必要的难题，另一方面还会直接导致建筑师的设计工作在一个错误的方向上进行，而这些决策失误的结果却都是建筑师不能通过技术决策来扭转和改变的事实。

决策过程强调的是在逻辑合理的前提下，采用科学决策分析方法进行决策。普适的决策机制包括决策主体的确立、决策权划分、决策组织和决策方式等方面。科学决策需要同时具备以下几点：具有科学的决策体系[①]和运作机制；遵循科学的决策

① 决策体系是指决策整个过程中的各个部门在决策活动中的组织形式，它由决策系统、参谋系统、信息系统、执行系统和监督系统组成。各子系统既有相对独立性，又能够密切联系，有机配合。

过程[①]；重视智库在决策中的参谋咨询作用；运用现代科学技术和科学方法。采用计算机，建立数学模型和决策支持系统，把定性方法和定量方法有机结合起来[②]，使决策摆脱主观随意性而更能符合客观实际。

管理决策按情报（问题识别和定义）、设计、抉择及评审（贯彻实施、反馈控制）四项活动和六个步骤的顺序进行，但每个步骤都可能是向前一个或前几个步骤反馈的循环过程。

建筑师能够参与的前期决策是在建筑策划环节。建筑策划阶段的决策是为下一阶段建筑设计工作提供依据的决策，决策内容是影响设计的边界条件，目的是给建筑师的设计工作限定一个范围。在这个过程中，建筑师有两个作用：其一是建筑师辅助管理决策，其二是建筑师主导技术决策。[③]

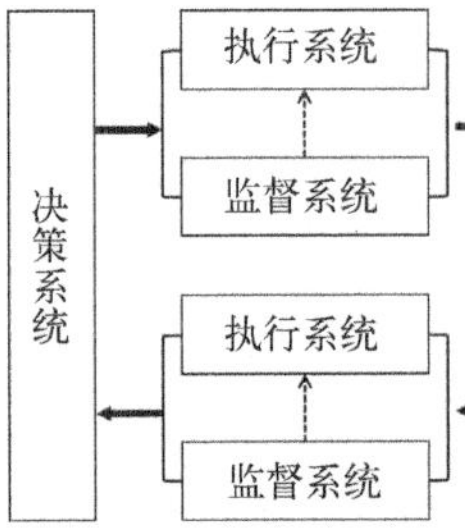

科学的决策需要庞大的支持系统，决策支持系统[④]是将大量的数据与多个模型组合起来，形成决策方案，通过人机交互起到支持决策的作用（图 3-4-3）。决策支持可以通过计算机达到如下目的：帮助决策者在非结构化任务中作出决策；支持而不是代替决策者的判断力；改进决策的效能（effectiveness）而不是提高它的效率（efficiency）。[⑤]

图 3-4-3　决策系统运行图

建筑策划的决策支持系统，可以是开发成熟的建筑策划软件，其中包含丰富的大数据资源库，同时运用仿真、模拟的方法对决策进行控制，最终得到结论。

3.4.2　管理科学中的模糊决策方法

从不同的思考维度出发，决策问题可以分为系统化决策分析、多属性决策分析、不确定状况下的决策分析、数字决策等。其中“不确定状况下的决策分析”是决策领域的难点，常用的决策理论有完全不确定状况下的决策、风险下的决策、贝叶斯决策理论、风险偏好与效用理论以及模糊决策理论等。[⑥]模糊决策是以模糊数学基本方法为基础，与管理科学的决策分析理论相结合的一套决策方法，其操作是利用模糊集合所构建出来的隶属函数（membership function）进行量化处理。例如从一个严肃的空间到一个温馨的空间，没有一个明确的分界线。隶属函数可以描述当室内空间尺度和装饰程度达到什么程度时可能是“较温馨”的归属程度（隶属度，membership）。[⑦]

---

① 决策过程包括：提出问题和确定目标；拟定决策方案；决策方案的评估和优选；决策的实施和反馈。

② 阿巴斯·塔沙克里，查尔斯·特德莱．混合方法论：定性方法和定量方法的结合．唐海华译，重庆：重庆大学出版社，2010.

③ 当代技术决策原则正在发生着一些变化：改变了传统的“我们是专家，请相信我们”的思维模式，在技术决策过程中强调更多的公众参与而形成的技术与社会的良性互动关系。

④ 决策支持系统是在管理信息系统和管理科学、运筹学的基础上发展起来的。管理信息系统重点研究大量数据的处理，完成管理业务工作。管理科学与运筹学运用模型辅助决策。

⑤ 李和平，李浩．城市规划社会调查方法．北京：中国建筑工业出版社，2004.

⑥ 苗东升．模糊学导引．北京：中国人民大学出版社，1986.

⑦ 孔峰．模糊多属性决策理论、方法及其应用．北京：中国农业科学技术出版社，2008.

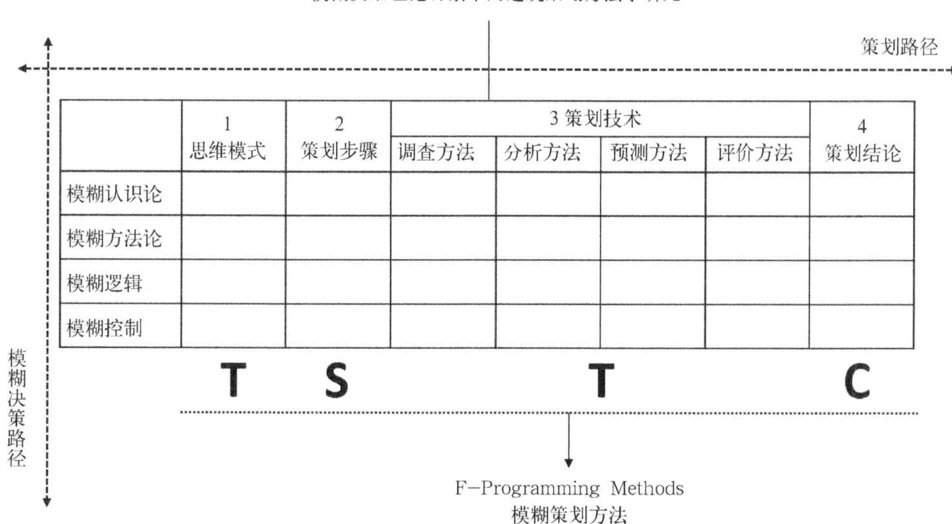

图 3-4-4 模糊决策和策划的关系

模糊决策模型，最初是在多目标决策的基础上提出的。在该模型中，凡决策者不能精确定义的参数、概念和事件等，都被处理成某种适当的模糊集合，蕴涵着一系列具有不同置信水平的可能选择。这种柔性的数据结构与灵活的选择方式大大增强了模型的表现力和适应性。

模糊逻辑指导下的模糊数学，包含着极其广泛的应用工具，如模糊控制方法、模糊综合评判、模糊方程组等。其中模糊控制在工程领域应用广泛，模糊综合评判在管理科学领域应用较多。结合建筑策划过程中的决策特点，模糊控制与模糊综合评判也适用于这一过程。

3.4.3 模糊决策理论背景下的建筑策划方法框架（认识论层面）

建筑策划与模糊决策的融合前提是将建筑策划的整个工作过程抽象成为一个完整的决策过程。在这个决策过程中，决策要素（全部或部分）具有明显的模糊性，适合运用模糊决策方法进行决策分析。同时，模糊决策分析要以模糊逻辑为基础。

一个建设项目的整体流程中，从开始的项目立项、可行性研究，到建筑策划、建筑设计、建设施工，直至使用运营阶段，是一个将问题和研究对象逐渐梳理清晰，寻找解决方法，经过反复修正和改进，最终解决问题的过程。这个流程中，与设计紧密相关的建筑策划环节，是一个提出问题的过程，需要考虑委托方的需求、城市空间环境的整体性、使用者的行为特征以及低碳可持续发展策略等。因此，建筑策划过程中面临的模糊问题较多，在一些大型城市公益性建筑中，这些模糊问题又异常复杂。

在建筑策划的研究中，需要进一步提升策划理论研究，相应地（同时）弱化对操作方法的关注。每一个建设项目均有其特点，世界上不应该出现完全相同的设计

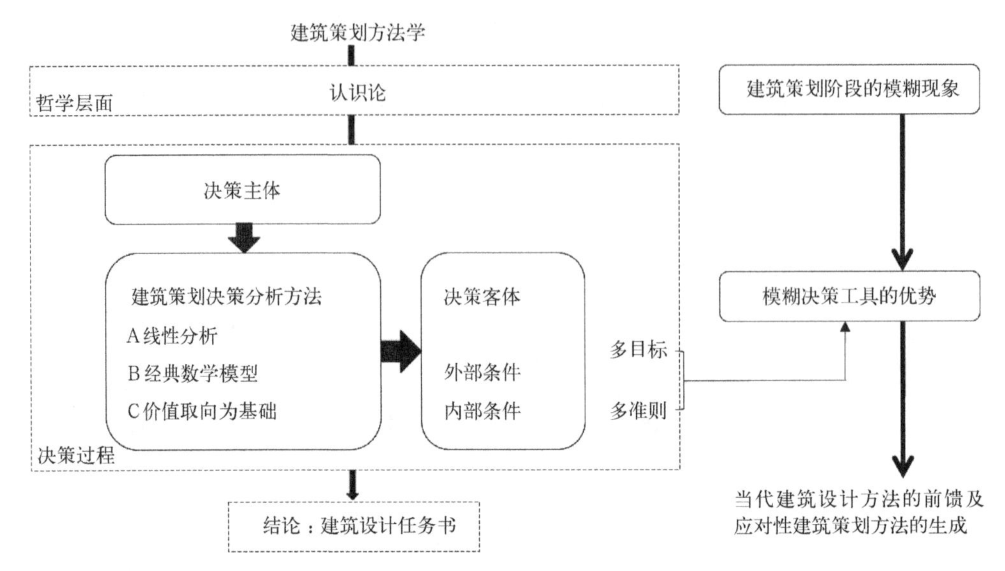

图 3-4-5　建筑策划方法学中的模糊决策方法

任务书，即每一份设计任务书都是为一个建设项目量身定做的；同样，也不应该存在万能的设计方案可以解决不同的建筑问题，即每个设计方案也应该是针对特定问题生成的结果。

1. 建筑策划中的模糊问题

讨论建筑策划中的模糊问题，首先需要建立在复杂系统的大背景下，以模糊认识论来判断项目决策对象是否具有模糊性以及模糊的程度。从模糊认识论的视角看建筑策划中的模糊性问题，首先需要区分策划过程中以分析为主对确定性现象的研究与以综合为主对不确定性现象的研究。

建筑策划在近几十年充分研究了本领域内的非此即彼（one or the other）的典型现象之后，研究的视域正在扩大中。传统分析工具所不能解决的非典型现象和问题，逐渐成为建筑策划中的重点和影响策划中决策质量的难点。为了分析和梳理决策中那些亦此亦彼（both this and that）的非典型现象，需要引入模糊逻辑与模糊集合的数学分析理论。建筑策划中决策的模糊性，主要体现在决策主体和决策对象、决策目标和决策准则等方面（图 3-4-5）。

2. 决策主体和决策对象的模糊性

建筑策划中决策主体是由委托方、建筑师和专家共同组成的决策团队（decision making team）。由于决策主体是人，因此不可避免地会将个人的主观意志带入决策过程，甚至影响决策结果。

为了在上述情况下，最大限度地保持决策的客观性和准确性，需要对建筑策划中决策主体和决策对象的模糊性加以认识。决策主体的模糊性是由决策者自身的特点决定的，通常可以选择群体决策的方式来规避单方意志的过度强化。

决策对象是设计前期需要确定并影响建筑设计的所有要素。其中一个主要的内容是"空间评价",在空间评价的过程中包含目标设定、外部条件调查、内部条件调查、空间构想、技术构想、经济策划和报告拟定等七个环节（具体内容见 3.3 节）。每个环节中均有模糊性问题，例如其中的"空间构想"环节，如何判断空间的边界，引导使用者的行为，评价使用者对现有空间的满意度等问题不能简单地用非此即彼的标准来严格区分，而应该建立一个评价域，用一个空间开敞或封闭的程度来判断空间属性。

3. 决策目标和决策准则的模糊性

决策目标和决策准则是一套决策系统的操作核心。

建筑策划中的决策大多是多准则决策，即在相互冲突、不可共度的方案中进行选择的决策，如经济投资与社会价值之间的不可共度性，高技术与绿色低碳节约能源之间的不可共度性。同时，不可共度的原因，除了不能用统一的标准去衡量与判断之外，还因为有的要素无法找到明确的度量标准和划分优劣的清晰界限。此时，即具有模糊性。

建筑策划的目的是将一个大致的模糊的目标逐渐清晰化，对技术性要素予以限定，减少对于建筑形式、风格甚至外立面局部的过多限制。梳理清楚社会文化目标、技术目标、使用需求等各维度的目标，指明建筑师的设计目标。

4. 传统建筑策划方法线性思维的局限

我们在研究和了解建筑策划基本方法的同时，也必须承认，传统的建筑策划法贯穿始终的仍然是强调因果结论的线性思维。面对当代建筑设计及其理论的发展，设计前期涉及的问题越来越多，越来越复杂。这样的现实情况下，单纯的线性思维已经不能解决所有问题，需要开辟新的方法作为补充。

混沌学认为初始条件的细小差异可能会最终导致迥异的结果。"混沌理论指出，简化处理的合理性是有限的。在线性系统中误差是以线性方式增长的，而在混沌系统中误差则是以指数方式扩大的。"[①] 按照混沌理论的理解，建筑策划要处理的是大量的初始信息，而同时建筑设计本身又是一个开放的系统，这样处于不断的物质交换状态的系统，随着初始条件的变化，系统的无序和混沌是在不断增长的。因此，采用线性的分析方法来预测一个不稳定的、混沌的系统是达不到目的的。

面对复杂的建筑设计行为，线性思维方式使得目前建筑策划将建筑活动还原为简单的、部分的子系统来研究，然后把各部分的性质、规律加起来就得到了整体的性质、规律，认为整体等于部分之和。这样容易忽略子系统之间的相互作用。即使认识到了子系统间的相互作用对整体性质的贡献，但仍然是将部分与部分间的相互作用分离，是在线性叠加原理的框架下考虑非线性的问题，除了得出整体不等于部分之和的认识之外，在处理从部分到整体的具体过渡时仍存在缺陷。更需要思考的是，

① （德）施特凡・格雷席克 . 混沌及其秩序：走近复杂体系 . 百家出版社，2001:8.

线性思维方式导致建筑策划预先假定了具体的目标，并在此目标下进行量化的分析以期达到一个理性的结果，显然，这种线性思维方式有使建筑策划陷入绝对理性的误区的危险。

目前，建筑策划方法学仍然是以经验为重要分析依据的，但同时我们也要看到，来自决策者和专家的经验是有限的，因此它是一种相对较为主观和随机的参考标准。经验的这些缺点存在，阻碍了建筑策划方法向科学理性发展。在决策理论研究领域，从经验走向科学是其一直的发展诉求。

此外，对未确知问题的判断和选择是决策过程中的难点。建筑策划中的未确知问题主要是复杂的建筑功能与空间环境之间的影响、使用者对空间的需求和行为引导、大型公益性建筑对城市空间的综合效益等。这些问题不是现有经验和线性思维推理可以完成的。

由此看来，随着人类的进步，社会生活的世象日趋复杂，建筑策划方法的发展与更新就变成了建筑领域一项重要的任务，建筑策划的模糊决策理论的提出与研究也就成了必然。

3.4.4 建筑策划模糊决策工具的优势（方法论层面）

方法论就是人们认识世界和改造世界的根本方法。科学方法论的研究对象是不同的方法，关注运用不同的方式方法来观察事物、处理问题的过程。同时，研究各方法论的特长和善于解决的问题以及不同研究方法之间的关系。

科学方法论作为自然科学研究与发展的基础，在 20 世纪 30~40 年代产生了系统论、控制论和信息论（SCI）；到了 70 年代前后又产生了耗散结构论、协同论与突变论（DSC）等（图 3-4-6）。模糊逻辑就是在 SCI 产生之后，DSC 即将产生之时出现的数学新理论和方法，它否认传统数学的二值逻辑，承认人类社会中模糊的现象是绝对多数，用隶属函数作为衡量模糊程度的标准。[①] 模糊数学的产生不仅丰富了数学与控制科学的学科理论体系，更加重要的是拉近了自然科学与社会科学的距离。在社会科学研究中，存在大量模糊问题却一直难以用精确的自然科学来研究是一个困扰社会科学研究的难题。

20 世纪 60 年代，在管理科学决策分析方法飞速发展的过程中，研究者意识到决策构成中存在一系列的不确定问题、随机问题与模糊问题。因此，模糊逻辑产生后，迅速地影响了决策分析领域的研究，产生了模糊决策理论。模糊决策的特点是不仅针对决策中的模糊问题，也是解决复杂决策问题的一个有力工具。

建筑策划的发展与建筑设计方法论也是相互影响、互相促进的过程。20 世纪 60 年代产生的第一代设计方法以“分析、综合、评价”为基本方法，到了 70 年代第二代设计方法更加侧重于“公众参与、共谋性与辩论性”等，1980 年前后的设计新方法，

---

① 刘贵利等 . 城市规划决策学 . 南京：东南大学出版社，2010.

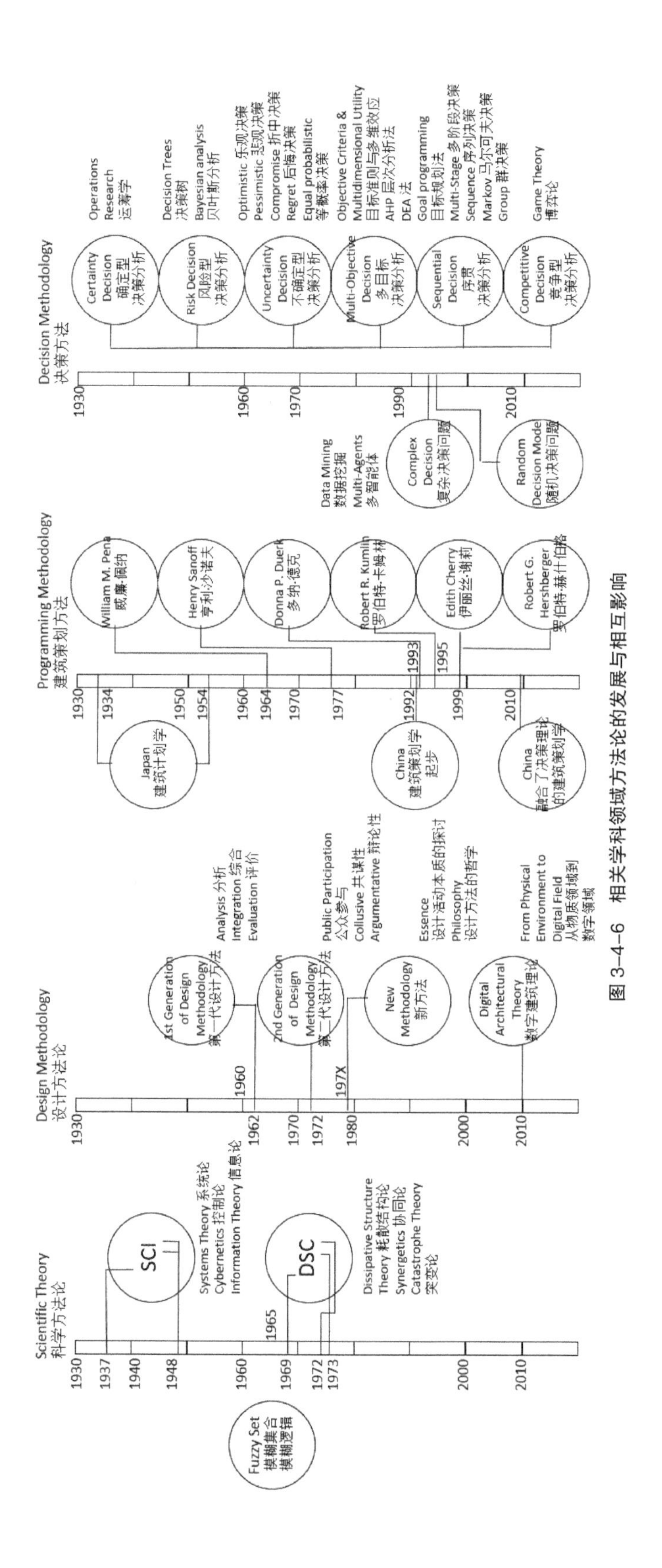

图 3-4-6 相关学科领域方法论的发展与相互影响

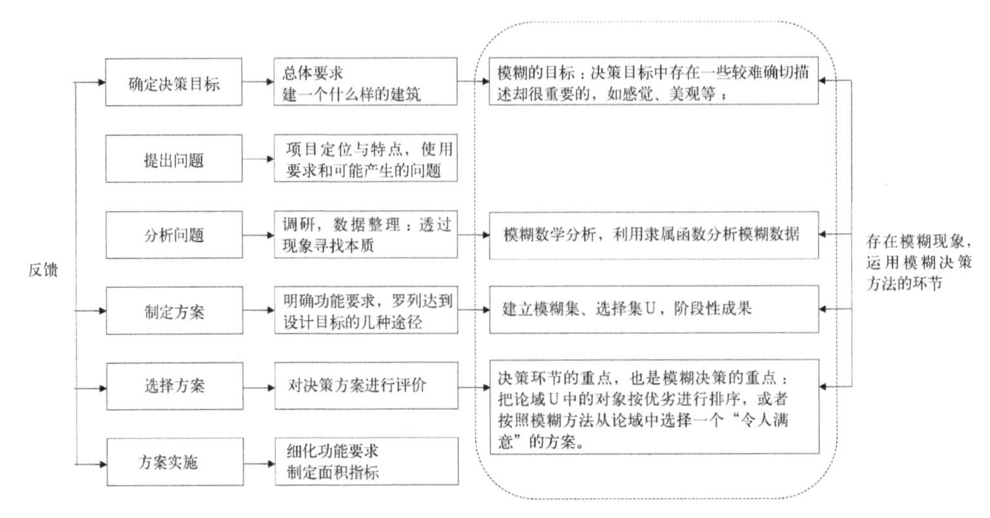

图 3-4-7　建筑策划决策过程中模糊方法的引入

展开了针对设计本质的探讨，关注设计方法的哲学。21 世纪以来，数字建筑理论的发展对建筑设计方法产生了较大的冲击，数字技术为实现建筑师的设计提供了更加广阔的平台，此时，设计方法论的研究从物质领域逐渐进入了数字领域。数字技术不仅可以实现建筑形体的数字化表达与建造，同时使构建建筑大数据平台成为可能，这些数据资源的分析反馈，恰可为建筑策划之决策提供有力支持。

当代建筑策划方法以大数据、模型、仿真和控制系统等技术为基础发展成为了更加科学化的实用技术方法。模糊决策方法可以在建筑策划决策的不同环节使用，例如在确定决策目标阶段，提出“建一个什么样的建筑”的总体要求，这个过程中就会有许多的模糊目标，这些目标较难确切描述，却很重要，如感觉、美观等，此时，可以用模糊的语言描述，之后用模糊方法赋予其一个隶属度；分析问题、制定方案和选择方案的环节也是模糊决策工具最常用的阶段（图 3-4-7）。

模糊决策工具解决的是建筑策划过程中的不确定性问题。所谓信息的不确定性，是决策者在决策时所面对的信息不清楚、不完整的一种形式。其中一种信息不清楚的形式为决策问题中的事件（event）所显示出的概念特性本身即具有模糊性（vagueness），因此，构建出模糊集合（fuzzy set）以描述此事件信息的模糊性（fuzzy）。例如这座建筑的室内是“古朴的”，客观上看，从一个新潮的空间到一个古朴的空间，没有一个明确的分界线。如果需要搞清楚是否“古朴”，模糊决策就能发挥其解决不确定性问题的优势。

模糊决策模型，最初是在多目标决策的基础上提出的。通过模糊集合的构建以及柔性数据结构与灵活的选择方式，使得模糊决策工具具有两方面优于传统决策方法的特点。一是在处理超出经验范畴的建筑策划问题方面，在建筑策划中，规模大、多种功能相结合的建筑综合体较难找到大量案例作为参考经验。此时，可以用预测的方式对项目情况进行判断。模糊决策中的预测，通过相关数据的收集，进行较为简单的运算即可得到较为真实的预测，为决策者提供判断依据。二是在需要模糊控制方法限定的问题上，对于带有模糊性的问题，较难找到用来限定的边界条件。此时，模糊控制方法可以有效限定，并保证数据在控制域内增加或减少。

模糊决策理论在建筑学中的应用是建筑策划方法乃至建筑设计理论中的新课题，其研究具有较大的难度。建筑策划是建设项目全过程中必不可少的环节，其核心是决策；当代建筑设计的领域范围已经扩大，模糊决策理论作为建筑师在设计和策划中的一种方法，具有很强的现实意义和价值。

4 建筑策划与设计

前三章对建筑策划的理论和方法进行了阐述，建筑策划是广义建筑设计中的重要环节，建筑策划思想从建筑设计刚刚开始时就对建筑设计起到指导和依据的作用，同时贯穿从设计目标界定到建成环境使用后评估的整个建筑设计的全过程。建筑策划与建筑设计之间的关系可以形象地用人体的骨骼和血肉来比喻。同时我们认识到，建筑作为一个最终建成落地的物质空间实存，在实际的建筑设计项目中结合建筑策划的指导、依据和反馈作用就变得意义重大。建筑策划为建筑设计提供前期的依据和指导，建筑设计反过来反馈和修正建筑策划的结论，建筑策划与设计像硬币的两个方面，共同构建广义建筑设计体系。因此，建筑策划的思想就是建筑设计的基本思想，建筑策划的核心理念就是建筑设计的宗旨，建筑策划的方法与基本原理就是建筑设计的方法论。

在现代建筑师的职业范畴中，建筑策划是建筑师业务的一个重要部分（见 2.1.5 节）。相比于国外的设计咨询公司，由于种种历史原因，我国的“建筑设计院”从名称上虽未提及咨询及策划业务，但是近年来很多设计院业务都涵盖了策划和设计两个部分。策划与设计在早期建筑策划理论中被认为是分开的两个步骤，经过不断地实践和理论革新，如今策划和设计被普遍认同为不可分割、互相融合的关系。无论是在《国际建筑师协会关于建筑实践中职业主义的推荐国际标准》还是中文版的《国际建协建筑师职业实践政策推荐导则》中，都将建筑策划列为建筑师的重要职能。目前，在我国的设计院体系下，建筑策划的执行和效力主要有两种路径：其一是建筑策划虽未直接进入设计项目合同，但建筑师在进行建筑设计时进行建筑策划的相关研究，并协助业主咨询和参与到任务书的制定与修改、空间与技术构想等环节中；其二是一些项目的建筑策划直接以项目合同的形式出现，由近些年越来越多的策划咨询项目可见，业主在建筑项目中对策划的重视程度不断提高，我国的建筑设计与策划行业越来越向国际化发展。

本章第一节将对建筑策划的操作体系进行概述。第二、三节分别根据上述的建筑策划执行的两条路径，通过具体的实例进行论述。

4.1 建筑策划操作体系①

4.1.1 建筑策划操作体系的理解

建筑策划操作体系的提出是对应于建筑策划理论体系而言的。建筑策划理论体

① 部分内容编写自作者指导的博士生张维的博士论文《中国建筑策划操作体系及相关案例研究》（2008）张维，庄惟敏．建筑策划操作体系：从理论到实践的实现．2008，6.

系主要涵括建筑策划的概念、原理、方法、运用、外延等内容，尤其集中于对建筑策划概念、原理和方法的探讨，在前三章中已经详细阐述。建筑策划操作体系是建筑师从建筑学的学科角度出发，立足于建筑策划基本概念原理，结合对当代社会和职业实践发展的实态调查和客观分析，对建筑策划在全球化时代全面协调可持续发展的研究和认识，为建筑策划从理论到实践的应用提供实现途径和操作指南。

建筑策划操作体系是一个开放的体系构架，随着时代的发展，其内涵和外延都会与时俱进。从某种意义上说，建筑策划操作体系在建筑学学科诞生以及建筑师从事实践活动之初便产生了。在拿到设计项目任务书之后，设计师结合建筑学知识对设计任务书的需求进行分析，并根据之前的项目经验、案例、设计规范、社会学或经济学背景知识对设计项目进行构想以完善、调整、优化和解决任务书所提的各种需求，再以概念方案草图或模型的手段进行验证反馈，这个过程本身就是建筑策划操作体系的例证。设计师将诸如场地面积、建筑功能、建筑高度、容积率等内部条件（任务书）以及诸如地方经济条件、历史文化、社会条件、景观条件等外部条件集成输入大脑，通过大脑这个黑盒子的处理和分析得出结论。这个大脑处理的过程是几乎所有建筑师在进行建筑设计时必不可少的环节，是建筑策划操作体系的一种表现形式。一方面近现代科学技术不断进步，系统论、控制论和信息论等理论方法诞生并逐渐完善，计算机科学和数据科学飞速发展，另一方面建筑设计项目由于建筑技术的革新和信息技术的发展而逐渐朝着规模更大、复杂度更高、社会影响更广的方向发展。正是因此，过去的仅以建筑师个体大脑黑盒子处理和分析的方法常常有失科学性，建筑策划理论由此诞生，实际上就是以科学的研究方法揭开、辅助和支持个体的大脑黑盒子，这种科学的建筑策划的内容包括从设计任务书的制定直到建成环境的使用后评估。

人们对建筑策划的操作体系常常有一个误解，认为建筑策划的操作体系替代了建筑师的作用，通过建筑策划操作体系产生的建筑设计项目都是千篇一律的。需要强调的是，建筑策划操作体系并非忽视建筑师的个人价值和主观判断，也不是束缚和阻止建筑师进行艺术创作，而是为建筑师的设计提供科学依据和创作土壤，建筑师的价值观、创造力同样起到关键性作用。将科学性调查研究与艺术性创意表现相结合，正是优秀建筑设计作品产生的条件。

建筑策划操作体系的构架由建筑策划的知识储备体系、过程组织体系和支撑保障体系三部分组成。其中，建筑策划的知识储备体系包括已有的建筑策划的基本理论、原理、方法、规律以及建筑策划信息模型（APIM）和建筑策划信息数据库；建筑策划的过程组织体系包括建筑策划的程序、方法、管理和辅助工具；建筑策划的支持保障体系包括政府和行业机构的支持、建筑策划教育、策划自评和协作网络、建筑策划法律法规等。这些构成了建筑策划操作体系的内核（图 4-1-1）。

从系统论的角度，借用霍尔（A.D.Hall）提出的系统工程中三维结构图[①]，可以更清

① 霍召周．系统论．北京：科学技术文献出版社，1988.

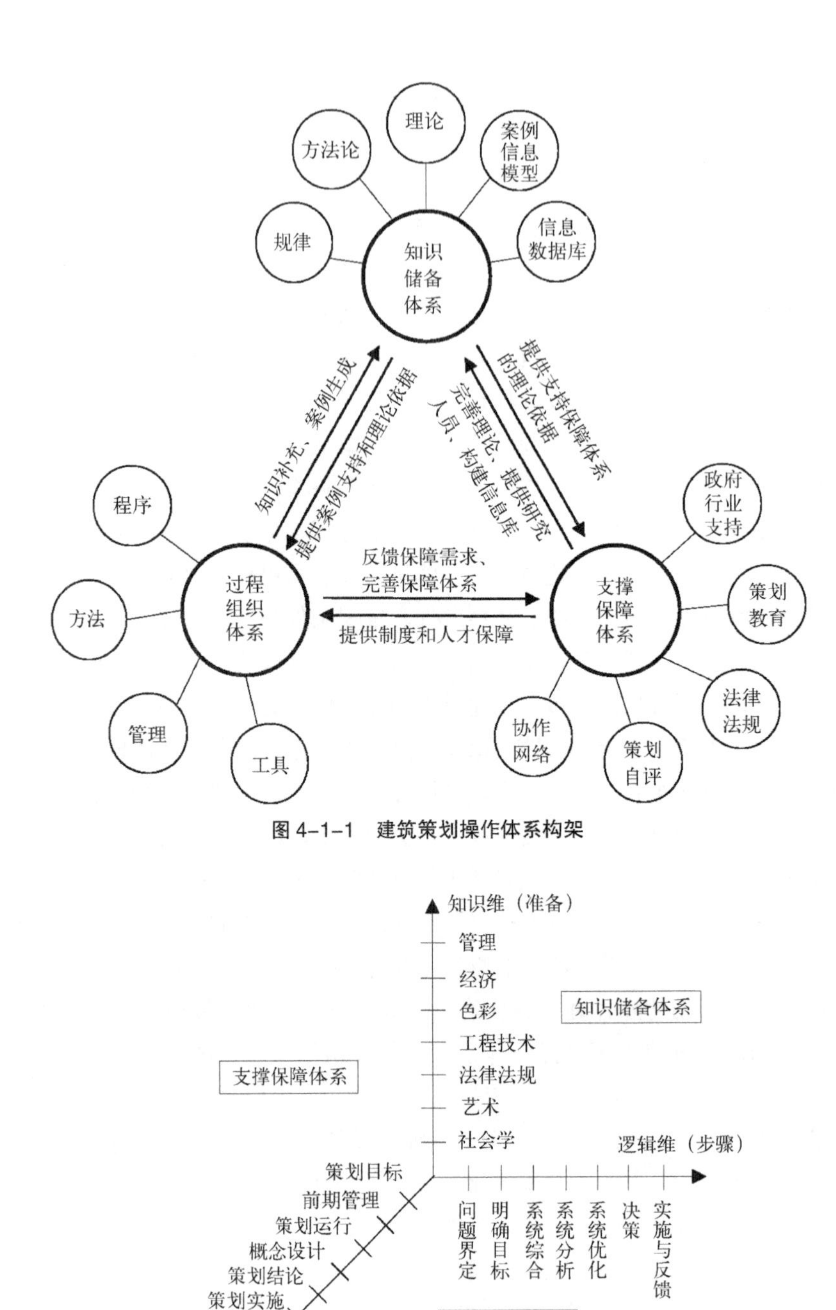

图 4-1-1　建筑策划操作体系构架

图 4-1-2　建筑策划操作体系与三个维度

晰地表现建筑策划操作体系的组成架构。建筑策划的知识储备体系偏重于知识维与逻辑维，建筑策划的过程组织体系偏重于逻辑维和时间维，建筑策划的支撑保障体系偏重于知识维和时间维。三个维度和三个体系共同构建起建筑策划操作体系（图 4-1-2）。

建筑策划的操作体系是一个开放体系，构成建筑策划操作体系的三个子体系也是动态开放的。在这三个子体系中，过程组织体系为建筑设计师提供了建筑策划实践中的具体程序、方法和工具，最具有时代敏感性。在建筑师广泛的建筑设计和策划实践中，过程组织体系往往最先发生变化和革新，一方面，所形成的策划项目案例及方法规律直接以建筑策划信息模型（APIM）的形式进入策划信息数据库进而完善知识储备体系，另一方面，对支撑保障体系也提出变化革新的要求进而促进建筑策划理论的发展和知识储备体系的完善。从总体上看，并非建筑策划过程组织体系的变革导致知识储备体系和支撑保障体系的变革，只能说是过程组织体系要求知识储备体系和支撑保障体系的变革，这一点也侧面驳斥了建筑策划技术至上的错误观点。建筑策划操作体系的三个子体系之间是互相影响，互相支持、促进和反馈的关系。

4.1.2 建筑策划的知识储备体系

建筑策划的知识储备体系是建筑策划的理论支撑与依据，可以从两个方面理解知识储备体系。一方面，“知识”是通过学习、实践或探索所获得的认识、判断或技能，是建筑策划的理论架构，其来源包括建筑师对建筑策划、设计理论及其方法原理的研究结论，业已形成的建筑设计相关法律法规以及其他学科学者所形成的相关研究结论；另一方面，“知识”包括大量的建筑策划实践案例和从中获得的经验，这些经验和案例可为之后的建筑策划和设计提供重要的依据。这里的“知识”是广义的，既包括狭义的人们在实践中对客观世界业已存在的认识成果，也包括人们尚未形成认识成果的实践本身或客观信息，这些实践和信息将在某个时刻转变为认识成果，为人们认识世界和应用知识提供帮助。

建筑策划知识储备体系的建立包含三条途径（图 4–1–3）。在建筑策划支撑保障体系下，建筑策划教育及研究机制使得建筑策划的理论不断完善。在我国，诸如清华大学、同济大学等高校的建筑学院承担着建筑策划理论研究的主要工作，包括建筑策划理论的产生、传播和转换，这些高校从知识创新的角度不断完善知识储备体系。另一方面，如清华大学建筑设计研究院等研究型企业，从技术创新的角度丰富建筑策划的知识储备体系，在具体的项目研究中探索新的理论和方法论。除此之外，还有大量的建筑师和诸

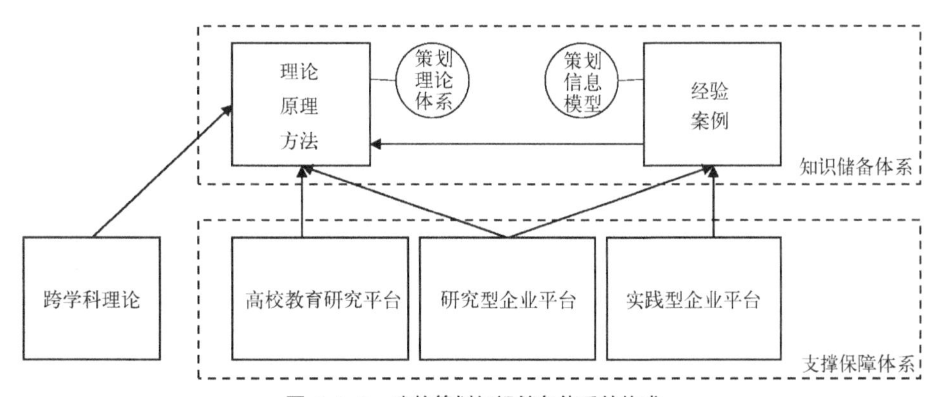

图 4–1–3 建筑策划知识储备体系的构成

如伟业顾问、华高莱斯等建筑策划的实践企业，在广泛的建筑策划项目实践中积累了丰富的策划经验和众多策划案例。这些经验和案例是知识和技术的实际应用、实践和反馈，其本身作为知识储备体系的重要构成也为新的策划理论的发现提供了可靠数据。

建筑策划知识储备体系中，已有的建筑策划的基本理论、原理、方法、规律在前三章已经详细论述，这些理论和方法是建筑师自下而上地从建筑设计和策划过程中不断优化，与自上而下的理论构建、学科融合（社会学、经济学、信息学等）相结合产生的。在此不作更多论述。

虽然近些年我国建筑策划领域越来越受到各方关注，但是总体来说仍然以西方建筑策划基本原理的引入和探讨为主，对建筑策划知识储备体系下的经验和案例研究不足。这里，我们提出建筑策划信息模型和策划项目信息数据库的概念。

建筑策划信息模型并非一个全新的概念。早在20世纪70年代，以电脑程序作为工具辅助策划决策就已在美国被提出。建筑策划数据库、策划信息共享平台等概念也陆续出现（2.1.4节）。这里我们从系统论的角度提出构建建筑策划信息模型。建筑策划信息模型（Architecture Programming Information Model, APIM）是以建筑策划项目或建筑设计项目的策划部分的各项相关信息数据作为模型的基础，进行策划模型的建立。通过对建筑策划过程的全信息追踪，进行数据规范、整理、记录、储存，构建策划项目信息数据库（Programming Information System, PIS），对数据库中的信息数据进行关联并发掘规律和知识，并以策划项目信息共享平台的方式进行共享。建筑策划信息模型具有数据化、全面性、协调性、优化性和通用性等优点。

建筑策划信息模型可以分为策划信息获取、策划信息储存、策划信息分析与应用（关联发掘）、策划信息共享四个部分（图4-1-4）。

建筑策划是对建筑设计的目标及要达成目标所需要的方法进行的调查研究和结论生成过程。在策划过程中，建筑师根据总体规划对建筑本身的规模、性质、容量、性格等影响设计和使用的诸因素作深入的调查、研究、归纳分析，从而得出定性定量的结论和数据。建筑策划的本质是信息的获取和分析。建筑策划信息获取的途径包括信息采集与信息引用，具体地说，前者可以包括策划调查问卷（公众、使用者、

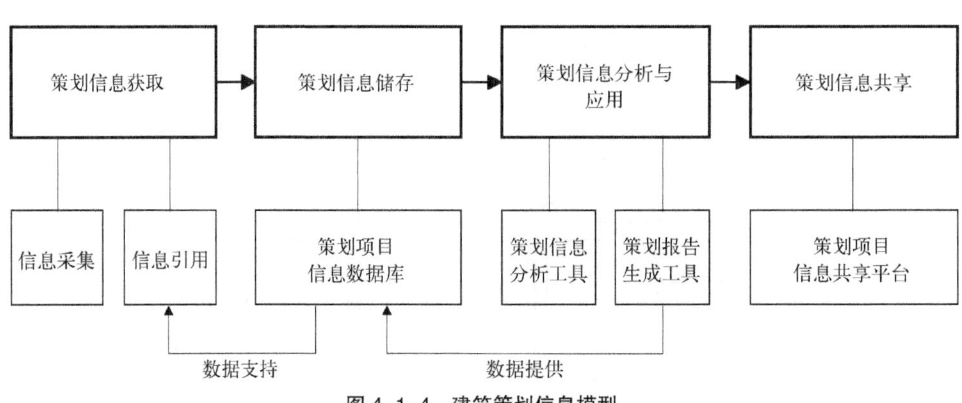

图4-1-4 建筑策划信息模型

甲方等)、访谈会议、基地考察与测绘等，后者可以包括地方志、政府工作报告相关信息、法律法规、项目数据库中可利用的其他有效信息等。其中，由建筑师进行的信息采集过程尤为重要。单纯引用的信息由于来源途径窄（多为业主或政府提供)、时效性差、可靠性相对较低而缺乏科学性。从信息社会的角度来看，业主单方面抑或几个专家所制定的建筑设计条件及拟定的任务书是缺乏科学性的，它缺少系统的思想，不能与时代、环境进行通畅的交流，没有逻辑的反馈，其设计结果也难免出现种种失误，这正是建筑策划要求并鼓励建筑师进行实态调研的原因。

建筑策划项目中获取的信息必须以某种格式进行处理和储存，建立起可以通用的策划信息数据库，才能被建筑策划知识储备体系所识别和利用。建筑设计的复杂性使得建筑学不同于其他学科，其信息极其复杂，难以通过某一种数据格式进行记录和储存。对于问卷调查的定量信息，诸如使用频率、辅助面积所占比例、容积率与核心筒面积的函数关系等，可以采用信息矩阵、数值解析法等方式储存。对于较为模糊的定量描述，例如空间的主观感受、历史文化的氛围等，可以助语 SD 法（语义学解析法）进行储存记录。一些图像信息，例如照片、草图、CAD 图纸等，以关联文件的方式纳入建筑策划项目信息库中进行储存。

策划信息的分析与应用是建筑策划信息模型的核心价值。通过项目自身信息之间的纵向相关关系分析和项目与其他信息数据库中的策划项目信息之间的横向比较分析，梳理出该策划项目的信息网络，找到主要问题与核心影响因素，结合建筑策划原理与方法，逐渐形成解决问题的策划方案。与传统的将复杂问题简单化处理进行线性分析的认知方法相比，建筑策划信息模型通过将建筑策划信息数据建立关联，形成高维度的数据网络，能够更高效而准确地得到更加接近真实的建筑策划知识与规律。威廉・佩纳提出的传统卡片分析和棕色纸幕墙法，将诸多代表一个信息或一个问题的卡片进行排列，寻找这些问题之间的相互关系与内在逻辑，其实就是策划信息模型的分析与应用过程。随着信息科学和数据科学的发展，层级分析法、因子分析法、回归分析、模糊数学的应用以及大数据科学的进步，使得以计算机辅助对策划信息模型进行分析成为可能。分析与应用结果，加上最终的策划报告、策划自评与建筑设计的使用后评估，也是策划信息模型的重要构成部分，验证并反馈建筑策划的结果，作为策划项目信息数据库的重要数据为之后其他项目的策划提供数据支持。

策划信息共享，是建筑策划项目信息数据库的另一项功能，既是建筑策划知识储备体系的应用方式，也是建筑策划支撑保障体系的重要组成。策划信息共享的前提是建立规范化的开放式信息数据库。每一个建筑策划项目都能够通过策划信息共享平台获得信息数据库的支持，同时也通过策划信息共享平台进入信息数据库成为其中的一个数据单元。

建筑策划信息模型和项目信息数据库也是一个开放的体系，是建筑师发现、统筹、综合利用各方信息资源的工具和平台，与建筑领域的相关法律法规平台、城市及建筑监测平台、公众参与平台、施工方、厂商以及建筑信息模型（BIM）都有良好的对接。计算机技术和数据科学的发展将为建筑策划信息模型和项目信息数据库提供技术和工具的支持。建筑策划信息模型和策划项目信息数据库的建立，将有效地应用于策划过程记录、策划分析、策划评估、建筑设计评估、趋势预测、现状调查、案例提取等方面，同时作为开放的信息共享平台，为建筑策划知识储备体系的构建和共享提供了可能。

4.1.3 建筑策划的过程组织体系

建筑策划的过程组织体系，是建筑策划在具体实施过程中的方法论。过程组织体系是建筑策划操作体系中最活跃的部分。受到技术变革、市场变化及政策影响，建筑师在大量实践的过程中不断改进建筑策划的组织方法。建筑策划操作体系的发展往往是由建筑策划过程组织体系的发展开始的。目前我国的建筑策划过程组织体系是以建筑设计院和事务所并存为主体，既有建筑策划项目作为独立业务而存在，又有建筑策划工作隐含于建筑设计项目之中。由此，我们可以将建筑策划的过程组织体系分为两个方面：一是作为设计咨询业务的建筑策划独立项目，二是大部分建筑设计项目过程中隐含的建筑策划过程组织。以下我们按照这两个方面进行论述。

近年来随着建筑策划的价值和意义在中国建筑业内的认同度越来越高，建筑策划项目成了建筑设计行业的一项重要业务，主要有三种类型建筑的建筑策划作为独立的策划项目：地产项目、大型公共项目和特殊建筑的策划。大量的地产项目如住宅、写字楼、商业综合体等，通过专业的建筑策划机构或咨询公司进行建筑策划，通过策划机构对地产市场的信息监测、策划案例积累、数据收集形成的专业数据库，结合政府工作报告公开信息和项目进行的公众调研制定出建筑策划方案。其中，市场信息监测和数据收集实际上是对建成环境的出售、使用、维护及价值进行的评估，是地产策划重要的支撑和依据，是使用后评估（POE）作为信息反馈指导的建筑策划过程。由于地产项目的投资、销售是市场行为，地产项目的建筑策划是以经济效益为主导的，主要是对投资可行性、项目成本与利润、项目定位以及选址、任务书、项目周期的制定，同时还包括销售策划与运营的策划。

大型公共项目由于投资较大且常为政府主导，不仅需要考虑其经济价值，还要考虑到其文化性、公共性、持久性的特点，这类项目的建筑策划也日渐增多。大型公共项目建筑策划的核心是设计任务书的制定，为后续的建筑设计提供界定和依据。大型公共项目中有一类建筑是建设量大，并且具有刚性建筑规范和要求的，例如医院、中小学校或养老院等。这一类建筑项目功能性较强，有明确的建筑设计规范作为依据，在规划中也常常有较明确的界定条件，实际上建筑设计规范本身就是基于大量同类项目的数据和设计经验制定的，隐含了建筑策划的职能和效力。然而另一方面，建筑设计规范由于制定时间较早、普遍性强而特殊性差，通常只是对建筑设计的底线作规定，只考虑建筑设计规范而制定的任务书常常不能满足公众的需求和时代的需要，建筑策划就是要通过调研对具体的问题进行分析和界定，创造性地寻找问题解决的路径，结合设计规范和规划要求进行任务书的制定。另一类大型公共项目由于其特殊性强，具有较大的功能弹性，地域性较强，需要进行全面的项目定位构想和任务书制定工作，例如博物馆、文化综合体、产业园等。这些建筑类型往往没有固定不变的功能需求和设计规范，不同项目在功能、造价、定位和规模上可能差别很大，需要在建筑策划中对同类项目进行大量的案例比较分析，结合业主、公众、使用者的需求和地区文化特性进行建筑策划。

还有一些建筑项目具有很强的特殊性，如规模巨大、项目类型独特、使用者有特殊需求，这类项目很少有类似的案例，也缺乏相应的规范和文献资料，例如体量巨大的超高层建筑、跨度巨大的综合体、带有特殊需求实验室的教学楼等，这类项目的建筑策划尤为重要。在建筑策划中，建筑师更多地回归建筑策划的起点——对设计条件及问题逐一分析比较，通过与业主、使用者和公众的沟通会议，提出综合解决问题的策划结论。

建筑师是建筑策划项目得以实施的主体，设计任务书的制定是建筑策划项目的核心。在建筑策划项目中为了便于理解和明晰建筑师的工作职能及定位，我们可以将建筑策划的过程分为四个阶段进行阐述（图 4–1–5）。

1. 前期管理

建筑师的定位是对外条件的调研与对内条件的互动和组织会议。这一阶段是对前期界定条件及有效信息的收集和整理，还要对不同阶段的策划进行区分，发现关键问题，对策划进度进行规划，确定合同和策划费用等。在赫什伯格的《建筑策划与前期管理》一书中，美国大多数项目的策划咨询费用占整个项目工程投资总费用的 0.25%~0.75%，国内对于建筑策划的收费目前并无明确规定，通常策划项目的费用所占比例与美国基本持平。建筑策划作为独立项目的合同样例如下[①]：

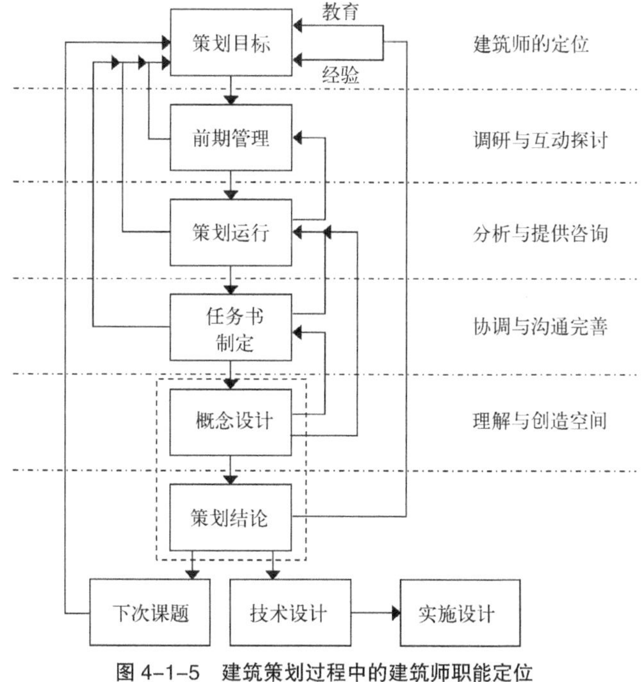

图 4–1–5 建筑策划过程中的建筑师职能定位

① 该合同由清华大学建筑设计研究院有限公司提供。

合同登记编号：

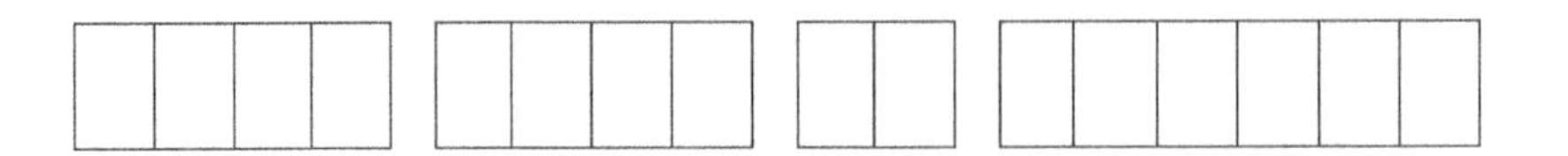

技 术 咨 询 合 同

项目名称：*****空间策划及城市设计研究

委 托 人：
（甲方）

受 托 人
（乙方） 清华大学建筑设计研究院有限公司

签订地点： 北京市

签订日期： 2013 年 3 月 21 日

有效期限： 2013 年 3 月 21 日至 2015 年 3 月 21 日

北 京 技 术 市 场 管 理 办 公 室

填写说明

一、“合同登记编号”由技术合同登记处填写。

二、技术咨询合同是指当事人一方为另一方就特定技术项目提供可行性论证、技术预测、专题技术调查、分析评价报告等所订立的合同。

三、计划内项目应填写国务院部委、省、自治区、直辖市、计划单列市、地、市（县）级计划，不属于上述计划的项目此栏划（/）表示。

四、技术情报和资料的保密

包括当事人各方情报和资料保密义务的内容、期限和泄露技术秘密应承担的责任。

五、本合同书中，凡是当事人约定认为无需填写的条款，在该条款填写的空白处画（/）表示。

依据《中华人民共和国合同法》的规定，合同双方就 ****空间策划及城市设计总则研究 项目的技术咨询（该项目属 / 计划※）经协商一致，签订本合同。

一、 咨询内容、形式和要求

（一） 项目地点：**省**市

（二） 项目规模：地块位于********。总用地面积约***公顷。

（三） 内 容：

① 实地调研，对******地区发展和城市设计现状进行调研；
搜集国内外相关城市案例，就******地区的城市建设目标进行比较分析。

② 城市设计总则研究，包含如下内容：
-******地区特色发展历史及现状回顾
-城市设计总则需要解决的问题
-城市设计总则原则及方法
-******地区特色定位研究
-******地区城市设计总则

③ 重点区域研究
-******地区范围。

（四） 进度安排：

本规划工作拟分为3个阶段。

1. 合同签订后30个工作日，现场调研，开展工作，并进行初步交流；
2. 初步交流后60个工作日，形成研究报告初稿，进行中期交流；
3. 中期交流后30个工作日，调整完善原有部分编制成果，准备评审。

（五） 成果载体：

最终成果精装文本10套，数据光盘3套。

二、 履行期限、地点和方式

本合同自2013年 3月 21日至 2015 年3月 21 日在 北京 履行。最终成果的交付地点为甲方住所所在地，交付方式为送达或邮递。

注：本合同书标有＊号的条款按填写说明填写

三、甲方的协作事项

在合同生效后 5 个工作日内，甲方应向乙方提供下列资料和工作条件（如果甲方未能提供全部资料，由双方协商解决）：

（一）、项目及环境情况资料部分：

1. 承办单位概况
2. 地形图（DWG 格式）
3. 工程地质、水文地质条件
4. 城市规划或区域规划要求
5. 交通条件
6. 公共设施条件（给水、排水、供热、燃气、道路等）
7. 征地拆迁条件
8. 机构组织与人力资源配置
9. 资金筹措方式与来源
10. 环境评价报告

（二）、文件协议

1. 项目建议书的批复文件
2. 环保部门对项目环境影响的审批文件
3. 当地政府有关场地、建筑规划、拆迁等的批复文件
4. 有关水、电、汽、燃气等的供应协议
5. ******地区控制性详细规划

（三）、其它与项目相关资料

四、技术情报和资料的保密※

未经对方许可，不得将对方资料提供给第三方。未经双方共同许可，不得将此项目成果应用于其它项目。

五、验收、评价方法

咨询报告达到了本合同第一条所列的要求，采用由主管部门组织领导、专家参与的评审会方式进行验收，对成果进行评价，会议文件或会议纪要作为技术咨询验收证明。

六、报酬及其支付方式

（一）本项目报酬人民币（大写）****万元整（***万元）。

（二）支付方式

第一阶段 ***萬元整（***万元），占总金额20%，

支付时间：合同签订后5个工作日内。

第二阶段 ***萬元整（**万元），占总金额30%，支付时间：

中期汇报提交成果并得到甲方认可后5个工作日内。

第三阶段 ***萬元整（**万元），占总金额50%，支付时间：

正式汇报提交成果并得到甲方认可后5个工作日内。

七、违约金或者损失赔偿额的计算

违反本合同约定，违约方应当按照《中华人民共和国合同法》有关条款的规定承担违约责任。

八、解决合同纠纷的方式

在履行本合同的过程中发生争议，双方当事人和解或调解不成，可采取仲裁或按司法程序解决。

（一）双方同意由___北京市___仲裁委员会仲裁。

（二）双方约定向________的人民法院起诉。

九、其它

乙方承诺，本项目由庄惟敏教授担任项目总负责人，并由设计经验丰富的技术人员组成专项项目组配合完成。

十、本合同一式六份，甲乙双方各执三份，具同等法律效力。

<table>
<tr><td rowspan="9">委托人（甲方）</td><td>名称（或姓名）</td><td colspan="3">（签章）</td><td rowspan="9">技术合同专用章
或
单位公章

年 月 日</td></tr>
<tr><td>法定代表人</td><td colspan="3">（签章）</td></tr>
<tr><td>委托代理人</td><td colspan="3">（签章）</td></tr>
<tr><td>联系（经办人）</td><td colspan="3">（签章）</td></tr>
<tr><td>住 所
（通讯地址）</td><td></td><td>邮政
编码</td><td></td></tr>
<tr><td>电 话</td><td></td><td>传真</td><td></td></tr>
<tr><td>开户银行</td><td colspan="3"></td></tr>
<tr><td>账 号</td><td colspan="3"></td></tr>
<tr><td colspan="4"></td></tr>
<tr><td rowspan="8">受托人（乙方）</td><td>名称（或姓名）</td><td colspan="3">清华大学建筑设计研究院有限公司</td><td rowspan="8">技术合同专用章
或
单位公章

年 月 日</td></tr>
<tr><td>法定代表人</td><td colspan="3">（签章）</td></tr>
<tr><td>委托代理人</td><td colspan="3">（签章）</td></tr>
<tr><td>联系（经办人）</td><td colspan="3">（签章）</td></tr>
<tr><td>住 所
（通讯地址）</td><td></td><td>邮 政
编码</td><td></td></tr>
<tr><td>电 话</td><td></td><td>传真</td><td></td></tr>
<tr><td>开户银行</td><td colspan="3"></td></tr>
<tr><td>账 号</td><td colspan="3"></td></tr>
</table>

印花税票粘贴处

<table><tr><td>登记机关审查登记栏：

经办人：　　　　　　技术合同登记生机关（专用章）
　　　　　　　　　　　　　　年　月　日</td></tr></table>

2. 策划运行

这一阶段建筑师的定位是分析与提供咨询。这里，策划运行主要是指利用各种建筑策划工具对所收集的信息进行处理，得出初步的结论，和各方面的团队进行策划工作会议，对业主的需求和其他各方条件进行探讨，同时为业主等团队提供建筑方面的意见和其他相关的咨询，进而推进策划前行。

3. 设计任务书的制定

这一阶段建筑师的定位是协调与沟通、完善。任务书的制定是建筑策划的关键环节，是为建筑设计提供科学而逻辑的设计依据。这里提到的任务书并不是狭义的设计任务书，还包含建筑设计导则、空间操作策略控制措施等，是后续建筑设计的依据和界定。任务书的制定是各方利益综合的结果，在这个过程中，建筑师事实上作为业主技术代理人，应当具有较强的协调和沟通能力。

4. 概念设计和策划结论

建筑师通过任务书制定的结果，将空间构想和技术构想形象化，是任务书制定结果的反馈，最终形成包含重要信息、问题及分析的建筑策划结论和相关工作报告文件。

为了更清晰地说明上述建筑策划项目的组织过程，这里以清华大学建筑设计研究院的建筑策划项目组织与实现过程为例进行说明。建筑策划项目产品实现过程均可参考清华大学建筑设计研究院按照《质量管理体系要求》（CB/T19001—2000）建立的工程设计产品实现过程流程图的相应步骤（图 4-1-6），其中的每一个步骤都有相应的实施细则或管理规定，在此不一一赘述。

相比于建筑策划直接作为独立的项目，大部分的建筑设计中并没有直接将建筑策划作为独立的一个项目，而是在建筑设计项目中隐含了建筑策划的工作内容。我国的建筑设计行业规范中并没有明确的规定要求建筑项目必须包含策划环节，但是无论是国际还是国内建筑行业都鼓励建筑师在建筑设计项目开始之前进行设计研究和策划工作。建筑策划以实态调查和分析为工作方法、以设计目标及方法界定为核心思想，在建筑设计的过程中发挥重要的作用。建筑师应该意识到，建筑策划不仅是策划项目的一项工作，而且是建筑师在任何设计项目中都应当具备的意识和能力。如果以表格对比建筑策划作为独立项目和建筑策划思想这两种形式，对建筑策划过程组织体系进行对比，可以得到表 4-1-1。

建筑策划过程组织体系两种形式的比较 表 4-1-1

	建筑策划作为独立项目	建筑策划作为建筑设计工作的一部分
委托方式	业主以策划项目合同委托	业主委托建筑设计项目，设计项目合同中包含、隐含或不含建筑策划要求
操作者	建筑师或非建筑师组成的建筑策划团队	建筑师为主的建筑设计团队
策划需求	必需	非必需，但很重要

续表

	建筑策划作为独立项目	建筑策划作为建筑设计工作的一部分
内容	全面的前期调研、资料收集、任务书制定、空间 / 技术 / 经济构想、概念设计及评估	以辅助任务书制定和空间 / 技术构想为主
目标成果	建筑策划报告书	建筑设计的原则或方法
关注对象	侧重于分析的问题界定和任务书的编制	侧重于综合地创造性地解决问题
效力	通常对下一步的建筑设计具有依据和界定效力	效力相对较弱
方法原理	建筑策划的方法原理	建筑策划的基本思想与方法

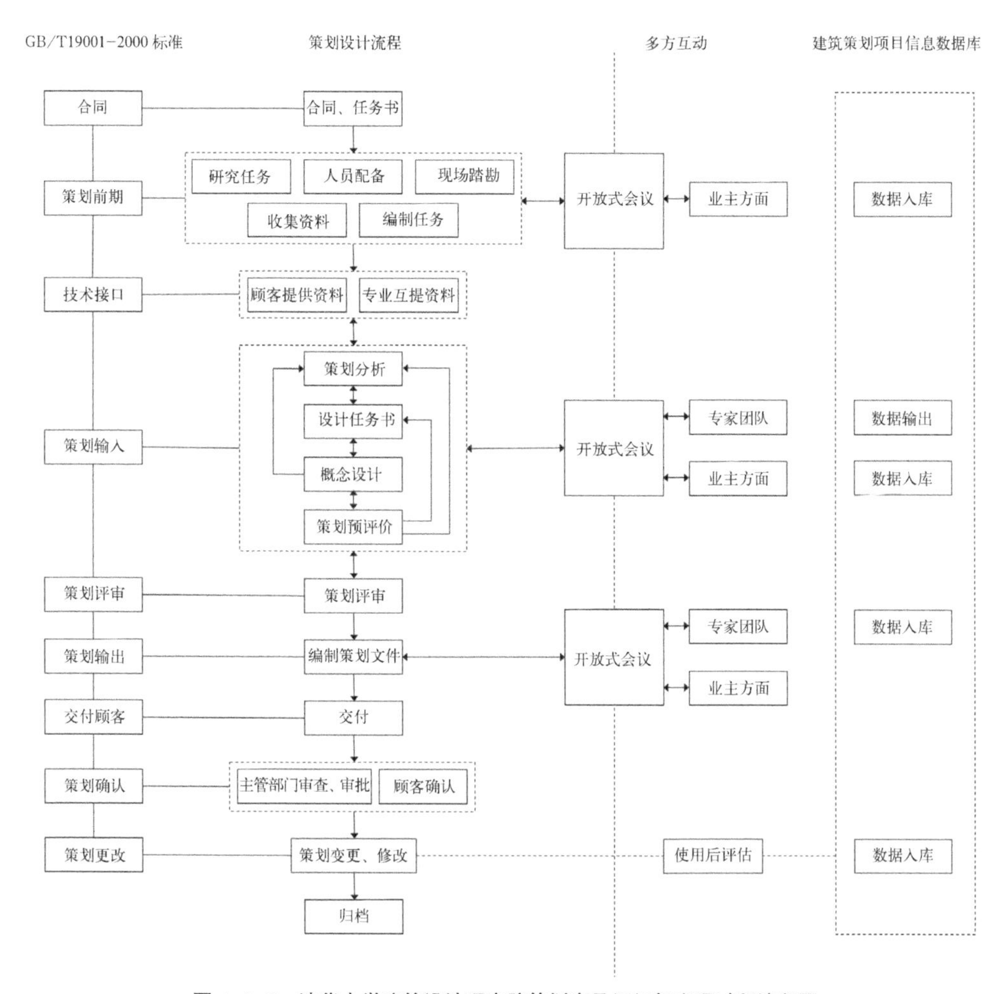

图 4-1-6 清华大学建筑设计研究院策划产品组织与实现过程流程图

4.1.4 建筑策划的支撑保障体系

建筑策划的支撑保障体系包括政府和行业机构的支持、建筑策划教育、策划自评和协作网络、建筑策划法律法规等，是建筑策划理论得以发展和进行实践的保障。

上述内容的相关论述在本书 2.1、5.2 和 5.3 章节内有详细论述，在此不再赘述。

建筑策划的操作体系是建筑策划理论与建筑策划实践之间的桥梁，我们为了便于理解将其分为知识储备体系、过程组织体系和支撑保障体系三个子体系，并在本章进行了论述。需要注意的是这三个体系之间是互相融合的关系，并无明显的界限。以建筑策划信息模型及项目信息数据库为例，其本身作为建筑策划理论和实践的储备库，是知识储备体系的重要组成；建筑师利用建筑策划信息模型实现策划项目的立项、目标界定、调查与分析、报告生成等一系列过程，是过程组织体系的职能；项目信息数据库平台为设计师与政府、策划学者、开发商、施工方、产品供应商及公众提供了多方沟通协作网络，提供了支撑保障体系的职能。由此可见，建筑策划的操作体系不仅仅是建筑策划的方法论，而且将建筑策划内部的理论、方法、实践及外部的资源融为了一个高效、开放、有组织的整体。

建筑策划操作体系的外延，包括产业策划、经济策划以及城市设计与规划层面的策划研究，其背后的逻辑依然是一脉相承。在建筑策划操作体系的外延中，建筑师的工作更多地偏重于调查研究、数据的收集与获取、数据和信息之间的相互关联关系的构建以及关联信息得出的规律在空间层面的应用。建筑策划向下指导和界定建筑设计的方向与方法，向上参与构成城市规划，是对城市设计与城市规划的反馈、修正与补充，建筑策划思想是设计工作的最基本原理，是分析问题与综合解决问题的基本方法。

以下两节是对笔者所做的一些具体的建筑策划和建筑设计项目案例的介绍。其中 4.2 节的案例为建筑策划项目策划研究成果，4.3 节的案例则为建筑设计项目，在这些项目中，建筑策划思想起到了至关重要的作用。

4.2 建筑策划项目与研究

本节将对笔者曾经完成的部分建筑策划案例进行阐述和介绍。为了便于清晰地表述，这些策划案例被按照项目类型分为八项策划研究成果，内容涵盖单体建筑策划研究、空间环境研究、居住区及城市策划的研究。读者可以在本节介绍中发现，我们所描述和介绍的案例包含了从定性分析到定量分析，从一般描述推论式策划到问卷调查，再到数据分析的各种策划方法和阶段，试图通过策划案例研究的介绍，使读者了解作为独立的建筑策划项目所呈现的各种状态，使读者了解建筑策划中特定问题的研究方法以及如何对下一步建筑设计进行指导。

4.2.1 办公建筑策划——以三个办公建筑策划项目为例[①]

对于市场化的办公建筑，仅仅是建筑设计夺人眼目，并不能算作是一个成功的项目，有创意的设计加上市场的接受才能证明建筑策划以及后续的建筑设计是成功

① 项目案例由清华大学建筑设计研究院有限公司提供，实景照片摄影：陈溯，莫修权

的。建筑师能否拿到合同，直接与决策者对建筑师是否有能力满足市场要求的信心相关。如何在设计中体现市场要求、如何对项目定位进行界定是建筑策划的一项任务。这里结合笔者所做的三个实例来说明我们对市场化的办公建筑设计及其策划的探索。

1. 三类市场化办公建筑

国内的办公建筑按照投资和使用对象大致可分为四种类型：国家投资的政府办公建筑；企业自筹资金的自用办公建筑；开发商投资或代建的市场化办公建筑；其他开发商投资的新类型办公建筑（如SOHO、公寓式办公等）。前二者有着明确的使用对象和使用要求，第四种办公特征不明显。最具建筑策划研究意义的是由开发商投资或代建的进入房地产市场的办公建筑，这里简称为市场化办公建筑。市场化办公建筑又可分为三类：纯粹用于出租、出售的商业写字楼；企业委托开发商代建的总部或科技园区；由政府出面组织，用于招商引资等目的，由开发商承建的办公建筑。虽同由开发商建设，但此三类市场化办公建筑差异明显，需通过策划研究采用不同的设计策略。这里以三个实例说明。

（1）商业型：天津德域大厦（图4-2-1）

天津德域大厦位于天津市滨海新区响螺湾商务区，总建筑面积13.26万m^2，建筑高度141.6m，由天津碧桂园房地产开发有限公司开发建设，于2006年开始设计。

（2）代建型或园区型：清华科技园科技大厦（图4-2-2）

清华科技园科技大厦位于北京市清华大学东门南侧，清华科技园中心。建筑面积10万m^2，地上25层，地下3层，总高110.25m。由清华科技园控股有限公司开发建设，2004年开始设计，2006年竣工。

（3）政府主导型：天津渤龙湖总部基地三区西部（图4-2-3）

天津渤龙湖总部基地三区西部位于天津市滨海新区渤龙新城渤龙湖总部基地内，总建筑面积13万m^2，由6栋高层、5栋多层组成园区建筑群。该项目于2009年开始设计。

图4-2-1　天津德域大厦效果图

图4-2-2　清华科技园科技大厦实景

图 4-2-3 渤龙湖总部基地三区西部效果图

2. 确定决策者

在接受任务之初，首先要作出判断的是谁是最终的决策者，明确我们在为谁服务。这是简单而又关键的一步。面对市场，我们无法回避要去满足业主的要求。根据国际建协定义的建筑师的业务职责，建筑师要以自身的专业技能和创作为业主提供咨询服务工作，只有获得业主的认可，签订委托合同，建筑师才能获得这个项目。但在设计咨询过程中当业主的诉求与社会民众利益有矛盾时，建筑师又要站在社会和大众一边，以专业的知识和技能解决和平衡业主与大众之间的矛盾，这就是建筑师的职责和职业操守。所以，建筑策划的首要工作就是研究和分析业主决策者的构想，同时平衡与城市和大众的利益。

德域大厦属于商业型办公项目，决策者是碧桂园的董事长及董事会；清华科技园科技大厦是代建型项目，清华控股集团委托科技园开发有限公司操作，直接决策者是科技园开发有限公司的项目经理，背后是清华大学校务委员会；渤龙湖是政府型项目，天津海泰房地产开发公司是业主，他们替政府进行开发，最终的决策者是政府，也就是滨海新区管委会及主管的市、区领导。

3. 建立目标

确定决策者之后，就要判断决策者最希望实现的目标。实际上，决策者的目标有时并不清晰，有时其目标和项目目标也并不完全一致。以决策者的目标作为设计目标，重点考虑未予明确的相关因素，反映到方案之中，是体现和研究决策者意愿的关键一步。

商业型德域大厦的目标是最大化利润，经济第一；园区型清华科技园大厦要体现高校的高科技特色，有实用性，效率第一；政府型渤龙湖总部基地是滨海新区宏观战略的一部分，更注重政治影响和社会意义。

4. 提出概念

把目标具体化就是提出设计概念。广泛的概念有很多，诸如绿色、可持续发展、低碳、以人为本。此类概念放之四海皆准，并不对目标起实质性的作用。需要的是策划出有针对性、差异化的概念，是可以在下一步建筑设计方案中通过建筑设计表达出来的概念。

德域大厦是典型的商业型写字楼，提出的概念首先是创造效益，尽一切可能增加可租、售的面积，更要增加有效的使用面积；其次进行客户定位，客户定位并没有在设计任务书中明确，但事实上业主先前作过产品定位的策划，定位选择的是中小型的客户，这也与碧桂园一贯的风格一致，单价低而数量多。

清华科技大厦的概念是"清华＋科技"，是高校的、高科技的。这类科技园、软件园类型的办公建筑定位于高科技成长型企业，兼具孵化功能，空间可大可小，要考虑空间发展和应对市场的弹性。地域特色、企业特色、企业文化、优美环境、有领先理念的绿色原则以及知识型的效率观念都可以成为园区型办公建筑的设计概念，另外还有高品位的空间功能和易于创业者理解的空间。

渤龙湖项目是政府型的，概念是服从整体，以局部的形象体现总体规划要求。完成象征、意义、功能，在规定的框架下做出特色，提升区域的价值。

5. 制定设计策略

以上还都是相对概念的指导思想，要落实到下一步建筑设计方案之中就要根据目标和概念制定具体的设计策略。也可以说是将目标和概念转译成可供建筑师操作的原则和理念。设计策略既包含了对办公建筑共性部分的创新或平实的清晰表述，更要体现针对目标和概念提出的差异化处理办法，以形成鲜明的设计特色。

针对同样的办公建筑的不同目标定位，建筑策划的关注点和切入点就各不相同。

德域大厦重点研究的是标准层形式、核心筒、销售单元，在品质与初始投资间进行取舍。碧桂园的目标是实惠，小单元低总价，以量大出效益。很显然，实现利润的目标最直接的办法是设计更有效的标准层，减小核心筒、公共交通、设备用房等的分摊面积。因为是超高层，结构的影响因素很大，也必须优化结构以节省投资，形象造型放在其次。

清华科技园大厦强调建筑品质、环境品质、高科技特征。高科技表现在立面与形象上，品质与人性化体现在外部空间与环境关系上。设计要体现高校科技园区的高品质、高附加值，诸如绿色中庭、论坛会议厅、可变展览空间、咖啡交谊廊等。当然，这是以增加投资为代价的。

渤龙湖总部基地三区西部的设计策略是要完全理解规划，对规划理念进行深入与发展，并形成有特色的、企业愿意接受的总部建筑。在平面处理上，布局需要能适应未来业主的变更；在室外空间上，更注重使用者的感受；为每一栋建筑增加可识别性，在整体统一的前提下，各建筑都有自己的展现机会。

6. 突出价值

突出价值是设计策略的一部分，但在策划中显得略微抽象。实际的意义是所有的设计无论总体还是局部直至细部都要体现一致的价值观或者是关键词。设计师可以用价值评估来判断多个设计方案的适宜程度。下面是提取出来的若干关键词。

德域大厦——实用；商业价值最大化的追求——利润。

清华科技园大厦——人文；园区型建筑的需求——高科技与环境特色。

渤龙湖总部基地三区西部——形式；政府型建筑的一般目标——地标。

7. 细节策划

细节反映了设计策略的要求，也是建筑策划价值渗透到每一个建筑细部的关键。对细节的考虑并非完全是设计手法，前期策划的细节思考可以巧妙地解决看起来矛盾的任务，并体现在设计构思中。

德域大厦标准层平面（图 4–2–4）取正方形，面积 1998m^2，正好是一个防火分区的上限。① 柱网取 7.2m 便于上层酒店平面开间设计及小面积出租；客用电梯 12 部，高低分区；平面布局简洁、经济，强调效益。

清华科技园大厦，建筑完全采用玻璃与深色铝板，格构化隐喻网络和信息集成，办公功能是标准化的模块插件插入格构之中；架空的二层大平台实现人车分流，举起的 12 棵钢树加上跌水、台阶、树阵共同构成了清华科技园的形象并形成了人性化的环境和交往空间（图 4–2–5），使高科技的定位充分表达。微软、谷歌、赛尔网络等等高科技的入住，充分说明市场对清华科技园大厦的认可。

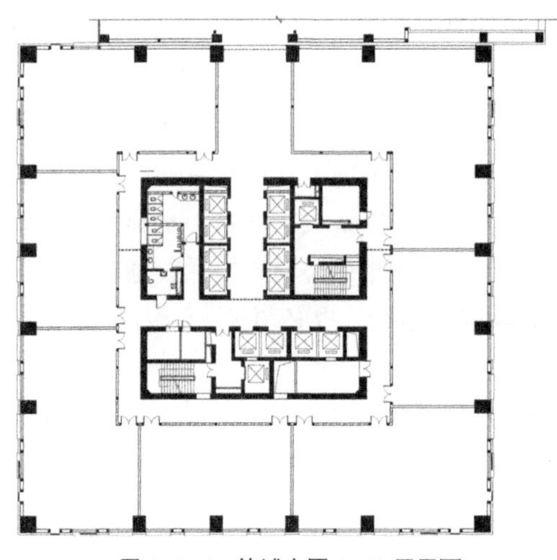

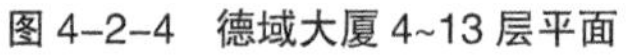

图 4–2–4 德域大厦 4~13 层平面

图 4–2–5 清华科技大厦二层平台钢树夜景

渤龙湖总部基地三区西部更注重总体，使用重复的单元围绕中心绿地构成总体的外部形象，把握与湖区的关系，响应总体的道路系统、空间结构。本区的定位销售对象是 2000~5000m^2 的总部基地，为完成这样的目标，5000m^2 多层建筑设计成一个独立单元，而高层写字楼考虑租售给多个 2000m^2 要求的企业，水平、纵向面积可

① 按照该项目设计时的防火规范《高层民用建筑设计防火规范》（GB50045–95），设有自动灭火系统的防火分区最大建筑面积为 2000m^2。

图 4-2-6 天津渤龙湖总部基地三区西部鸟瞰效果图

分可合。以“智慧的黑白盒子”体现总部基地高智力的形象原型；以重复单体围合中心庭院形成总部环境；以刻意的朝向（内湖或中心绿地景观）尊重用地；以 45° 斜向条形石材增加立面质感，体现典雅；以不同大小、位置、方向的斜插盒子及刻意设计的 logo 增强可识别性（图 4-2-6）。

8. 经济与时间

市场化的办公建筑，一定绕不开经济与时间因素。无论是投资与回报，还是成本与效益，经济账必须算清楚。首先是投资与品质的权衡，其次是一次性成本与全寿命周期成本的考虑，还有建设周期的成本，包括贷款利息、市场机会、原材料涨价等，所以业主往往要考虑，尽可能地压缩设计周期、报审周期、施工周期。虽然三类市场化办公建筑都关注经济与时间，但它们的侧重点是不同的。

商业型项目关注一次性投资，能省就省；关注时间成本，尽量压缩设计和施工周期。

园区型项目更关注品质，投资与品质大多成正比关系，在考虑一次性投资的同时也关注运营成本，设计周期也相对较长，建筑师有较长的时间进行推敲，此类项目强调高品质完成度。

政府型项目最突出的特点是以任务为导向，要无条件执行。时间上可能很拖沓，也可能根本没有设计周期。

9. 其他相关因素

此类项目的其他相关因素主要包括：需要协调的关系；次要但有影响力的人群；

资料、信息收集情况对设计判断的影响等。

所谓需要协调的关系，就是在某些有能力左右项目的人或部门意见出现矛盾时，需要设计者进行判断协调，包括投资开发商与项目执行者的关系，开发商与各管理部门的关系，需要保证的社会公正与开发商的利润的关系，项目与环境的关系等。在建筑策划中一定要小心处理这些关系。次要但有影响力的人群是指那些对决策者可以起关键影响作用的人群，如政治、宗教、习俗等方面影响因素会对决策产生极大的影响。此外，资料、信息的全面是非常重要的。

10. 办公建筑策划的外延

办公建筑的设计，不但需要娴熟的专业技巧，还需要综合建筑学以外的专业知识对项目进行全方位的思考。虽然新的建筑策划理论不断出现，但是诸多方法的基础还是威廉·佩纳的第一代问题搜寻法。佩纳把策划分成五个步骤：建立目标；收集、分析事实；发现和测试概念；确定需求；陈述问题。同时，他把问题划分成四个方面：功能、形式、经济、时间。这非常有益于我们思考问题和把握项目。对于市场化的办公建筑，实际的操作程序是：①建立设计目标；②收集、分析资料和事实；③提出概念；④明确策略；⑤填充细节；⑥完成方案。对于其他类型的设计也可以推而衍之。

操作程序　　表 4-2-1

	①建立设计目标	②收集、分析资料和事实	③提出概念	④明确策略	⑤填充细节	⑥完成方案
功能						
形式						
经济						
时间						

在设计方案提出的过程中，概念的产生和建筑化表达最为重要。世界顶尖的咨询公司麦肯锡的结构化的思维方法很有帮助，他们有一整套的模板：首先界定问题，其次进行结构化的分析，概括思想，最后提出解决方案或是概念。

办公建筑的策划，尽可能避免着力于找出某个形式的隐喻，要提倡从功能、经济、关系等方面提出概念或者理念。关键在于理解并打动决策者。在设计中体现市场的需求，在市场需求中寻找设计概念，建立设计策略。

为了更加条理化，特将本节中三种类型的办公建筑策划的内容和要点归纳成表4-2-2，以便查阅。

三种类型办公建筑策划的比较 表 4-2-2

	商业型	园区型	政府型
举例	德域大厦	清华科技园科技大厦	天津渤龙湖总部基地三区西区
决策者	投资商、开发商	用户、代建机构	管理者、政府
目标	最大化利润，经济第一	效率第一，企业特色	宏观战略，社会价值
概念	创造效益，客户定位	针对性，企业文化；功能要求	形象与象征；区域价值
设计策略	标准层、核心筒；销售单元；品质与初始投资取舍	建筑品质、环境品质、高科技特征	规划理念发展；适应变更的业主；注重观者的感受；可识别性
突出价值	实用	人文	形式
设计细节	标准层面积；柱距；电梯数量；配套设施	标准化的模块插件；架空大平台；人性化的环境和交往空间	重复单体；朝向景观；立面质感；logo 和可识别性
经济与时间	关注一次性投资；时间就是金钱	投资与品质成正比；关注运营成本；可能有时间推敲	钱不是问题；政治任务无条件执行；没有设计周期

事实上，本节对这三个办公建筑项目的介绍并非是完整的建筑策划研究成果的表述，而是遵循威廉·佩纳的第一代问题搜寻法的策划五步骤。对于三个项目，结合不同的市场定位，建立设计目标，收集、分析资料和事实，提出概念，明确策略，填充细节，介绍方案的实际操作程序。希冀读者能通过这一节的论述了解建筑策划最本源的方法理念的应用。

4.2.2 档案馆建筑策划——中国第一历史档案馆项目前期策划研究

这是一个典型的以问题搜寻为导向的建筑策划项目。

中国第一历史档案馆项目位于北京祈年大街西侧。它集档案库藏、陈列、展示、修复、研究和办公多种功能为一体，是一座专业的、高标准的、以对内为主的国家级档案馆建筑。该项目是以设计方案征集的形式进行项目操作的，前期，业主并没有进行过建筑策划研究和论证，所以笔者作为设计方案应征方之一在开始项目方案设计之前进行了项目的建筑策划分析工作，并将策划成果输入方案设计阶段。由于前期建筑策划的研究细致深入，最终设计方案获得了业主的认可。这是一个典型的建筑策划在前期与方案设计相融合推进的案例。下面就将这一项目前期建筑策划的要点加以论述。

集展藏为一体的现代档案馆在国内尚不多见。既要考虑其作为特殊专业建筑对室内档案储存环境、科研办公研究环境的严苛要求，又要考虑其作为大型公共项目面向特定公众人群开放的公共性。因此，在该项目方案设计之初，我们通过问题搜寻开始我们策划研究。

1. 项目相关的问题搜寻与论证

（1）档案馆建筑的起源与核心是什么？

档案馆建筑的起源最早可追溯到中国黄河流域和古埃及等人类文明发祥地。在我国，若从档案库房算起，殷商时期保管甲骨卜辞档案的地下库窖距今已有约3000多年的历史。在西方，从古埃及法老档案馆到古希腊王宫档案库，再到各国国家档案馆蓬勃发展的今天，档案馆建筑的发展可大致分成三个阶段。

起源阶段，以古埃及、古希腊和古罗马的档案建筑为代表，收藏、保管档案是其主要职能，该职能一直延续到封建社会。古埃及Tel el-Amarna法老档案库就以记录国家行政事务为主，基本上不对普通公众开放。公共档案馆建设阶段，以1794年法国国家档案馆正式成立为标志，政府档案开始成为社会公共资源的重要组成部分；1838年建成的英国公共档案馆，更是首次正式以“公共档案馆”命名，档案馆的封建性质从此彻底瓦解。成熟与完善阶段，各国档案馆在既有档案建筑基础上进行改建、扩建、新建以满足时代发展的需求。以国家档案馆为例，从1977年英国档案馆新馆建成到1994年美国国家档案馆新馆扩建，再到2013年法国国家档案馆新馆落成，西方主要国家的国家档案馆建设基本完成。

以上的归纳表述了本项目不同于普通档案馆的国家级历史档案馆的定位与核心价值：记录国家行政事务，不对普通公众开放，社会公共资源的重要组成，是国家级重要建筑之一。

（2）当代档案馆建设的新动向是什么？

20世纪以来，科技的迅猛发展促使档案载体有了新的变革，从此不再限于纸制载体，从音响档案到机读档案，从缩微档案到电子文件，档案类型呈现出前所未有的丰富度。档案载体的变革进而对档案馆建筑提出了新要求。同时，新的档案载体也让档案的联网查阅和备份成为可能，信息化、数字化已是档案事业的大势所趋。为进一步提高档案馆的利用服务效率，数字化阅览，网络档案馆服务等功能逐渐成为档案馆建筑功能的重要组成部分。

另一方面，随着越来越多的档案需要收藏、保管，既有档案馆建筑空间越来越成为档案事业发展的桎梏，当前档案馆建筑的改建、扩建已成为国际档案馆建设的主流。还是以国家档案馆为例，部分国家纷纷在郊区新建档案馆以满足功能使用需求。

部分国家档案馆改建、扩建建设情况 表4-2-3

国家	旧馆			新馆			
	地点	建成时间	规模（万 m^2）	地点	迁出距离（km）	建成时间	规模（万 m^2）
法国	巴黎	1790年	—	巴黎市郊	约10	2013年	10.8
英国	伦敦	1838年	—	伦敦市郊	约10	1977年	6.5
美国	华盛顿	1934年	—	华盛顿市郊	约15	1994年	16.7
日本	东京	1971年	1.2	筑波	约60	1998年	—

随着各国公民利用公共档案馆的意识不断增强，档案馆建筑的职能定位也愈发博物馆化，文化教育功能越来越成为档案馆建筑公共服务的重中之重。与此同时越来越多的博物馆、档案馆和图书馆也自发联合起来，共享资源为公众服务。如在2000年，英国的4500个博物馆、1300个档案馆和5000多个图书馆联合组建了一个简称为“Resource”的理事会，加强合作并规范公众服务。

随着当代档案馆建筑职能定位的逐渐演变，档案馆建筑与其他建筑类型的界限呈模糊化趋势，档案馆建设的跨界现象便是最好的例证——美国总统图书馆就是一种特殊类型的档案馆，它不同于传统意义上的图书馆，而是致力于记录、收集每个美国总统的历史资料，包括总统任期内的文献、档案、书籍等，可以说是集图书馆、档案馆、博物馆于一体的文化机构。像日本仙台媒体中心这样集公共服务、图书馆、媒体收藏、艺术工坊为一体的文化综合体也越来越普遍。

以上问题搜寻表明，档案馆建筑的职能定位更加博物馆化，文化教育功能越来越成为档案馆建筑公共服务的重要组成部分。这两部分功能将成为该项目的重要功能组成。

（3）档案馆建设有哪些新趋势？

1）人性化

国际上新建的档案馆普遍对人性化有较为深刻的思考，更加重视档案馆建筑的文化教育功能，强化与民众的互动。公共阅览室、报告厅、博览空间、网络查询等相关功能空间的引入大大方便了民众对档案资源的利用。以美国国家档案馆新馆为例，美国国家档案馆（图4-2-7～图4-2-9）位于华盛顿中心区轴线北侧，新馆于1994年建于马里兰大学校园内，建筑面积16.7万m^2，是世界上规模最大的国家档案馆之一。美国国家档案馆在人性化方面有许多相较成熟的探索。首先，在档案馆选址上，档案馆新馆坐落于华盛顿北郊的大学校区，面向社会开放的同时，也作为马里兰大学“特殊”的图书馆服务师生。其次，美国国家档案馆内设有大面积读者阅览空间——从纸质文件阅览室到缩微品、电影声像文件放映空间——与馆内中庭等

图4-2-7 美国国家档案馆新馆[①]

① http://www.archives.sh.cn/

图 4-2-8 美国国家档案馆新馆中庭[①]

图 4-2-9 美国国家档案馆新馆入口大堂[②]

共享空间有机结合，为档案使用者提供了良好的档案利用、查阅环境。此外，通过远程交互式学习平台，美国档案馆为师生提供了通过原始文献进行发现、创造互动式学习的条件，针对不同知识结构、年龄层次的人，动员知识背景深厚的专家学者举办多场检索和讲解活动。

作为最早成立的公共档案馆，法国国家档案馆同样注重与民众的互动。一方面设置永久展览大厅，长期陈列法国历史上最著名的珍贵档案，面向公众开放；另一方面，举办短期小型展览，并以报告会、座谈会的形式促进学术交流；同时，专门设立教育处，承担一部分中学历史教学任务，定期组织中小学生来馆参观学习，通过一手资料的接触培养学生学习历史的兴趣，也面向学生普及档案知识，强化档案利用意识。英国档案馆新馆更是将博物馆、聊天室、商店、餐厅、咖啡吧、网吧等文化休闲功能整合进建筑空间当中。复合功能的引入作为一种人性化手段从侧面提升了档案馆利用的公众参与度。日本国立公文书馆是日本国家级档案馆，在公共服务及文化教育层面也有一定的探索：图书实行开架阅览，凡年满 20 周岁者，均可以申请办理阅览许可证，为学术研究、学术交流提供了极大的便利。另外，档案馆定期组织“见学会”，通过组织教职员、大学生、中小学生来馆参观、学习，更好地实现档案馆公共服务与文化教育相结合的职能。

2）智能化

作为国际档案馆的重要发展趋势，智能化在新时期主要体现在档案管理与修复方面的新途径、新技术的应用上。如英国国家档案馆馆藏十分丰富，从形式上看，从羊皮纸文件到数字文件，时间跨度长达近千年。档案馆已全面实现数字化管理。阅览主厅有明确分区——用于咨询、查阅缩微胶卷及公共出版物的阅览区与纸质文件阅览区分开设置，同时另设供大尺寸文件和地图查阅的专门阅览室。阅览区设有

---

① 潘忠诚，莫深明，车晓明 . 美国国家档案馆建筑印象 . 建筑学报，2002（2）.

② 同上。

电子选座系统，每位读者在查阅档案当天可选择固定桌位，选座系统与档案出纳数据绑定，为档案借阅管理提供了极大的便利。档案目录也基本实现数字化，在检索程序中输入相关主题词即可获得相关卷宗信息。在档案馆官方网站上，提供馆藏概览系统，虚拟档案展览在给公众提供足不出户享用公共档案资源的同时，更激发了人们利用档案的意识和兴趣。此外，英国档案馆有十分健全的档案保管和修复系统——双面移动的档案架储藏效率高，可自由组合放置；温度、湿度实时监控、调节系统更是为档案长久保管提供了保障。

在智能化管理和档案修复、抢救方面，法国国家档案馆有很大的投入。一方面，尽量做到对历史档案最大程度的恢复;另一方面，通过缩微加工、数字化扫描等技术，实现对馆藏档案的数字化加工和存储。法国档案馆从 20 世纪 70 年代开始引入计算机检索技术，建立专题数据库，社会查档人员只需在查阅计算机终端上输入想查阅的内容即可。2000 年开始，法国档案馆在文字型档案、图形档案之外进一步拓宽档案数字化的范围，枫丹白露分馆支持声音文件的数字化储藏和展示。通过制作相关档案原文件替代品，在保护档案原始资料的同时实现了档案载体的数字化、信息化。通过对这些电子文件进行定期复制、更新，使档案查阅、展示更为便捷、直观，日益增长的档案保护、利用双方面需求得到满足。

以上问题搜寻表明，当代档案馆的空间组成已经更加多元化和社会化，原本档案馆的基本空间组成与面积比例关系发生了巨大的变化。

（4）当代档案馆的形象表达有什么趋势?

批判的地域主义（Critical Regionalism）作为建筑学领域的一种理论态度，旨在利用建筑物所处地理文脉要素，通过现代建筑语言的转译，赋予建筑其场所的特殊性。不同于传统意义上的“地域性”建筑对历史文脉再现式的延续，“批判的地域主义”尝试通过对地域社会、技术资源的利用，从新角度阐释传统建筑。我们发现，新时期，批判的地域主义作为建筑的一种文化属性逐渐成为档案馆建筑探索深化的趋势之一。

日本国立公文书馆作为亚洲地区国家级档案馆的代表，在建筑风格上具有其独特的地域、文化特色，可算作是档案馆建筑在“地域性”上的探索和尝试。公文书馆老馆（图 4-2-10）位于东京都千代田区北之丸公园。其高台基、大屋顶的形制正是取自日本传统木构建筑，立面上层间与柱的划分和檐部细部处理更是木构架梁柱、榫卯、斗栱的映射。1998 年建于筑波的公文书馆新馆（图 4-2-11）则进一步有了现代风格与传统形制相融合的探索。以幕墙为代表的现代建筑语汇同挑檐、立面比例关系等传统元素整合在一起，形成了大气、沉稳而不失现代感的独有地域风格。

德国杜伊斯堡国家档案馆（图 4-2-12）建于 2013 年，是基于“批判的地域主义”的态度，将历史文脉元素打散重构，巧妙融入档案馆现代建筑设计语汇的典型案例。高耸的双坡屋顶形制，加上红砖等材料的采用，保持了与当地传统建筑风格较高的一致性，特别是比下方砖红色仓库高出 70m 左右的档案塔，与附近教堂钟楼相呼应，使建筑整体与周围环境和谐相融。同时，该档案馆设计也不乏创新之处——与档案

图 4-2-10 日本国立公文书馆老馆[1]

图 4-2-11 日本国立公文书馆新馆[2]

图 4-2-12 德国杜伊斯堡国家档案馆[3]

库规整、复古的形制相对比，公众开放利用区域平面呈相对轻松、自由的曲线，从而做到了在强化文化底蕴的同时，展现出新时代建筑的新特色，建筑空间的个性也与其内部功能实现了一致与统一。

以上问题搜寻表明，当代档案馆因其特殊的功能定位和文化承载，其建筑形式的表达已经发生了改变，更加趋向于通过对地域社会、技术资源的利用，从新角度阐释传统。

（5）绿色可持续的概念如何与当代档案馆设计关联？

所谓绿色建筑，强调的是在建筑全生命周期内，最大限度地节约资源、保护环境和减少污染，为人们提供健康、适用和高效的使用空间，与自然和谐共生的建筑。2000年美国绿色建筑协会设立领先能源与环境设计（LEED）绿色建筑评分系统，对建筑的

① https://www.tripadvisor.jp
② https://ja.wikipedia.org/wiki/
③ 摄影：Thomas Mayer

绿色可持续性进行评估。通过对项目选址、用水效率、能源和大气、材料和资源、室内环境品质、革新和设计过程以及区域优先这七个方面的考察，评分系统给出建筑 LEED 等级认证，由高到低分为白金级、金级、银级和认证级。在我国，绿色建筑评价体系囊括了与节地、节能、节水、节材、室内环境质量及全生命周期性能相关的六类指标。建筑按照满足这六类指标中一般项和优选项数的程度，由高到低分为三星、二星和一星三个等级。从 2013 年起北京市要求新建建筑施工图至少达到绿色一星标准。

德国包豪斯档案馆（图 4-2-13）可谓将绿色建筑思想融入档案馆建筑设计的先驱，其遮阳顶棚和高窗的引入有效地减少了建筑的能耗。事实上，绿色可持续已经逐渐成为一种思想，体现在新时期的档案馆建筑作品中——档案馆作为一种典型的公共建筑，节能潜力巨大，不论是通过优化空调系统的绿色主动设计还是在满足舒适度的前提下借助自然力做被动设计弥补主动设计的不足，都能够在节能、节材、提高室内环境质量等方面大有可为。

美国克林顿总统图书馆堪称档案馆建筑在绿色可持续方面的典范。建筑中采用了诸多环境敏感的设计策略——档案库位于地下，减少外界干扰的同时为需要采光的阅览室留出更多的地上面积；为遮挡西晒，西立面采用夹层玻璃，有效消减太阳辐射；屋面设太阳能光电板，建有屋顶花园和雨水收集系统；楼面采用回收轮胎橡胶等环保材料；停车场设有电动车充电站。该项目在 2004 年建成初期被评为 LEED 银级，2007 年屋顶花园建成后被评为 LEED-EB（LEED for Existing Buildings）白金级。

以上问题搜寻表明，当代档案馆也应该作为绿色建筑的典范，但此项目要根据具体确定的绿建策略（几星级标准）进行设计定位。

图 4-2-13 德国柏林包豪斯档案馆[①]

① Emma，梁晶 . 包豪斯档案馆 BAUHAUS[J]. 设计，2012（1）.

（6）档案馆设计中最关键的技术要点是什么？

档案馆设计中最关键的技术要点是什么？这是档案馆建筑不同于其他建筑之处，而且是关系到方案是否成立的最关键的问题。

档案的收藏、保管、维护是档案馆的基本职能，防灾减灾措施在档案馆建筑设计中的重要性不言而喻。历史上灾害致使珍贵档案流失的悲剧比比皆是。2009 年 3 月 3 日下午，德国科隆历史档案馆突然坍塌——包括著名作曲家巴赫的手稿、马克思和恩格斯著作手稿、1972 年诺贝尔文学奖获得者海因里希·伯尔的文学作品原本等大批珍贵历史文献都葬身废墟。因此，档案馆建设应当在构建灾害理论及防灾策略的基础上，加强灾害辨识与评估，进行灾害工程防御设计，通过灾害监测及预警技术的应用，实现在具体工程项目中灾害应急预案与救援系统的建立。

针对灾害频发的情况，美国、日本等发达国家档案部门建立起了相对完备的灾害防治体系。产生于 20 世纪 80 年代的美国档案应急计划囊括了灾前准备、灾时应对和灾后恢复等阶段。截至目前，美国很多档案馆都形成了自己的灾备中心。在应急计划制定过程中，往往针对不同的灾害类型制定具体的预防措施，如专门针对水灾对档案资料的影响进行探讨。此外，在遭受自然灾害后，档案部门会积极寻求文物部门的技术支持，解决档案资料的抢救与修复问题。针对地震、火灾、水灾、偷盗等不同类型的灾害和意外，美国国家档案馆采用框架柱密肋梁结构，外墙由外至内依次由现浇混凝土墙、200mm 厚空气层和 50mm 厚泡沫夹芯型钢板构成，起到良好的隔热、防盗作用。档案库区采用数字化排架系统，备有综合防火警报、防盗警报和智能控制系统于一身的传感装置，实现全天候不间断的防灾监控。在我国，目前一些特别重要的建筑都要进行防灾减灾专项评审，这种模式也值得档案馆建设借鉴。

以上问题搜寻表明，当代档案馆设计的核心问题是防灾减灾，所有设计要点均应以此为首要输入因素，防灾减灾的技术要求和空间及构造特征，必须在设计任务书中明确表述。

（7）档案馆设计中 BIM 信息模型系统的意义是什么？

BIM（Building Information Modeling）是建筑信息模型的简称，是一种应用于建筑工程设计的数据化工具，通过建筑模型的建立，模拟、整合建筑各种相关信息，为设计团队和运营单位等各方提供协同工作的基础，进而提高生产效率，达到节约成本、缩短工期的目的。

与传统建筑工程设计与管理方法相比，BIM 有以下几点优势：避免设计阶段的错漏碰缺；支持编制工程量清单和概预算；模拟施工，优化周期，更安全、更精确；支持项目全寿命周期运营管理阶段。档案馆由于功能复杂、流线密集、分区多样且相互交织，所以，在档案馆建筑设计中引入 BIM，将有助于包括防灾减灾技术、绿色节能技术等设计团队在内的各方同档案馆运营单位间的协同与合作，是工程设计与管理合理化、高效化的有力保障。BIM 将成为新时期保障档案馆建筑设计和运营的重要技术手段。

以上问题搜寻表明，该项目必须考虑在设计中选用先进高效的设计平台和系统，进行全方位的各工种协同设计，因此在方案阶段就要着手做好运用 BIM 的准备，以便和技术设计阶段顺畅衔接。

事实上，建筑策划的问题搜寻是问题域的建立与研究的过程，工作量巨大。因为本章重点是结合实际项目介绍不同类型的建筑策划的实操，以突出项目的实操特征和表述现实策划项目的进程，而不作具体方法的演绎。所以，在此仅将项目的重点问题提取出来加以描述，而问题搜寻之后的数据分析与论证将结合其他案例进行阐述，不在这里展开论述。

2. 作为方案的设计输入

在完成了问题搜寻和数据分析之后，建筑策划的结论就可以作为下一步方案设计的条件加以输入。

为了便于清晰阐述，我们在此仅摘取关键点，进行方案设计输入的论述。

（1）项目定位

本项目不同于普通档案馆，定位是国家级历史档案馆。其核心价值是记录国家行政事务，收藏国家级档案文物，对特殊人群开放研究，是社会公共资源的重要组成，是国家级重要建筑之一。

档案馆建设应在适用、经济、美观的基础上，关注档案馆建设发展的新趋势。顺应时代发展，在人性化、智能化、绿色可持续方面给予足够的关注，结合地域特点探讨建筑风貌，树立防灾减灾意识，在设计、施工、运营技术手段上推进建筑信息模型的应用。

（2）建设方需要关注新功能

档案馆建筑的职能定位应更加博物馆化，设计任务书中应加入文化教育功能，作为档案馆建筑公共服务的重要组成部分。

（3）建设方需要关注新趋势

当代档案馆的空间组成已经更加多元化和社会化，档案馆原本的基本空间组成与面积比例关系已经发生了巨大的变化，任务书中必须合理安排各空间比例，使其符合时代的发展需要。

（4）档案馆的形象要求

当代档案馆因其特殊的功能定位和文化承载，其建筑形式的表达已经发生了改变，更加趋向于通过对地域社会、技术资源的利用，从新的角度阐释传统。

（5）绿色建筑概念的贯彻

当代档案馆也应该作为绿色建筑的典范。项目任务书要根据具体确定的绿建策略（几星级标准）进行设计定位。

（6）关键技术要点的明确

当代档案馆设计的核心问题是防灾减灾，所有设计要点均应以此为首要输入因素，防灾减灾的技术要求和空间及构造特征，必须在设计任务书中明确表述。

（7）采用先进的设计工具和平台

明确该项目在设计中选用先进高效的 BIM 设计平台和系统，进行全方位的各工种协同设计，并与技术设计阶段和施工及运营环节顺畅衔接。

（8）加强对现有建筑的使用后评估和新建筑预评估

使用后评估（Post Occupancy Evaluation）是指在建筑建成一段时间后，系统地收集、分析使用者对环境的评价，通过与初始设计目标的比较，全面鉴定建筑满足使用者的程度，最终形成同类建筑设计的科学参照，从而提高社会综合经济效益。使用后评估的结论对提高设计过程中决策的科学性有很大帮助。建议在今后的档案馆建设中对特定和同类别的档案馆进行系统科学的使用后评估，将使用过程中暴露出的问题加以收集和整理，与建筑策划结合对问题进行思考和提出解决方案，进而在工程设计中将问题解决。同时，也对新建筑未来的建设管理运营进行预评估——通过预测模拟建筑的使用过程，给出对其使用后可能的评价，进而对设计进行反馈修正，在建设中落实并满足使用者的要求。

该项目为涉密工程，图纸和设计细节不在此表述。

4.2.3 体育场馆建筑策划——赛后利用研究[①]

本节并不是一个体育建筑策划的全过程，而是聚焦在体育建筑设计与运营全寿命周期内的一个关键环节——赛后利用阶段的策划研究。

体育场馆是城市公共空间的重要组成。近年来，为了提升城市活力和形象，许多城市都在大量兴建体育场馆群。其立项的目标是为了举办省、市运动会，乃至全运会和国际单项赛事，但事实上很多场馆成为了城市当权者的政绩体现，在举办完一场赛事后就闲置在那里，维护运营花费了巨大的人力、物力和财力。这种现象已经成为我国城市建设的一种通病。有些体育场馆在建成还不到 30 年时就被拆除了，这种非质量问题而提前报废的建筑给我国带来了巨大的经济损失。

体育场馆的使用通常可分为大型比赛时的比赛场馆功能和比赛后的公众使用功能。大型比赛功能对体育馆的容纳人数、空间布局等提出较高的要求，赛后公众使用功能则要求体育场馆具有公共性、开放性和多功能性。合理平衡赛时和赛后的功能要求，解决赛时和赛后的空间使用问题是体育馆建筑策划的一项任务，也对合理使用空间、节约城市土地和资源具有很大的意义。对此，我们进行了体育场馆赛后利用的研究课题。

1. 体育场馆赛后利用的研究现状

目前对体育馆的赛后利用的研究主要可以分为以下两大类型：

（1）体育建筑的多功能和可持续发展的设计

对体育建筑的多功能使用的研究包括研究场地在多种比赛项目和文艺演出集会

---

① 部分编写自：庄惟敏，栗铁，马佳 . 体育场馆赛后利用研究 . 城市建筑，2006，3.

之间进行转换的“多功能比赛厅”设计法则，提高体育建筑空间的应变能力和日常使用效率。体育建筑可持续发展的研究则多从功能的可持续发展及与城市环境、自然环境相协调的角度加以论述，运用生态的技术手段解决大型建筑与城市生态环境相协调的问题。

（2）消除无效空间的研究

消除体育场馆无效空间的重点是研究如何利用固定看台下的三角形空间。在体育场馆的剖面设计中通过提高首排高度或者考虑将二层以上看台设为楼座，在满足观众视线的同时使看台下空间能够有足够的有效高度而加以利用。

以上两类既往的研究均有其不足之处：第一类研究，过于宏观的原则性的叙述无助于具体设计手法的研究和操作而使得指导性不强；第二类研究，一味地提高首排高度，对于观众席排数较多的体育建筑，虽然可以提高看台下三角形空间的有效高度，但很可能造成后排座席上升过陡，观众视线不佳，且下部空间浪费过多。

2. 固定座席下空间及临时看台的功能转换是赛后利用的关键点

（1）固定座席下空间的功能转换

座席下空间的设计不仅要满足体育比赛时的各种辅助功能，同时为了减少赛后的空间浪费，可以考虑此部分空间的多种项目的经营。大型体育建筑由于座席多，其下部空间所占面积也较大，赛后利用存在着多种可能性。针对我国体育建筑设计及其管理尚未完全一体化的现状，如何在建筑设计前期对赛后利用有科学的策划是体育建筑设计亟待解决的问题。座席下空间不同的赛后利用方式会对看台下空间有不同的要求和限制，在保证赛时使用的前提下，给赛后提供更加灵活的空间分隔，并且随着需求的变化，对看台下空间作必要的改造，是当今体育场馆设计的关键。

（2）临时看台的功能转换

满足奥运会或国际比赛的大型场馆，根据单项联合会或国际奥委会的要求，不同比赛的场地尺寸和座席数是一定的。比如奥运会柔道跆拳道比赛，国际奥委会规定座席数必须为 8000 座。2008 年北京奥运会柔道跆拳道馆建在北京科技大学校园内，而从我国大学校园体育馆建筑的规模标准来看，通常座席数控制在 5000 座左右，以避免多余座席的浪费而带来的运营费用的增加，因此该馆就面临赛后将 8000 座中的 3000 座席进行空间功能转换的问题。此部分座席空间功能转化得巧妙合理，则不仅可以减少赛后改造的费用，缩短改造周期，而且可以最大限度地补充赛后功能空间的不足。它自然也成为了衡量建筑方案优劣的关键。

从场馆建设运营单位的角度看，如果说比赛场次的多寡在建设时尚难以估计，那么巧妙地改造利用座席下空间和临时看台的功能转换却是解决资金运营的简便易行的措施。

从建筑师的角度看，虽然座席下空间的综合利用和临时看台的功能转换需要各方面专业人士协作进行，但空间形态的设计和座席转换的弹性设计却是建筑师力所能及的工作。当今的体育建筑设计仅注重比赛厅和体育工艺的研究显然是不全面的。

占体育建筑面积 70% 的看台下空间的利用以及大量临时看台的功能转换的研究应当成为体育建筑设计中的一个必要环节，只有这样才能有效地提高体育建筑日常的使用效率，实现真正的可持续发展。

3. 体育建筑看台设计的整体发展趋势

（1）临时及活动看台的应用成为大型体育建筑赛后多功能利用的必然

现代体育场馆为扩大功能范围，提高使用效率，都不同程度地在场地和看台的可变性方面做文章。场地规模和形状的灵活变化，除了地板面层外，看台也应随不同情况而作适当的变动，这就需要通过活动看台的设置来解决。

有人把活动座席看作是现代体育场的重要特征之一。20 世纪 70 年代美国对于棒球场地和橄榄球场地的互换作过研究，并形成了比较成熟的做法。法兰西体育场的做法是田径比赛时把下层 25000 座后部的 5000 座下沉到地坑内，剩下的看台向后移 15m，把田径跑道让出来（图 4-2-14）。据介绍，座席移动一次需要 84 小时，并且设计最初计划使用的气垫技术也没有采用。在 2008 年北京奥运会主会场的设计中，建筑师也是将中部的临时看台在赛后转换为了餐厅包厢（图 4-2-15）。

图 4-2-14　法兰西体育场活动看台

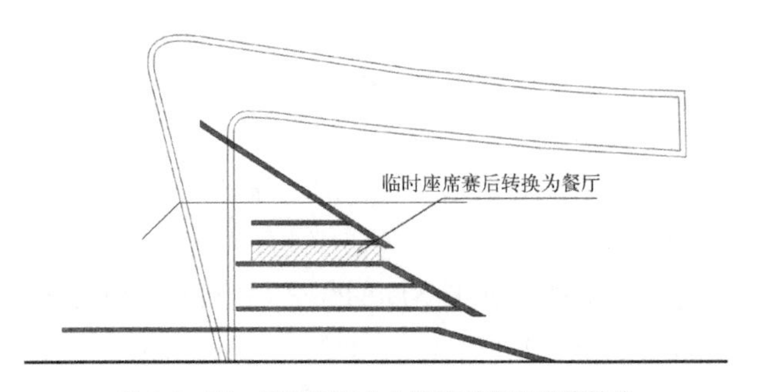

图 4-2-15　北京奥运会主场临时座席功能转换

（2）对固定看台下空间使用效率的重视

由于时代的发展及经营管理和增加服务内容的需要，体育更多地与休闲、娱乐、旅游、饮食、健身等活动结合起来。大型体育建筑主空间的多功能设计不能满足场馆本身的收支平衡，需要辅助空间的多元组成实现多种经营，即“以副养主”的支持。国内从早期的设置餐厅、出租办公室到八运会的上海体育场内设体育宾馆，足可见发展的态势。目前固定看台下空间综合利用已形成相对成熟的四大类型，即商业空间的转换、会展空间的转换、酒店空间的转换、休闲娱乐空间的转换及餐饮空间的转换（图 4-2-16~ 图 4-2-19）。

图 4-2-16 上海体育场的零售商业

图 4-2-17 广东奥林匹克体育场展览空间内景

图 4-2-18 上海体育场酒店及顶层餐厅

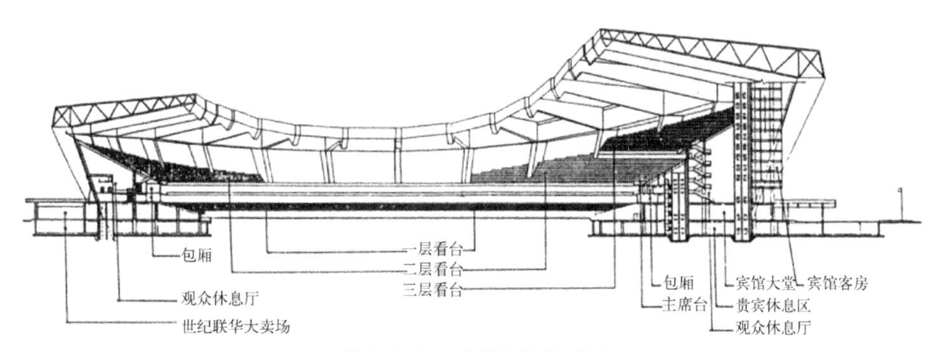

图 4-2-19 上海体育场剖面

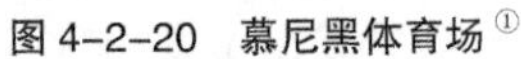

图 4-2-20 慕尼黑体育场[①]

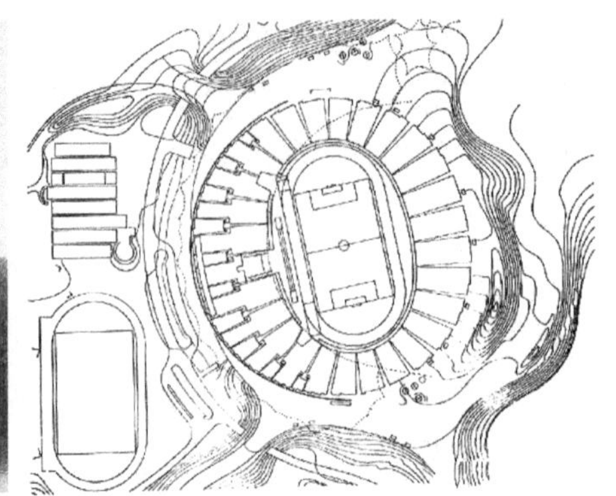

图 4-2-21 慕尼黑体育场平面[②]

国外的体育场馆除了对看台下空间进行多种经营外，还十分注意减少无谓空间的浪费。看台倾斜而上，与各层楼板相交必然出现一些高度不符合使用要求的三角形空间，其面积约占场馆总建筑面积的 5%~10%，甚至更多，数量可观，不容忽视。国外体育场设计，底层看台多有挑台，上面各层则设挑台或抬高做成楼座。体育馆设计则多在底层设一定数量的活动看台，以避免无效的三角形空间。此外，充分利用地形，采用下沉式布局并将休息厅集中在一两个层面，不仅能取得效率最高的中行式疏散，避免内外场人流交叉干扰，还可以显著减少辅助面积和节约能源。慕尼黑 7.8 万人的体育场巧用地形，将多达 60 排的东看台布置在山坡上（图 4-2-20、图 4-2-21）；日本东京明治公园体育场和神户六甲山体育场，也根据地形将东看台大部分座席放在坡地上。

4. 对我国体育建筑注重赛后利用的策划研究

（1）创造可持续发展的赛后利用空间

体育的社会化和产业化要求可持续发展的新型体育建筑，建筑师也把更多的目光投向了创造可灵活变换的空间上。在 2008 年北京奥运会各场馆的方案竞赛中，从漂浮式的充气屋盖到可开启屋面上的空中餐厅的设计思路都充分说明了大型体育建筑的赛后综合利用已成为设计者关注的问题。但仅追求空间的可变性以期达到多功能利用却造成了对某些固定空间的忽视，同时也带来了资源的浪费。可持续发展的体育建筑不仅包括体育场地本身的多功能化，同时也涵盖了可变座席及其下部空间利用的多种可能性。就看台设计而言，尽可能地利用活动看台可以增加体育活动场地的可变性，而且也方便固定看台下空间赛后的活用。通过一定的设计手法可使固定看台下空间具有相当的灵活性。例如将辅助用房集中布置从而给赛后利用提供足够的空间，利用体育场馆的特殊结构，为赛后的加建改建提供和创造便利的条件等都是实现看台下空间的可持续发展的手段。体育建筑设备设施的设计也应结合赛后利用考虑，适当增加投资可能创造更大的利用价值。只有在解决好固定座席下空间

---

① 图片来源：Wikimedia Commons

② 图片来源：Wikimedia Commons

的综合利用和临时看台功能合理转换的基础上，才能最终实现体育建筑整体的多功能化。建筑师在进行体育场馆特别是大型场馆的设计时，应同时进行场馆赛后利用的设计，这一点在2008年北京奥运会场馆的策划设计中有所体现（见本章4.3.1）。

（2）结合赛后利用策划的整体设计观念

我国以往的大型体育建筑均由国家为举办大型体育赛事出资兴建，大赛之后则由地方接手管理，在赛后的最初几年里，由国家负责提供体育场馆的运营和维护费用，而后体育建筑将完全地面向市场，实行体育场馆独立经营，自负盈亏。前后两个环节联系少，当地政府在体育场馆建设时期对赛后利用没有统一完整的策划，造成设计阶段不是忽略了赛后的利用就是对赛后利用的考虑不全面。为了保证体育建筑能够“以场养场”，经营者不得不花巨额资金对体育场馆进行改造，而这种二次改造很难取得理想的效果。

解决上述问题的关键是建筑师要树立整体设计的观念，将体育建筑的设计建造和赛后利用结合起来考虑，在对区位发展规划深入调查研究的基础上，从看台的设计到看台下空间功能模式选择的各个方面，都为赛后综合利用提供更多的可能性和更方便的使用空间。

（3）体育建筑管理与建设的一体化趋势

随着我国体育事业的市场化的进一步发展，体育建筑管理与建设已经出现了一体化的趋势。2008年奥运会主要场馆设施就采取了法人团投标的方式，投资、经营、设计、运营多方组成联合体对项目进行全面的操作。经营者和投资方可参与体育建筑设计的全过程，经营者对临时座席赛后功能转换和看台下空间的综合利用作细致的市场调查、分析并进一步完成赛后利用的策划研究，给设计方提供一个较全面的设计指导。事实上，这种结合方式将经营策划和建筑策划设计相结合，有效填补了体育建筑设计和经营之间的空白，避免建筑师的盲目性，为体育建筑赛后的顺利运作建立了坚实的基础。

（4）以体育为主体的综合性健体休闲商业设施的策划理念

随着时代的发展，体育更多地与休闲、旅游、娱乐、饮食、健身等活动结合起来。从上海体育场看台下空间及活动看台的多种利用方式已经可以看出发展的趋势所在。国外在这方面显得更加成熟。法兰西体育场内设置了3个餐厅，200座的报告厅，2000m^2的大宴会厅，8000m^2的展览、会议空间，2000m^2的商业空间，2000m^2的办公空间，另有17个商店，50个酒吧和零售亭。横滨国际体育场的底层设置了体育医学中心，其中有健身房和25m游泳池，专家可根据每人情况提供健身菜单、饮食咨询等服务。

以体育为主体的，集健体、休闲、娱乐和商业为一体的综合体设施已经成为当今城市建设中的一个重要的建筑类型，对它的研究和实践还有许多工作要做，系统地对其选址、流线、功能分区、造型和技术特点进行研究是当今建筑设计的一个重要课题。显然这种趋势也为体育建筑综合体的策划研究提供了更多的可能性。

4.2.4 住宅室内空间环境策划的调查评价研究①

这一节所举的案例是笔者在日本国立千叶大学留学时参与的住宅区策划研究中对居住空间品质进行策划研究的成果。举这个案例，主要目的是向读者呈现一个完整的建筑策划评价分析过程，其方法是运用本书前面3.2.3章节说到的SD法，这是一个运用SD法进行空间评价策划的全过程分析。

这份调查评价报告书是研究住宅居住空间和环境品质的，其研究项目如下：

1）室内空间的风格，10个样本（samples）的SD法评定；

2）室内空间的形，13个样本（samples）的SD法评定；

3）"创造理想氛围"的室内要素；

4）室内空间的色彩，8种空间色彩的心理评定；

5）关于房间的分割。

其中第1和第2项是以住宅室内空间构想的23个样本为基础，对住宅室内空间有关形方面的物理量进行的考察和分析；第3和第4项是对住宅室内空间各设计要素的必要性进行的考察和分析。该调查评价的实施是在日本东京都内对标准家庭（一对夫妇一个孩子）和单身家庭进行的。

1. 住宅室内空间的构想

（1）分析的目的

这一节的调查项目是：

1）室内空间的风格；

2）室内空间的形，并对它们进行多因子变量分析。

分析的目的：①分析人对室内空间的"心理评价构造"（潜在因子）；②探讨23个空间样本的构想在评价坐标平面中的相互关系；③考察室内空间构想和空间构成要素间的关系。

（2）调查表的组织

1）室内空间的照片（或图片）

以公共住宅（标准家庭50~60m^2、单身住宅30~40m^2）为标准对象。

a. 室内空间的风格

从空间构想、氛围的基本要求出发，设定10种风格：

（a）功能的都市风格

a）旅馆式；

b）功能美式。

（b）纯净风格

a）冷色调式；

b）暖色调式。

---

① 这一实例是对《都市住宅室内空间调研报告》的策划评价分析。该报告是笔者留学期间所在的日本国立千叶大学工学部服部研究室与山设计工房株式会社，于1990年合作完成的。例中的表格、图例参见（日）《オープンスタジオハウジング调查报告书Ⅱ》都市住宅21モデルプロジュクト，住宅都市整备公团建筑部。

（c）艺术的都市风格	（d）休闲风格
a）现代通俗艺术式；	a）绿色自然式；
b）艺术博览式；	b）地中海式；
c）阁楼风格式（loft）。	c）异国情调式。

b. 室内空间的形

从空间结构形式出发，设定 13 种形制，归纳为三大类：

（a）箱形容器状明确空间——不明确空间；

（b）分区明确的封闭型空间——开敞型空间；

（c）地坪标高变化的空间——不变化空间。

2）空间构想调查的 SD 因子及评价尺度

评价项目（因子）——SD 法的评价尺度

（a）宽裕度：宽松的——紧迫的

（b）量感：简洁的——复杂的

（c）开敞度：开敞的——封闭的

（d）设计感：可感的——不可感的

（e）时间感：新的——旧的

（f）都市感：都市感的——乡村感的

（g）好感度：喜欢——厌恶

（3）分析方法

首先运用 SD 法对室内空间进行心理测定（SD 法原理参见 3.2.3 节），而后对测定数据进行多因子变量分析，将适应于室内空间的因子轴抽出，根据这些数据进行构想的定量分析。

1）SD 法的评定

以“空间风格”的 10 个样本及“空间形”的 13 个样本为对象，对应于上述 SD 尺度的各项进行 5 级式评定实验。由对被验者的调查获得数据。

2）因子分析

在多个数据中，提出潜在的共通因子，即对应空间的心理因子轴，抽出进行解析，选用主因子法、矩阵回转法和坐标矩阵法进行。其因子分析的电算是运用《マルチ统计》[①] 软件进行的。

2. 室内空间评价结构

运用《マルチ统计》软件进行计算，可得出因子相关矩阵表、因子负荷量表（表 4-2-4、表 4-2-5）。

① 《マルチ统计》软件是一款用于统计分析的软件，其求解原理及程序内容可参考（日）《多变量解析とコンピュ－タプログラム》（日刊工业新闻社，宇谷荣一、井口晴弘）。由于此项目在日本完成，所以电算选用了这一程序。本书在 3.2.5 中还介绍了另一种软件用于多因子变量分析，读者可自行选择任意一款软件进行统计分析。策划分析中的类似软件在 4.2.7 的例子中也有详细介绍。

因子相关矩阵表 表 4-2-4

项目因子	宽松感	简洁感	开敞感	可感度	新旧度	都市感	好感度
宽松感	1.000	0.3753	0.3063	0.3561	0.0762	0.0952	0.6671
简洁感	0.3753	1.000	0.4752	0.4394	0.3425	0.3114	0.4674
开敞感	0.3063	0.4752	1.000	0.3049	0.4238	0.3167	0.4425
可感度	0.3561	0.4394	0.3049	1.000	0.5351	0.5180	0.4262
新旧度	0.0762	0.3425	0.4238	0.5351	1.000	0.7330	0.3249
都市感	0.0952	0.3114	0.3167	0.5180	0.7330	1.000	0.3549
好感度	0.6671	0.4674	0.4425	0.4262	0.3249	0.3549	1.000

因子负荷量表 表 4-2-5

项目因子	1 因子组	2 因子组	3 因子组
1. 宽松感	0.819725	-0.010139	0.110233
2. 简洁感	0.397883	0.253691	0.501273
3. 开敞感	0.298792	0.305135	0.569501
4. 可感度	0.434399	0.504972	0.360446
5. 新旧度	0.066597	0.826050	0.239746
6. 都市感	0.125375	0.847981	0.059089
7. 好感度	0.754646	0.273317	0.2355491

由因子相关矩阵表可知，相关度的高低反映在表中相关系数上，系数越高，相关度越大，观察可知：

（1）宽松感和好感度的相关系数较高，是一组相关因子，标记为 1 因子组；

（2）都市感、新旧度和可感度是一组相关因子，标记为 2 因子组；

（3）开敞感与简洁感也是一组相关因子，标记为 3 因子组。

在因子负荷量表中找出 1 因子组、2 因子组、3 因子组的最大值对应的 SD 因子项（通常选超过 0.5 的值项），而后与因子相关矩阵表相比较，可知“宽松感”和“好感度”在 1 因子组下负荷量最大，可感度、新旧度和都市感在 2 因子组下最大，而简洁感和开敞感在 3 因子组下最大。故可将宽松感和好感度这组相关因子命名为第Ⅰ因子组——宽松好感因子组；将都市感、新旧度和可感度这组相关因子命名为第Ⅱ因子组——都市性因子组；而将开敞感和简洁感这组因子命名为第Ⅲ因子组——开敞性因子组。

根据前一因子负荷量表，将它们按负荷量大小重新排列后，可得到如下的因子负荷量表（表 4-2-6）。

因子负荷量表 表 4-2-6

	因子组名	评价项目	Ⅰ	Ⅱ	Ⅲ
Ⅰ	宽松好感因子	宽松的——紧迫的	0.819725	−0.010139	0.110233
		喜欢的——厌恶的	0.397883	0.253691	0.501273
Ⅱ	都市性因子	都市感的——乡村感的	0.819725	−0.010139	0.110233
		新的——旧的	0.397883	0.253691	0.501273
		可感的——不可感的	0.819725	−0.010139	0.110233
Ⅲ	开敞性因子	开敞的——封闭的	0.397883	0.253691	0.501273
		简洁的——复杂的	0.397883	0.253691	0.501273

由上表可以抽出Ⅰ、Ⅱ、Ⅲ三个心理因子轴，来对目标空间进行评价和分析。

3. 心理考察的解析

（1）调查表的因子分析尺度：五级式

（2）全体被验者的 23 个样本调查结果平均值和综合平均值表

表 4-2-7 为调查结果平均值表。

调查结果平均值表 表 4-2-7

项目因子	样本											
	1	2	3	4	5	6	7	8	9	10	11	12
宽松感	–0.57	1.05	1.03	0.51	–0.38	–0.72	–1.34	–0.81	–0.46	–0.51	0.19	–0.27
简洁感	–0.59	–1.00	0.28	0.89	–0.30	–1.47	–1.34	0.49	–0.54	0.70	0.14	0.54
开敞感	0.24	–0.19	–0.49	0.22	–0.92	–0.81	–0.82	–0.38	–0.86	–0.86	0.73	–0.68
可感度	–0.11	–0.54	–0.22	0.19	–0.49	0.89	–0.80	0.05	–0.68	0.03	0.24	–0.62
新旧度	–0.03	–1.05	–0.87	–0.03	–0.32	0.78	–0.31	0.41	–0.32	0.54	0.49	–0.51
都市感	–0.62	–1.11	–0.84	–0.38	–0.51	–0.89	–0.17	0.27	0.00	0.70	0.41	–0.51
好感度	–0.46	0.24	0.76	0.68	–0.32	–0.56	–0.94	–0.27	–0.49	–0.11	0.43	–0.41
项目因子	样本											综合平均值
	13	14	15	16	17	18	19	20	21	22	23	
宽松感	0.19	0.27	–0.49	–0.78	0.38	0.78	0.05	0.19	0.30	0.24	–0.30	–0.06
简洁感	–1.27	0.19	–1.03	–0.84	0.75	1.03	–0.32	–0.46	–0.16	–0.03	–0.35	–0.25
开敞感	–1.16	0.41	–0.81	–1.24	1.03	1.04	–0.54	–0.51	–0.05	–0.57	–0.78	–0.35
可感度	–0.38	–0.32	–0.92	–0.51	0.59	0.43	–0.68	–0.32	–0.19	–0.54	–0.30	–0.30
新旧度	–0.78	–0.51	–0.73	–0.32	0.38	0.17	–0.86	–0.24	–0.46	–0.51	–0.19	–0.30
都市感	–0.70	–0.59	–0.73	–0.19	0.30	0.24	–0.76	–0.62	–0.70	–0.76	–0.16	–0.36
好感度	–0.03	0.32	–0.65	–0.68	0.81	0.73	–0.32	0.08	0.19	–0.08	–0.22	–0.05

$$综合平均值=\frac{\Sigma 各项因子平均值}{23（样本个数）}$$

根据综合平均值表，可以得出全体被验者对这 23 个样本的综合评价实态图像，如图 4-2-22 所示。

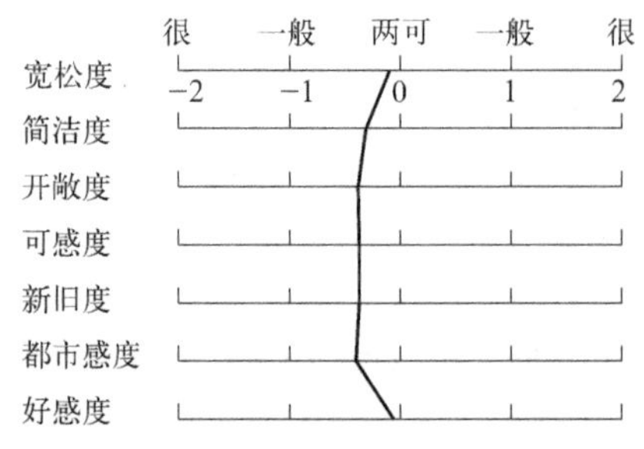

图 4-2-22 23 个样本综合评价实态图像

（3）各样本评价曲线及解析（因子名称略）

1）都市旅馆式（图 4-2-23）

都市旅馆式的室内空间。
都市的、简洁的、封闭的、可感度低的室内空间印象。

图 4-2-23 都市旅馆式[①]

2）功能美式（图 4-2-24）

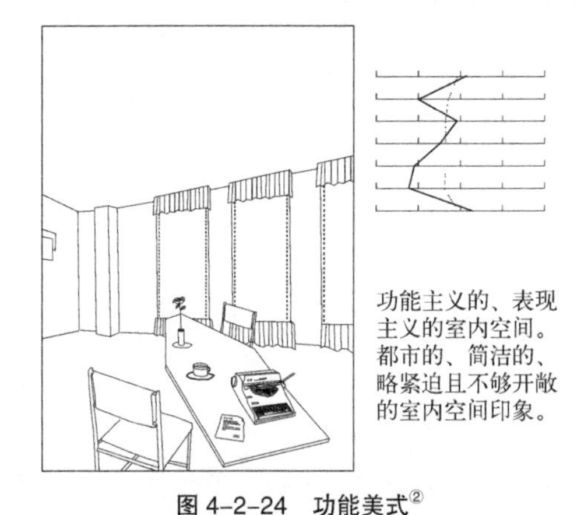

功能主义的、表现主义的室内空间。
都市的、简洁的、略紧迫且不够开敞的室内空间印象。

图 4-2-24 功能美式[②]

① 作者绘自《BEST HOUSE SELECTION 87》P154。

② 作者绘自《ITALIAN STYLE》P264。

3）现代通俗艺术式（图 4-2-25）

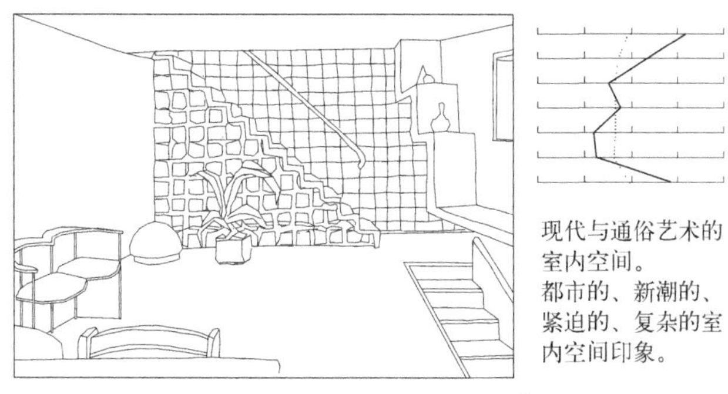

图 4-2-25 现代通俗艺术式[①]

4）艺术博览式（图 4-2-26）

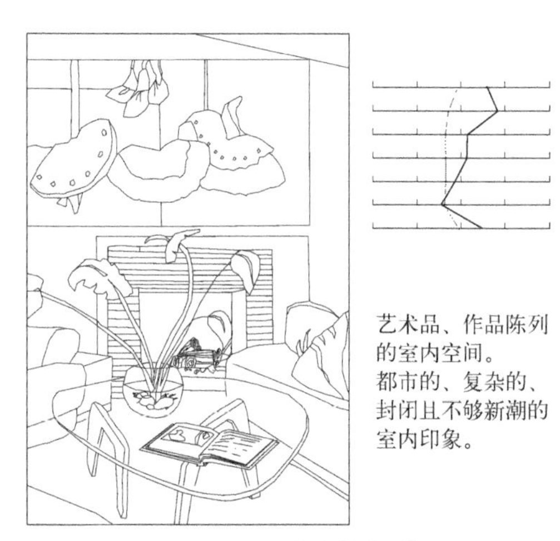

图 4-2-26 艺术博览式[②]

5）阁楼风格式（图 4-2-27）

图 4-2-27 阁楼风格式[③]

① 作者绘自《住宅特集》（1988.10）P112。
② 作者绘自《FREE STYLE》P47。
③ 作者绘自《WEISS LOFTS》P105。

6）冷色调式（图 4-2-28）

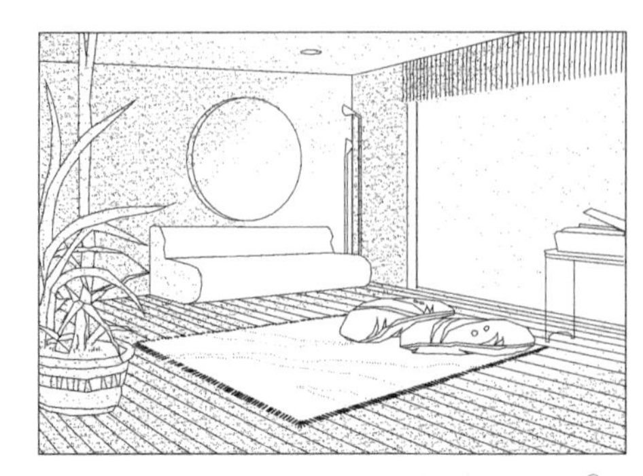

简洁的、冷色调的室内空间。
都市的、简洁的、开敞的、宽松的室内印象。

图 4-2-28 冷色调式①

7）暖色调式（图 4-2-29）

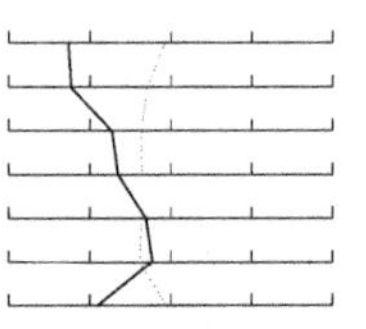

简洁的、暖色调的室内空间。
特别宽松的、简洁的、开敞且有一定可感度的室内印象

图 4-2-29 暖色调式②

8）绿色自然式（图 4-2-30）

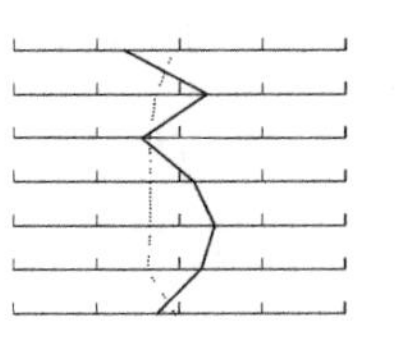

将自然携入生活的、宽松的室内空间。
宽松的、开敞的、复杂而有生机的室内印象。

图 4-2-30 绿色自然式③

① 作者绘自《インテリア・デザイニング》P147。
② 作者绘自《インテリア・デザイニング》P147。
③ 作者绘自《BEST HOUSE SELECTION 87》P196。

9）地中海式（图 4-2-31）

白墙蓝天的遐想、干燥气氛的室内空间。
开敞的、可感的、简洁而宽松的室内印象。

图 4-2-31 地中海式①

10）异国情调式（图 4-2-32）

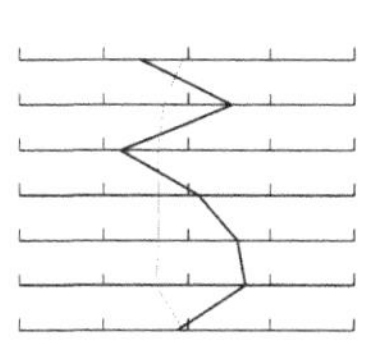

异国情调的室内空间。
开敞的、宽松的、无都市感的、传统复杂的空间印象。

图 4-2-32 异国情调式②

11）容器状围合空间Ⅰ（图 4-2-33）

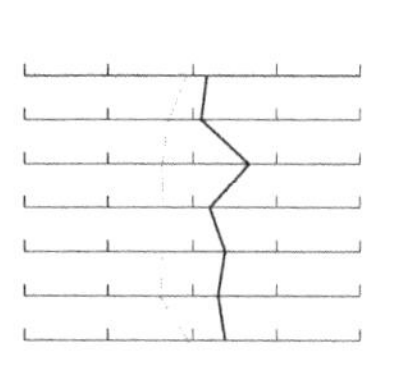

规整的室内空间。
封闭的、传统的、都市感弱的室内印象。

图 4-2-33 容器状围合空间Ⅰ③

① 作者绘自《GREAK STYLE》P213。
② 作者绘自《THAI STYLE》P165。
③ 作者绘自《BEST HOUSE SELECTION 87》P211。

12）容器状围合空间Ⅱ（图 4-2-34）

单柱式规整的室内空间。
较开敞的、复杂的室内空间印象。

图 4-2-34 容器状围合空间Ⅱ[①]

13）容器状围合空间Ⅲ（图 4-2-35）

形状鲜明的立柱式大空间。
简洁的、开敞的空间印象。

图 4-2-35 容器状围合空间Ⅲ[②]

14）曲面状分区空间（图 4-2-36）

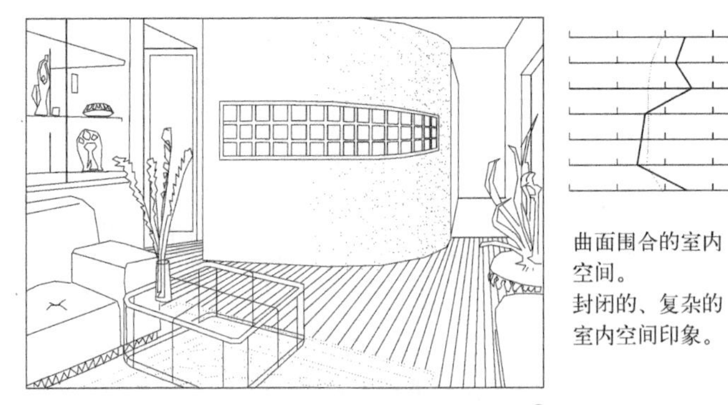

曲面围合的室内空间。
封闭的、复杂的室内空间印象。

图 4-2-36 曲面状分区空间[③]

---

① 作者绘自《BEST HOUSE SELECTION 87》P220。
② 作者绘自《THE INTERNATIONAL BOOK OF LOFTS》P98。
③ 作者绘自《BEST HOUSE SELECTION 87》P137。

15）高顶棚空间（图 4-2-37）

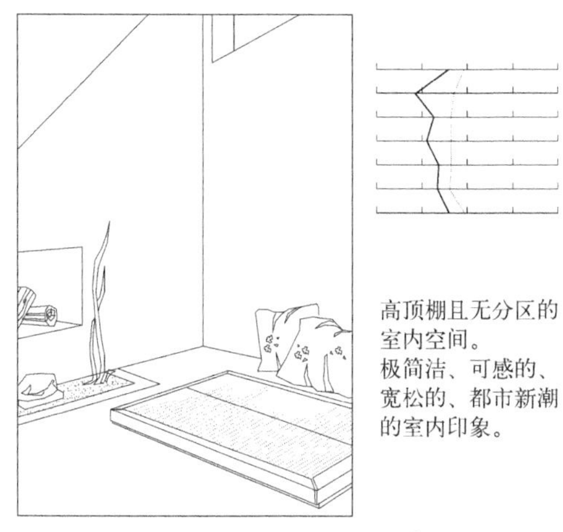

图 4-2-37 高顶棚空间[①]

16）地坪高差变化的空间（图 4-2-38）

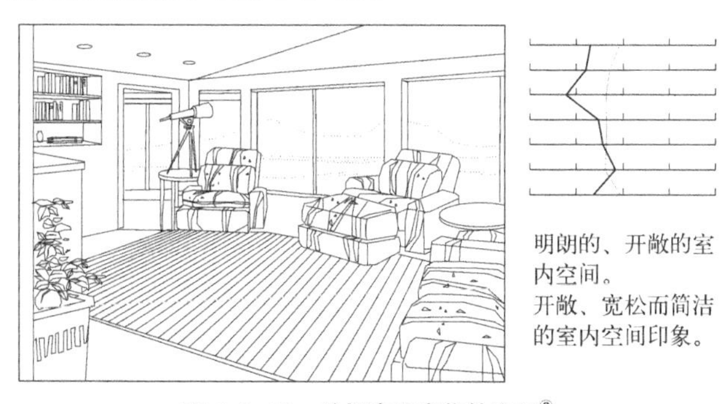

图 4-2-38 地坪高差变化的空间[②]

17）形状不明确的空间 I（图 4-2-39）

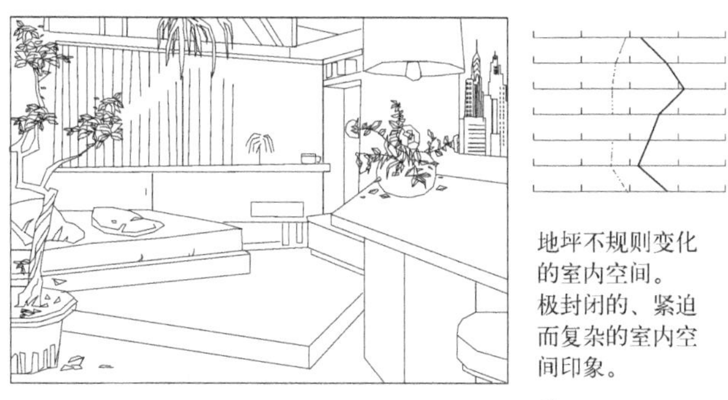

图 4-2-39 形状不明确的空间 I[③]

① 作者绘自《FREE STYLE》P113。

② 作者绘自《WORLD RESIDENTIAL DESIGN 03》R-031005。

③ 作者绘自《MISAWA INTERIOR ITEM》。

18）形状不明确的空间Ⅱ（图 4-2-40）

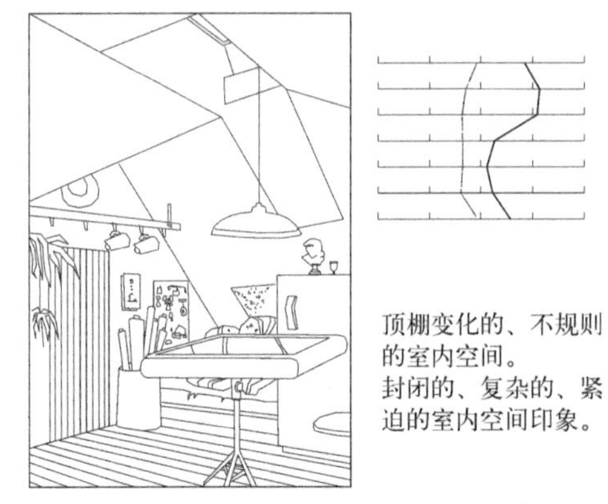

图 4-2-40 形状不明确的空间Ⅱ[①]

19）形状不明确的空间Ⅲ（图 4-2-41）

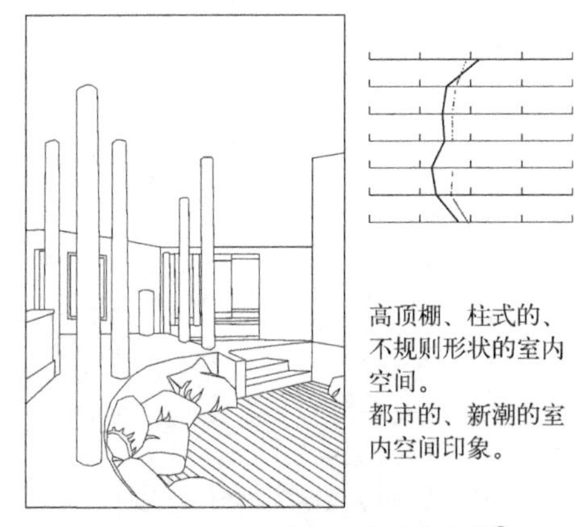

图 4-2-41 形状不明确的空间Ⅲ[②]

20）形状不明确的空间Ⅳ（图 4-2-42）

图 4-2-42 形状不明确的空间Ⅳ[③]

---

① 作者绘自《WEISS LOFTS》P39。

② 作者绘自《住宅特集》P82。

③ 作者绘自《THE INTERNATIONALBOOK OF LOFTS》P203。

21）短墙分隔的空间（图 4-2-43）

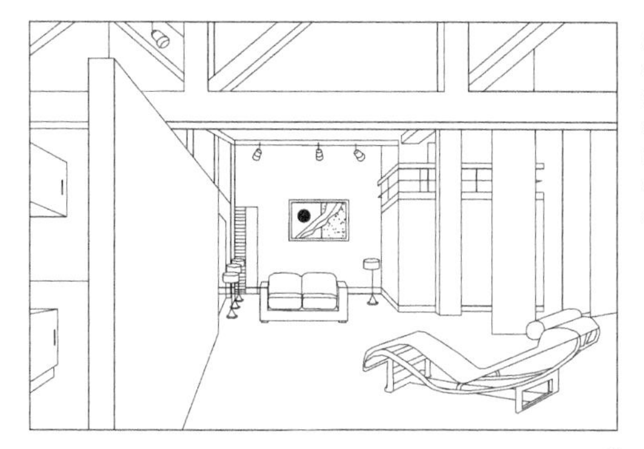

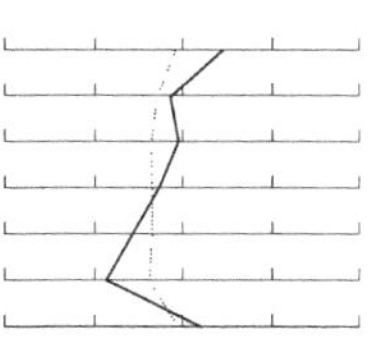

短墙分隔的、流通的室内空间。
都市的、新潮的、的室内空间印象。

图 4-2-43 短墙分隔的空间①

22）大地坪差的空间（图 4-2-44）

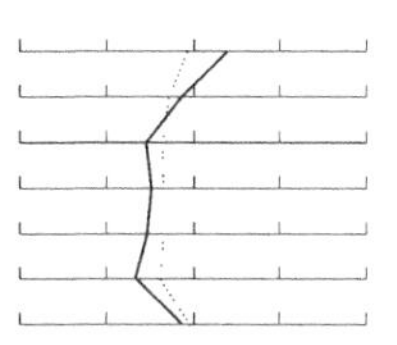

较大地坪高差、形状不规则的室内空间。
都市的、开敞新潮的室内空间印象。

图 4-2-44 大地坪差的空间②

23）无地坪差的高大空间（图 4-2-45）

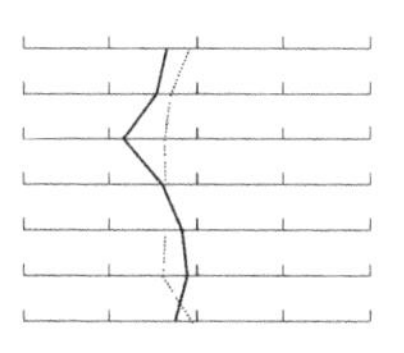

高顶棚、无地坪差的室内空间。
开敞、宽松的室内空间印象。

图 4-2-45 无地坪差的高大空间③

① 作者绘自《THE INTERNATIONALBOOK OF LOFTS》P223。
② 作者绘自《THE INTERNATIONALBOOK OF LOFTS》P218。
③ 作者绘自《THE HOUSE OF THE HAMPTONS》P54。

4. 室内空间的认知图式

由电算可得出 23 个室内空间样本对于所抽出的因子轴的因子得点表。根据因子得点表和抽出的三个心理因子轴（I——宽松好感因子、II——都市性因子、III——开敞性因子），可以分别绘出三个空间认知坐标图（图 4-2-46~ 图 4-2-48）。

因子得点表 表 4-2-8

样本	宽松好感因子 Ⅰ轴	都市性因子 Ⅱ轴	开敞性因子 Ⅲ轴
01	−0.059168	0.020959	0.024066
02	0.072158	−0.190755	−0.052413
03	0.194136	−0.078511	0.042304
04	0.228894	0.141298	0.168441
05	−0.091194	−0.063731	−0.063728
06	−0.232125	−0.221728	−0.176433
07	−0.291334	−0.078422	−0.156751
08	−0.021073	0.184419	0.070801
09	−0.126175	−0.030363	−0.085319
10	0.022472	0.239350	0.065985
11	0.176324	0.272394	0.170034
12	−0.100740	−0.094918	−0.075393
13	−0.065246	−0.157025	−0.133902
14	0.107726	0.000989	0.083046
15	−0.194588	−0.189847	−0.140323
16	−0.196403	−0.069225	−0.132420
17	0.295754	0.331727	0.259791
18	0.306044	0.282279	0.251316
19	−0.057012	−0.150036	−0.062283
20	0.015754	−0.033543	−0.017735
21	0.071142	−0.027968	0.034594
22	0.007847	−0.086547	−0.019096
23	0.053471	0.009182	−0.037766

因子得点表表示各室内空间（样本）对于各个因子轴的倾向程度。得点高，倾向度大，反之，倾向度小。空间认知坐标图以得点的分布直观地描绘出了各室内空间（样本）的倾向性。

室内空间的倾向性：

（1）都市感低且宽松好感度高的室内空间几乎不存在（图 4-2-46 中第 IV 象限近乎空白）。

（2）开敞性与宽松好感度成正比（图 4-2-47 因子得点分布在第 I、III 象限）。

（3）开敞性与都市性成正比关系（图 4-2-48 因子得点分布在第 I、III 象限）。

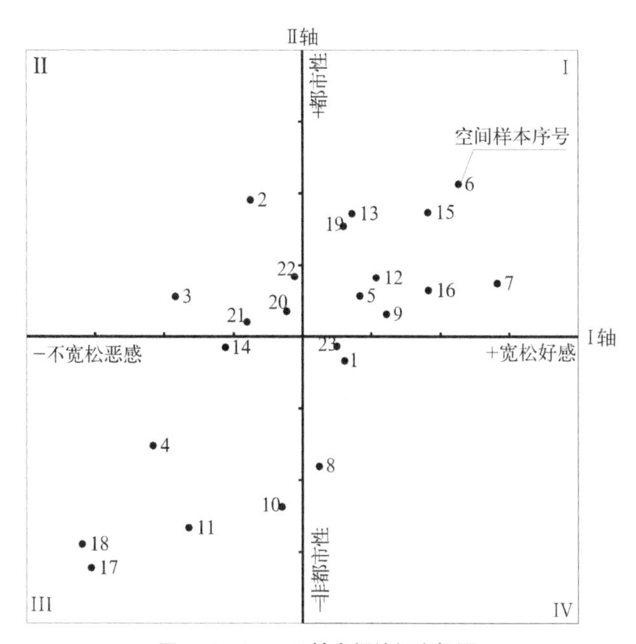

图 4-2-46 I-II 轴空间认知坐标图

（为适应一般规定，坐标图中描点的正负恰与因子得点表中的值相反）

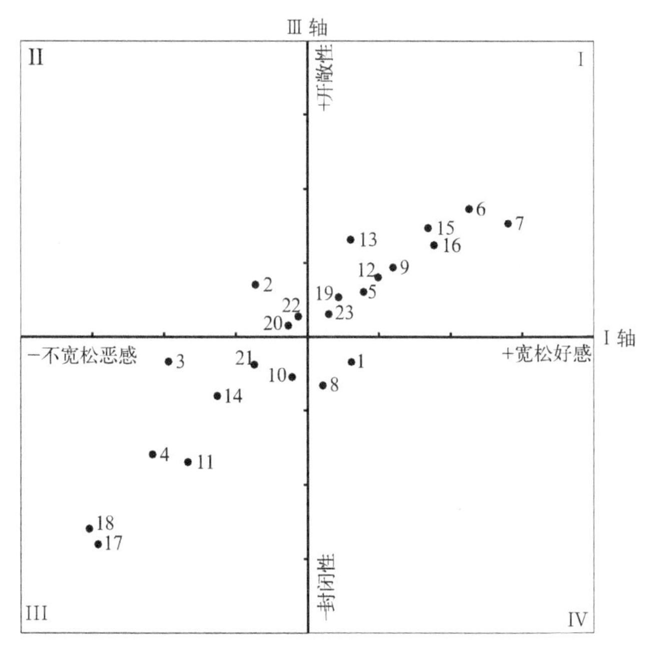

图 4-2-47 I-III 轴空间认知坐标图

5. 空间构想的分类

根据 5.1.4 中的空间认知坐标图，按各空间样本得点的分布距离的远近进行组合化（图 4-2-49）。

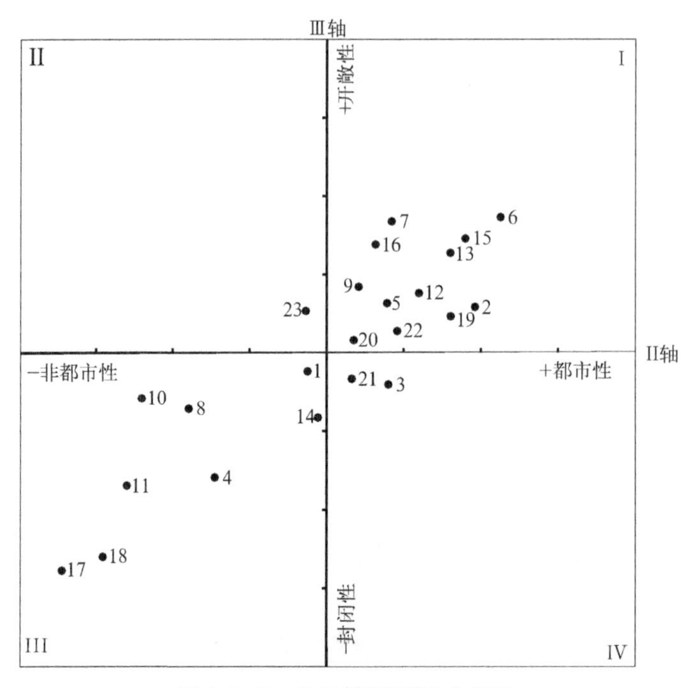

图 4-2-48 Ⅱ-Ⅲ 轴空间认知坐标图

组合化后分析可知：

I 组（6，15），最具都市感和开敞性，好感度最高；

II 组（7，16），最具开敞性，好感度较高；

III 组（2，13，19），最具都市性，好感度适中；

IV 组（5，9，12），兼具都市性和开敞性，好感度适中；

V 组（3），具有都市性，但封闭、复杂，好感度低；

VI 组（1，23），都市性和开敞性较弱，好感度较低；

VII 组（20，22），较具都市性，好感度一般；

VIII 组（14，21），具有都市性，但封闭紧迫，好感度较低；

IX 组（8，10），具有开敞宽松感，好感度一般；

X 组（4，11，17，18），平均指标及好感度最低。

6. 创造理想氛围的室内设计要素

通过 SD 法的空间分析评价，我们可以开始考虑理想空间的创造了。对于创造理想氛围的要素，我们就空间样本的有关建筑元素（如构件、家具等）的必要性进行了实态调查，其调查结果如表 4-2-9 所示（关于创造理想氛围的室内设计要素的调查表）。

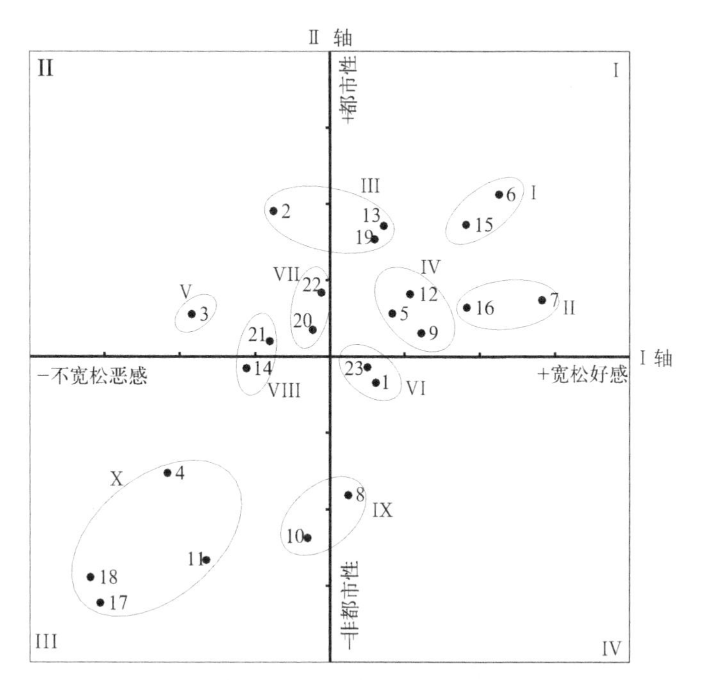

(a) I–II 轴的空间认知组合图

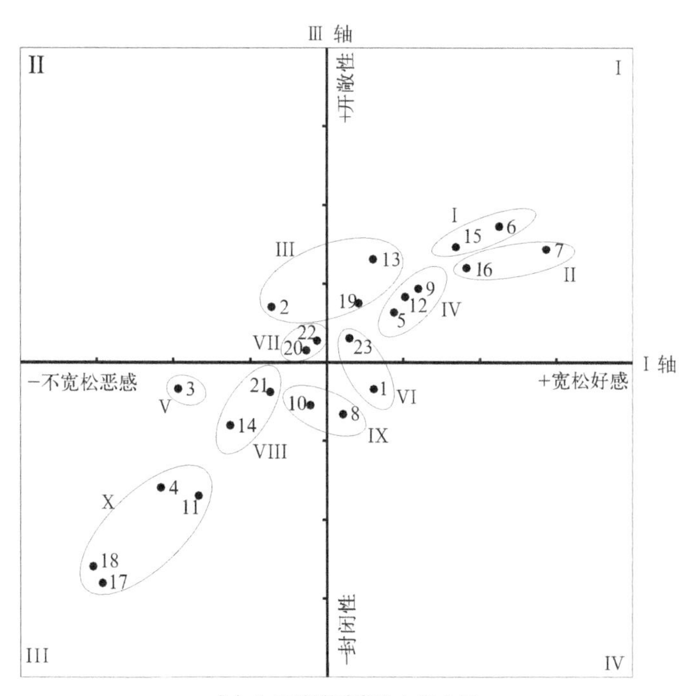

(b) I–III 轴的空间认知组合图

图 4-2-49 空间构想的分类

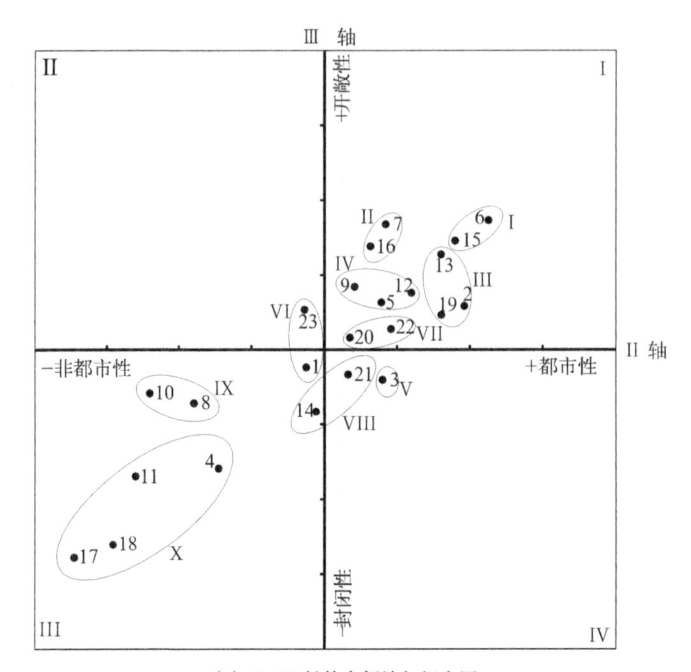

(c) II−III 轴的空间认知组合图

图 4-2-49 空间构想的分类（续）

关于创造理想氛围的室内设计要素的调查表　表 4-2-9

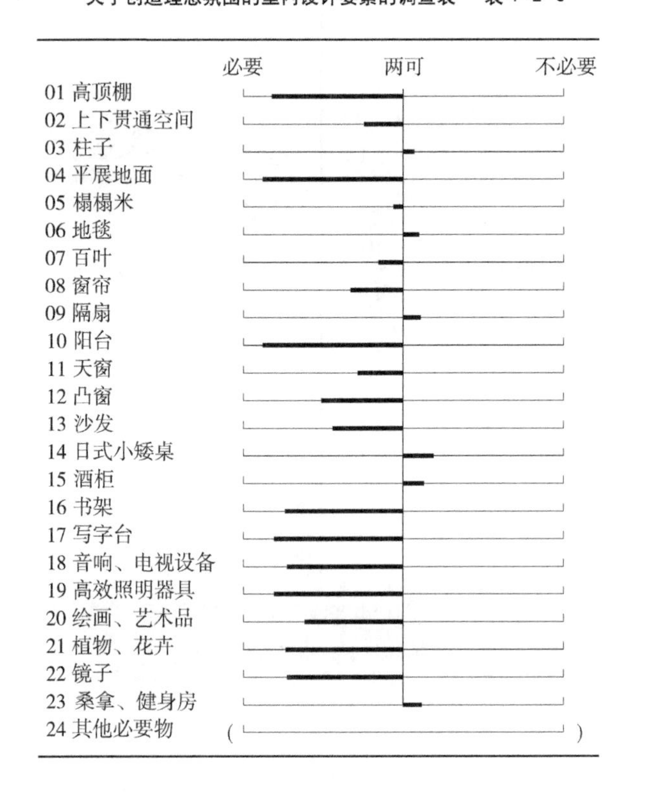

其中：

（1）关于空间的构成（01~03 项）

高顶棚必要，上下贯通空间一般需要，柱子最好不要。

（2）关于地坪的构成（04~06 项）

平展地面必要，榻榻米需要与否两可，地毯不必要。

（3）关于窗的装饰（07~09 项）

窗帘必要，百叶一般需要，隔扇不必要。

（4）关于窗的外部构成（10~12 项）

阳台必要，凸窗、天窗一般需要。

（5）关于家具、照明、小品等（13~23 项）

除日式小矮桌和酒柜不一定必要外，其他均必要。

结论：

由上表可知，创造居住空间理想氛围，其空间构成上，以高顶棚、平展地面和阳台三个要素最为重要。写字台、高效照明器具、观赏植物花卉、音响电视设备、书架等室内家具设施是创造室内空间理想氛围的必要条件。

7. 室内色彩的分析

我们将所有空间样本的室内色彩根据大众标准分类设定为 8 种（表 4–2–10）。同样运用 SD 法，对色彩的好感度进行调查分析，结果如表 4–2–10 所示。

室内色彩好感度的调查表 表 4–2–10

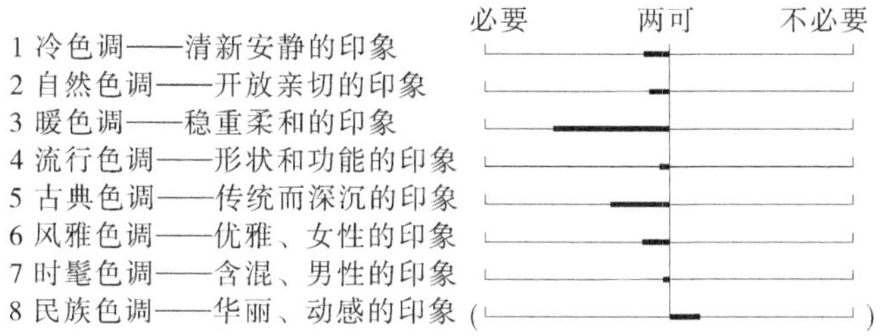

	必要	两可	不必要
1 冷色调——清新安静的印象			
2 自然色调——开放亲切的印象			
3 暖色调——稳重柔和的印象			
4 流行色调——形状和功能的印象			
5 古典色调——传统而深沉的印象			
6 风雅色调——优雅、女性的印象			
7 时髦色调——含混、男性的印象			
8 民族色调——华丽、动感的印象			

结论：

由上表可知，在住宅室内空间中最受欢迎的是暖色调，它给人以稳重、柔和、自然的感觉。其次是古典的色调，它给人以传统深沉的印象。其余色调则好感度均不高，特别是华丽而富动感的色调在住宅中较少采用。

由于对色彩的调查只是基于这张表格，且色调的划分和选择也未经过严格的论证，故这一调查只能表明一种现象和趋向。其中对色调的好恶也因被验者民族、传统和文化背景的不同而显现出较大的差异，所以这里我们只是以此来说明室内空间研究的一个层面。

8. 便利生活的室内设计要素

同前两项调查分析一样，对便利生活的室内设计要素的考察结果如表 4–2–11 所示。

关于便利生活的室内设计要素的调查表　　表 4–2–11

必要　　两可　　不必要

01 配套厨房
02 配套卫生间
03 工作间(书房)储藏
04 多功能电话
05 传真机
06 个人电脑
07 环境卫生检测器
08 自动洗碗机
09 微波炉
10 洗衣机
11 烘干机
12 多功能组合家具
13 来访电话
14 有害气体警报器
15 其他必要物（　　）

其中：

（1）关于房间构成、设备（01~03，13，14 项）

工作间及贮藏空间特别必要，配套厨房、配套卫生间、来访电话、警报器较必要；

（2）关于其他设备

洗衣机、微波炉特别必要，烘干机、环境卫生监测器和多功能电话、传真机、电脑、多功能家具需要与否两可，洗碗机不必要。

结论：

由上表可知，与工作贮藏相关的空间——工作间（书房）和贮藏室，与节省时间相关的设施——洗衣机和微波炉，与节省空间，提高功能效率相关的空间——配套厨房、配套卫生间，与安全相关的设施——来访电话、警报器，以上四点是创造便利生活（使用）空间的基本要素。

9. 房间的分割方式

（1）房间的分割

以日本东京都内 75m^2 的普通住宅为目标，进行关于房间分割的调查。

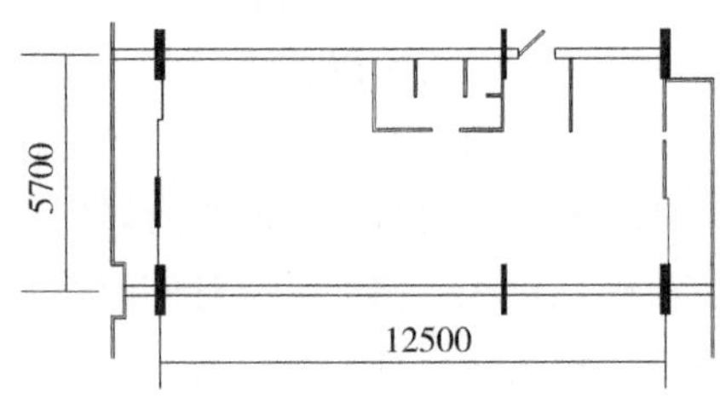

图 4–2–50　75m^2 住宅单元

以图 4-2-50 所示 75m^2 住宅单元为目标，理想的室内空间划分是什么？表 4-2-12 所示为房间分割方式调查表。[①]

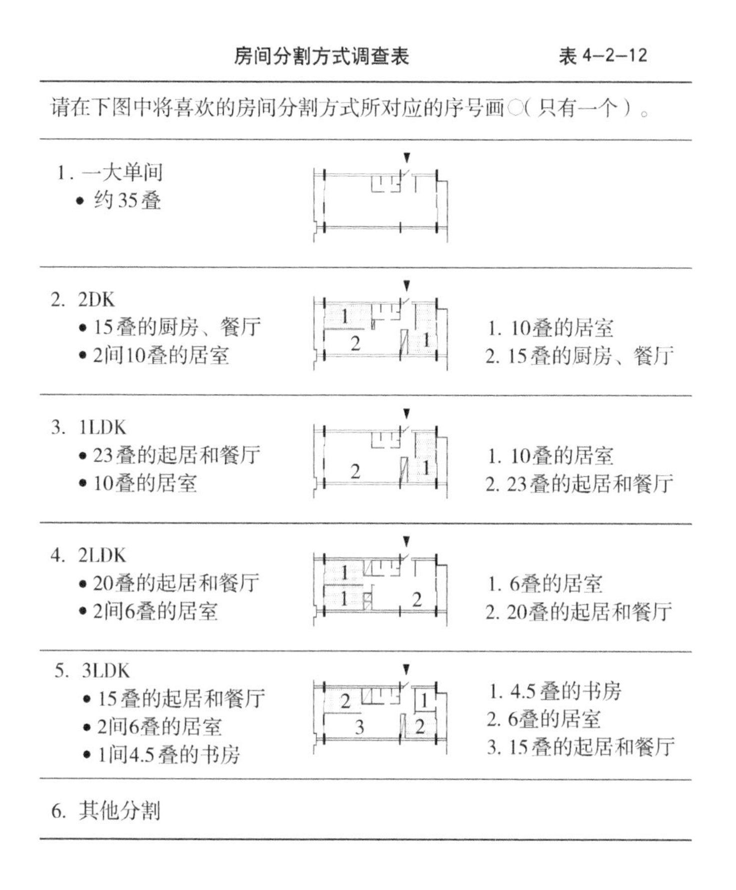

房间分割方式调查表　　表 4-2-12

请在下图中将喜欢的房间分割方式所对应的序号画○（只有一个）。	
1. 一大单间 • 约 35 叠	
2. 2DK • 15叠的厨房、餐厅 • 2间10叠的居室	1. 10叠的居室 2. 15叠的厨房、餐厅
3. 1LDK • 23叠的起居和餐厅 • 10叠的居室	1. 10叠的居室 2. 23叠的起居和餐厅
4. 2LDK • 20叠的起居和餐厅 • 2间6叠的居室	1. 6叠的居室 2. 20叠的起居和餐厅
5. 3LDK • 15叠的起居和餐厅 • 2间6叠的居室 • 1间4.5叠的书房	1. 4.5叠的书房 2. 6叠的居室 3. 15叠的起居和餐厅
6. 其他分割	

由调查表可分析得出以下房间分割样式比例统计数据（图 4-2-51）。

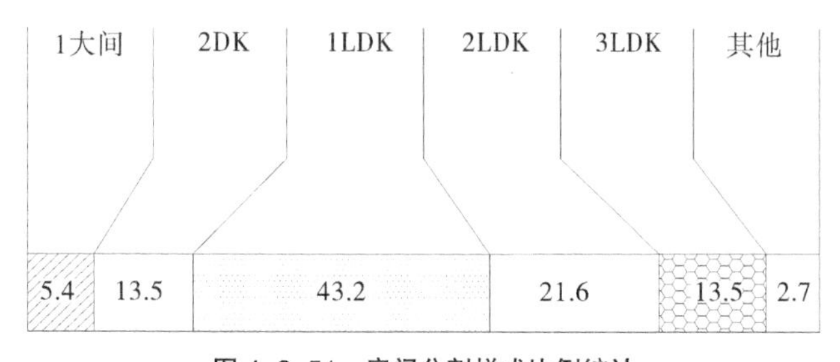

图 4-2-51　房间分割样式比例统计

结论：

由上图可知，回答选择 1LDK 的最多，占 43.2%，其次是 2LDK，占 21.6%，第三位是 2DK，占 13.5%。关于被验者不同划分的理由，我们将在后面论述。

① 表中“叠”为日本和式住宅榻榻米的基本单位，约合 2m^2/叠。表中“2LDK”各数字字母：2——卧室数量，L——起居室，D——餐厅，K——厨房。

（2）关于必要房间的调查

接续上一调查，我们就相同目标进行必要房间的调查分析（表 4–2–13）。

必要房间调查表 表 4–2–13

回答下表，并将所希望的房间画 ○，可多个选择。

1起居室	2餐厅	3厨房	4卧室	5日式和室
6活动室	7书房(工作室)		8儿童室	9其他

房间	比例（%）（刻度 0 10 20 30 40 50 60 70 80 90 100%）
1 起居室	82.9
2 餐厅	40.0
3 厨房	65.7
4 卧室	82.9
5 日式和室	17.1
6 活动室	22.9
7 书房(工作室)	25.7
8 儿童室	8.6
9 其他	17.1

结论：

由调查表可知，认为起居室和卧室是住宅中必要房间的比例最高，均为 82.9%，厨房次之，为 65.7%，餐厅为 40.0%。这些房间是人进行正常生活的生理和心理要求所必需的空间。只有当这些空间都满足以后，才能开始考虑其他空间的安排。

下面我们就被验者回答的理由作一客观陈述（表 4–2–14）。

调查结果分析 表 4–2–14

记入调查的 14 户，前 1~6 户为单身家庭，后 7~13 户为无子女夫妇庭，第 14 户为一对夫妇一个孩子的家庭。

1 铃木贵子 2DK	一人住 2DK 很舒适。一间大居室，另一间必要时可供朋友住。
2 前屿美贵 2DK	35 叠大空间分成 2DK。对于空间的分隔以起居室 + 活动室 + 卧室为好。
3 黑川雅子 2LDK	居室最好独立，起居室要大些，最好有一间贮藏室。
4 甘竹ゆきえ 2LDK	沙发的放置应宽敞，故起居室至少应 20 叠以上，有朋友，居室最好两间且 6 叠以上。
5 上野和子 1LDK	房间不必过细分割，以大为好。
6 川边由美子 1 大间	灵活隔断分隔出多种空间以适应不同生活的需要。3 叠的榻榻米储藏室是需要的。
7 海老冢修 2LDK 海老礼子 1LDK	（夫）两居室一为夫妇使用，一为将来孩子预备。 （妻）预备室不需要，将来起居室扩大即可。

续表

8 加岛辉光 2LDK 加岛知子 3LDK	（夫）2LDK 足矣，一为夫妇，另一为朋友。 （妻）最好有一间书房或将来为儿童活动。
9 小山城史 1LDK	房间不必划分，以开敞为好（惟一的独立住宅）。
10 市川秀生 2LDK	（夫）两居为和式居室和书房，起居又兼活动。 （妻）和室一定要作为纯和风书房或茶室。
11 山下厚子 1LDK	一间房间作居室足矣。
12 石仓久子 1LDK	一间大空间自己分隔，自由灵活而有趣。
13 长厚　丰 2LDK 长厚照子 1LDK	（夫）要确保工作间和书房。 （妻）6 叠大小的房间嫌小。
14 奥村久美子 1LDK	空间的分隔不应太小太细。

（3）房间门的必要性的调查

房间门的必要性的调查表　　表 4-2-15

回答下表，并将不可以开敞的房间画○。

1起居室　2餐厅　3厨房　4 浴室盥洗室　5门厅走廊　6卧室
7和室　8活动室　9书房(工作室)　10儿童室　11其他

房间	比例（%）
01 起居室	0.0
02 餐厅	0.0
03 厨房	6.0
04 浴室、盥洗间	31.0
05 门厅、走廊	7.0
06 卧室	33.0
07 和室	2.0
08 活动室	3.0
09 书房(工作室)	14.0
10 儿童室	4.0
11 其他	

结论：

由表 4-2-15 可知，不可开敞且必须有门的空间依次为卧室 33.0%、浴室盥洗间 31.0%、书房 14.0%，起居和餐厅可以不要门甚至完全开敞。

（4）房间大小程度的调查（表 4-2-16）

房间大小程度的调查表 表 4-2-16

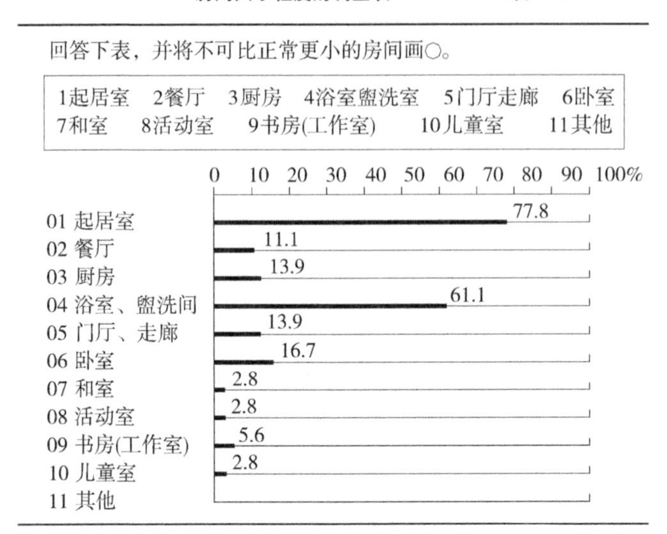

结论：

由表 4-2-16 可知，希望增大的空间是起居室（77.8%）和浴室盥洗间（61.1%）。由于家庭成员集中活动及生理、心理上的要求，所以起居室和浴室盥洗间应大些为好。但考虑到（3）的结论，浴室盥洗间应封闭且有私密性，故浴室盥洗间的扩大宜适度，以免占用过大的空间影响其他功能房间的使用。

10. 综合评价结论

至此，我们已经对住宅室内空间设计的有关因素作了全面详尽的调查分析和评价。对室内空间的构想、室内空间的评价结构运用多因子变量分析法进行了电算和坐标绘图分析，对所选定的室内空间目标进行了心理评价曲线的解析及论述，进而由定量的方法推断出了住宅室内空间的类型。由此提出了创造住宅室内空间理想氛围的条件和创造便利生活空间的条件。同时，还对室内的色彩进行分类和分析调查，得出了住宅室内色彩好恶的趋向。最后，对与设计有关的空间的分割进行了调查分析及论述。针对被验者群的特征，得出与其相对应的空间分割的最佳方式，并对必要房间的设置，各房间封闭性、私密注、大小尺寸和必要设备等设计条件作了详细的论证。

对住宅室内空间的这一策划评价的分析结果为下一步以特定使用者为对象的住宅空间的设计，提供了科学的、逻辑的、全面的依据，使设计中房间内容的组合、空间分割的造型、色彩和设备布置以及各部分的大小比例、私密性等关键性问题和条件都得到了科学的依据。

这是一个关于住宅室内空间策划的例子，由于对象是日本社会的普通日本人，所以其习惯、思维都有本民族的特点，策划的结论不带有普遍性。这也正体现了建筑策划提倡把握个案，一对一地研究其外部和内部条件，强调分析使用者特性和生活模式，反对一概而论，照搬经验和资料的科学思想体系。

由于篇幅所限，策划分析评价中的许多电算过程和中间步骤被省略了。对引用的理论原理及程序都注明了出处，在此不作赘述。

4.2.5 居住环境策划研究

住宅的设计不是一幢建筑单体设计那样简单的事情，它不仅关乎住宅单体建筑本身，更关乎住宅建设的环境。作为我国建设量最大的住宅项目，以往无论是开发商还是建筑师都更多地关注住宅单体设计本身，而或多或少地忽略住宅所处环境的研究。很多设计由于一开始没有深入细致地分析环境，没有对环境进行精心的策划，使得在单体建筑设计完成之后出现了无法克服的因疏于环境考量而带来的重大问题。本节描述的案例就是对居住区环境进行策划的成果介绍，重点是住宅空间环境建筑策划的量化要求与分析论证。

1. 住宅环境——家的概念

居住区提供着居民生活所必需的外部空间——物质环境和精神环境。其中精神环境的需要以物质环境作为支持。居住区应该提供人们进行各种户外活动的可能性，居民户外生活是否丰富，小区是否充满活力，居住环境能否提供与日常活动相适应的空间，是评价一个居住区环境质量高、低的标准。

从某种意义上讲，居住小区的重要性在于如果住宅是“家”这一概念的内涵，那么小区就是它的外延。住宅与小区结合，才能使“家”的概念变得丰富和完整。小区在创造归属感，形成轻松、愉悦的居家气氛中起着重要的作用。因为依环境行为的理论来讲，回家的感觉并不是在关上家门的刹那才产生的，而是在进入居住小区时便开始酝酿了。家可以简单地理解为放松，可以按照自己的需要行为去表达情感。家令人备感亲切的原因在于亲情和便利。如果我们在小区中更多地关心居民的需要，并为这一需要的实现提供可能，那么我们就是用情感去为他们建造美好家园，而不再是机械地制图了。

住宅在狭义上等同于家。住宅物质环境的优劣直接决定居住质量的高低。我们都有这样的经验，在同类产品中，往往手工的比机器的更昂贵，原因是手工制品不仅满足人的使用需求，更倾注了工匠的心血和情感。一座普普通通的传统民居虽然没有今日各种先进的生活设施，但是它的一砖一瓦、一草一木无不展露出主人公对生活的热爱之情。今天，住宅“装修风”盛行，人们举起无情的钻头对准冰凉的墙壁，似乎要打破禁锢，寻找回已经失去的慰藉。这也说明了符合人们心理需求的环境设计，在住宅设计中是多么的重要。

2. 现代居住小区和传统村镇聚落空间环境的比较

今天，“复古”虽不应提倡，但“怀旧”并非不是件好事。传统的村镇聚落是自然生长的有机体。它们是依照自然环境、历史文脉及民间的传统建筑艺术，根据不同的经济条件，从不同的生活习惯和精神需求出发，因地制宜，就地取材修建起来的。在

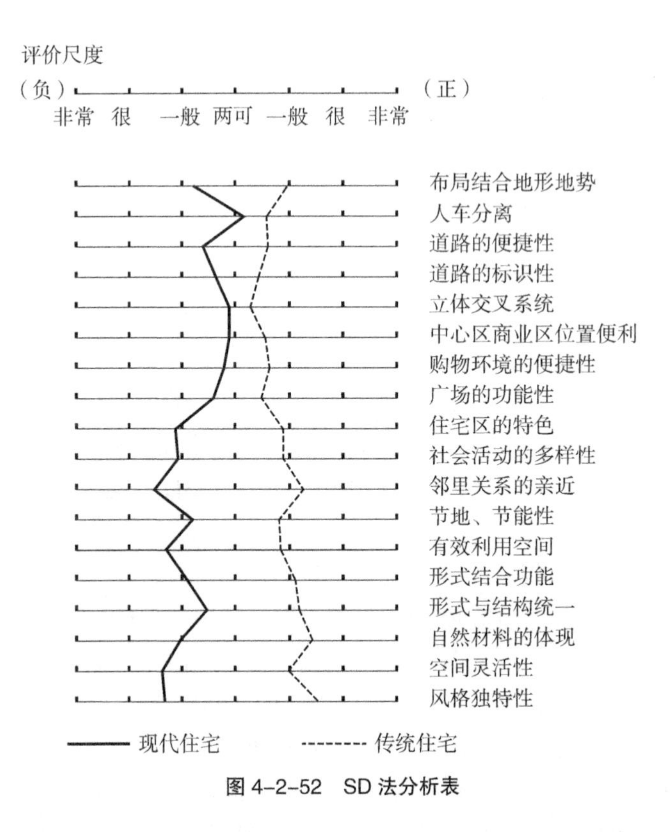

图 4-2-52 SD 法分析表

适应复杂地形，节约耕地，创造良好的居住环境，灵活划分内外空间，构成开敞通透的布局，达到明快、开朗的效果，争取更多的使用空间，合理地运用材料、结构进行适当的艺术加工，形成朴素自然的体形风貌，合理节约投资，充分利用地方材料上有许多独到之处，很好地解决了实用、经济、美观三者之间的关系，丰富多彩，各具特色。

我们可以通过对现代居住区与传统村落居住环境质量的调查比较，来分析当今住宅环境的质量。下面是运用 SD 法[①]归纳出的传统村镇聚落和现代居住区环境质量调查的汇总结果。[②]

从 SD 法分析表（图 4-2-52）中我们可以看出，现代住宅和传统民居的两条状态曲线是有分离的。这两条曲线的分离，清楚地反映出了我们目前的住宅居住环境在布局结合地形、居住区特色、社会活动的多样性、邻里关系的亲近、自然材料的体现、风格独特性等方面都有不及传统民居之处，甚至有些还有恶化的倾向。

3. 环境设计是现代住宅设计之关键

人与动物相比，在对待生存环境方面的根本区别在于动物被环境所选择，而人不但能够选择环境，而且能够能动地改造环境，并且争取在这一行为中占有更多的主

① 庄惟敏 .SD 法（Semantic Differential）——一种建筑空间环境评价的实态调查法 . 清华大学学报：自然科学版，1996（36）.

② 此汇总结果是笔者在对北京、上海普通城市住宅区空间环境以及河北、浙江自然村镇居住空间环境调研的基础上，归纳汇总的。

动权。动物的生活范围是极有限的，只能在具备条件的地方生存，倘若自然条件被破坏，动物就难以生存下去了。人的适应能力是很强的，它包括主动适应和被动适应，人们在千变万化的环境中掌握了为生存所需的技术，具有适应环境的手段和能力。

然而，可悲的是，在科技高度发展的今天，人们正以破坏自然环境的方式来改造或扩大其居住范围。随着工业化进程的加快，城市人口急剧增加，工业化的人工环境取代了自然环境。自然环境的危机对人类发出了警示，我们惯用的建筑设计标准在面临人类越来越高的生活质量要求和复杂的生态问题时，其局限性和片面性就显现出来了。面对当今人居环境这样一个超越形式与功能的复杂系统，惯用的设计理念由于缺乏对环境、生态和与建筑相关的自然的深刻认识，使得我们的居住环境对自然未能有良好的作用。今天，保持人类聚居环境的可持续发展，已成为一股不可逆转的潮流。住宅本身固然重要，但环境是实现良好居住质量的保证。

自然生态被破坏，人居环境日益恶化。新中国成立几十年来，特别是近几年来，尽管我们作出了艰苦的努力，局部环境有所改善，但整体环境仍在恶化。城市雾霾的加剧、水土流失及快速的沙漠化等迹象表明，我国生态环境恶化的状况并没有明显的改善，相比发达国家在生态环境的治理和保护以及可持续发展方面仍落后很多。特别是在住宅区的生态化、绿色化和可持续发展方面所作的努力比起发达国家仍有较大的差距。

4. 住宅空间环境建筑策划的量化要求

（1）住宅环境的输入与输出

住宅在城市大环境中，就如同一个能量转换器。它从外界摄入能量（如太阳能、电能、燃气、水等）的过程可视为一个输入的过程；而它排出废物的过程则是一个输出的过程。

1）住宅环境的输入——能耗

住宅的环境影响问题是每一个建筑师都不可忽视的，也是每一个住宅开发项目不可逃避的。据统计[①]，我国 2001 年住宅能耗为 1.68 亿吨标准煤（其中城镇住宅能耗 0.68 亿吨），而 2014 年住宅能耗已达 3.37 亿吨（其中城镇住宅能耗 1.66 亿吨）。建筑物能源效益的改进能使美国房屋建筑对能源的消耗减少 50%。建筑物耗能的增加也使环境质量受到了极大的影响。因此，能源效益的改进有巨大的经济意义和环境意义，必须进行定量化的研究。

住宅空间作为城市的能量转换器，要考虑所有输入与输出以及生命阶段的全过程对环境潜在的影响，但直接去调查与计算住宅空间环境的物质和能量的输入与输出有较大的难度。事实上，它通常先由政府通过政策的形式来确定。原建设部住宅产业化办公室于 1999 年 8 月颁发的《商品住宅性能评定方法和指标体系》（征求意

---

① 清华大学建筑节能研究中心．中国建筑节能年度发展期报告（2014）．北京：中国建筑工业出版社，2014.

见稿）对研究住宅空间环境影响因素量化分析作出了说明，而2005年发布的《住宅性能评定技术标准》（GB/T 50362-2005）对住宅空间环境影响因素的量化作出了更明确的说明。下表就是《住宅性能评定技术标准》（GB/T 50362-2005）关于耗能方面确定的指标和权值（表4-2-17）。

商品住宅耗能评价指标与权重 **表4-2-17**

<table>
<tr><th>分项及分值</th><th>子项序号</th><th colspan="3">定性定量指标</th><th>分值</th></tr>
<tr><td rowspan="10">建筑设计（30）</td><td>E01</td><td colspan="3">建筑朝向为南北朝向</td><td>5</td></tr>
<tr><td rowspan="2">E02</td><td rowspan="2">建筑物体形系数</td><td colspan="2">严寒、寒冷地区不大于0.3</td><td rowspan="2">5</td></tr>
<tr><td colspan="2">夏热冬冷地区和夏热冬暖地区：条式建筑不大于0.35，点式建筑不大于0.40</td></tr>
<tr><td rowspan="2">E03</td><td rowspan="2">严寒、寒冷地区楼梯间和外廊采暖设计</td><td colspan="2">采暖期室外平均温度为0～-6.0℃的地区，楼梯间和外廊不采暖时，楼梯间和外廊的隔墙和户门采取保温措施</td><td rowspan="2">4</td></tr>
<tr><td colspan="2">采暖期室外平均温度在-6.0℃以下的地区，楼梯间和外廊采暖，单元入口处设置门斗或其他避风措施</td></tr>
<tr><td>E04</td><td colspan="3">严寒、寒冷地区窗墙面积比：北向不大于0.25，东西向不大于0.30，南向不大于0.35</td><td>4</td></tr>
<tr><td rowspan="3">E05</td><td rowspan="3">外窗遮阳①</td><td colspan="2">夏热冬冷地区的南向和西向外窗设置活动遮阳设施</td><td>8</td></tr>
<tr><td rowspan="2">夏热冬暖、温和地区</td><td>Ⅲ 南向和西向的外窗有遮阳措施，遮阳系数 $S_W \leq 0.90Q$②</td><td></td></tr>
<tr><td>Ⅱ、Ⅰ 南向和西向的外窗有遮阳措施，遮阳系数 $S_W \leq Q$</td><td>(6)</td></tr>
<tr><td>E06</td><td>再生能源利用</td><td colspan="2">根据本地区能源情况，充分利用太阳能、地热能、风能等新型能源</td><td>4</td></tr>
<tr><td rowspan="11">围护结构（29）</td><td rowspan="2">E07</td><td rowspan="2">外窗和阳台门（不封闭阳台或不采暖阳台）的气密性</td><td colspan="2">Ⅲ 5级</td><td>5</td></tr>
<tr><td colspan="2">Ⅱ、Ⅰ 4级</td><td>(3)</td></tr>
<tr><td rowspan="3">E08</td><td rowspan="3">严寒寒冷地区、夏热冬冷地区和夏热冬暖地区外墙的平均传热系数</td><td colspan="2">Ⅲ $K \leq 0.90Q$</td><td>8</td></tr>
<tr><td colspan="2">Ⅱ $K \leq 0.95Q$</td><td>(7)</td></tr>
<tr><td colspan="2">☆Ⅰ $K \leq Q$</td><td>(6)</td></tr>
<tr><td rowspan="3">E09</td><td rowspan="3">严寒寒冷地区、夏热冬冷地区和夏热冬暖地区外窗的平均传热系数</td><td colspan="2">Ⅲ $K \leq 0.90Q$</td><td>8</td></tr>
<tr><td colspan="2">Ⅱ $K \leq 0.95Q$</td><td>(7)</td></tr>
<tr><td colspan="2">☆Ⅰ $K \leq Q$</td><td>(6)</td></tr>
<tr><td rowspan="3">E10</td><td rowspan="3">严寒寒冷地区、夏热冬冷地区和夏热冬暖地区屋顶的平均传热系数</td><td colspan="2">Ⅲ $K \leq 0.90Q$</td><td>8</td></tr>
<tr><td colspan="2">Ⅱ $K \leq 0.95Q$</td><td>(7)</td></tr>
<tr><td colspan="2">☆Ⅰ $K \leq Q$</td><td>(6)</td></tr>
</table>

① 夏热冬暖地区和夏热冬冷地区外窗的传热系数与遮阳系数限值都与窗的朝向和窗墙比有关。

② Q 为地区节能设计标准限值，下同。

续表

<table>
<tr><th>分项及分值</th><th>子项序号</th><th colspan="2">定性定量指标</th><th>分值</th></tr>
<tr><td rowspan="6">综合节能要求[①]（59）</td><td rowspan="6">E11</td><td rowspan="3">严寒寒冷地区建筑物耗热量指标</td><td>Ⅲ $qH \leqslant 0.90Q$</td><td>59</td></tr>
<tr><td>Ⅱ $qH \leqslant 0.95Q$</td><td>(48)</td></tr>
<tr><td>☆Ⅰ $qH \leqslant Q$</td><td>(42)</td></tr>
<tr><td rowspan="3">夏热冬冷地区、夏热冬暖地区和温和地区建筑物的采暖和空调年耗电量之和</td><td>Ⅲ $E_h+E_C \leqslant 0.90Q$</td><td>59</td></tr>
<tr><td>Ⅱ $E_h+E_C \leqslant 0.95Q$</td><td>(48)</td></tr>
<tr><td>☆Ⅰ $E_h+E_C \leqslant Q$</td><td>(42)</td></tr>
<tr><td rowspan="11">采暖空调系统（18）</td><td>E12</td><td colspan="2">采用分户热量计量技术与装置</td><td>6</td></tr>
<tr><td>E13</td><td colspan="2">采暖系统采取水力平衡措施</td><td>2</td></tr>
<tr><td rowspan="3">E14</td><td rowspan="3">预留安装空调的位置合理，使空调房间在选定的送、回风方式下，形成合适的气流组织</td><td>Ⅲ 气流分布满足生活需要</td><td>4</td></tr>
<tr><td>Ⅱ 生活或工作区 3/4 以上有气流通过</td><td>(3)</td></tr>
<tr><td>Ⅰ 生活或工作区 3/4 以下 1/2 以上有气流通过</td><td>(2)</td></tr>
<tr><td rowspan="2">E15</td><td rowspan="2">空调器种类</td><td>Ⅲ 采用中央空调</td><td>2</td></tr>
<tr><td>Ⅱ、Ⅰ 采用节能型空调</td><td>(1)</td></tr>
<tr><td rowspan="2">E16</td><td rowspan="2">室温控制情况</td><td>Ⅲ 所有房间室温可调节</td><td>2</td></tr>
<tr><td>Ⅱ、Ⅰ 主要房间室温可调节</td><td>(1)</td></tr>
<tr><td rowspan="2">E17</td><td rowspan="2">室外机的位置</td><td>Ⅲ 满足通风要求，且不易受到阳光直射</td><td>2</td></tr>
<tr><td>Ⅱ、Ⅰ 满足通风要求</td><td>(1)</td></tr>
<tr><td rowspan="4">照明系统（8）</td><td>E18</td><td colspan="2">照明方式合理</td><td>2</td></tr>
<tr><td>E19</td><td colspan="2">采用高效节能的照明产品（光源、灯具及附件）</td><td>2</td></tr>
<tr><td>E20</td><td colspan="2">设置节能控制型开关</td><td>2</td></tr>
<tr><td>E21</td><td colspan="2">照明功率密度（LPD）满足标准要求</td><td>2</td></tr>
</table>

表中给出的权重值分别为所对应项目在总能耗中的权重值。这一量化结果可使我们在住宅设计中按相关功能要素的权重值大小的排序，来确定设计中各要素的重要程度、优先程度和取值范围。

2）住宅环境的输出——污染

商品住宅对环境的输出影响主要是建设项目带来的空气污染、噪声污染与水污染。对住宅环境输出的量化分析研究多集中在建筑物理的范畴，如建筑物布局与噪声的关系、总平面布局与主导风向的关系、饮用水源与景观水系的关系等。

合理的规划与设计可以在一定程度上减弱对环境的污染。例如城市内居住区的热

① 当建筑设计和围护结构的要求都满足时，不必进行综合节能要求的检查和评判。反之，就必须进行综合节能要求的检查和评判，两者分值相同，仅取其中之一。

岛效应，当增加绿化面积，特别是大量地种植树木提高绿量时，可以改善小气候，抑制和消除热岛效应。有关测量与理论分析表明，每增加 10% 绿化覆盖，气温降低的最高值为 2.6%，夜间可达 2.8%。当绿化覆盖率达到 50% 时，气温降低 13%。日本学者曾提出过热岛强度与城市区域的房屋建筑密度的线性关系[①]，在风速在 1m/s 以下时，

$$\Delta T_{u-r}=0.95+0.16X$$

其中：

ΔT_{u-r}——城区气候与郊区气温的差值；

X——观测点 $100m^2$ 地区范围内的建筑密度。

这也是在住宅空间构想决策中考虑绿化量的权重的补充。

对于环境污染的权重，曾经有过许多相关的研究，居住区详细规划课题研究组在 1985 年对空气污染和噪声污染的权值有如下表述（表 4-2-18）：

环境污染权值表 **表 4-2-18**

C_i 为时测值；S_i 为标准值

环境污染	名称	指标	权重值
空气污染	二氧化硫	$C_i/S_i<1$	4
		$C_i/S_i=1\sim1.5$	3
		$C_i/S_i>1.5$	1
	氮氧化合物	$C_i/S_i<1$	4
		$C_i/S_i=1\sim1.5$	3
		$C_i/S_i>1.5$	1
	颗粒物	$C_i/S_i<1$	4
		$C_i/S_i=1\sim1.5$	3
		$C_i/S_i>3$	1
噪声污染	噪声	dB（A）<50	4
		dB（A）=50 ~ 60	3
		dB（A）>60	1

类似的还有光污染、水污染等的权值的研究。值得注意的是，在项目设计前期，这些指标往往难以测定和取得，所以在新住宅区空间环境构想的过程中，应特别注意同类型、同档次实例的评测结果的借鉴。有必要时应对已建成的同类型、同档次的住宅空间环境进行实态的测定。

（2）住宅空间环境量化分析中的权重值

通常量化分析要考虑四个要素，即指标、度量、权重、阈值。其中，权重是决定资源分配最重要的因素。下面列出的是现行的 2005 年发布、2006 年 3 月开始实施的《住宅性能评定技术标准》（GB/T 50362–2005）（表 4-2-19）。

① 柳孝图．城市物理环境与可持续发展．南京：东南大学出版社，1999：25.

商品住宅的性能指标总表 表 4-2-19

指标层	分项指标层	合计	分项权值
适用性能	单元平面	300	40
	住宅套型		100
	建筑装修		30
	隔声性能		25
	设备设施		90
	无障碍设施		15
安全性能	结构安全	200	75
	建筑防火		50
	燃气、电气设施安全		35
	日常安全与防范措施		20
	室内污染物控制		20
耐久性能	结构工程	100	25
	装修工程		15
	防水工程		15
	管线工程		15
	设备		15
	门窗		15
环境性能	用地与规划	250	68
	建筑造型		20
	绿地与活动场地		46
	室外噪声与空气污染		22
	水体与排水系统		12
	公共服务设施		52
	智能化系统		30
经济性能	节能	150	85
	节水		30
	节地		25
	节材		10

我们从中不难发现，与适用性相关的住宅套型（平面与空间布置），与安全性相关的结构安全度，与环境质量相关的用地与规划、公共服务与室外环境营造，与经济性能相关的节能等都是高权重值要素，也是住宅设计中必须着重研究和保证的。当有其他因素共同作用时，这些因素应是首选因素。

事实上，这种穷尽所有指标的方法难免在指标的分类上有交叉和重复的地方，在实践中难以保证权重的考察既全面又不被高估，况且权重值随着时间、地点、对象的不同会有变化。在技术日新月异的今天，有些指标的权重值在明显减小。信息社会、知识经济时代给不动产开发带来了前所未有的机遇和全新的技术支持，曾作为不动产开发三要素的“地段，地段，还是地段”的论断已经不再是那么绝对了。

在方案前期，由于许多因素待定，所以建筑师往往不是通过考虑各部分权重的大小来决定设计的主导要素，而是仅凭业主的直觉导向，对某一点猛下工夫。这事实上导致了下一步设计方向的偏差。

5. 合理疏散——环境改善的有效方法

以不同的权重值来分析和决策空间环境，进而寻求创造居住空间环境的最佳点，其运作是有条件的，这个条件就是总量的控制。居住区人口总量是应当合理限定的，如果总量突破太大，空间环境的恶化就是不可逆的。所以，在住宅建筑策划中，总量规模的明确与论证一直是建筑策划的首要任务。

在住宅区居住人口一定的前提下，通过合理布局，功能划分，健全配套设施，丰富非配套设施，进行必要的建筑艺术处理，可以大大地改善居住区环境质量。但当居住区人口密度超过一定限度时，上述做法就于事无补了。参考国外成功的经验，合理地进行市区人口的疏散，确是一个行之有效的方法，也是目前我国有些城市正在进行着的开发计划。强调优化城市布局，开拓新的发展空间，把人口控制的出路寄托于郊区卫星城的建设，应是我们提高居住环境质量的战略性方向。

商品住宅的建安设备标准与绿化环境，由于开发商售房对象的不同，差异是比较大的。郊区县住宅的开发质量及效益的差距主要表现在市政交通、商业服务、教育医疗、文化体育、银行邮电等方面，其水平都远远低于市区的现有水平。以北京为例，郊区县的居住小区，除亦庄作为国家扶持的开发区，引进大量国外资金进行建设，总体环境比较好之外，其余如平谷、延庆等远郊区县仍未完全摆脱初级的盖房卖房阶段，也并没有像人们所期望的那样很好地进行了市区的人口疏导，其关键仍是环境质量问题。只有首先改善了郊区县居住环境的质量，才能吸引人口。将市区人口疏导出去了，也才能改善市区的居住环境质量。两者紧密相连，且一环紧套一环。

中国香港的住屋政策及新区的建设值得借鉴。自 1973 年成立“香港房屋委员会”作为负责公房事务的法定机构之后，由城市中心向外围进行人口疏散，同时新区规划建设有计划、有步骤地进行，效果显著。荃湾、沙田、屯门、大埔、粉岭等八个新区从 1973 年到 1983 年的 10 年间，居住人口已达到 146 万人，到 1993 年，又一个 10 年，达到了 346 万人，超过香港总人口的一半。香港房屋委员会并没有将新区的建设停留在只解决居住问题上，而是全面地考虑就业、生活、教育和商贸生产活动。新区建设的投资最主要的是用于完善市政交通建设、提供生产就业机会的工贸办公建筑的建造以及完善居民生活服务的商业网点、文教医疗和社区建设。目前，完善的新区不但已成为香港市区居民假日游玩购物的好去处，它们之中的一些文化中心也已经成为了香港开展文化活动的据点。

由此看出，新区发展之后，总体居住水平提高，吸引了人口，使市区人口逐渐减少。最终，市区和郊区县居民人口达到合理分配和布局，使人均所获服务面积增加、人均绿地增加、人均空间扩大，居住环境质量得以根本改善。

住宅的设计不是一个单纯的建筑设计问题，而是一项综合了规划、建筑、环境、物理和心理的综合性系统工程。建筑师和规划师要对环境倾注更大的热情和关注，特别是在前期方案阶段，应着重研究影响住宅空间环境质量的关键要素的量化决策。这种理性设计的思维方式和科学程序的把握，是未来住宅设计提高环境效益、社会效益和经济效益的基本保证。

4.2.6 日本近代建筑视觉环境及古典建筑语汇利用的研究

建筑策划是为下一步建筑设计提供科学合理的依据。在建筑设计的诸多输入因素中，客观的物质化因素可以通过长期的积累、检测和归纳而获得标准，但作为建筑设计最终的形式表达，其生成过程、生成逻辑以及对形式心理感受的主观评价标准却往往难以获得，要么设计师按照自己的好恶去完成创意，要么一味听从业主、领导的主观臆断提出不为大众所接受的方案，造成建筑师在建筑设计中的创作焦虑。凡此种种现象，正是建筑策划希望研究和解决的问题。建筑策划理论就提供了研究人们心理感受和提取主观评价指标的可操作性的方法。本节介绍的案例就是作者在留学日本期间完成的一项研究，主要针对日本近现代建筑设计中运用古典建筑语汇的主观评价分析。

1. 研究的目的

本研究运用建筑策划的基本方法对日本近代建筑视觉环境及古典建筑语汇的利用进行研究，评价日本近代建筑的视觉环境特征以及在建筑设计手法上的趋向，以总结出日本近代建筑发展的趋势，寻求建筑设计在该趋势下的特征，使建筑师对日本近代建筑的发展，从视觉环境因素的变化和古典建筑语汇利用的角度有一个客观的了解，对今后的建筑设计原则和趋向进行预测和分析。

本研究主要进行以下几个内容：

1）欧洲古典美学的视觉原则回顾；

2）古典建筑语汇的概括和选择；

3）调查目标的选定研究；

4）SD 法的实态调查——50 个样本的分析；

5）因子分析及结论。

2. 欧洲古典美学视觉原则的回顾

古典美学的原则众多，为使分析更集中明确，我们选择对日本近代建筑最有影响、最有代表性的欧洲古典美学的原则进行研究。将欧洲古典美学的原则分为两部分进行，一是欧洲古典美学的视觉原则，二是欧洲古典建筑语汇的利用。

首先，我们来讨论欧洲古典美学的视觉原则。为节省篇幅，我们只将论文中的要点提出，而集中力量对研究的方法进行论述。

E. Neufert 在“ARCHITECTS’ DATA”[①] 中所论述的欧洲古典美学的视觉原则主要有三点（图 4–2–53~ 图 4–2–56）：

（1）空间形的可判定性原则

原则 1：

空间目标相对人眼静止时，目标可判定。

推论 1：

小的、低矮的空间可构成与人眼相对静止的画面，故空间形可判定（图 4–2–53）。

推论 2：

高大、宽阔的空间，人眼不得不通过移动来捕捉全貌，故空间形不可判定（图 4–2–54）。

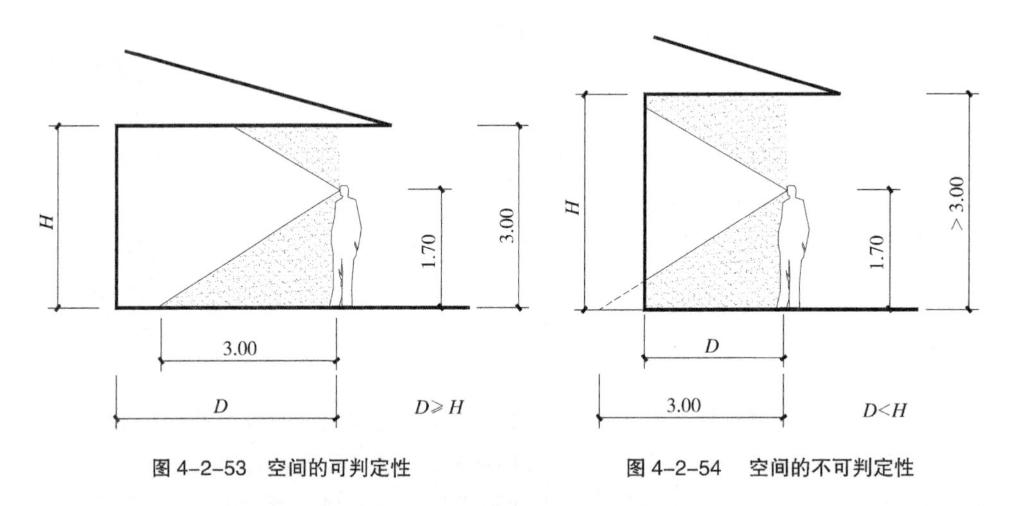

图 4–2–53 空间的可判定性

图 4–2–54 空间的不可判定性

（2）建筑立面的可视性原则

原则 2：

人眼在静止状态下，水平视野 54°，垂直视野视平线上 27°、下 10°。

推论 3：

立面完全可视的最小尺寸，观察距离 D 不小于建筑面宽 d，且不小于 2 倍的视平线上建筑立面的高（图 4–2–55）。

（3）建筑细部的可视性原则

原则 3：

人眼最小分辨率时，视野为 0° 1′ 的圆锥体。

推论 4：

建筑细部的最小可视尺寸 d 近似为观察距离 D 乘以视线与细部形成的视野角度的正切值，即 $d \geq (\mathrm{tg}0°\ 1') D=0.000291D$（图 4–2–56）。

① E. Neufert.ARCHITECTS’ DATA. Granada：1980.

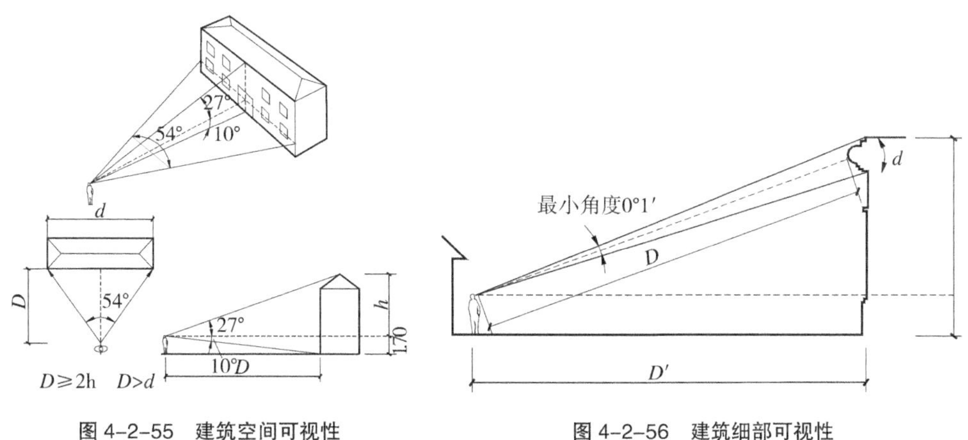

图 4-2-55 建筑空间可视性

图 4-2-56 建筑细部可视性

3. 古典建筑语汇的概括和选择

关于欧洲古典建筑语汇的利用，这里选择最典型的欧洲古典建筑的柱式，作为日本近代建筑利用古典建筑语汇的研究目标。由于柱式已成为欧洲古典建筑的象征，其基本形制作为建筑语汇在今天也被广泛利用、变形和发展，加上古典柱式的建筑语汇的鲜明特征，所以以此来研究日本近代建筑有较强的代表性。

简单地将欧洲古典建筑按其形制进行抽象概括，归纳为古典柱式的柱身、柱头、柱础和檐壁额枋四种古典建筑语汇，以此考察和分析日本近代建筑中运用这些语汇（直接运用、间接运用、改造变形地运用）的实态（图 4-2-57）。

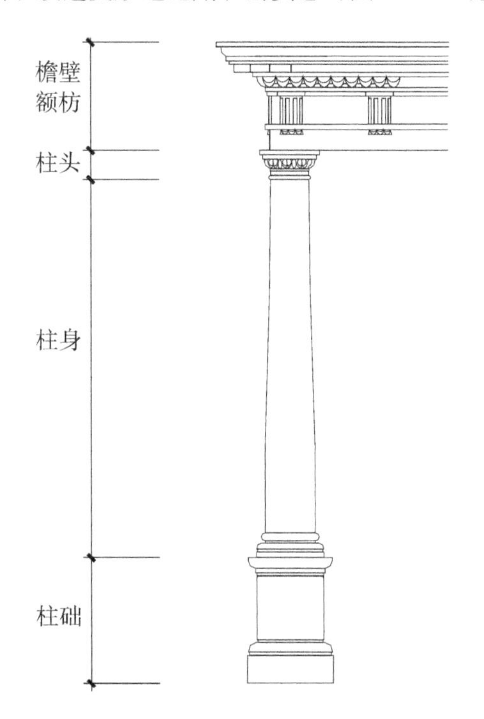

图 4-2-57 古典柱式——古典建筑的四个语汇

4. 调查目标的选定

调查目标应选择在日本建筑中占大多数、有代表性且反映时代变化的建筑类型为目标。日本近代的办公建筑基本满足这些要求。首先是它的多数性，自1860年明治维新以后，日本的经济和科学技术与世界的交流急速发展，办公业务成为社会活动中的一项重要内容。办公建筑大量涌现，直至今日仍高居于其他公共建筑之首，是日本最多的公共建筑。此外，办公建筑较能反映时代的特性，在美学思想、造型风格、结构材料等方面无不体现了时代的特征。再有，办公建筑的内容和空间要求的宽松性，使这类建筑不像博物馆、旅客站、空港那样受环境、历史、功能限制那么严格，这使研究工作可以更具有客观性和普遍性。

我们选定日本近代1860~1990年间的50栋办公建筑为调查目标，其中1860~1950年，由于战争原因，建设受到影响，故这近一百年间，我们选10栋建筑。以后从1951年至1990年每10年各选10栋建筑为目标进行分析研究。

5. SD法的实态调查

（1）调查表的制定

以古典美学的视觉原则和古典建筑语汇的利用为基准，拟定调查评价的建筑语汇标准，并以五级式为评价尺度（表4-2-20）。

被验者10人，为建筑学专业的教授、讲师、研究生和本科生。目标照片[①]50张，为日本近代（1860~1990年）的多层办公建筑。

运用“マルチ统计”[②]软件对调查结果进行计算，可得出因子相关矩阵表和因子负荷量表。

（2）SD法调查表

（3）因子相关矩阵表

由因子相关矩阵表可知，相关度的高低反映在表中的相关系数上，系数越高，相关度越大，观察可知：

古典氛围因子、古典柱头因子、古典柱身因子、古典柱础因子和古典柱式及檐壁额枋因子的相关系数较高，是一组相关因子，命名为古典性因子。

细部因子、统一性因子、整体性因子、简洁性因子的相关系数较高，是一组相关因子，命名为细部因子。以此类推可得出其余代表因子如下：

明快感、开敞性、温暖性——明快感因子。

水平感、层次感、压抑感——水平性因子。

细部量、可见性——细部可见因子。

变化性、个性——个性因子。

将因子负荷量按重组因子排列后，可得到如下因子负荷量表（表4-2-22），由表中抽出Ⅰ、Ⅱ、Ⅲ、Ⅳ、Ⅴ、Ⅵ作为心理因子轴，对目标进行心理评价。

---

① 由于篇幅所限，目标照片略。可参阅笔者《日本近代的建筑视觉环境评价古典语汇利用研究》（千叶大学建筑学科研修报告）。

② “マルチ统计”软件请参照4.2.4中的注释。由于此项目在日本完成，所以电算选用了这一程序。

SD 法调查表 表 4-2-20

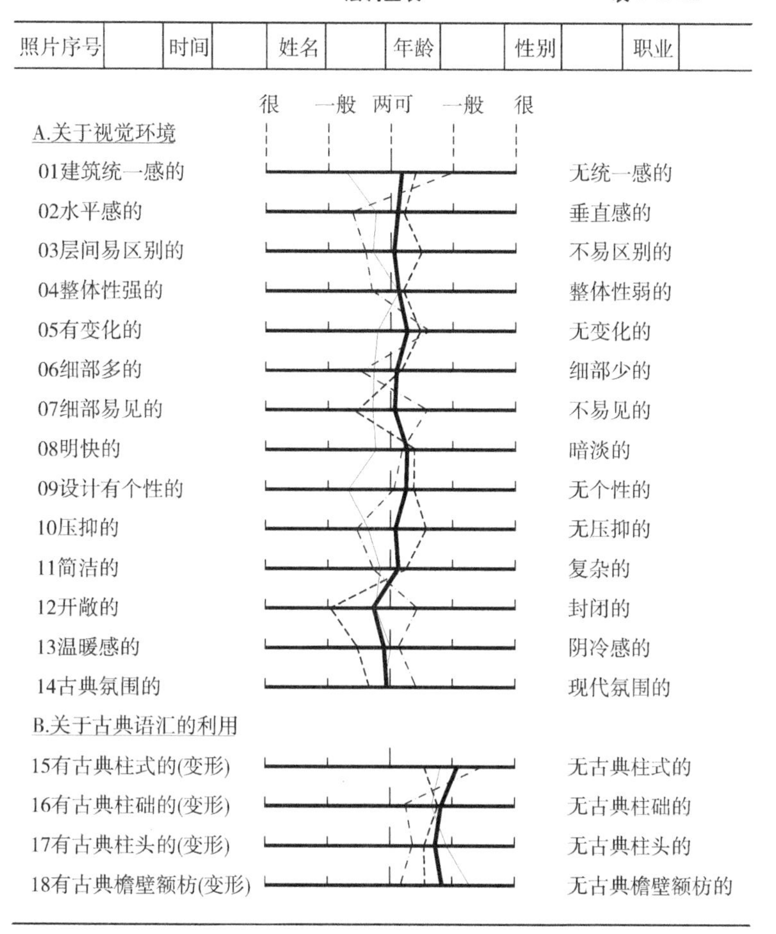

因子相关矩阵表 表 4-2-21

项目因子	统一感	水平感	层次感	整体感	变化的	细部量	细部易见	明快的	个性的
统一感	1.000	0.116	0.246	0.504	−0.295	−0.171	−0.050	0.079	−0.145
水平感	0.116	1.000	0.424	0.063	0.043	0.108	0.071	0.118	−0.031
层次感	0.246	0.424	1.000	0.151	−0.136	0.091	0.105	0.064	−0.264
整体感	0.504	0.063	0.151	1.000	−0.407	−0.314	0.018	0.170	−0.169
变化的	−0.295	0.043	−0.136	−0.407	1.000	0.439	0.037	0.119	0.512
细部量	−0.171	0.108	0.091	−0.314	0.439	1.000	0.272	0.102	0.298
细部易见	−0.050	0.071	0.105	0.018	0.037	0.272	1.000	0.198	0.010
明快的	0.079	0.118	0.064	0.170	0.119	0.102	0.198	1.000	0.211
个性的	−0.145	−0.031	−0.264	−0.169	0.512	0.296	0.010	0.211	1.000
压抑的	0.063	−0.135	0.044	0.025	−0.100	−0.079	−0.097	−0.013	−0.035
简洁的	0.258	−0.008	0.078	0.523	−0.503	−0.465	0.013	0.001	−0.276
开敞的	0.004	0.220	0.170	0.047	0.116	−0.008	−0.017	0.318	0.102
温暖的	−0.064	0.231	0.147	−0.125	0.294	0.275	0.089	0.379	0.199

续表

项目因子	统一感	水平感	层次感	整体感	变化的	细部量	细部易见	明快的	个性的
古典氛围	0.037	0.157	0.163	-0.080	0.106	0.246	0.074	0.003	-0.020
有柱身	-0.021	0.025	0.041	-0.004	0.021	0.219	0.096	0.002	0.012
有柱础	0.016	0.115	0.102	-0.035	0.115	0.347	0.116	0.122	0.078
有柱头	0.010	0.091	0.092	-0.071	0.133	0.339	0.101	0.097	0.053
檐壁额枋	0.069	0.167	0.137	-0.084	0.174	0.376	0.181	0.056	0.117

项目因子	压抑的	简洁的	开敞的	温暖的	古典氛围	有柱身	有柱础	有柱头	檐壁额枋
统一感	0.063	0.258	0.004	-0.064	0.037	-0.021	0.016	0.010	0.069
水平感	-0.135	-0.008	0.220	0.231	0.157	0.025	0.115	0.091	0.167
层次感	0.044	0.078	0.170	0.147	0.163	0.041	0.102	0.092	0.137
整体感	0.025	0.523	0.047	-0.125	-0.080	-0.004	-0.035	-0.071	-0.084
变化的	-0.100	-0.503	0.116	0.294	0.106	0.021	0.115	0.133	0.174
细部量	-0.079	-0.465	-0.008	0.275	0.246	0.219	0.347	0.339	0.376
细部易见	-0.097	0.013	-0.017	0.089	0.074	0.096	0.116	0.101	0.181
明快的	-0.013	0.001	0.318	0.379	0.003	0.002	0.122	0.097	0.056
个性的	-0.035	-0.276	0.102	0.199	-0.020	0.012	0.078	0.053	0.117
压抑的	1.000	-0.010	-0.054	-0.037	0.057	0.011	-0.011	0.015	0.004
简洁的	-0.010	1.000	-0.062	-0.250	-0.252	-0.059	-0.197	-0.239	-0.209
开敞的	-0.054	-0.062	1.000	0.287	-0.100	-0.080	-0.093	-0.094	-0.106
温暖的	-0.037	-0.250	0.287	1.000	0.226	0.034	0.168	0.115	0.156
古典氛围	0.057	-0.252	-0.100	0.226	1.000	0.395	0.515	0.500	0.504
有柱身	0.011	-0.059	-0.080	0.034	0.395	1.000	0.662	0.640	0.493
有柱础	-0.011	-0.197	-0.093	0.168	0.515	0.662	1.000	0.796	0.640
有柱头	0.015	-0.239	-0.094	0.115	0.500	0.640	0.796	1.000	0.675
檐壁额枋	0.004	-0.209	-0.106	0.156	0.504	0.493	0.640	0.675	1.000

因子负荷量表 **表 4-2-22**

	因子组名	评价项目	I	II	III	IV	V	VI
I	古典性因子	古典柱头多——少	-0.882	-0.074	-0.025	-0.011	0.007	-0.024
		古典柱础多——少	-0.881	-0.027	-0.075	-0.024	0.020	-0.034
		古典柱式多——少	-0.754	-0.015	0.019	0.072	-0.053	0.047
		檐壁额枋多——少	-0.738	-0.023	0.079	-0.154	0.183	-0.160
		古典氛围强——弱	-0.574	-0.107	-0.019	-0.156	-0.001	0.033
II	细部性因子	整体性强——弱	0.032	0.745	-0.092	-0.041	0.017	0.120
		统一感强——弱	0.036	0.624	0.030	-0.194	-0.071	0.022
		简洁的——复杂的	0.189	0.604	0.037	0.054	0.033	0.304
		细部多——细部少	-0.329	-0.390	-0.074	-0.157	0.328	-0.317
III	明快感因子	明快的——暗淡的	-0.058	0.149	-0.604	-0.036	0.154	-0.176
		温暖的——阴冷的	-0.123	-0.166	-0.519	-0.231	0.052	-0.188
		开敞的——封闭的	0.122	-0.002	-0.486	-0.268	-0.146	-0.101

续表

	因子组名	评价项目	I	II	III	IV	V	VI
IV	水平感因子	水平感——垂直感	−0.088	0.043	−0.132	−0.645	0.020	−0.026
		层间区别有——无	−0.098	0.125	−0.121	−0.581	0.073	0.248
		压抑感有——无	−0.022	0.037	−0.029	0.143	−0.127	0.125
V	细部可见因子	细部易见——不易见	−0.119	−0.003	−0.133	−0.060	0.522	0.015
VI	个性因子	有个性——无个性	−0.044	−0.145	−0.157	0.141	0.009	−0.691
		有变化——无变化	−0.091	−0.454	−0.124	−0.043	0.018	−0.588

6. 目标的认知图式及评价分析

由电算可以得出50个样本对于上述6个因子轴的平均得点表。为了节省篇幅，简明地说明方法，我们在这里只列出前三个因子轴的得点（表4-2-23）以及前三个因子的认知坐标图（图4-2-58）。

因子得点表 表4-2-23

样本	I	II	III	样本	I	II	III
01	0.461	0.134	0.064	26	−0.059	−0.083	0.008
02	0.293	−0.027	0.035	27	−0.129	−0.093	−0.076
03	0.162	−0.008	−0.098	28	−0.074	−0.003	0.031
04	−0.130	−0.079	−0.033	29	−0.008	0.071	0.015
05	−0.062	0.058	−0.079	30	0.054	−0.040	−0.025
06	−0.108	−0.102	−0.007	31	−0.026	−0.094	−0.002
07	0.344	0.101	0.067	32	0.127	0.074	0.066
08	−0.126	−0.055	0.019	33	−0.092	0.003	0.029
09	−0.005	−0.047	0.017	34	−0.046	−0.021	−0.008
10	0.059	−0.077	−0.020	35	−0.071	0.185	−0.025
11	0.051	0.024	0.002	36	−0.103	−0.078	−0.022
12	0.020	−0.002	0.038	37	−0.068	0.113	−0.057
13	−0.083	−0.074	0.003	38	−0.123	−0.063	−0.018
14	−0.049	−0.003	0.030	39	−0.078	−0.050	−0.040
15	−0.109	−0.021	−0.023	40	−0.055	−0.017	−0.023
16	0.227	0.120	−0.001	41	−0.068	−0.076	0.023
17	−0.045	0.066	−0.006	42	0.071	0.191	0.038
18	−0.107	0.075	−0.047	43	0.053	0.015	−0.065
19	0.246	0.083	0.056	44	−0.071	0.055	0.038
20	−0.095	−0.019	0.090	45	0.052	−0.075	−0.011
21	0.005	−0.051	0.028	46	−0.040	0.012	0.069
22	−0.062	−0.001	0.078	47	−0.098	−0.080	−0.084
23	0.163	0.078	0.164	48	−0.032	−0.032	0.028
24	0.001	0.044	0.031	49	−0.012	0.090	0.046
25	−0.039	−0.056	−0.029	50	−0.130	−0.076	−0.042

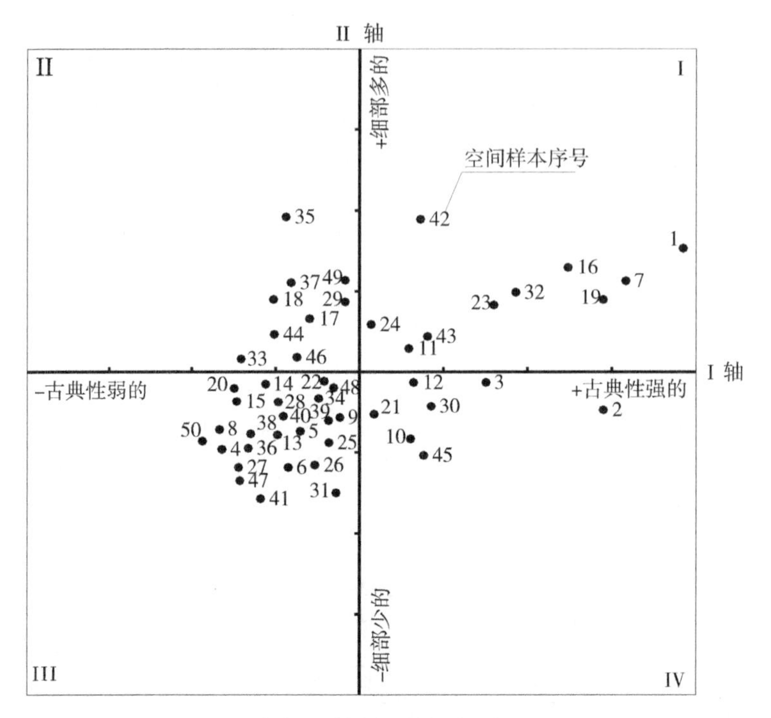

（a）I–II 轴空间认知坐标图

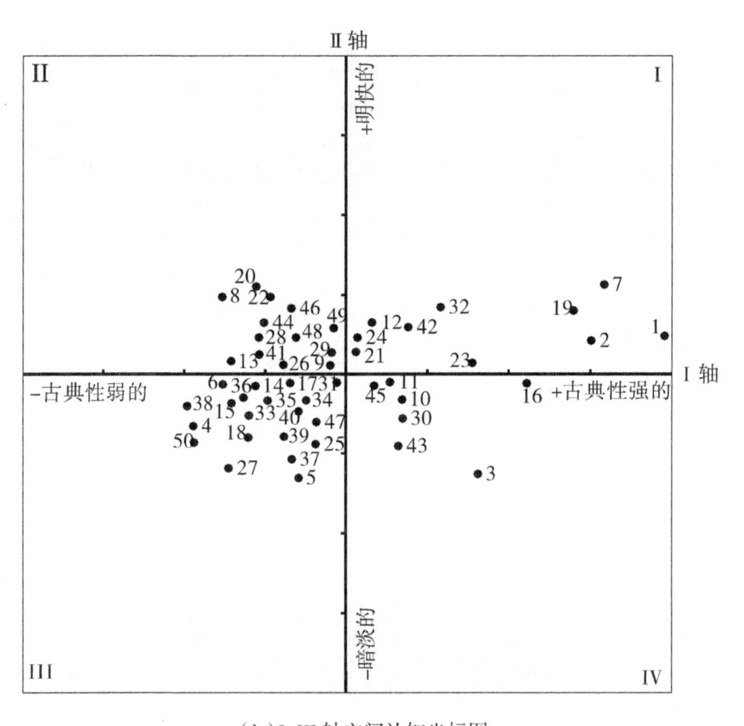

（b）I–III 轴空间认知坐标图

图 4–2–58 认知坐标图

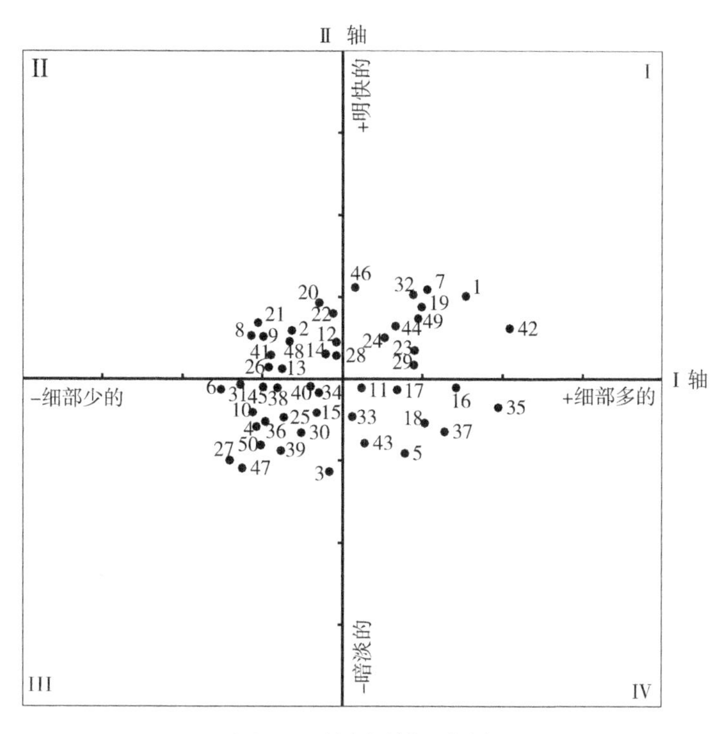

（c）Ⅱ-Ⅲ 轴空间认知坐标图

图 4-2-58 认知坐标图（续）

为适应一般坐标制图的正负概念，因子得点表中的值已经过正负号变换，与坐标系一致。

因子得点表表示各目标对于各因子（Ⅰ——古典性因子、Ⅱ——细部因子、Ⅲ——明快性因子）的倾向程度。得点高、倾向度大，反之，倾向度小。认知坐标图直观地描绘了各样本的倾向性，即设计特征。

图 4-2-58（a），第Ⅰ象限为古典性强且有细部处理的建筑；第Ⅱ象限为有细部且具现代感的建筑；第Ⅲ象限为既无细部又不具古典性的建筑；第Ⅳ象限为有古典性且无细部的建筑。具有古典性,同时有较强的细部设计的建筑多集中在第Ⅰ象限；而具有现代感且细部相对又较少的建筑则集中在第Ⅲ象限；既古典又缺乏细部的建筑几乎不存在，显然古典氛围与细部因子成正比。

图 4-2-58（b），第Ⅰ象限为古典性强且较明快的建筑；第Ⅱ象限为古典性弱且明快的建筑；第Ⅲ象限为既不古典也不明快的建筑；第Ⅳ象限为古典且不明快的建筑。由图可见，描点分布较分散和平均，明快感与古典性因子关系不大。

图 4-2-58（c），第Ⅰ象限为有细部且明快的建筑；第Ⅱ象限为无细部且明快的建筑；第Ⅲ象限为既无细部也不明快的建筑；第Ⅳ象限为有细部且不明快的建筑。由图可见，描点分布较分散和平均，明快感与细部因子关系不大。

由样本的认知坐标图和平均得点表，我们可以根据样本的年代顺序分别绘出目标建筑古典性的变化曲线、细部量的变化曲线、明快特征的变化曲线、个性强弱的变化曲线等。图 4–2–59 所示为古典性变化曲线。以横轴为年代顺序，纵轴为古典性因子量，则日本近代建筑的古典性随时间变化的曲线便一目了然了。

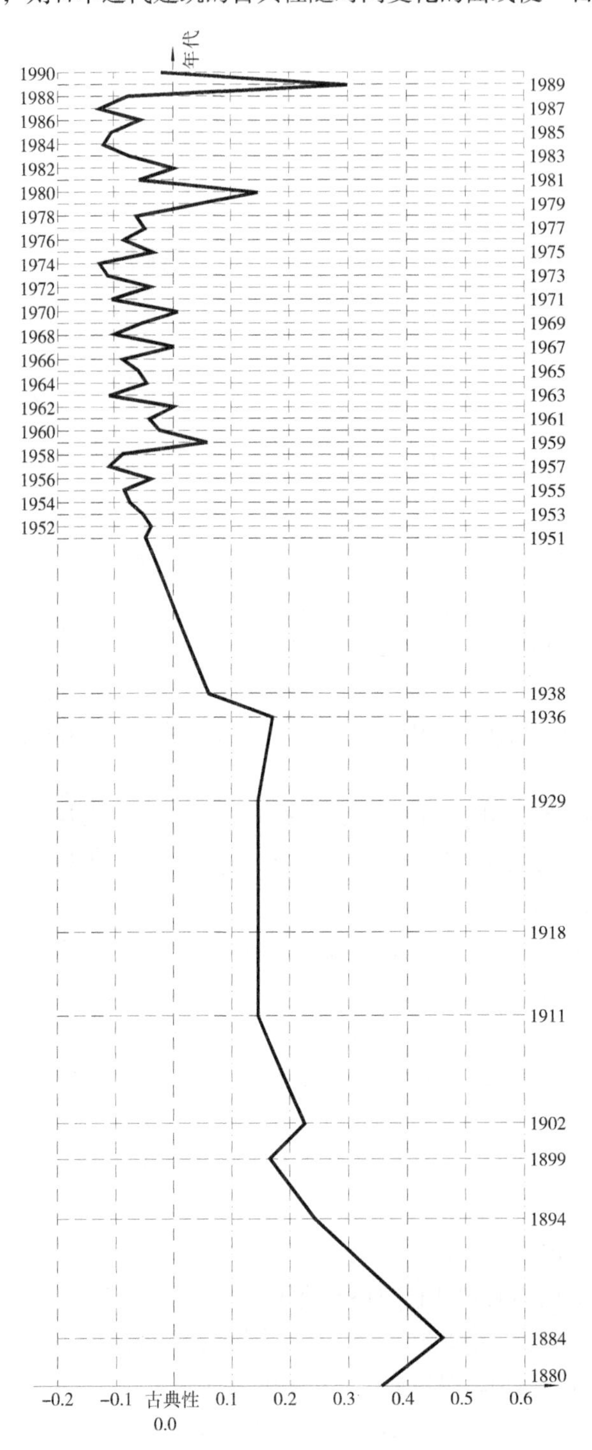

图 4–2–59 日本近代建筑古典性变化趋势实感图

7. 评价分析结论

对日本近代办公建筑的实态调查分析表明，日本近代建筑在设计手法和概念方面可分为三个阶段。第一阶段是从明治维新开始到战争结束（1880~1945 年），这段时期，日本大量地学习西方的文化和科技，同时西方古典建筑的思想成为了日本当时建筑界的主要思潮。建筑多表现为西洋古典式，建筑的设计手法上多运用古典的柱式、檐口以及平面布局。在设计概念上，突破了日本传统的理念，形成了日本建筑设计理论和实践的一次跳跃。第二阶段是经济恢复阶段（1950~1970 年），战后经济的恢复、成长，建设的扩大，要求提高建设速度和经济效益。受国际建筑环境的影响，现代建筑运动也席卷了日本，单调、平淡、无细部的钢和玻璃的立方体一时占了统治地位。从 70 年代开始，日本社会进入了经济稳定发展时期，这时的日本建筑界已开始注重对民族建筑的思考，开始注重建筑理论的研究，同时日本新一代建筑师也开始登上世界建筑理论的舞台，强调民族性、强调传统继承的呼声越来越高。这一阶段的建筑多为探索性建筑，设计理论也杂乱纷繁。这一时期，与国际上的后现代主义等思潮相呼应，在日本也出现了古典主义回复的现象。

以上事实可以从古典性变化趋势实感曲线中看出。1950 年以前古典性因子得点值一直在零点以上，而 1950~1979 年间则在 0 至 -0.1 之间上下浮动，而在 1980 年和 1989 年各出现了两次向古典主义回复的高峰。这就告诉了我们这样一个趋势，近代建筑的设计理念及手法，已从最初简单地模仿和利用西欧古典建筑的语汇，发展到了现代能动地消化分析古典建筑形制的基本原理，联系民族传统进行思考，并将古典原则语汇加以抽象、提炼，取其精华而创造当代建筑理论和手法。

通过实态调查分析，我们可以对日本近代建筑的设计趋向得出如下结论：

（1）古典美学的原理和古典建筑语汇仍是现代建筑设计的理论根基；

（2）民族性和传统是现代建筑设计不可舍弃的设计原则的灵魂和出发点；

（3）传统的继承不是对古典建筑语汇的简单抄袭和照搬；

（4）对古典美学原则的发展和对古典建筑语汇的抽象化是发展现代建筑设计理论的前提。

对日本近代建筑视觉环境和古典建筑语汇利用的策划调查分析，为了解日本近代建筑发展的趋势、设计理念的现状提供了科学的、逻辑的论据，使当代建筑师在建筑设计前期的建筑策划中，能清楚地把握设计理论的发展趋向和特征，科学、客观地把握设计的方法，以适应时代的要求。该课题的研究方法和成果对我国当前建筑创作的民族性探讨也有积极的借鉴意义。

4.2.7 北京旧城居住区改造建筑策划研究

该项目是 1997 年受华远房地产公司委托所进行的一个旧城改造住宅区建设的策划项目。项目利用房地产公司习惯的问卷调查方法，结合问卷系统的开发以及建筑策划的分析对旧城改造项目中的住宅区规划设计进行前期策划研究。本案例介绍的重点是建筑策划中问卷调查方法的应用。因本项目发生的时间是20世纪90年代末，所以本节文中所表述的设备及硬件环境均为当时的可用设备，今天看来已经落后，但不影响对策划研究问卷方法的描述。

针对该项目的策划研究，我们将其分为五个步骤：

（1）接受委托单位的委托，根据委托方提供的资料确定建筑策划的范围和目标及基本程序；

（2）根据该地段的特点和资料，明确建筑策划的具体项目和方法，并进行相关的实态调查，其中包括现场访谈、问卷调查和现状的勘测统计等；

（3）组织进行相应计算机程序的设计；

（4）通过计算机等辅助工具，对调查结果进行统计分析，并形成各项调查的结论报告；

（5）根据调查分析的结论，形成模拟建筑设计任务书，并以此生成1~2个概念设计方案。

依据上述研究原则，该项目建筑策划报告内容提纲如下：

（1）目标地区建筑策划项目概述

（2）目标地区策划问卷分析系统的开发

（3）目标地区文化设施现状的调查研究

（4）目标地区商业服务设施现状的调查研究

（5）目标地区未来居住小区的调查研究

（6）目标地区车辆停放现状的调查研究

（7）目标地区环境综合调查与评价

（8）目标地区开发改造建筑设计模拟任务书

（9）目标地区开发改造概念设计说明

1. 目标地区建筑策划项目概述

（1）用地范围及面积

目标用地位于北京旧城中心地段，比邻市级商业中心，与市级商业街相连。现用地内多为老旧四合院住区，无保留价值。用地内无文物保护建筑，无保留树木。自然地势平整，地基情况尚可。用地内无高压线走廊、人防、古井、古墓。总占地面积约3.6hm^2，其中建设用地3.4hm^2。

（2）改造建设内容

商业、餐饮、办公、高级公寓、文化娱乐设施、普通住宅。

（3）本目标地区的策划项目是针对旧城区住宅市场开发的一项研究工作。这项研究将为此类开发建设项目提供一整套科学而逻辑的方法，可以最大限度地保证开发项目的社会效益、经济效益和环境效益。

（4）本研究也直接为北京城区居住区的建设提供具有可操作性和指导性的方案研究（图4-2-60）。

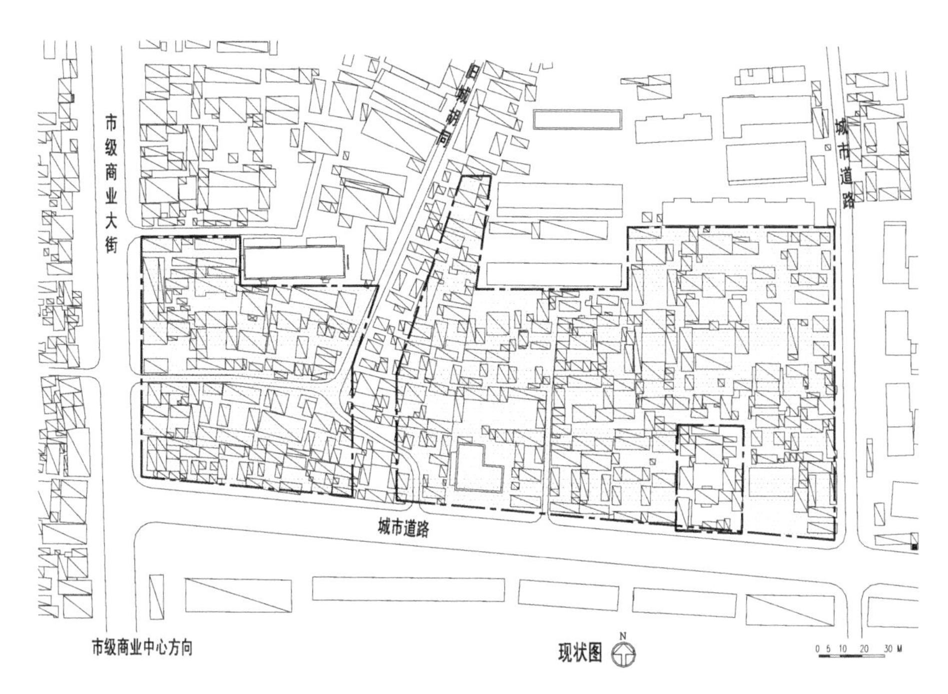

图 4-2-60 现状图

2. 目标地区策划问卷分析系统 QUERY 的开发

（1）建筑策划调查问卷分析管理系统 QUERY

1）功能介绍

a. 项目管理及项目维护：新建、修改、删除。

b. 问卷维护：新建、修改、删除、项目间移动、打印、保存文件。

c. 问卷录入：项目选择，问卷选择（从文件写入数据库），录入（出错处理、保存前认证）；把本次录入信息保存为文件。

d. 统计分析：用户提出问题（从已有问题中选取，或自行组合）；据用户要求出数据、报表、图表；结果输出，打印、保存为文件（文件格式可选）；系统做成安装盘或 CD，制成图表。

2）QUERY 工作模式框图（图 4-2-61）

（2）建筑策划调查问卷系统使用说明

1）QUERY 软件的运行环境

a. 操作系统：中文版 Microsoft Windows95

b.CPU：Pentium 处理器 586

c. 内存储器：32MB

d. 硬盘：15MB 的硬盘空间

2）QUERY 软件的安装方法

（略）

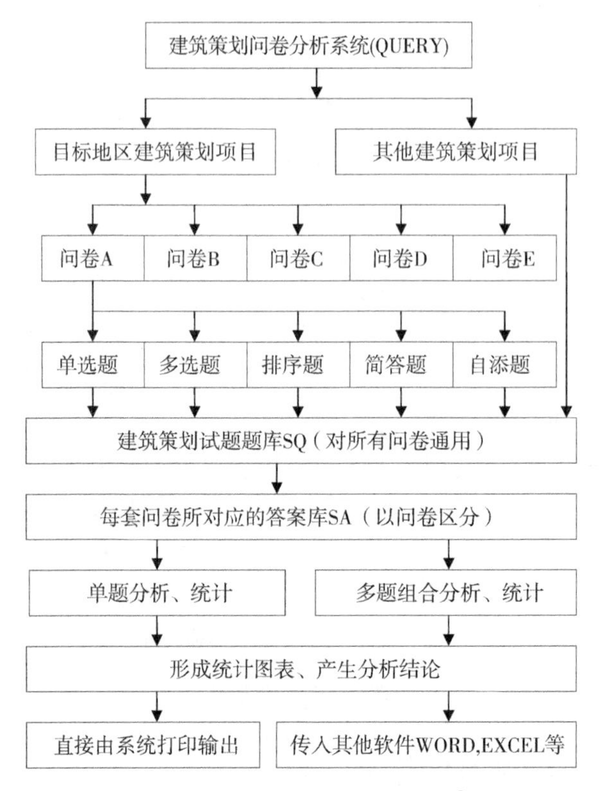

图 4-2-61 QUERY 工作模式框图①

3）QUERY 软件的基本功能介绍

a. 试卷及试题题库的建立与维护。（略）

b. 问卷的答案库的建立与维护。（略）

c. 分析图表的生成与传递。（略）

d. 其他快捷键。（略）

4）QUERY 软件包

a. 一套六张 3.5 寸安装软盘

b. 一张 3.5 寸升级版安装软盘

c. 一套两张 3.5 寸数据库升级版安装软盘

3. 目标地区文化设施现状的调查研究

（1）目标地区文化设施部分的问卷调查结果和分析

1）问卷调查概况

调查实施人数：10 人。

调查时间：1997 年 12 月 20 日。

抽样情况：本调查发放问卷 200 份，回收 170 份，回收率为 85%。

① 李靖．城区居住区改造建筑策划方法研究．清华大学硕士论文．1999．指导教师庄惟敏。

调查对象：两部分，一部分为目标地区附近居民（148 份，占 87%），另一部分为过往的行人（22 份，占 13%）。

性别构成：男 87 份，占 51.2%；女 83 份，占 48.8%。

问卷调查表例（抽样部分）：

您好，为深入进行 ×× 小区改造的建筑策划工作，我们向您提出下列问题，希望您能积极配合，认真回答，谢谢合作!
清华大学建筑设计研究院
北京市 XX 房地产股份有限公司
调查时间：　　　　调查人签名：调查地点：填写人签名：
@ 您的性别：
（A）男，（B）女；
@ 您的年龄：
（A）15 岁以下，（B）15~25 岁，（C）25~40 岁，（D）40~60 岁，（E）60 岁以上；
@ 您的职业：
（A）学生，（B）军人，（C）工人，（D）教师，（E）干部，（F）职员，（G）商人，（H）工程师，（I）其他；
@ 您是否居住在附近：
（A）是，（B）否；
@ 您在附近居住的时间：
（A）1 年以下，（B）1~3 年，（C）3~5 年，（D）5~10 年，（E）10 年以上；
@ 您的家庭一般每月投入文化娱乐的消费金额是：
（A）50 元以下，（B）50~100 元，（C）100~200 元，（D）200~500 元，（E）500 元以上；
@ 您平日的业余活动主要是：
（A）在家看书，（B）在家看电视，游艺，（C）外出看电影、录像，（D）外出卡拉 0K，（E）外出游艺，（F）参观展览，（G）观看文艺演出，（H）郊游，（I）其他；
@ 您节假日的消遣方式主要是：
（A）在家看书，（B）在家看电视，游艺，（C）外出看电影、录像，（D）外出卡拉 0K，（E）外出游艺，（F）参观展览，（G）观看文艺演出，（H）郊游，（I）其他；
@ 您对组织群众性文体活动的态度是：
（A）很喜欢，（B）比较喜欢，（C）一般，（D）不太喜欢，（E）很不喜欢；
（节略）

2）文化设施部分的问卷调查统计结果（节略）

※ 您的年龄?

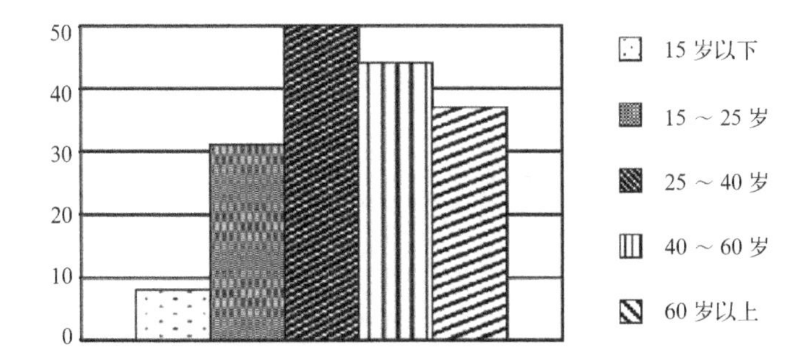

※ 您的家庭一般每月投入文化娱乐的消费金额是？

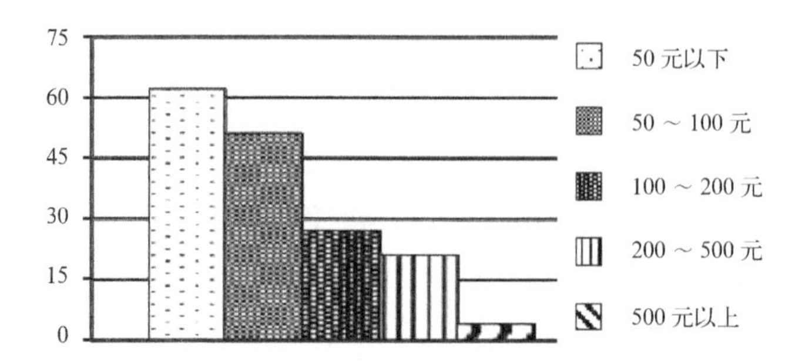

※ 您平日的业余活动主要是？

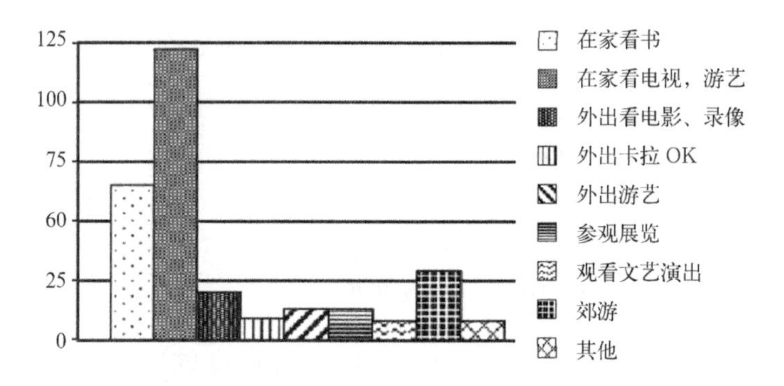

※ 您对群众性文化活动的态度是？

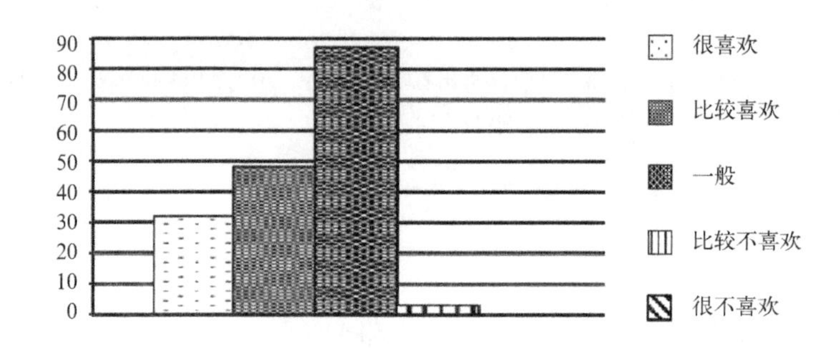

※ 如果去文化馆，您选择的活动方式是？

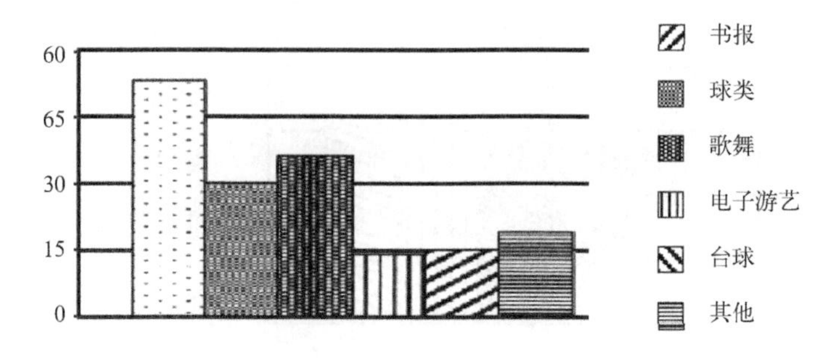

※ 如果在附近新建一所图书馆，您认为？

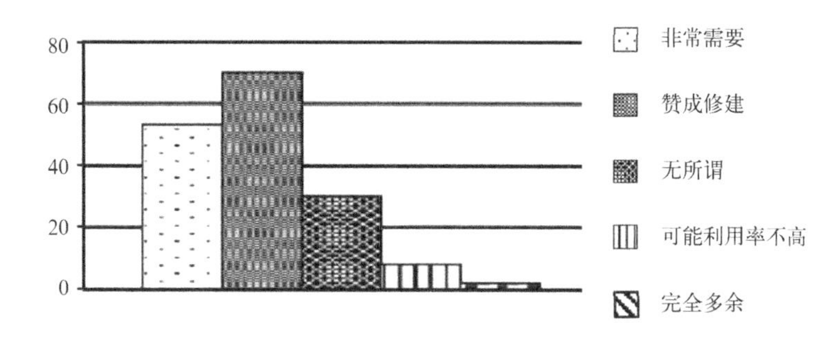

※ 您认为娱乐设施和文化设施应是什么关系？

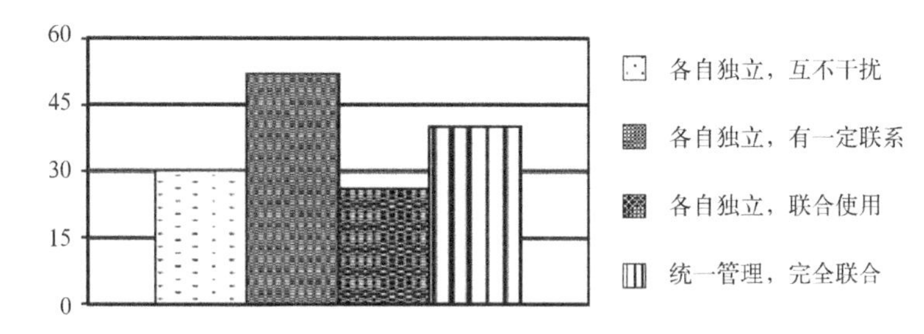

※ 您对附近的旧城风貌？

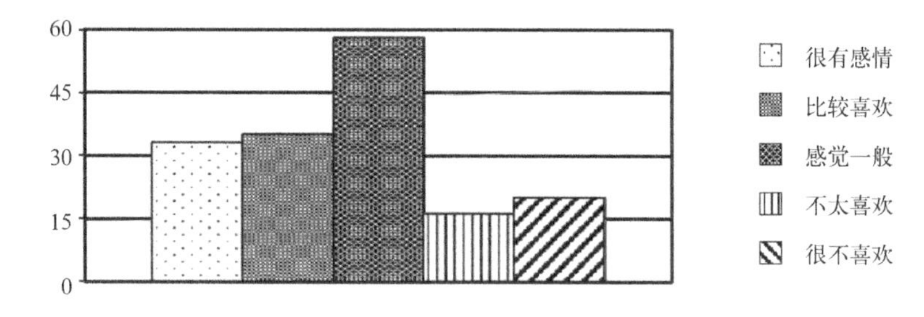

※ 您对附近现有文化设施的质量的意见是？

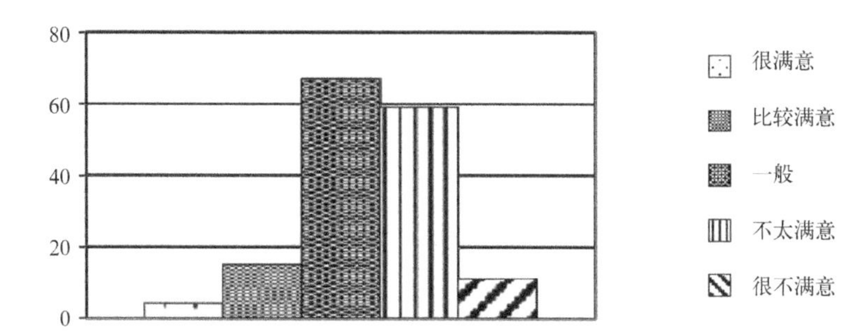

（下略）

3）文化设施部分的问卷调查结果分析

被调查者除 15% 以下属于未成年者之外，其他四个年龄段分布均匀，其中中青年占主导地位，这也是小区未来最有消费实力的人群组分。该地区家庭投入文化娱乐设施的资金分布不均，且偏低。平时的业余生活与节假日基本相同，以户内活动为主，是欠发达地区的生活模式。

对附近原有的文化馆，超过半数的人没有去过，经常去的人极少。其原因与其功能组成及设计的不合理不无关系。这是该项目设计中应特别注意的。

小区居民对文化活动参与的积极性是高的，对文化设施的要求是迫切的。对文化活动的选择，居民们以书报阅读类为首选，此部分比例高于对娱乐的选择。对在小区内新建一图书馆，支持率之高出人意料。关于文化设施的要求，重点集中在厅室面积、采光、无障碍设计、停车面积等方面。

（2）目标地区文化设施与周边现有文化设施的比较分析

（略）

（3）结果综述

目标地区是一个文化设施相对缺乏的地区。其中对图书馆的需求占第一位。在总平面功能分区上，文化类建筑（如图书馆）宜建在小区北部或东部，尽量远离街道，但同时也应考虑交通的方便，解决停车问题。

文化设施（图书馆）的建设应考虑多功能性以及单体设计中的弹性设计原则。小区文化设施（图书馆）的基本功能应包括服务于普通群众的大阅览室，少儿学生阅览室，小报告厅（兼电影院），大面积健身场地（场馆），中小规模的娱乐空间、歌厅和快餐，俱乐部形式的群众文娱团体的活动场馆及各类文化讲习班。

4. 目标地区商业服务设施现状的调查研究

（1）小区内各种商业服务业设施调查统计

为了提高调查的精度和便于对该地段的商业服务业的规模进行统计，我们对这些商业服务业设施的规模进行了一定的区分和分类。我们把这些设施的规模分成五个档次（以 * 的个数为标志），其中：没有 * 的，为微型店铺，一般其开间不足 5m，营业面积不超过 $40m^2$；* 为小型店铺，一般其开间为 5~10m，营业面积不多于 $100m^2$；** 为中小型店铺，一般其开间为 10~20m，营业面积不超过 $200m^2$；*** 为中型店铺，一般其开间为 20~30m，营业面积在 $200 \sim 500m^2$ 范围内；**** 为大中型店铺，其开间一般不超过 50m，营业面积在几千平方米范围内；***** 为大型商厦，营业面积在几万平方米左右。

这样的规模档次的划分标准是根据目标地区附近的商业服务业设施规模的实际情况而确定的。从数学角度上讲，这些定义域的取值范围是不连续的。从这点也可以看出现代商业的情况以及发展模式，即向超大型集团化和小规模专门化两个方向发展。这对于策划小区未来的商业规模有一定的参考价值。

由于所采用的实态调查的方法和制表原则是相同的，为节约篇幅，本节实态问卷调查统计图表略。

（2）小区商业服务设施现状汇总

小区商业服务设施现状汇总　　表 4–2–24

商业名称	数量	百分比	商业名称	数量	百分比
餐饮类	22	18.8%	副食品类	7	6.0%
书报销售类	3	2.6%	综合商业	8	6.8%
美容美发类	5	4.3%	文化用品类	7	6.0%
服饰类	21	17.9%	音像类	9	7.7%
装饰品类	11	9.4%	专项服务	14	12.0%
医药类	2	1.7%	其他	8	6.8%

（3）问卷调查结果分析

（实态问卷调查统计图表略）

小区内工薪阶层占 80%，年收入 10 万元以上的只占 5%。因此，小区配套及部分非配套商业应定位在中档水平。

大部分人出行以自行车为主，其次为公交车，占 30%，私车及出租车占 17%，但仅这 17% 已给节假日该地区的停车造成了巨大压力，所以小区内商业服务设施，特别是非配套商业服务设施在设计中应充分考虑自身相应的配套停车场（库）。商业应结合公交和地铁站进行统一的设计。

商业是小区建筑的一大特征，所以创造有特色的商业建筑和环境是形成该小区亮点和保证未来有升值力的关键。

调查结果显示，有经营特色的强调历史文化和传统的专卖店是营造该小区独特风格的根本，应加以适当地保留和改造。

5. 目标地区住宅小区的调查研究

（1）对目标地区内未来居住者的调查和分析

（实态问卷调查图表略）

调查表明，小区未来居住者中受过高等教育的人口比例呈上升态势，因而小区配套设施（如图书馆等）和环境设计应有一定的档次。小区未来居住者以三口核心家庭为主。目前人们出行的主要交通工具是自行车，今后发展将有 15% 的家庭拥有或计划拥有私家汽车，所以住宅区内停车场及小区与城市道路衔接极为重要。对上下班出行时间承受能力的调查显示，平均承受能力在 30 分钟左右，故如将某公司员工作为内销房主要目标，则销售对象分布应在目标地区周围 3km 范围内。

调查统计及多因子变量分析显示，在经济条件许可的前提下，三室一厅（30%）和三室二厅（39%）、100~120m^2（53%）为主要需求。调查表明，未来居住者们对跃层式（复式）持支持态度，这为小区住宅的设计提供了更自由的空间。对客厅面积的要求为平均 29m^2，且希望与餐厅有所分隔。对封闭式阳台有较高的认同（55%），且 57% 的家庭认为今后要安装空调。对自行车和汽车的停放，都一致认为应有专用的停车场。

（2）对目标地区内未来物业管理者的调查和分析

（实态问卷调查图表略）

在小区内应设有一定面积（60m^2 左右）的物业管理用房。围墙、大门、值班室和保安监控室是物业管理的基本内涵，也是小区管理质量的衡量标志。围墙设计是关键。小区垃圾清运以袋装为主，住宅不设楼内垃圾道。小区中全部住户应做到水、电、气三表出户。小区应设社区闭路电视网。

小区的主要入口应避免与其他邻近小区的出入口公用，设在东侧城市次要干道为宜。图书馆的建设虽然直接经济效益不明显，但对提升小区的文化品位至关重要。小区内的商业服务业应避免各自独立设置，应当连成整体，便于管理。

小区内停车问题，物业和居民意见是一致的，都希望建设封闭的停车场。

6. 目标地区内车辆停放的调查研究

（1）对目标地区车辆停放的实态调查

对目标地区车辆停放的实态调查，采用分时段描点实测法，定量地分析和计算目标地区内车辆停放的现状。

（实态问卷调查图表略）

（2）目标地区内车辆停放的分析结论

目前小区周边因有市级商业中心，且地下停车场容量不足，所以人车混流使车辆停放极为混乱，给小区未来出行和停车带来了极大的不便。

解决小区停车问题建议一：小区内文化娱乐设施地下应充分开发，用作停车空间，总容量不应少于 100 辆。同时，在小区公共空间部分靠近小区出口处，设地面停车，约占停车总数的 1/3。

建议之二：小区居民区内部不设停车场，而将公建的地下停车场作合理的划分，把地下车库（归居民部分）的出入口靠近居住区设置。

建议之三：地下车库的出入口应有足够的数量，除满足公建进出外，居民停车应在东、西、南三面有出入口。

建议之四：目标地区西侧规划有地铁出入口，地下车库出入口应对此有所避让。

7. 目标地区环境综合调查与评价

（1）环境综合评价因素

1）北京历史名城的整体保护原则。

2）旧城土地合理利用、道路交通、树木绿化、建筑质量等问题的解决。

3）目标地区文化环境的调查与评价。

（2）环境改造要点

1）商业设施：应以中小型规模的专卖特色店为主，并集中布置，形成与大型市级商业中心互补的商业层面。

2）停车：地下停车场应集中布置，分隔使用。集中建设一次性投资小，便于管理。划分公建停车和小区停车，使车库在统一管理下发挥最大的效益。

3）噪声：邻近城市商业大街的用地，应有相对连续的建筑实体，以适当地隔绝城市噪声。住宅和图书馆等宜布置在用地偏东、北两个方向。

4）绿化：结合保留的古建筑及园林，选择多种成材树种，乔、灌木结合立体布局，增加小区绿化的层次感和美感。

8. 目标地区开发改造建筑设计模拟任务书

（1）居住小区及其配套设施

1）总平面设计

该居住小区位于北京旧城中心地段，市级商业街东侧。建筑限高 18m，层数为 6 层或 6 层半。总户数为 200~220 户，总居住面积约合 25000m^2，其他配套设施另计。

该小区应有单独的出入口两个，宜设在小区东侧和南侧，其附近应设一地下机动车车库出入口。该小区地下不设汽车库，而是使用该小区的非配套公共建筑的地下车库。小区住宅楼内每个单元都设半地下或地上的自行车车库，使居民存取自行车比较方便。

小区内设有幼儿园和老年人活动中心，二者宜结合设计或放在较为邻近的位置，而且这二者应与小区内的中心绿地较为接近。小区内的商业形式为底层商业，应设在小区边缘，可以对外营业，根据调查，以在小区东侧为宜，因为这一带有多个居民区的出口，人流组成也多为当地居民。

该地段最北部的不规则区域可设置热力站、变电站等辅助设施用房。小区内宜采用袋装垃圾统一收集的方式，不设垃圾站，不在楼道内设垃圾道。

2）立面设计

现代化，简洁，结合屋顶平台等，宜有一定装饰，建筑屋顶形式为坡屋顶，符合北京地方特色，颜色宜与邻近建筑色彩接近。

3）使用功能及容量

a. 住宅楼

200~220 户。

小区住宅户型比表　　表 4-2-25

户型	百分比	建筑面积	备注
二室一厅	14%	80m^2	本户型百分比来自于问卷 A 中的调查结果的分析
三室一厅	30%	100m^2	
三室二厅	39%	120m^2	
四室二厅	12%	150m^2	
五室二厅	5%	200m^2	

b. 居住小区配套设施

托幼所：1 个，面积 1500m^2；

卫生站：1 个，面积 30m^2；

老年人活动中心：1 个，面积 200~300m^2；

底层综合商店（粮油、副食）：1~2 个，面积 120m^2；

早点小吃店：1 个，面积 100m^2；

自行车库：每个单元可停车 40~50 辆；

居委会：1 个，面积 50m^2；

变电站：1 个；

煤气调压站：1 个；

物业管理处：60m^2（可与底层商业用房结合）

社区广场或草坪：不少于 2000m^2。

（2）文化娱乐设施——图书馆

1）总平面设计

宜将馆址置于地段的中段，即商业设施的东面，居住小区的西面。图书馆可分作南、北两部分，南面临街，作为文化娱乐部分，北面较为安静，可作为图书馆主体部分。

可设两个主要出入口，即图书馆和娱乐部分分别有各自的出入口；娱乐部分可与西侧的商业设施连通；电影院应在南侧，有单独的疏散口。由于小区与图书馆比邻，因此应考虑在居住小区一侧设一出入口，以方便小区居民。

2）立面设计

现代化，简洁，有一定装饰，符合北京地方特色，建筑色彩鲜明，体形丰富。

3）使用功能及容量

总建筑面积 8000m^2。地上 2~3 层，地下 2 层，建筑高度控制在 18m 以下，层高 4.2m。

a. 图书馆部分

门厅：1 个，200m^2；

电脑阅览室：1 个，面积 150~200m^2；

报刊阅览室：1 个，面积 150~200m^2；

少儿阅览室：1 个，面积 150~200m^2；

工具书阅览室：1 个，面积 150~200m^2；

普通阅览室：1 个，面积 150~200m^2；

科技书阅览室：1 个，面积 150~200m^2；

文艺书阅览室：1 个，面积 150~200m^2；

报告厅：1 个，可容纳 200 人；

贵宾室：1 个，面积 150~200m^2；

小会议室：2~4 个，每个可容纳 40~60 人；

小卖部：2 个；

展览大厅：1 个，面积 300~400m^2；

多功能大厅：1 个，面积 300~400m^2；

采编室：1 个，面积 50m^2。

b. 文化娱乐部分

电影院（有舞台，可兼作剧场）：1 个，可容纳 600 人；

健身房：1 间，面积 100m^2；

乒乓球室：1 间，面积 100m^2；

羽毛球室：1 间，面积 150~200m^2；

排练室：2 间，每间 150~200m^2；

电子游戏厅：1 间，面积 150~200m^2；

棋牌室：2 间，每间 50m^2。

c. 配套设施

中央空调，计算机管理系统，电子消防报警系统以及公共音响设施；

办公室：10 间，每间面积 30~50m^2；

值班室：1 间，面积 30m^2；

库房：若干；

地下车库：可停车 60~100 辆；

辅助设备用房：1000m^2。

（3）商业服务设施

1）总平面设计

商业设施（即综合商场）位于地段的西侧，邻近市级商业大街，在平面布局上宜保留原斜街的基本格局，可以通过过街楼、人行天桥等手法加以处理。

地上 2 层，地下 2 层，其中地下二层为车库，地下一层为商业设施和机房；总建筑面积约 16000m^2，其中地上 9000~10000m^2，地下 5000~6000m^2。

商业设施宜与东面的娱乐设施通过过街楼相互连通，以增加人流，创造效益。西侧广场地面机动车停车车位 60~90 个，宜在邻近商业街的地方设置容量 200~300 辆的自行车停车场。地下机动车停车库宜与图书馆的地下停车库相互连通，总设计停放容量为 300~350 辆。

由于邻近北侧办公楼，所以在建筑平面、建筑高度等方面应予以考虑，留出适当的防火间距和日照间距。

该地段改造后，原该地段上的一些商业服务设施，根据调查，有不少希望回迁原处，因此，我们建议在商业设施的首层，除设置综合商场的主要入口外，另外再设置一些其他独立经营的店铺的出入口或标志物。

2）立面造型设计

比较现代化，有一定装饰，符合北京地方特色，建筑色彩鲜明，体形丰富，有自己的个性，反映商业气息，烘托商业气氛。

3）使用功能及容量

商场：10000m^2，地下 1 层，地上 2 层；

餐厅：3~5 个，每个 500~800m^2；

邮电局：500m^2；

农业银行：500m^2。

4）配套设施的设计

中央空调，计算机管理系统，电子消防报警系统；

辅助设备用房：2000m^2。

（4）写字楼与高级公寓

1）总平面设计

写字楼与高级公寓位于商业设施的上部，总建筑面积约 21000~23000m^2，层数为 3~8 层（根据当地的建筑限高制定），层高 3.6m。各自的建筑面积约在 10000m^2 左右，根据调研的结果分析，在总面积不变的前提下，原则上写字楼面积宜大些。

这部分设施应有自己单独的出入口，附近应设一地下车库出入口。写字楼与高级公寓楼宜分开设置，北面较为安静，宜设高级公寓，南面进出方便，宜作写字楼之用，但二者应有共同的区别于商场的门厅，且在附近应有机动车地下车库的出入口。

2）立面造型设计

比较有现代气息，有一定符合北京地方特色的装饰，建筑色彩鲜明，体形丰富，有自己的个性，与沿商业街的相近体量的建筑共同形成和谐的街景立面。

3）使用功能及容量

公寓：面积 10000m^2；

办公：面积 10000~12000m^2。

4）配套设施

辅助设备用房：1500m^2。

（5）总体指标控制

1）总建筑面积：87000m^2；

地上：68000m^2；

地下：19000m^2。

2）总占地面积：3.4hm^2

3）容积率：2.0

4）绿化率：不低于 25%

5）总停车数量：400 辆

地上：100 辆；

地下：300~350 辆。

9. 目标地区开发改造概念设计方案

（1）概念设计的意义

概念设计是在方案设计之前建筑策划阶段的一种设计实践活动。其目的主要是为投资方提供一个对所投资的项目的大体认识和限定。

概念设计之于建筑策划，是对其完成之前所提出的建筑设计任务书和设计的指导性文字的可操作性、可行性以及各个指标的综合阐述与表达。因此，可以说，概念设计是建筑策划过程中的一个十分重要的环节，其意义在于：

1）概念设计是建筑策划人员检验策划结论的有效方法；

2）概念设计是建筑设计人员重要的设计依据和思路；

3）概念设计是介于详细规划和建筑方案设计之间的环节，是建筑策划具体的阶段性成果。

（2）概念设计的基本依据是建筑策划研究所生成的（模拟）任务书

概念设计作为建筑策划的一个重要环节，有着自己的特征。从某种意义上讲，概念设计是设计主体的主观能动性与项目的客观性相互结合的产物，它在实践任务书中的各项规定的同时，实际上也在这个过程中向策划主体对任务书的各项内容的可操作性、准确性等进行着信息的反馈。

因此，概念设计应有这样几个特点：

1）概念设计与“模拟”任务书之间有一一对应的关系。这里所说的“模拟”任务书，指的是经过策划研究而生成的初步的设计任务书，根据建筑策划的程序，还须经过概念设计对此初步（模拟）任务书进行验证和修改，以期形成最终的任务书成果。所谓一一对应，是指概念设计中设计人员应按照策划得出的模拟任务书的内容进行设计，并在设计的实操中对模拟任务书进行反馈修正。

2）概念设计有开放性和在一定条件下自由发挥的特点，在全面理解调研报告的基础上，发挥设计者的能动性和经验，是有效弥补建筑策划过程中不足之处的方法。

3）概念设计具有多向性的特点，针对实际项目的特点，策划的侧重点的不同是形成概念设计多向性的主要原因。

（3）概念设计文件

图 4-2-62 所示两份图纸是从本策划研究的概念设计中提取的两个方案的两张总平面规划图（其他图纸略）。

4.2.8 嘉兴科技城空间策划研究案例[①]

该案例介绍的目的是希望读者了解建筑策划在城市设计层面及更大尺度上的应用。所以本小节的重点是表述建筑策划方法在城市区域尺度上的空间形态的策划思考和实际操作。

---

① 张维，庄惟敏. 建筑策划操作体系：从理论到实践的实现. 建筑创作，2008，6.

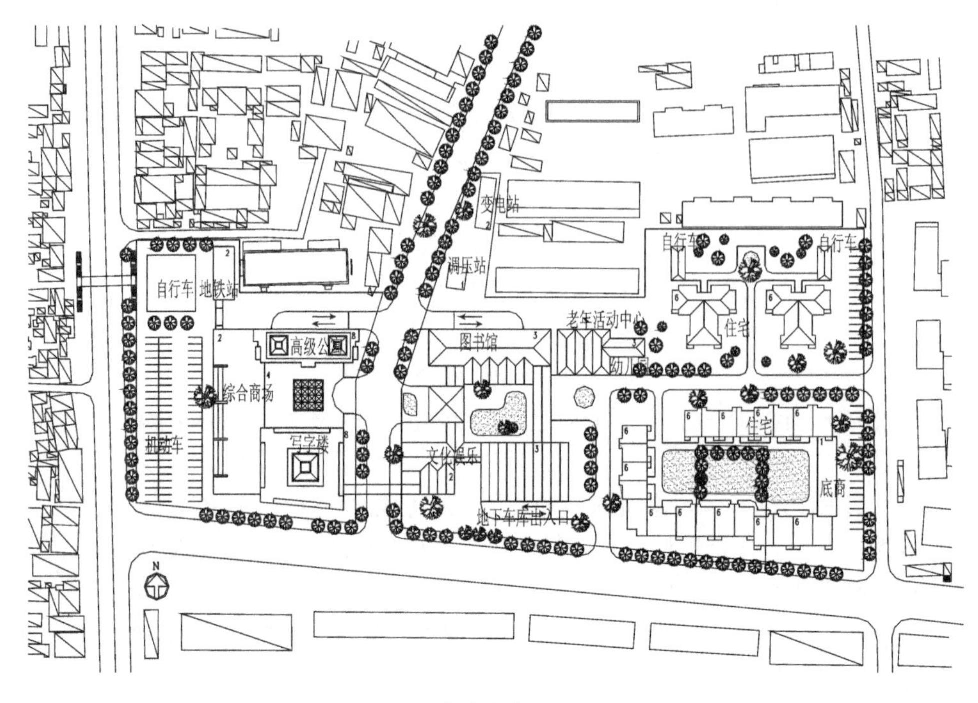

概念设计一

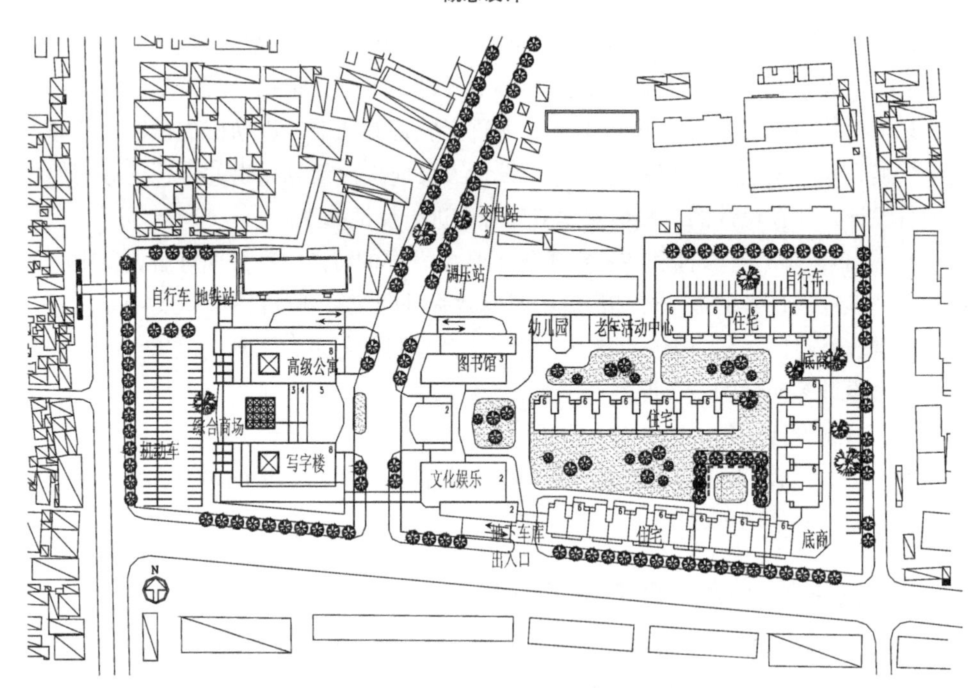

概念设计二

图 4-2-62 概念设计示例

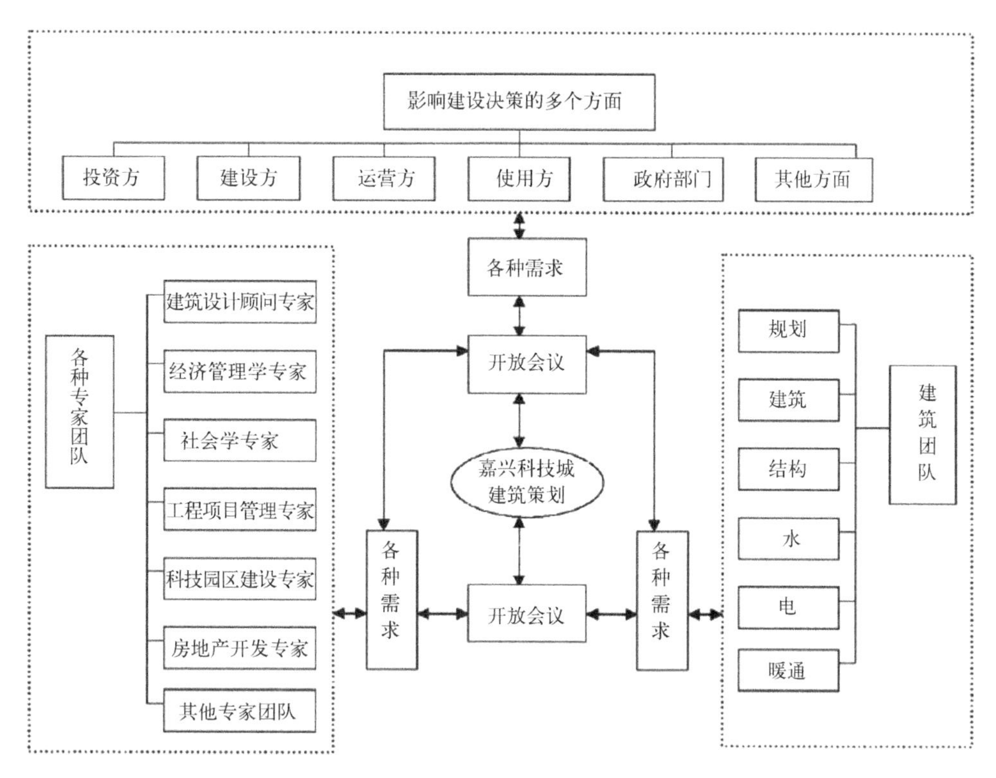

图 4-2-63 空间形态建筑策划中的不同团队

该案例的对象——嘉兴科技城位于嘉兴城市东西主轴线中环南路南侧，东临沪杭高速出口处，南接规划中的嘉兴客运中心，西连城市中央商务区和政治文化中心，规划面积 3.64km^2。嘉兴科技城规划建设技术研发区、科技创业区、教育培训区、生活服务区四大功能区块，定位八大功能：科技研发、创业孵化、成果转化、人才培训、信息平台、国际合作、风险投资、专家社区。甲方委托清华大学建筑设计研究院主持空间策划的科研课题。

在策划和概念设计的过程中，来自清华大学城市规划、社会学、经济学、科技园区建设、工程项目管理、房地产开发等多个学科 6 个院系的专家教授在宏观控制层面和具体操作层面从不同角度给予了很多有益的建议（图 4-2-63）。在这样一种空间形态建筑策划过程中，建筑师作为业主顾问和技术咨询者，负责组织和协调不同团队，推进项目进行。

由于空间形态建筑策划在我国还是一个相对较新的事物，有必要对空间策划的形制、原则、成果等作一个简要介绍。嘉兴科技城空间策划主要研究以空间导则为核心的集束，是科学地论证科技城的定位、规模，制定科技城设计依据，利用对其所处的社会环境及相关因素的逻辑数理分析，合理制定设计内容，对建设进行引导和对设计予以评价的综合系统。空间形态建筑策划也是建筑策划的一种具体形式。本次课题中，我们的研究成果可以分为研究型成果和结论性成果两大部分。研究型成果包括《嘉兴科技城空间策划前期管理》、《科技园建设资料汇编》、《长三角科技园区建设调研与分析》、《嘉兴科技城建设发展策略分析》、《嘉兴科技城策划创新理念提炼与分析》五个部分，这是我们制定设计依据的基础。结论性成果主要包括《嘉兴科技城空间策划导则》、嘉兴科技城空间概念设计、嘉兴科技城若干组团的空间策划成果等。以下从嘉兴科技城空间策划的组织过程的角度进行阐述。

1. 空间策划进度规划

嘉兴科技城全过程策划研究由四个部分组成：空间策划阶段、设计阶段、建造阶段和托付使用阶段。在每两个阶段之间都要留出适当的时间段，以对上一个阶段的效果进行评估。这个过程是一个多种专业团队不断介入的过程，建筑师在不同阶段的定位各不相同。同时，各个研究阶段在时间上也并非完全独立，经常会出现两个阶段并行开展，因此，建筑师在建筑策划过程中的定位是动态的而非僵化的，其定位往往是多方多团队需求的综合与多维度联系的统一。嘉兴科技城各方在不同空间策划阶段的介入不尽相同，但在开放会议的基础上共同推进项目的策划进展。

第一阶段是嘉兴科技城空间策划，包括嘉兴科技城策划准备、信息收集与调研分析、空间策划运行、设计任务书的制定、概念设计与策划结论等部分。第二阶段为嘉兴科技城设计阶段，包括嘉兴科技城的城市规划、城市设计、建筑设计和景观设计等部分。第三个部分为嘉兴科技城建造阶段，包括在嘉兴科技城实施建设阶段提供咨询服务，对项目进度、投资、质量进行策划、评价、控制，并根据最新情况对原有方案进行反馈调整。第四阶段为嘉兴科技城使用阶段，包括对嘉兴科技城策划、设计、建造以及建筑使用后综合评估，为以后的建设提供参考和依据。

第一阶段是建筑策划的核心阶段，由于篇幅有限，本小节仅对第一阶段进行阐述。

2. 空间策划实态调研

策划团队对长三角现有的16个科技园区进行使用后评估的调查研究。通过资料收集，将长江三角洲各个科技园区的现状从各个方面进行比较。以空间形态建筑化表达为例，建筑策划团队在开放式会议中不断探讨得出以图纸、模型、多媒体为代表的阶段性的过程成果。在这一部分，首先将各个园区具体的建筑抽象为色彩、材料、形象要素（方、圆、拱等），室内外连接方式、街道尺度、高度控制、比例等抽象的建筑语汇。通过对这些语汇进行分析，并经过开放式会议的讨论，结合当代城市设计理念，在城市设计方面创新理念主要关注以下几点（图4-2-64）：

景观——视觉：客观存在的城市物质环境所形成的景观以及视觉特征。

认知——意象：人对环境的认知结果。

环境——行为：人对环境的认知和反应。

社会：个人、不同的社会群体、全社会所形成的社会问题与城市环境的相互关系。

功能：满足人与社会的基本生活和工作需求。

程序——过程：人和社会改造城市环境的方法、程序、过程、效果、对人的影响、评价。

类型——形态：城市物质环境的形态以及不同类型的形态要素。

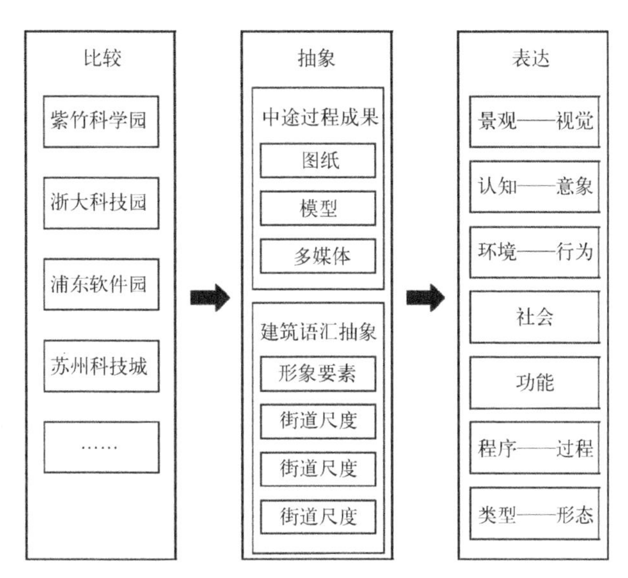

图 4-2-64 理论基点的提炼过程与方法

3. 空间策划理念提炼

嘉兴科技城的空间策划在综合以上资料及其他相关策划，确定理论基点的提炼过程与方法后，从指导性理念、控制性理念到实施性理念三个方面不断发展，形成了由宏观指导性理论到细致实施设计指南的不断深化推进的系统结构，并将这三者的层次和系统结构展示在图 4-2-65 中。

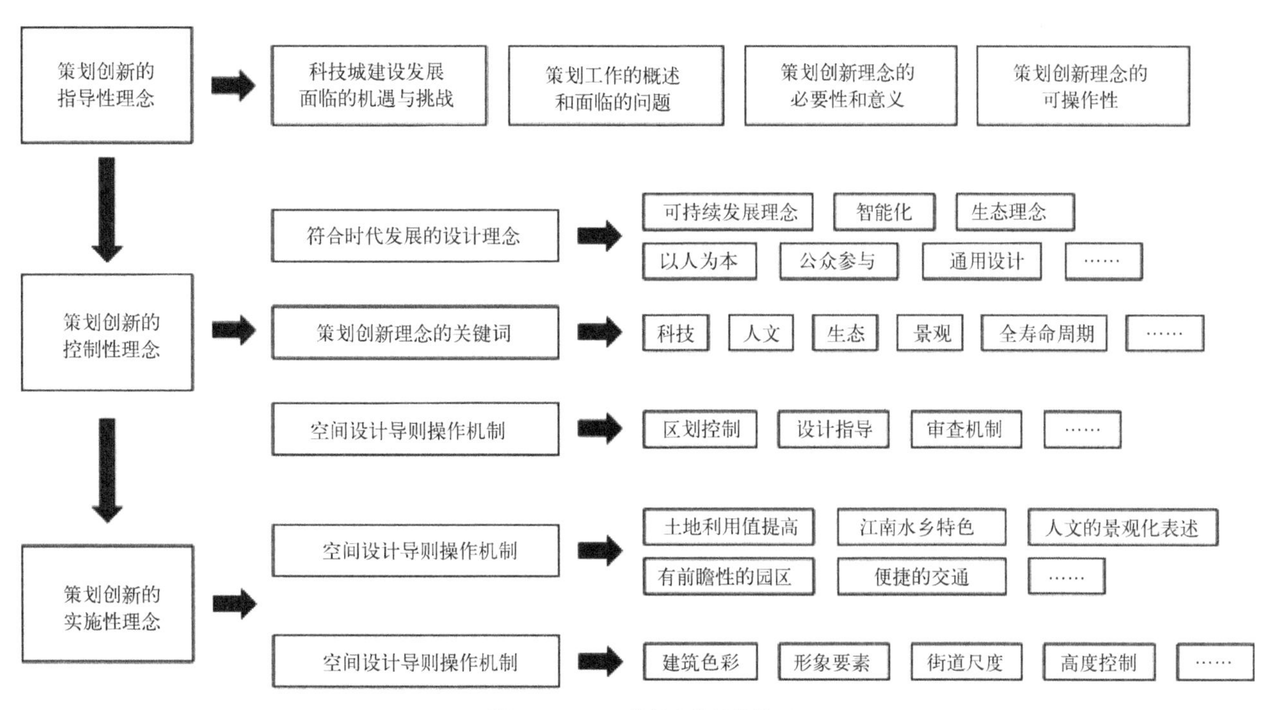

图 4-2-65 理论基点的结构体系

在指导性理念层面，重点分析了嘉兴科技城发展面临的机遇与挑战以及空间策划工作内容和主要面临的问题，阐述了从创新理念出发的空间策划的必要性和意义，并特别强调了研究保证空间策划具有可操作性的实施贯彻方法。这一部分主要从宏观方面把握嘉兴科技城空间策划的目标和原则。

有了指导性理念后，我们需要结合当代科技园区发展趋势分析业主需求和其他限制性条件，因为这样一个最终研究成果不仅是面向建筑师的，还要提供给政府和相关部门、管委会和入驻企业等。众所周知，建筑策划本身就是一个综合学科，城市空间形态建筑策划会受到各种因素的影响，因此，在空间策划的控制性理念中，我们不仅从建筑学科的角度出发，更涉及环境学、社会学和经济学方面的内容，从多方面对空间策划的内容进行界定，需要我们在海量的各类信息中抓住关键进行过滤、处理和提炼，为下一步实施性理念确定研究框架，形成符合时代发展的控制性理念研究，提炼出空间策划的关键词，包括科技、人文、生态、景观等，同时继续发展宏观指导性理念中的策划可操作性保障体系。在这部分，具体研究了国内国外现有城市空间策划的保障实施体系，包括区划控制、设计指导、审查机制等方法，并在此基础上结合我国现有法律法规、规划、建筑审查过程及方法推演出适合我国国情的嘉兴科技城空间策划实施策略。

在实施性理念中，重点分析了空间策划理念的实施展开，并通过理论和实例结合的方式让空间策划理念更容易被业主和其他方面所接受，最后落实到空间策划的导则要点的推敲上。

4. 空间导则的制定

空间导则既是业主方的控制操作指南，也是后续建筑师系统化的设计指引与依据。

空间导则分为总则和细则两个部分。总则通过总体概况对空间策划工作的内容、性质、操作等作一整体介绍。细则通过对科技城两条轴线，两条景观带，九个节点，六个组团制定详细的建设引导规定和奖惩措施，进而控制引导未来整个科技城的空间形象。概念设计是对空间导则的具象化的描述和补充。

空间导则重点关注空间控制点的生成、空间形态控制建筑化表达、空间策划形态实施策略三个方面。

首先，我们在对嘉兴科技城整体地块与周边城市关系、功能分区、功能框架、景观分析、交通分析、水系分析进行考量后，按照理论基点中的城市意象的五个要素（道路、区域、边界、节点、地标）对地块与周边城市空间相连的道路边界、节点，科技城内部的重要道路界面、节点、景观绿带以及科技城内不同功能的区域进行选择性分析。研究过程基本上覆盖了科技城所有的区域地块、道路及边界、节点和地标，同时还包括基地内的带状水系（表 4-2-26）。空间导则的主要内容如下：

（1）概述

概述主要是用简练的文字描述轴线、景观带、节点、地块在基地内所处位置，各自所具有的特性，开发注意事项等，是各分项的空间策划的综述和小结。

研究过程中的关注点 表 4–2–26

涉及内容	研究分类	关注点
周边城市关系	5 个道路节点	标志物、围合性
	4 条道路界面	轮廓节奏、重要标识物、街道尺度、道路级别、功能、断面形式、无障碍设计、近地空间
科技城内部空间研究	2 个道路界面	轮廓节奏、重要标识物、街道尺度、道路级别、功能、断面形式、无障碍设计、近地空间
	2 条景观带	滨水区开发、保护自然湿地、绿化
	2 个景观节点	滨水区开发、保护自然湿地、绿化、行为模式
	1 个道路节点	活动与道路的关系、底层界面、公共空间
区域	8 个区域	图底关系、生长肌理、空间模式、停车系统、地块建筑容量、地域特色

（2）空间关系矩阵

空间关系矩阵的相关介绍见 3.2.2 节。

在本次空间策划中，借鉴空间关系矩阵图表的方法对嘉兴科技城不同功能模块之间的联系进行了分析。在矩阵中，每一个空间的底部延伸出一条 45° 斜线，形成一个与其他每个空间相联系的方格，这样可以沿着每一条线来查找每个空间与其他空间的关系。通过给方格设置不同的颜色或形状来表达地块间空间关系的紧密程度。这里我们主要设置了四种关系，如图 4–2–66 所示，充满整个方格的颜色表示联系紧密、充满半个方格的颜色表示接近或可达、方格内切一个圆形表示该地块独立设置、方格没有颜色表示联系不紧密，其中深黑色方格表示科研创业地块、浅灰色表示其他性质如商业或居住地块。通过空间关系矩阵可以梳理表达现有规划的各地块之间的空间关系，同时也能排查出一些不太合理的规划缺陷，例如某些居住地块和配套小区距离过远等。

（3）空间策划细则

所谓空间细则，即对控制总则的细化。通过表格的方式，从城市规划、城市设计、人性化关怀、生态环保、成长控制这几个方面对策划的细则作出了规定，部分定性，部分定量。此部分涉及保证空间策划成果被贯彻实施的操作措施及方法，主要有三种方式：在地块开发中绑定招拍挂要求、项目上报时通过审查机制强制执行、设置奖惩措施鼓励实行。此部分内容和后续的附加条件、空间策划实施策略相互呼应，共同保证策划的实用性。

（4）建议开发附加条件

所谓开发附加条件，是指科技城管委会在出让地块给企业或小科技园区时与招拍挂联系在一起的条件。此部分主要面向各个地块开发，强调了开放空间、公共绿地、步行系统、水系治理、湿地保护、景观桥梁、生态走廊等方面的保护与开发，保护嘉兴城市现有绿地肌理，保证科技城自身的环境品质。针对各个地块的不同情况给予意见，并提出两种实施办法：要求附带建设相邻公共绿地，土地出让时以捆绑招

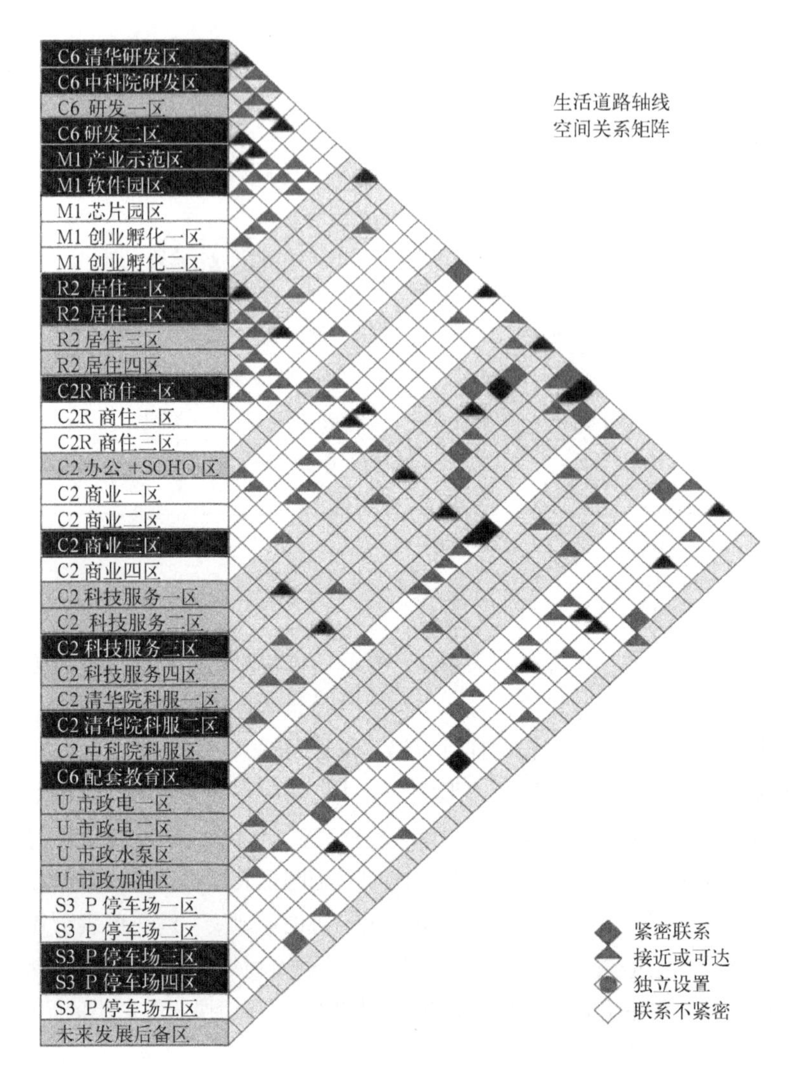

图 4–2–66 空间关系矩阵 – 生活道路轴线

拍挂形式实现；要求附带建设相邻水系景观，土地出让时以捆绑招拍挂形式实现。建议开发附加条件能够在保证地块开发的同时，通过政府政策的要求，最大限度上保护嘉兴科技城的水系、植被，从而根本上保护环境，营造良好的科技园品质。

（5）天际线分析和剖面分析

天际线分析主要是在空间策划中分析道路两边的轮廓线，结合控制性规划、各地块功能等对各地块可能的建筑形式进行模拟，力图营造出起伏有致的天际轮廓线（图 4–2–67）。

在空间策划中剖面分析主要应用于道路轴线、景观带分析中。道路横剖面分析综合了道路交通空间（车行道、绿化、人行道）、道路两侧公共空间（绿化、步行道、广场、景观、水道）、建筑近地空间设计（骑楼）、建筑高度设计，重点营造道路两侧建筑之间的空间。分析图不仅从高宽比上探讨道路空间带给人的心理感受，同时也涉及对道路两侧空间的三维立体化的设计（图 4–2–68）。景观带剖面图则通过不同

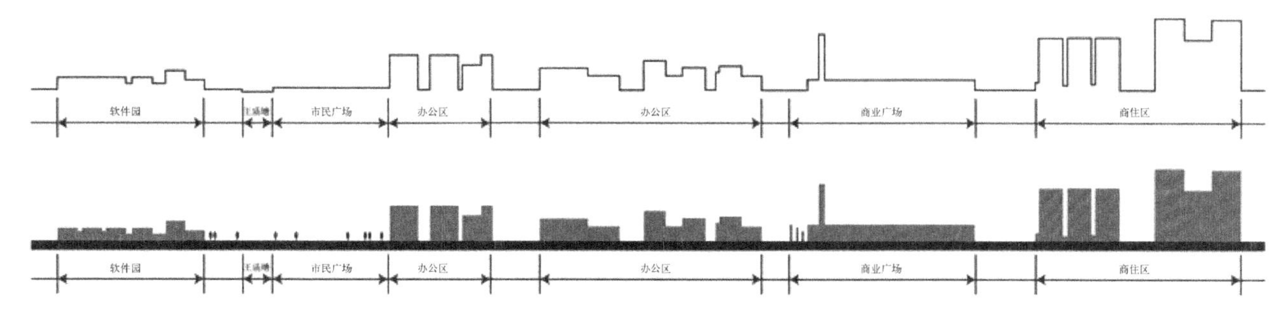

图 4-2-67 天际线分析图示意

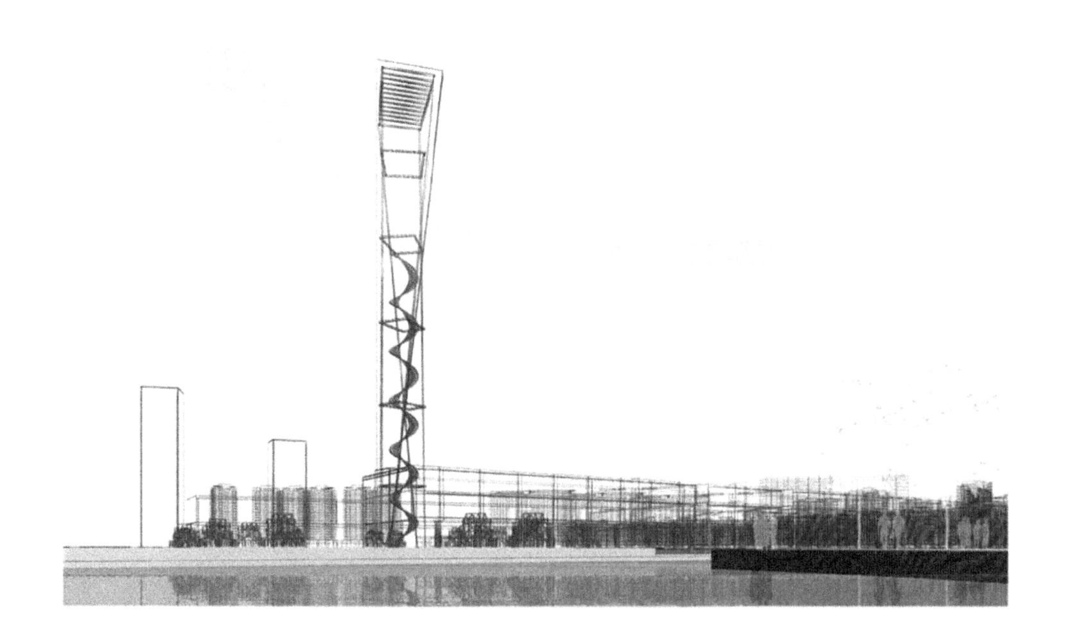

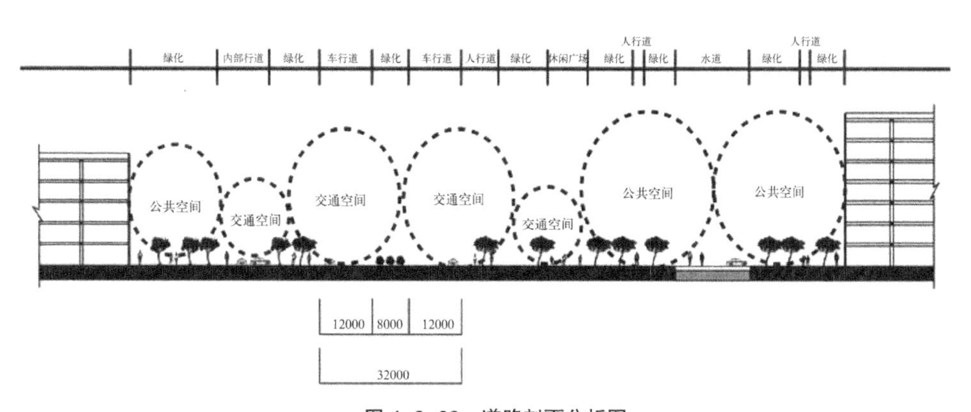

图 4-2-68 道路剖面分析图

地点的剖面展示景观带水道宽窄的变化，全面展示沿景观带前进时人的观感变化。

（6）概念性重要节点透视及其他成果

通过最终设计完成的三维电脑模型，导出科技城道路、节点等重要视点处的概念性人视点透视图，通过线条描绘和色块填充简洁明了地表达空间体量关系，主要关注该视点处人的空间感觉。概念性节点透视着重强调和调整整体空间氛围的营造，在设计过程中对不足之处不断加以修改。

除了按照控制点生成的各项分析以外，嘉兴科技城空间策划最终成果还包括总平面图、透视图、功能分区图、功能框架图、景观分析图、交通分析图、水系分析图及鸟瞰图等，此外还包括实物模型、电脑动画和多媒体展示。一些单项，还有以上分析图所不能涵盖的具有特殊意义的轴线、组团、节点、景观带，另有详细分析，在此不再一一列举。

5. 空间导则的操作

空间形态建筑策划强调灵活性、实用性和可操作性。可操作性是当地政府官员和业主关注的焦点之一。

本项目研究在一开始就意识到，作为空间形态建筑策划的最终成果——空间导则，和一般单体建筑策划最终成果的一大不同点在于其附有社会管理层面的属性。因此，我们力图使空间导则便于政府、管委会、开发商和建筑师都能从中找到接口，各取所需（图 4-2-69）。

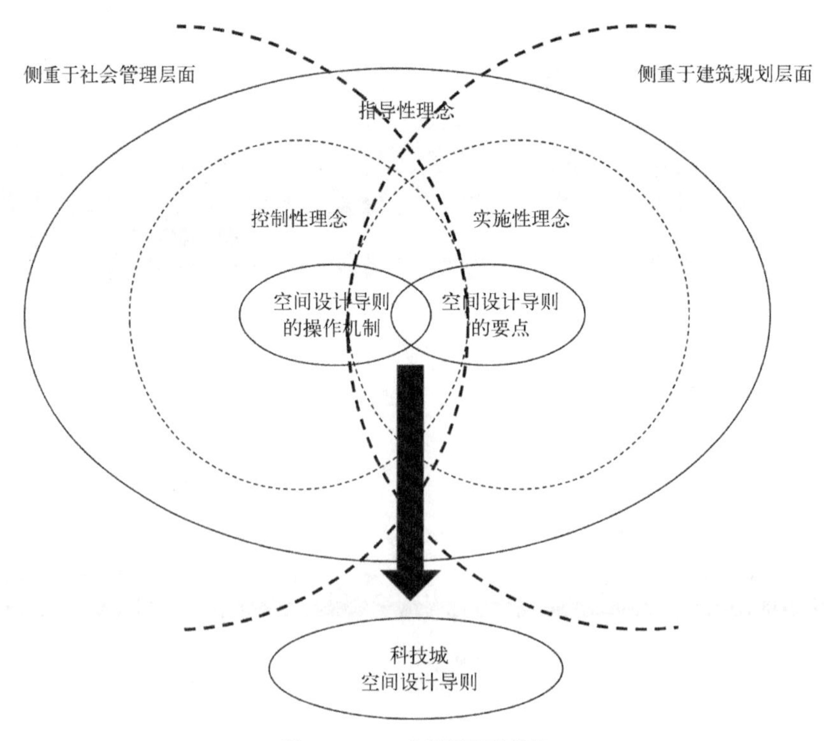

图 4-2-69 空间导则的操作

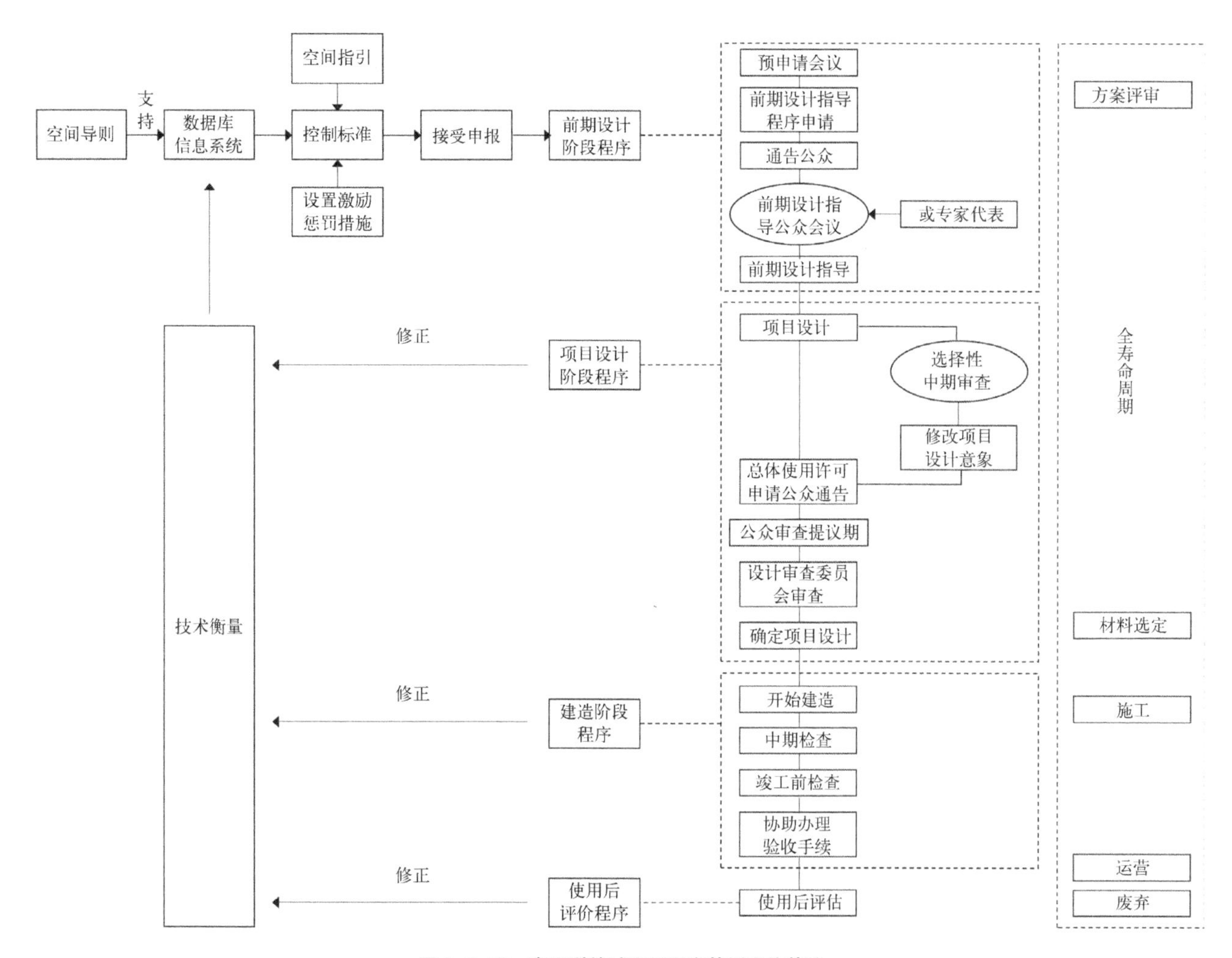

图 4–2–70 嘉兴科技城空间形态策划实施策略

为此，我们协助当地政府部门和管委会力图建立一种在实际运作中具有可操作性的空间形态策划实施策略，建立起科学的管理制度，避免可能存在的长官意识，即规划设计因主管负责人的人事调整而变化。如图 4–2–70 所示，在嘉兴科技城的未来建设中将以空间导则为主要支持，建立数据库，制定控制标准，通过设置空间指引和奖惩措施进行控制，从接受单体建筑申报开始，在其前期设计阶段请建筑设计负责人参与预申请会议，全面了解从城市空间到单体项目与科技城整体的联系的各个要点，并要求进行前期设计指导程序申请。同时，为了增加公众的参与度，进行公众通告，并请公众和专家代表统一参加前期设计指导会议，对建筑设计项目负责人进行前期设计指导。

在项目设计阶段，设置中期审查，如有不符合空间导则的设计，应令其修改设计，在设计结束后进行公众通告，公众审查没有意见后，进行设计审查委员会审查，确定项目设计。

在建造阶段，在建造过程中设置中期检查、竣工前检查，如果符合城市空间导则，协助其办理验收手续。

在投入使用后，应进行使用后评估，将项目设计阶段和建造程序阶段的修正反馈信息经过技术衡量后反馈到数据库，不断修改后续程序，确保控制空间形态策划的实施。在这样一个循环中，还特别强调了全寿命周期的概念，对方案评审、设计、材料选定、施工、运营、废弃的整体流程加以考虑。

4.3 建筑策划思想指导下的建筑设计①

在建筑设计实践过程中，除了建筑策划作为相对独立的项目对建筑设计的任务书进行研究和制定的案例外，还有大量并未单独进行建筑策划研究的建筑设计项目，在这些建筑设计项目过程中自始至终贯穿着建筑策划的思想，建筑策划与建筑设计互相融合，为建筑的合理性提供了保障。在这些项目中，建筑师既是问题的搜寻者，也是问题的解决者，既要对问题进行分析，最终提出科学合理的设计目标，也要通过空间构想和设计手段实现这一目标并进行反馈和验证。本节就是对笔者亲身参与的四个建筑设计项目案例的介绍。在这些项目中，建筑策划作为设计思想、理念或方法直接融入设计的过程中，最终参与导出了建筑设计方案，在建筑设计过程中起到了至关重要的作用。这些案例的呈现，也表明了当今建筑策划研究和实践的发展趋势，即今天的建筑创作实践越来越使建筑策划与建筑设计相融合，形成一个更加紧密的、逻辑相关的建筑策划与设计的实践流程，这恰恰说明了当今社会建筑师在其职业生涯中的专业与社会责任的发展。

4.3.1 2008 年北京奥运会柔道跆拳道馆②

2008 年北京奥运会柔道跆拳道馆是一个特殊的建筑项目，不仅因为它是为奥运会柔道跆拳道比赛而设计的，更是因为它将建设在大学校园里，具有特殊的地理人文环境、校园的场所特点、管理和运营的校园化特征。这些先天条件决定了这一奥运会比赛场馆的与众不同。

1. 策划思想指导下的理念生成③

体育建筑，特别是奥运会场馆的建设是一次性投资巨大的建设项目，它往往要动员全社会的力量。1984 年美国洛杉矶奥运会以其政府成功的商业运作以及令人难以置信的盈利为世人所瞩目。其利用大学及社区现有体育场馆，或在大学兴建新场馆，赛后为大学所用的运作模式为后来许多争办奥运会的国家所效仿和借鉴。2008 年北

---

① 本章案例由作者所在清华大学建筑设计研究院提供。

② 设计时间：2004.11~2005.9，竣工时间：2007.11，项目地点：北京科技大学校园内，设计团队：庄惟敏、栗铁、任晓东、梁增贤、董根泉等 / 清华大学建筑设计研究院。实景照片摄影：张广源

③ 编写自：庄惟敏，栗铁 .2008 年奥运会柔道跆拳道馆（北京科技大学体育馆）设计 . 建筑学报，2008，1.

京奥运会12个新建场馆中有4个落户在大学里，它们是北京大学的乒乓球馆、中国农业大学的摔跤馆、北京科技大学的柔道跆拳道馆和北京工业大学的羽毛球馆。这也是借鉴奥运史上成功经验的明智决策。

一般意义上的建筑设计是一个由策划提出（搜寻）问题进而由设计解决问题的综合过程。奥运比赛的特殊规定、项目选址的特殊环境、赛后功能转换的特殊要求都是在本项目设计伊始摆在我们面前的问题。对高校而言，奥运比赛的要求远远高于学校日常教学、训练和一般比赛的需要。如何在高投入之后既满足奥运要求，又使学校在长远的使用中不背负高运营成本的经济压力，合理定位和前期策划是极其重要的。奥运会短短的十几天很快就会过去，可学校对体育馆的使用、运营和管理却是持续而长久的。合理设置空间内容，确定标准，选择适当的技术策略，精细地考虑赛中赛后的转换以及临时用房和临时座席的技术设计都将对大学未来的使用带来深远的影响，这也是关系到奥运遗产能否得以可持续传承的大问题。

通常，奥运场馆设计是严格按照奥运大纲和单项联合会的设计要求一步步去实现，进行空间的组合。那是一个奥运设计惯常的理性思维的过程。面对这样一个特殊的场馆，我们尝试着从相反的方向进行思考。试想如果我们设计的仅仅是一个大学的综合性体育馆，那么抛开所有上述问题，我们首先要解决哪些问题？为大学设计综合体育馆要解决的最重要的问题是什么？它应首先是校园的，而后才能是奥运的，否则其存在的基础就动摇了，也就本末倒置了。

如此的逆向思维，“立足学校长远功能的使用，满足奥运比赛要求”的理念逐渐清晰地浮现出来。设计的首要原点是契合学校的场所精神，符合学校特有的使用特征。体育馆功能的组成、空间的设置、赛后空间功能的转换及技术策略的选择都以此为原点，而后在此基础上按照奥运大纲和竞赛规则梳理奥运会比赛的工艺要求。策划思路明确，定位清晰，设计方案顺利出台。专家评审委员会进行审查评比，方案评审中建筑专家、奥运单项联合会专家官员及学校使用方都充分肯定了我们的理念和设计方案，清华大学建筑设计研究院的方案入围，进一步深化。之后，又经过了若干个月的方案调整，2005年4月我们收到正式中标通知，开始初步设计和施工图设计，2005年9月完成施工图，10月项目正式开工，2007年11月竣工验收。设计及配合施工历时3年。

2. 赛中赛后功能的合理性安排[①]

北京科技大学体育馆（2008北京奥运会柔道、跆拳道比赛馆）作为北京2008年奥运会的主要比赛场馆之一，在奥运期间，承担奥运会柔道、跆拳道比赛，在残奥会期间作为轮椅篮球、轮椅橄榄球比赛场地。工程由主体育馆和一个50m×25m标准游泳池构成，总建筑面积24662.32m^2（图4-3-1～图4-3-9）。

（1）比赛区场地

主体育馆比赛区场地为60m×40m。该尺寸大小系奥运大纲中对柔道跆拳道比赛

① 编写自：2008北京奥运会柔道跆拳道比赛馆（北京科技大学体育馆）. 世界建筑，2015，10.

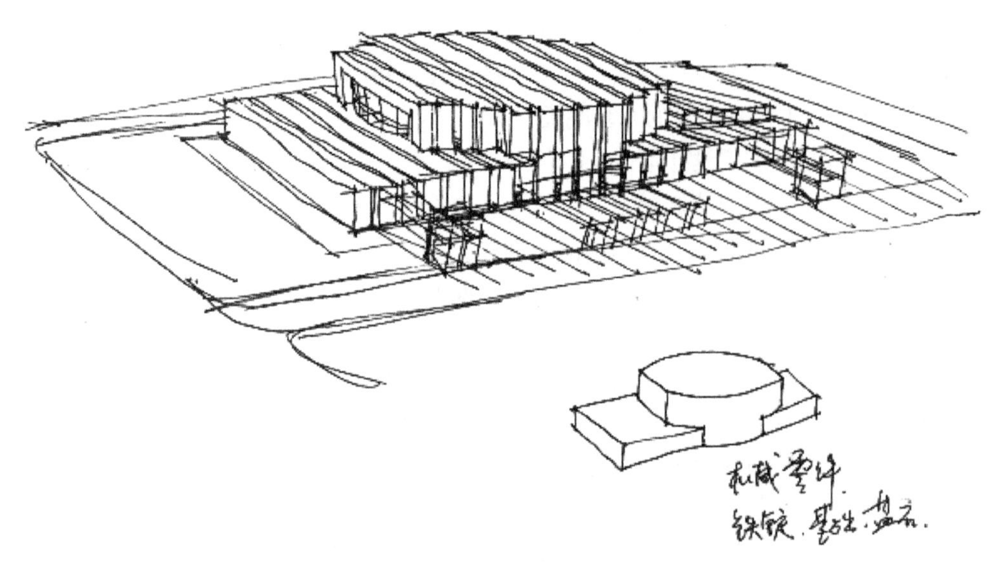

图 4-3-1　构思草图

要求的场地尺寸。这一尺寸也恰好满足布置三块篮球场的基本要求。出于学校长远使用的考虑，场地须最大限度地满足教学、比赛、训练、集会和演出等高校使用的基本功能，这一点就是平面功能组合的最基本原则和前提。在一般高校的综合体育馆里，这样大尺寸的内场场地是不多见的。其原因就是大场地会造成环绕场地座席排布的分散，观众厅空间加大，而且会造成进行小场地比赛项目时，视距过远。满足奥运比赛要求和追求尽量大的内场以满足赛后多块篮球（甚至手球）场地的布置与赛后小场地比赛的观演形成了矛盾。解决这一矛盾的方法就是在内场设置活动看台。

（2）固定看台、临时看台、活动看台

根据奥运大纲的要求，柔道跆拳道馆的座席数量必须达到 8000 座。但根据我们的设计理念，通过考察我国高校普通场馆的规模和使用特征，座席数量一般设为 5000 席。因此，立足学校长远的使用要求，永久席位应以 5000 席为宜，另设 3000 席为临时座席，赛后拆除。

由于本馆内场比赛区尺寸较大，如果 5000 固定席围绕场地布置，3000 临时席又无法布置在比赛区内，赛后势必造成内场空旷、视距过远和空间浪费。所以，我们从学校实际使用情况出发，将 3000 个左右的临时席以脚手架搭建方式集中设在南北固定席之后的两块方整的平台上，赛后拆除座椅，可留下完整的两块场地。在比赛内场沿四边设置了 1000 个左右活动座席，赛中及赛后教学训练时可以靠墙收入不影响内场的使用。

最终设计观众座席 8012 个，其中观众固定座席 4080 个，租用 3932 席临时看台，满足奥运会柔道、跆拳道比赛及残奥会轮椅橄榄球、轮椅篮球比赛的要求。奥运会后，临时看台拆除，内场设有 1230 席活动看台，可以自由收放，总体可达 5050 标准席，

图 4-3-2 立面实景图

图 4-3-3 室内实景图

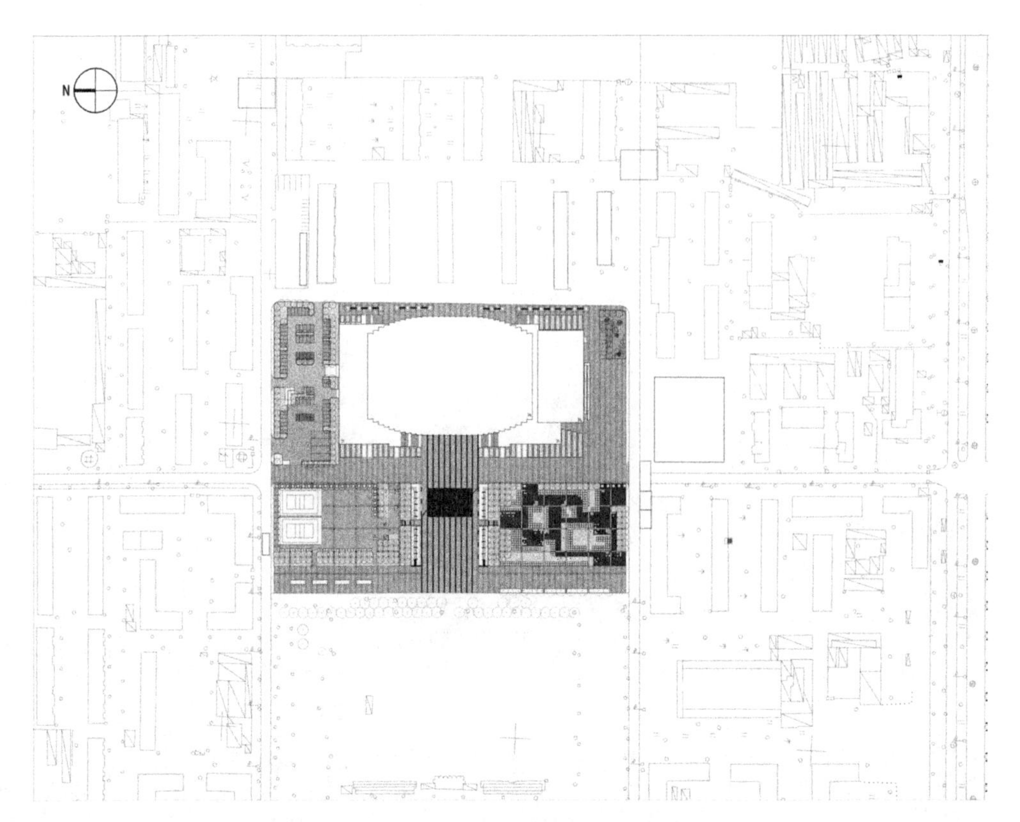

图 4-3-4　总平面图

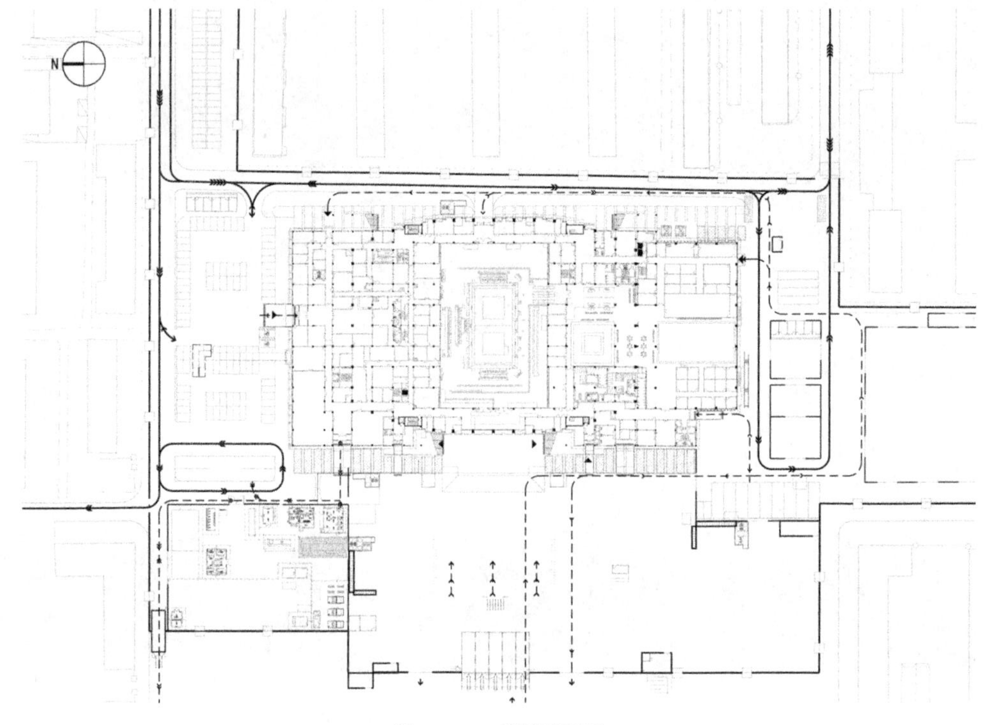

图 4-3-5　首层平面图

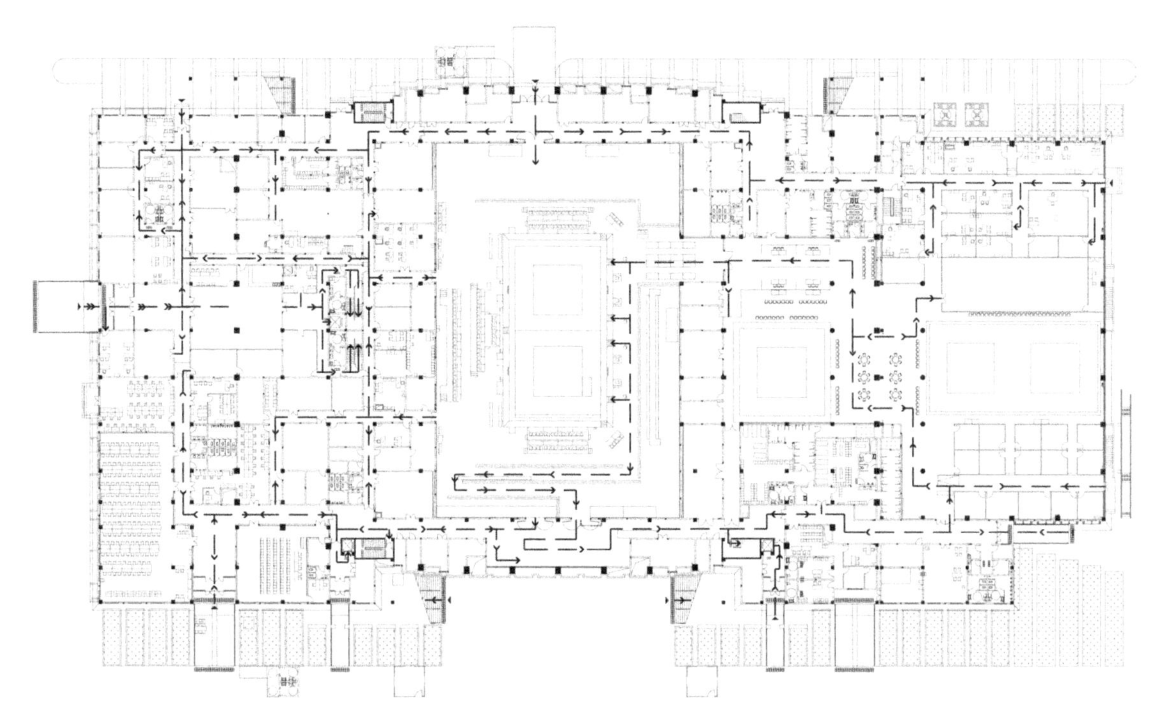

图 4-3-6　二层平面图

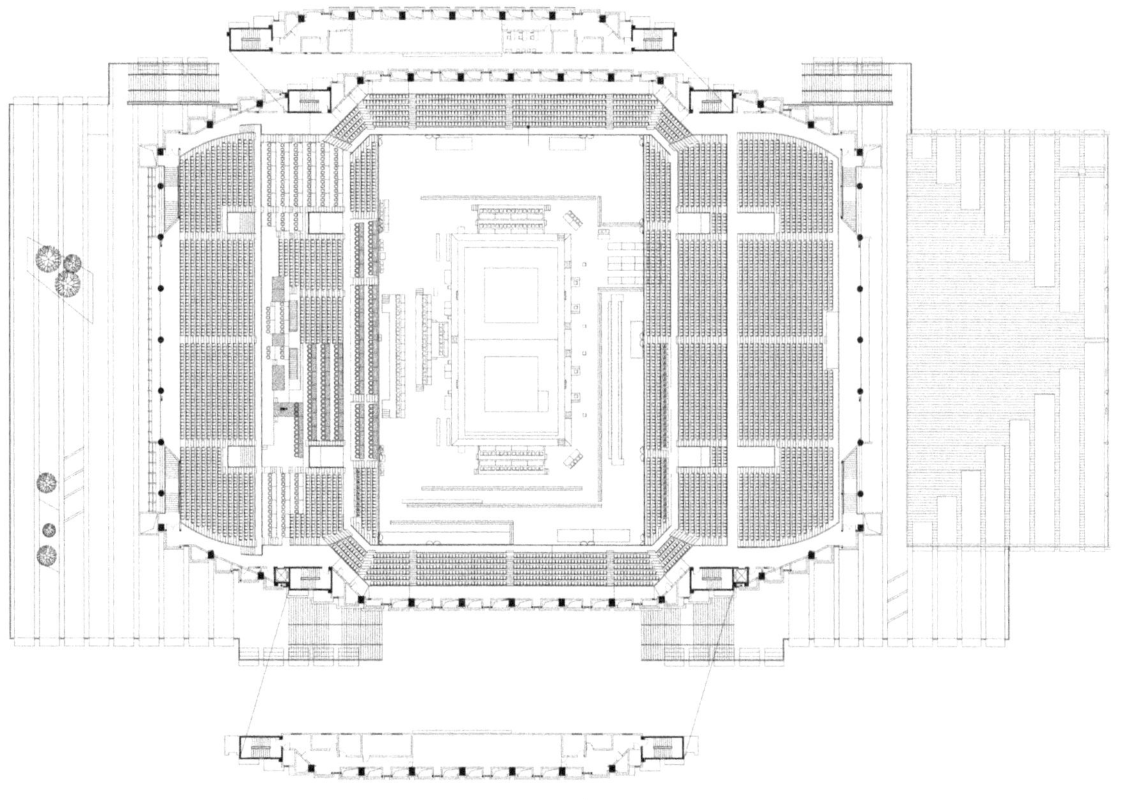

图 4-3-7　观众厅平面图

可承办重大比赛赛事（如残奥会盲人柔道、盲人门球比赛，柔道、跆拳道世界锦标赛），承办国内柔道、跆拳道赛事，举办学校室内体育比赛、教学、训练、健身、会议及文艺演出等，作为校内游泳教学、训练中心及水上运动、娱乐活动的场所。

（3）赛中热身馆与赛后游泳馆

自项目立项开始该馆就策划有包含10条50m×25m标准泳道的游泳馆。同样，我们立足于学校的长远使用，游泳馆的设计与主馆紧密结合，运动员区与淋浴更衣紧凑布局，考虑学生、教师的上课和对外开放，设有足够的更衣与淋浴空间。配合教学上课，设有宽敞的陆上训练和活动场地，并且在泳池边陆上场地设置了地板辐射采暖，为赛后学生和教师的使用提供了人性化的设计。

作为奥运会柔道跆拳道馆，其功能组成中并不需要游泳池，而热身馆则是奥运场地必备空间，赛中，游泳池被加上临时盖板，作为柔道跆拳道热身场地。由于游泳馆与主馆的紧凑布局，使泳池改造的热身场地与比赛场距离很近，联系极为方便和顺畅。这又是前期策划对设计理念的一个实现。

（4）赛中功能定位与赛后功能转换

在设计中，我们以赛后长远使用为出发点，充分考虑赛后功能的转换。

考虑赛后体育馆所处的学校体育运动区能更大限度地为师生提供运动场地，总平面设计中尽量集中紧凑布局，力求在立面创新、符合场所精神的前提下，选取体形系数较小的单体造型，尽量节约用地，空出场地为师生赛后教学、锻炼健身使用。将体育馆南北两侧的健身绿化场地在赛时设为运动员、媒体及贵宾停车场，东侧沿主轴线设计成五环广场，赛后结合校园道路形成有纪念意义的永久性体育文化广场，五环广场南北侧的投掷场和篮球、网球场赛时作为BOB媒体专用场地。

馆内各空间赛时赛后转换如下：

新闻发布厅——舞蹈教室

分新闻中心——学生活动中心

贵宾餐厅——展览休憩

单项联合会办公——体育教研组

运动员休息检录——学生健身中心（赛时热身场地）

赛时热身及竞委会——标准游泳池

兴奋剂检查站——按摩理疗房

裁判员更衣室——健身中心更衣室

贵宾休息室——咖啡厅

临时观众席——篮球练习馆（或其他球类练习馆）

此外，考虑场馆的所在地域和位置、朝向，在设计中贯彻的东西立面以实墙为主、南北主入口结合二层休息平台、方便拆卸的脚手架式的临时座席系统、光导管自然采光系统、多功能集会演出系统、太阳能热水补水系统、游泳池地热采暖系统等设计策略的实施都实现了当初“立足学校长远使用，满足奥运会比赛要求”的设计理念。

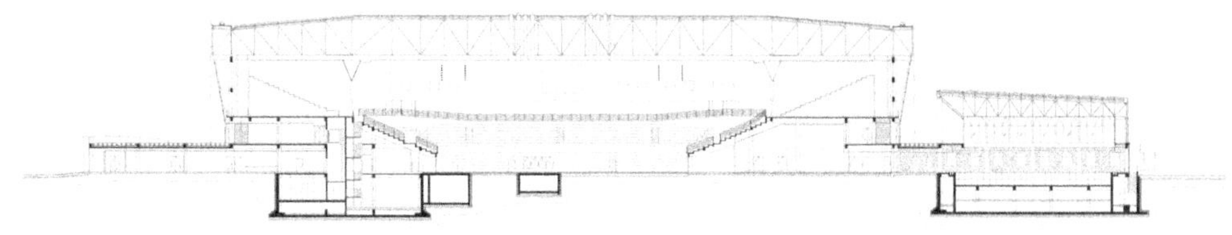

图 4-3-8 剖面图

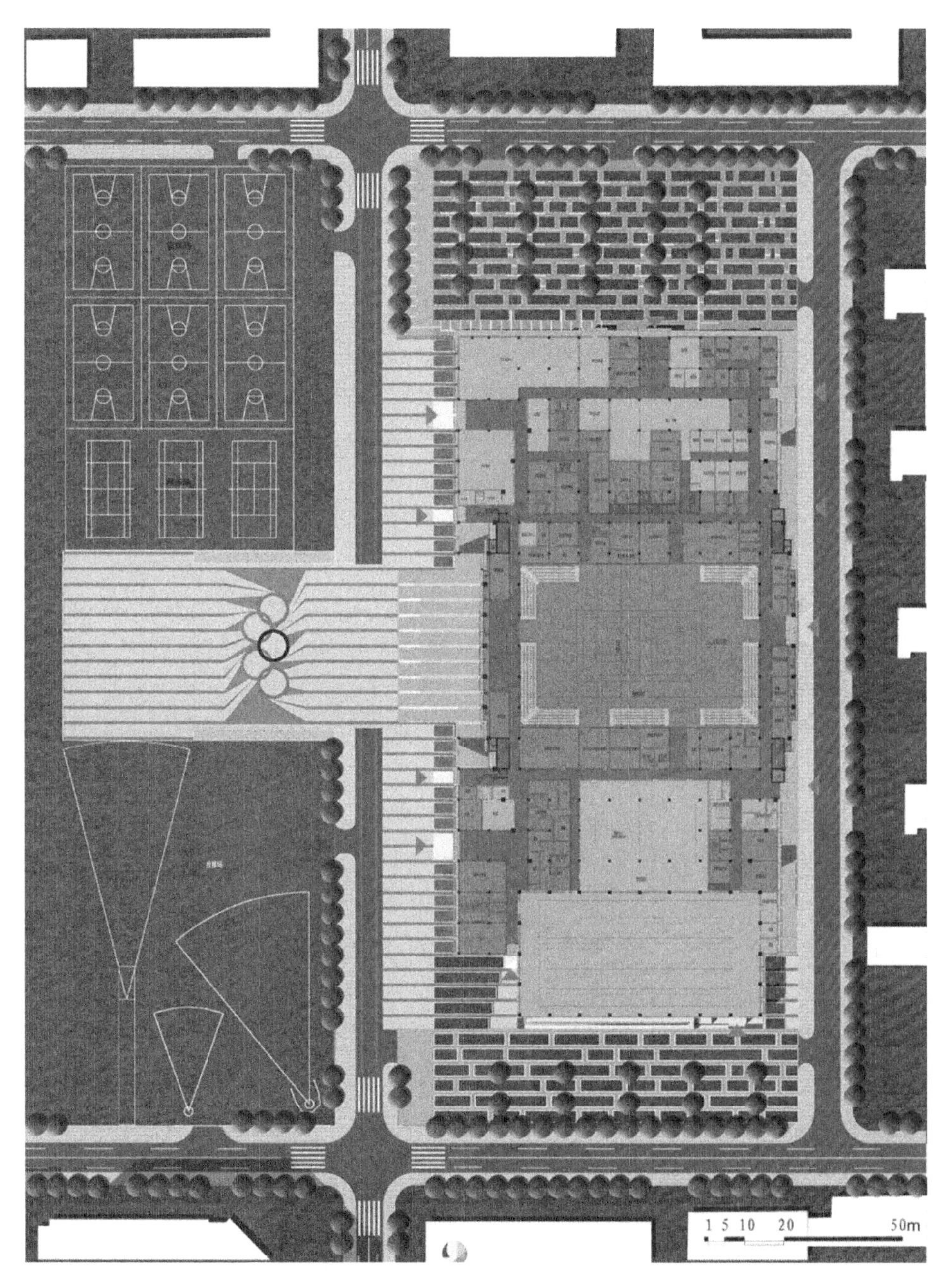

图 4-3-9 赛时赛后场地转换平面图

3. 使用后评估[①]

在2008年北京奥运会柔道跆拳道馆建成5年之后，我们不禁要问，当初赛后运营的建筑策划及其指导下的建筑设计是否是成功的？今天奥运场馆的实际运营状况又是怎样的？5年前的奥运场馆给今天的我们留下了怎样的奥运遗产？我们在2013年对该比赛场馆进行了赛后的使用后评估。

一般来说，一座奥运场馆从赛时运营转变为赛后运营模式，通常需要1~3年的时间，而评价奥运场馆为城市发展带来的远期效益，则需要5年以上的时间。历史上很多案例表明，奥运会及奥运场馆在赛后对城市的影响，可能会在5年之内产生很大的变化。例如2000年悉尼奥运会，由于在赛前没有对奥运场馆及奥运公园制定完善详细的赛后运营方案，所以很多场馆在奥运会后头两年的利用情况十分糟糕。不过，幸运的是，悉尼政府及时意识到了这一问题，在2002年启动了奥林匹克园区的“事后规划”，在这之后，奥林匹克园区及各场馆的运营状况有了较大的改观。与此相对应的是2004年雅典奥运会，希腊政府为举办奥运会斥资近百亿欧元，奥运会结束后的3年内，希腊经济发展指数一度因受到奥运会的刺激而大幅攀升，但在2008年之后，奥运会的经济刺激作用大幅减弱，希腊经济开始下滑，至2010年降至低谷，雅典很多奥运场馆的赛后运营计划被搁置，有些场馆甚至沦为废墟，场面萧条。很多学者认为，希腊奥运会过大的资金投入并没有达到预期的效果，希腊经济危机与当年奥运会制定的经济策略的失误有直接关系。

有鉴于此，在北京奥运会成功举办5周年时，我们对奥运场馆的赛后运营状况进行了全面的调查，这对于评价赛前制定的场馆赛后空间功能预测是否合理，赛后运营方案是否有效，具有重要的意义。

（1）“大事件”影响下的城市建筑——奥运场馆赛后利用的国际经验与北京战略

对于任何一个国家或一座城市来说，能够承办奥运会这样的国际顶级体育盛会，都是莫大的荣幸。然而，承办奥运会同样会给主办城市带来巨大的经济、社会和环境风险。因此，举办奥运会这样的城市“大事件”有如一把“双刃剑”，如何“趋其利而避其害”，应该是主办方和运营方重点考虑的问题。

对于奥运场馆的赛后运营来说，最核心的问题是处理“形象”与“效益”之间的矛盾。简单地说，就是要搞清“花多少钱值得”和“能不能自负盈亏可持续发展”两个问题。对于每个奥运举办城市来说，对上述问题的解答因情况而异。例如希腊政府为展示国家形象，不惜斥巨资修建宏伟的场馆来举办雅典奥运会；而1984年洛杉矶奥运会则是一届充满十足“商业味”的奥运会，主办方并没有新建过多的豪华场馆，而是着重考虑如何利用最少的成本让奥运会产生最大的经济效益和社会效益。

---

① 编写自：庄惟敏，李明扬．后奥运时代中国城市建设“大事件”应对态度转型的思考——以2008北京奥运柔道跆拳道馆赛后利用为例．世界建筑，2013，8.

但这并不意味着修建新场馆就是错误的。例如1988年汉城奥运会的主体育场是1976年修建的旧场馆，而2002年世界杯使用的则是新建的6.5万人体育场，根据赛后评估，2002年世界杯体育场的运营状况远远好于奥运会的首尔体育场。从上述事例可以看出，奥运会场馆的赛后运营具有很大的不确定性，并没有所谓的"范式"可以套用，也正因如此，奥运场馆的赛后运营计划必须要根植于举办国和举办城市的实际情况作认真的分析评估，只有这样才能最大限度地确保场馆赛后的空间预测和运营的准确性、可行性及可持续发展性。

在参考了历届奥运会场馆赛后运营案例的基础之上，北京奥运会主办方根据北京市的实际情况，综合了历届奥运会的成功经验，为37座奥运场馆制定了相应的投资、招标建设以及赛后运营方案，无论是投资形式、融资渠道，还是场馆的赛后运营策略，都呈现出多元化和综合化倾向。以12座新建奥运场馆为例，在场馆融资方式的规划上，体现为国家财政投资、项目法人自筹、社会捐赠、高校自筹等多种方式。在赛后运营策略的规划上，设置为2座场馆将作为国家队训练场馆，5座场馆转型为娱乐休闲演艺综合设施，1座场馆成为专业体育赛事主场，还有4座场馆将成为所在高校的综合体育馆。[①] 虽然各场馆的赛后运营模式不同，但基本秉持了服务奥运、立足社会的基本理念。

（2）2008年北京奥运会柔道跆拳道馆（北京科技大学综合体育馆）赛后运营的实态调查

2008年北京奥运会柔道跆拳道馆（北京科技大学综合体育馆，以下简称北科大体育馆）在奥运会和残奥会期间作为柔道、跆拳道、轮椅篮球和轮椅橄榄球的比赛场馆，在奥运会结束后立刻开始进行赛后改造。由于北科大体育馆在方案设计阶段就已经考虑到了赛后利用问题，并在场馆施工前就专门绘制了一套详细具体的赛后设计图纸（图4-3-10），因此在场馆的赛后改造过程中严格按照赛后图纸进行施工。主要改造内容包括拆除热身区的临时房间和泳池架空的临时地面，将其恢复为游泳馆（图4-3-11），拆除3层的临时座椅，在原有地面上铺设球场地板和地胶使之成为运动区（图4-3-12、图4-3-13）。整个改造工程于2009年7月结束，2009年9月正式对校内师生及校外人员开放。

从奥运会结束直至现在，除赛后场地改造和控制系统改造外，北科大体育馆没有对场馆进行任何大的结构改造。现状平面几乎与当初的赛后设计图纸平面完全相同，只是在房间的功能安排上有所差异。在赛后功能的策划中包含了羽毛球、篮球、游泳、舞蹈、学生活动中心和咖啡厅等功能，在实际情况中，运营方将更多的功能放入了场馆中，使得整个场馆的空间效率比预期更高。目前该场馆各空间的功能分布如表4-3-1所示。

① 林显鹏.2008北京奥运会场馆建设及赛后利用研究.科学决策，2007（11）：11.

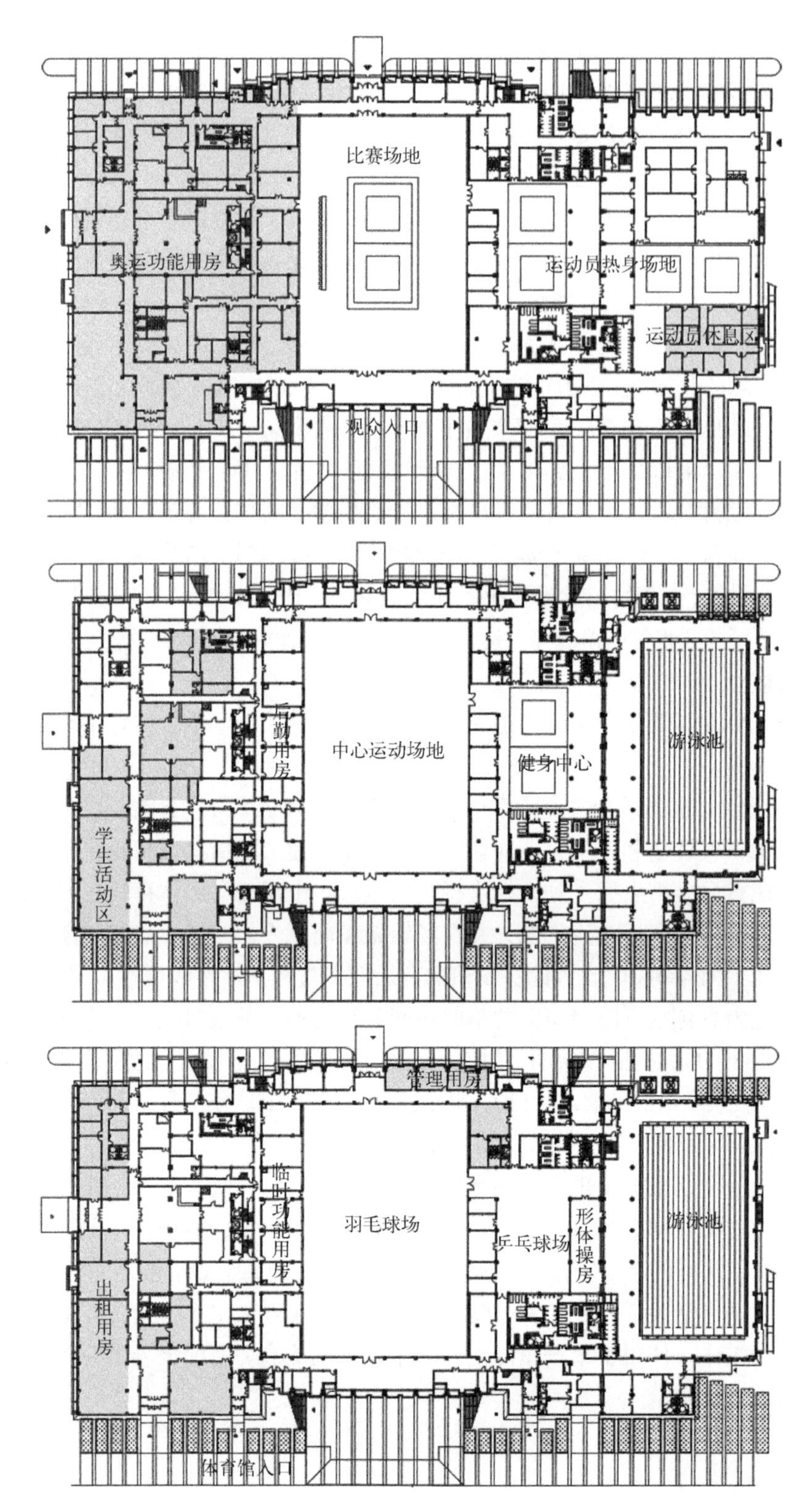

图 4-3-10 北科大体育馆奥运会赛时首层平面、赛后设计首层平面和现状首层平面比较

图 4-3-11 北科大体育馆游泳馆现状

图 4-3-12 北科大体育馆篮球馆现状

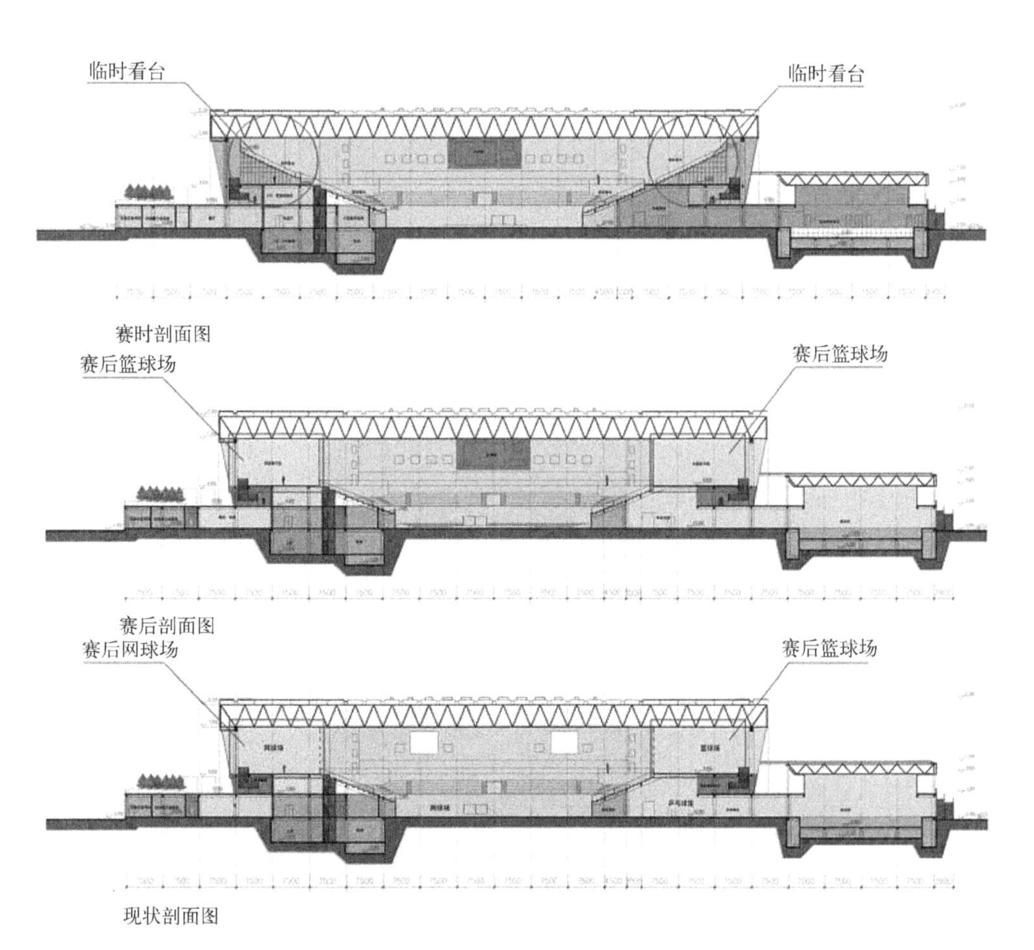

图 4-3-13 北科大体育馆奥运会赛时剖面、赛后设计剖面和现状剖面比较

北科大体育馆奥运会赛时平面、赛后设计图纸平面和现状平面的功能区布置对比　表 4-3-1

赛时空间	赛后图纸设定的功能	目前状况下的功能
中心比赛场	学生运动场	20 块羽毛球场地（可灵活转换为舞台、招聘会场以及各种运动比赛场地）
赛时热身场地和检录处	健身中心	15 块乒乓球场地、形体操房
南侧热身场地、运动员休息区、比赛运行中心	游泳馆	游泳馆
地下人防	地下人防	健身中心
成绩复印室	转播区	动感单车健身房
贵宾室	展览、休息	贵宾室
新闻发布、媒体区	学生活动中心、舞蹈室	出租用房
兴奋剂检查	接待和医疗	体育部办公
安保区	接待、会议	出租用房
竞赛办公室	后勤、设备、办公	体育馆运营中心办公
奥运其他功能用房	后勤、设备、办公	预留功能用房
二层永久座席	永久座席	永久座席（学校活动时使用）
二层南北入口大厅	未安排功能	跆拳道、柔道训练场地（临时）
三层北侧临时座席	一个篮球场	一个网球场、一个羽毛球场和两个乒乓球场
三层南侧临时座席	一个篮球场	两个标准篮球场

在上述空间里，羽毛球场、乒乓球场、柔道及跆拳道场地的所有设施都是可移动的（图 4-3-14），特殊情况下可以迅速转换，保证了空间的灵活性。目前，馆内各空间使用情况良好，能够满足校方的各项要求，学生及其他使用者的反映普遍良好。

图 4-3-14　北科大体育馆乒乓球馆现状

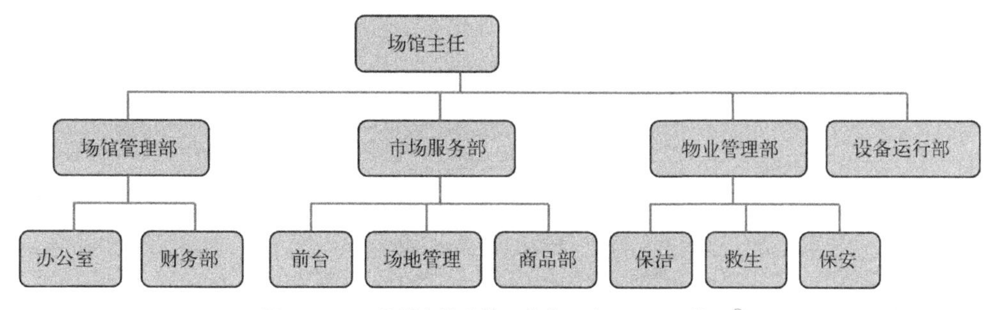

图 4-3-15 北科大体育馆运营管理中心组织架构图[①]

北科大体育馆赛后改造工程启动以后，校方便开始着手组建管理运营体育馆的团队。2009 年 5 月正式组建了"北京科技大学体育馆运营管理中心"（图 4-3-15），中心下属 4 个部门，主要负责场馆的日常管理、维护、安全保障以及对外项目合作等工作。管理中心成立以来，一直致力于探索高校场馆"公益性与经济性兼顾"的运营模式。目前，运营方根据体育馆和学校的实际情况，制定了一套完整的场馆使用时间安排：工作日上午 8：00 至下午 2：30，主要场馆供学生上体育课使用；下午 3：00 至 5：40，体育馆对外开放，主要接待教工及家属；下午 6：00 至晚 10：00 及周末和法定假日全天，体育馆对社会开放，供社会人士进行体育锻炼。每年寒暑假，北科大体育馆都会承担若干公司和社会团体的大型活动，包括 2010 年北京武搏会和公司年会等。体育馆内的预留功能用房则可以作为大型活动的功能用房使用。目前各项活动开展良好，特别是对外开放的时间段，场馆使用率很高，其中羽毛球场的使用率高达 90%，篮球场和网球场也几乎是天天有人使用。

由于北科大体育馆的空间布置紧凑合理，运营计划详尽周全，因此，在其对外开放的第一年就实现了盈利。2012 年体育馆毛收入超过 750 万元，收益率超过 30%。2013 年体育馆毛收入超过 800 万元，收益率还会进一步提升。[②] 目前，北科大体育馆已经成为了高校体育馆中"经济与公益"结合的典范。

（3）2008 年北京奥运会柔道跆拳道馆（北京科技大学综合体育馆）赛后运营的成功经验分析

北科大体育馆在赛后的 5 年之内能够取得比较好的经济效益，其原因是多方面的。具体可以总结为以下五点：

1）"立足学校长远使用，满足奥运比赛功能"的设计原则为赛后运营提供了诸多优势

无论从规模要求、场地环境质量还是转播要求上来看，一座奥运场馆比一座普通的高校体育馆在硬件要求上严格得多。因此，将一座场馆定位为"学校使用第一、奥运比赛第二"的决定是很有风险的。在方案的前期，奥组委也曾经对这一原则提

---

① 图片来源：北科大体育馆运营管理中心简介

② 上述资料系根据笔者研究生同北科大体育馆运营管理中心负责人访谈实录整理所得。

出了质疑，担心新建场馆不能满足奥运会的要求。不过，从目前的状况来看，这一策划原则无疑是正确的。奥运会只有短短的 18 天，然而场馆建设的投入以及为高校师生的使用却是永久的。仅仅为了十几天的奥运会而投入大量的资金成本，造成赛后空间功能的“冗余”，不但会增大投入的规模，还会给后续运营带来很多不确定因素。在北科大体育馆的案例中，馆方为满足奥运会需要，在奥运会举办期间，借助赞助商的供应以及租用大量高质量的比赛辅助设备，如计分系统、灯光设备以及临时座椅等，奥运会后随之拆除或转换。由于前期设计和投入得当，其硬件水平目前在我国高校体育馆中仍名列前茅。场馆只需经过简单的改造，将来就可以再承担高等级的体育赛事。

2）空间预测的成功

空间预测是所有建筑在前期策划过程中必须经历的环节。空间预测的成功与否直接关系到建筑的运营效率。在北科大体育馆的案例中，设计方对场馆的赛后空间预测十分成功，这一点单从运营方赛后没有对建筑进行任何大的结构改动上就可以看出。北科大体育馆空间预测的成功有赖于前期策划中对于地段的详细调研和正确认识，具体表现为三点：其一，馆内设置了大量相互分离的大空间，包括主运动场及其南北两侧固定座席后部上方的大平台、游泳馆、乒乓球馆以及两个入口大厅等。在体育馆建设之前，北京科技大学的体育设施极度缺乏，校内的体育建筑只有位于操场西侧的一个跑廊，学校内没有游泳馆，也没有室内球场。新建体育馆的这些大空间正好可以解决学校缺少室内运动设施这一问题，两者一拍即合，体育馆内的大空间很快得到了充分合理的利用。其二，馆内许多场地的尺寸和规模都预先进行了测算，确保了最大的灵活性。空间预测再精确也不可能做到 100% 的准确，因此空间一定要留有灵活度。例如南北两侧固定座席后部上方三层的两个平台，原本计划各设置一个篮球场，但校方要求再设置一块网球场地。经过对场地的计算，发现南侧平台刚好能够放下两个标准篮球场，因此北侧的平台得以空出，布置一个网球场的计划圆满实现。此外，体育馆的固定座席正好可以容纳一个年级的师生，为校方在此组织年级性的活动提供了便利。其三，场馆设计有多个出入口，保证了内部的各种流线不会交织，同时为馆内房间的对外出租提供了可能。

3）低廉的改建成本为场馆的赛后运营提供了资金保障

事实上，北京奥运会的每个场馆都具有良好的赛后运营的潜力，然而目前许多场馆的赛后运营计划并未完全实现，其中一个重要原因就是改造费用太高，运营方在不确定后续运营状况的情况下不愿出资改造。北科大体育馆在设计之初就考虑到了赛后改造问题，所以在设计中就尽量避免赛后结构的二次改造。例如游泳池的结构是事先做好的，在赛时铺设临时地面作为运动员热身场地，赛后改造时只拆除了临时地面，从而避免了二次结构施工（图 4-3-16）。北科大体育馆的改造工程，从进场到重新开门迎客，仅仅花费了 10 个月时间，总投资不超过 200 万，可谓是一个“又快又便宜”的改造案例。

图 4-3-16 北科大体育馆游泳池在赛前施工时铺设的临时地面

图 4-3-18 北科大体育馆游泳馆太阳能热水系统

图 4-3-17 北科大体育馆内的光导管工作现状

4）降低场馆运行成本

北科大体育馆运用了光导管和太阳能热水等节能技术，极大地减少了建筑能源消耗，从而降低了运营成本。例如在晴天甚至是雾霾天的情况下，体育馆内只需要少量照明便可达到训练、教学、会议和健身等功能的照度要求（图 4-3-17）。对于由国家或事业单位运营的场馆来说，减少运行能耗是场馆赛后运营的最重要考虑因素。北科大体育馆的游泳馆充分利用太阳能，在游泳馆屋顶安装太阳能热水器，采用成熟的太阳能热水技术，进一步降低了游泳馆的运营能耗（图 4-3-18）。

5）良好的运营和宣传增加了体育馆的人气

北科大体育馆的一大特色就是社会人员的高强度使用。事实上，北科大体育馆坐落于校园中，且周边多是大院，缺少大的办公区，在吸引社会人士这一点上有先天不足。不过，体育馆运营管理中心采用提升硬件质量、扩大宣传、联合第三方举办活动等多种手段扩大影响力，收到了很好的效果。每天晚上，在体育馆内锻炼的社会人士占到了 80% 以上，有些人甚至专门驱车 40 分钟到此锻炼健身。另外，北科大体育馆的建设还带动了校内运动队的发展。在赢得了2008年北京奥运会柔道和跆拳道比赛的承办权后，校方借奥运之机特意组建了柔道和跆拳道两个校级运动代表队，从而极大地提升了学校的专业运动水平。

（4）总结与反思——中国城市对于“大事件”的态度转型

2008年北京奥运会柔道跆拳道馆（北京科技大学综合体育馆）在“立足学校长远使用，满足奥运比赛功能”这一建筑策划设计原则的指导下，顺利地完成了奥运会前后的功能转换，效果良好。然而，北京奥运会的一部分新建场馆在赛后运营的环节上却或多或少地出现了一些问题，并没有取得预期的效果。其中一个根本原因就是有关部门出于对建筑形象的考虑，提升了建设造价，加大了建筑规模，从而导致了空间预测的失误和改造运营成本的飙升。关于奥运场馆“经济性”和“标志性”孰重孰轻的问题，一直是各个奥运主办城市的管理者需要直面的难题。既然很多着重考虑形象的场馆赛后运营的结果都不甚理想，那么我们该如何看待奥运建筑的标志性呢？事实上，对于很多国家而言，举办奥运会等大型国际盛会是提升主办国或主办城市形象的最佳机会。历史上很多国家和城市都是在举办奥运会、世博会等大型国际活动之后被国际社会认可，并步入其历史发展的黄金阶段的。奥运场馆良好的形象对于提升本国国民和场馆所在社区居民的信心也具有很大的意义。例如北科大体育馆，它的建成使得它所坐落的地区成为了校园的新中心，许多学生活动或是大型的校园盛事都发生在体育馆的周边。可以认为，新建的奥运体育馆对于提升北京科技大学的综合形象和师生的认同感功不可没。

但同时也应该意识到，一个国家或城市通过大事件向世界宣传自身形象或许只需要一段很短的时间。自2008年以来，中国的四大一线城市已连续举办了4场国际级盛会——2008年北京奥运会、2010年上海世博会、2010年广州亚运会和2011年深圳大运会，可以认为，中国的国家和城市形象已经在这4场盛会中得到了充分的彰显，如果在这种情况下，主办城市依然将“形象彰显”作为第一目的的话，则会或多或少地显露出主办城市在处理“大事件”问题上的不自信与不成熟。随着四大盛会的圆满结束，中国已进入了新的发展阶段，中国城市对于“大事件”的态度应该逐渐从“企盼”、“彰显”转变为“运用”和“平和”。城市要学会利用“大事件”为完善自身功能、改善居民生活服务，而不应该将“大事件”作为过度张扬的城市名片。事实上，2012年的伦敦奥运会就给了世人一个极好的例子，这个“史上最临时的奥运会”，无疑告诉了世人这次伦敦的“草根”奥运会是一次绿色低碳节俭的奥运会，是真正意义上的“时尚”的奥运会。在有声音贬低“伦敦碗”的造型时，伦敦用自己的一种态度和方式向世界说明，我才是最今天人类社会最具标志性的。

由此反观北科大体育馆，它的兴建在完善了学校设施的同时兼顾了奥运会的比赛要求，同时又为学校的师生留下了宝贵的奥运精神遗产。从这一点来看，北科大体育馆倡导的“立足学校长远使用，满足奥运比赛近需”的设计理念，无疑为城市如何利用“大事件”进行长远发展这一问题提供了一个良好的解决策略的参考。这也是当下我国城市对面对“大事件”的态度的一次思考。

4.3.2 清华科技园科技大厦——策划与建筑设计的融合[①②]

清华科技园科技大厦是清华科技园的核心建筑，对于它的定位和规划设计，作为业主的清华科技园非常慎重，在前期专项委托了科技大厦的建筑策划研究。但由于工期进度紧迫以及项目随市场变化的复杂性，建筑策划在完成了相对独立的研究工作后并没有停止，而是一直介入到了下一阶段的设计过程中，针对不同阶段和目标进行“伴随式”策划研究，这是一个建筑策划与建筑设计全面融合运作的项目案例。

清华科技园科技大厦位于北京市清华大学南门外，比邻成府路，是清华科技园近70万 m^2 建筑群核心区的一组标志性建筑。建筑位于科技园主轴线上，根据规划由一组4座百米高的塔楼所组成。主要功能空间包括写字楼、会议、餐饮、会所、公共空间、辅助配套空间和车库，是一座智能化的高科技综合办公楼，它是高新技术研发的聚集地和辐射源，是清华科技园的中心，也是国家惟一一个A级高校科技园的标志性建筑。科技大厦总建筑面积18.8万 m^2，地上25层，地下3层，由4座110m高（含女儿墙）的塔楼和群房所组成。4座塔楼落在一个巨大的二层平台上，平台与园区中心花园相连通，地上一层为门厅大堂机动车落客区和银行商业，二层为步行人流入口门厅及餐饮、休闲活动区，三层为会议区，四层以上为写字楼办公区标准层，顶层为会所及屋顶花园，地下一层为职工餐厅、健身及部分公共配套设施，地下二、三层为车库和设备用房（图4-3-19 ～图4-3-24）。

1. 建筑群体的对话——城市公共空间与场所精神的营造

清华科技园科技大厦在设计伊始就定位为一个开放的城市公共空间，这与清华科技园的功能定位是一致的，正如清华科技园的那句著名的广告词：“空间有形，梦想无限。”

科技园的建设用地是非常紧张的，在有限的空间内除北侧建成的呈对称布局的科技园创新大厦外，还有东侧的威新搜狐大厦、紫光国际交流中心，西侧的威盛大厦、Google 大厦（后 Google 迁出作他用）和创业大厦。建筑群围合出园区中心绿地，绿地地下部分为公共配套及停车场。场地的现状有明确的轴线关系。分析周边情况，我们看到，园区位于清华大学和城市的交接处，是由大学校园相对封闭的空间向城市开放空间过渡的区域。从空间形态上看，它应该是一个大学校园接驳城市的“转接器”，从功能意义上看，它应该是融合了学校科研、科技转化、对外交流和商业服务功能的“平台”。它是清华大学走向社会的踏板，是校园联系社会的桥梁，是学校对外开放的门户，同时也是社会了解学校的窗口，更是清华大学面向世界的门面。科技园的设计将反映和表达清华大学面向世界的姿态。

由于用地的狭小，科技大厦的容积率超过了1 ∶ 10，在130m×140m的用地内要建设地上和地下共超过18万 m^2 的建筑，而建筑限高又是檐口100m，如何减少建筑对周边的压力是首要问题。设计采取分散小体量的处理手法，将建筑分解为四个简洁的方

---

① 设计时间：2001~2004，竣工时间：2005.7，项目地点：北京市海淀区，建设单位：启迪控股股份有限公司，设计团队：庄惟敏、巫晓红、鲍承基、漆山等 / 清华大学建筑设计研究院。实景照片摄影：陈溯，莫修权。

② 编写自：空间的叙事性与场所精神：清华科技园科技大厦 . 建筑创作，2009，4.

塔插入稳固的二层大平台，缓解了庞大体量对周边地带的压迫感，并使单栋建筑均有良好的自然采光通风。以轻盈通透的建筑群作为城市对景。四幢建筑单体相距约 30m，南侧两栋适当加大间距，使四栋建筑围合的空间有微微向南开放的趋势，形成微妙的空间感受，既相对独立又自成群体，并与园区其他建筑群形成对话。由于科技大厦位于园区主轴线的前端，作为轴线起始点的建筑，我们将四栋大厦沿轴线分立而设，将轴线让开，以虚轴的方式引导城市空间进入园区，沿大台阶上到二层平台公共交往空间，再通向中心绿地，进而延伸到园区尽端的创新大厦。沿园区主轴线所形成的收放有致的序列空间，主宰了科技园整个建筑群，先抑后扬的空间形态将园区的建筑群统合成一个整体，营造了一个既开放，又有向心性的城市公共空间，彰显了清华科技园的场所精神。

图 4-3-19 清华科技园科技大厦立面实景

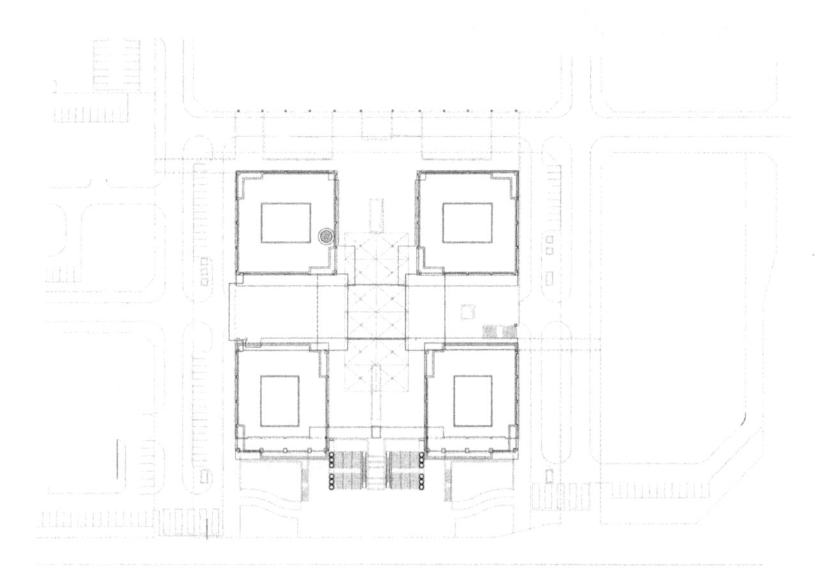

图 4-3-20 清华科技园科技大厦总平面图

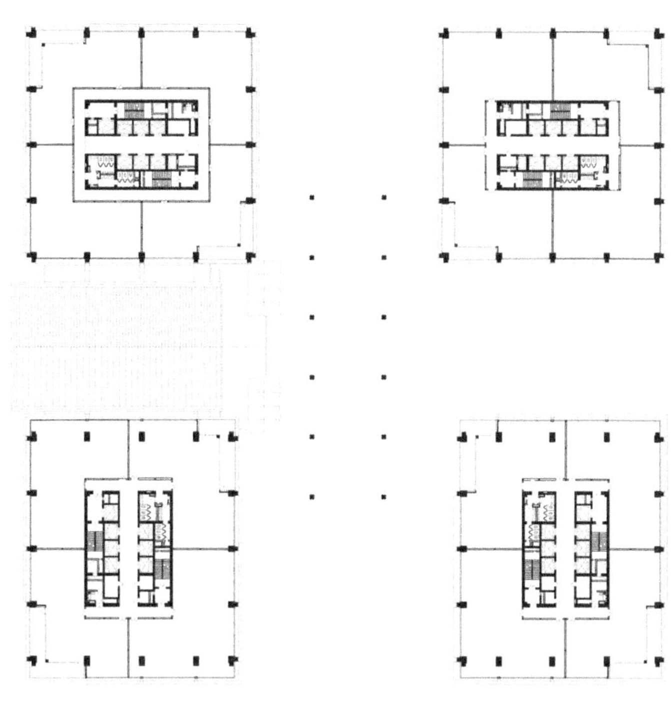

图 4-3-21 清华科技园科技大厦标准层平面图

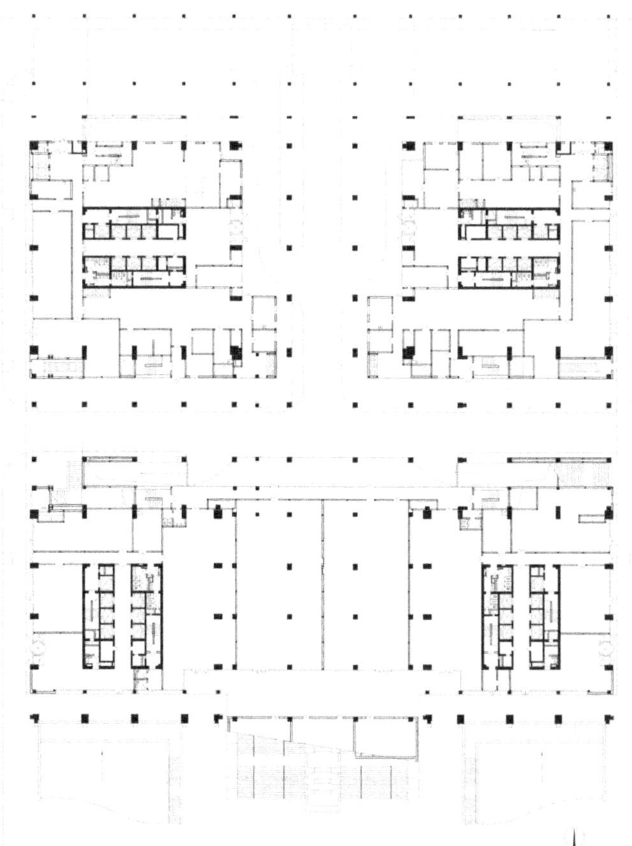

图 4-3-22 清华科技园科技大厦一层平面图

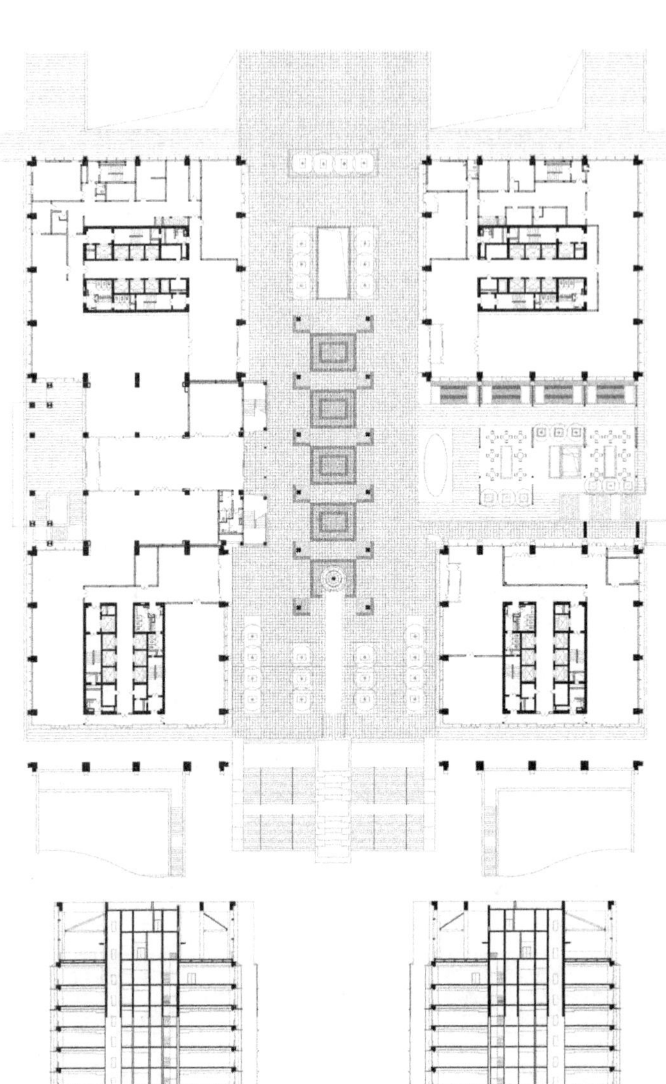

图 4-3-23 清华科技园科技大厦二层平面图

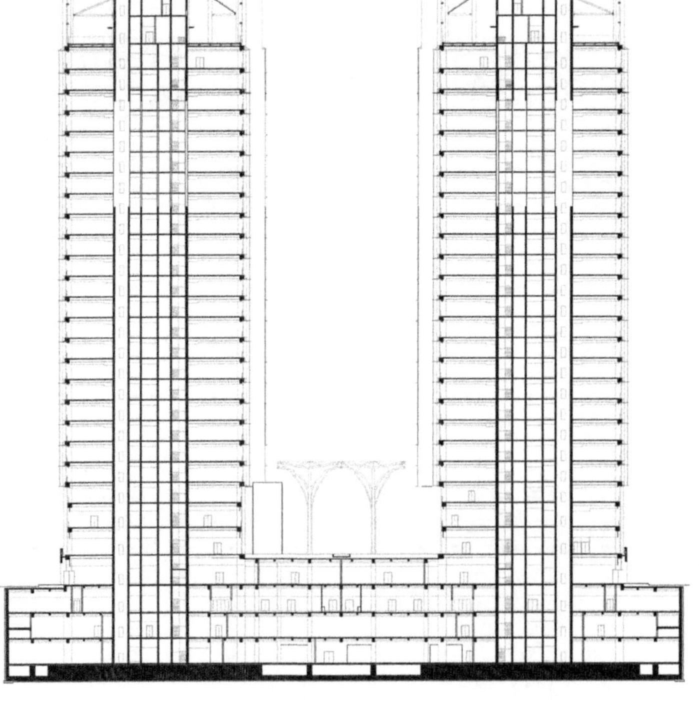

图 4-3-24 清华科技园科技大厦剖面图

2. 空间构想与使用者行为

建筑师最重要的工作之一是对建筑物的空间进行构想并对建筑使用者在空间中的可能行为进行预测、引导和设计，这也是建筑策划核心任务之一。建筑的空间是有情节的，什么空间将发生什么事件，空间之间和事件之间又有怎样的联系，就像一个讲述着的故事。这种建筑空间的叙事性通常决定着我们对空间功能的理解和营造。建筑内使用者的活动模式、流线和状态都构成了建筑师生成空间的依据。我们也正是伴随着这些未来空间中人们的生活进行着创作。

（1）上下班高峰时段大厦车流人流的集散——人车立体分流（图 4-3-25）

18.8 万 m^2 建筑面积的科技大厦，集办公、会议、研发、餐饮、休闲和娱乐为一体，其中办公写字楼面积占总面积的 80%，大厦内日常上班一族加上外来接洽来访人员，人数可达近万人，上下班高峰时段人流极其集中。地下车库设在地下二、三层，车库总面积 24240m^2，加上地面停车，大厦日常停车数量近 800 辆。按照规划意见书的要求，满足大厦的停车数量尚不是件困难的事，但如我们想象一下上下班高峰时段进出车的情景，就不难发现，几百辆车几乎同时到达或离去以及短时间内满足员工上下出入的问题远远大于机动车的停放问题。为了缓解机动车停放的压力，大厦管理要求部分员工通过大巴班车出行。因此，合理组织人流车流的集散就变成了大厦设计的关键点。首先根据地下车库的平面设置，安排 4 个机动车出入口以及与园区中心地下停车场相通的 2 个出入口，6 个出入口可保证车库短时间内的进出速率。其次，4 个塔楼楼座下专设全开敞、连通的地面回车通道，每一个楼座都设有专用的落客区。第三，专门设计二层公共平台，通过大台阶和平台廊桥与园区首层前广场和中心花园相连通，以此形成由地下、首层和二层公共平台所构建的立体人车分流系统。

图 4-3-25 清华科技园科技大厦人车分流实景

（2）午间吃饭休息的空间营造——公共配套空间及“营养层”概念

通常大厦写字楼日常运营的另一个场景就是中午的就餐活动。每当中午临近，大厦各层员工会集中地寻找餐饮空间解决就餐问题。一般情况下，如果大厦内餐厅面积不足，或布局设置不合理，流线不顺畅，势必会造成人流的大量交叉和过度的拥挤，给垂直交通系统带来巨大的压力。

在设计伊始，我们就这个问题调研了北京的七座具有一定规模的写字楼，现场就员工集中就餐的实态进行了调查，分析不同就餐人流的走向和行为特征。在设计中，我们模拟大厦的人流情况，并计算垂直交通的运载量，同时按规格档次将职工餐厅设置在地下一层，各种快餐设在首层，各大风味餐厅设在二层。地下一层为供员工集体就餐的职工餐厅，大开间布局，讲求随来随吃，流线顺畅；首层为各式快餐，靠建筑群外侧，小店面，多选择，同时考虑对外营业；二层平台层为各大风味特色餐厅，与二层休闲平台结合，景色优美，品位高档，满足大厦内各公司宴请会客之用。将餐饮空间按档次分层设置在大厦底层公共开放空间中，为大厦上部写字楼提供了“营养”保证，上部人流在“营养”层集散，寻找各自适合的就餐场所。

（3）营造园区公共休闲空间——城市公共空间的一部分（图 4-3-26、图 4-3-27）

定位为开放的城市公共空间的科技园科技大厦，其空间形态营造考虑了面向城市的各个层面。首先，结合首层机动车回车流线及落客空间的布局，将与城市相连的园区干道引入大厦底层，高效顺畅地与城市接驳。第二，通过近 30m 宽的大台阶将园区地面人流引向二层公共平台，与大厦公共空间和人行入口门厅相接驳。平台上设置 12 棵 17.3m 高的巨大钢树，钢树限定的空间气势恢宏。钢树下设置有喷泉、跌水，平台上结合底层空间采光设置的玻璃栏板天井、木质座椅平台、露天咖啡茶座、雕塑小品和树池花草，营造了一个开放而有活力的城市公共空间，在科技园主轴线上将城市与园区融为一个整体。第三，地下一层的商业休闲空间，通过下沉庭院的设计手法，以倾斜的绿草坡将阳光、人流和视线引入地下一层，既解决了地下层公共空间的采光通风问题，又扩大了面向城市的开放空间。大厦建成后，二层公共平台成为市民休闲、散步的理想场所，经常会有人们在那里驻足，留影。

白天，“树影婆娑”下是绿意盎然的休闲广场，展现人与自然共生共融的景象。夜晚，大厦灯火通明，泛光灯将 12 棵巨大的钢树打亮，清澈的喷泉在灯光下泛着粼粼波光，与平台上的水景、小树、绿化，与下沉庭院，与首层的车水马龙以及这个平台上活动的人群共同展现了一幅城市公共空间的动感画卷。

3. 空间叙事性的理性推导——建筑策划导出空间构成

大厦的功能是复杂的，特别是大厦建设的商业目标，使得它与市场形成了一种密不可分的制约关系。市场的需求和变化正是大厦设计和建设的前提和关键所在，而设计要求的确定正是市场需求的反映。通常的设计任务书往往缺乏对市场的准确把握，尤其是当业主或决策者以个人主观臆断来制定设计要求时，其设计的盲目性和风险性都会使项目陷于“朝令夕改”的窘迫境地。所以，在开始设计之前对任务

图 4-3-26 清华科技园科技大厦屋顶花园实景

图 4-3-27 公共平台实景

书的研究变得极其重要。但有时由于项目的特殊性和进度的要求，无法在设计之前进行建筑策划的研究，或者即便前期作了建筑策划，但由于投资状况和市场环境瞬息万变，往往就需要在设计的过程中融入“伴随式”的策划分析，以求得到科学合理的空间组成及设计策略。很显然，任务书中那些必要明确的目标和要求也需进行持续的、理性的分析和研究，如标准层的合理面积是多少，核心筒的尺寸多大为宜，电梯的数量应该是多少，如何应对多变的市场而设置办公单元，公共空间应有哪些，各部分面积比例是多少，设备用房该多大面积，如何解决有限面积下的停车问题等。

在前期的建筑策划研究中，对项目相关市场开展实态调查，采集数据，进行多因子变量的分析，形成初步的空间组成的量化分析结果（初步设计任务书），以此进行概念设计，对提出的若干方案进行层级分析（见本书第 3.2.6 节），确定市场和项目影响相关因素的权重，对方案进行评价，确定较优方案，将方案中的信息数据反馈到初步设计任务书中，对初步设计任务书进行调整和修改，形成正式的设计任务书，而后在设计过程中结合策划不断优化和修正任务书。

经过策划研究的设计任务书明确提出，大厦地下二、三层车库应适当提高层高，满足机械停车要求，为将来不断增加的车位要求做好准备。建筑的地下一层、首层、二层都设计为综合服务的商业性空间，柱距以 9m 为宜，9m 柱距的框架体系足以适应建筑空间的灵活使用和变化。办公楼标准层采用办公单元的设计理念，便于灵活出租和应和变化的市场，同时满足交工验收的要求以及避免招商入住后的二次改造所带来的建筑和电气设备系统大拆大改的浪费局面。上述要求都在设计过程中逐一落实。

建筑策划的本原就是以市场为出发点，以建设项目的运营和使用实态为研究目标。空间中使用者行为模式的演绎和空间功能特征的理性分析以及量化的结果就明确了大厦的功能定位，回答了业主面对市场不定性而带来的相关问题，依此确定的设计任务书科学、合理而逻辑地表达了甲方的设计要求。大厦建成后面向社会销售，甲方对空间功能组成和各部分面积比例分配以及功能定位非常满意，各方使用情况良好。这是一次策划与设计融合运作的成功实践。

4. 集成与整合设计的立场

20 世纪 80 年代，西姆・范・德莱恩提出了“整合设计”的概念，即在建筑设计中充分考虑和谐利用其他形式的能量，并且将这种利用体现在建筑环境整体设计中。

西姆・范・德莱恩的整合设计注重三个问题：一是建筑师需要用一种整体的方式观察构成生命支持的每一种事物，不仅包括建筑和各种建筑环境，还应包括食物和能量，废弃物及其他所有这一系统的事物。二是注重效率，尽量简单，这是任何自然系统本身固有的特征。同时，自然系统的众多特征是在整合的条件下才可以正常运作。三是注重设计过程，采纳自然系统中生物学和生态学的经验，将其应用于为人类设计的建筑环境中。这意味着建筑设计要超越单一的建筑建造范围而走向整个环境，寻求获得最高的使用价值和对环境最低的影响。当引入了系统集成的设计概念后，可持续发展的建筑设计将不再是各自为营地注重设备和投入的攀比，而是专注于有限资源和技术手段的整合集成。

我们在科技大厦的设计中运用整体的集成设计理念，形成了五个集成系统：

（1）建筑优化设计体系：通过策划—设计一体化运作，对场地、道路、功能、空间组合、结构与构造、设备等进行集约化设计，在一定程度上实现节能、节地、节材的综合效益。

（2）能源设计体系：在降低建筑围护结构能耗的基础上，全面考虑基地所能采用的经济合理的能源。

（3）建筑材料体系：不仅选用绿色环保的建材，对固液废弃物的循环利用也加以关注。

（4）优美环境体系：在平台景观设计中运用架空屋面设置平台、树池和绿化，结合园林专家对于北京地方树种的建议，合理设计树池的尺寸，综合考虑植物生长的覆土需求、休息座椅高度、照明位置、植物排水和雨水的结合、防根系穿刺等一系列要求，完成整体的环境设计。

（5）智能控制体系：运用智能控制系统和经济平衡系统，实现大厦的整体智能控制，达到综合节能。

采用集成设计模式的建筑设计需要建筑师全程参与。在建筑设计初期，我们就要将建筑策划引入，并将建筑全寿命周期的能源消耗作为考量要素，在满足建筑功能需求的前提下从建筑材料、使用、形态上进行综合考量。建筑师在集成设计中应占主导地位，他并不需要去创造各项新的技术，但是需要吸收各项新技术，把它们放入集成系统中去。这对于建筑师的工程学知识是一个严峻的考验。要求建筑师积累相关学科的知识，主动走向学科交叉的网络，统合诸如植物学、生态学、地形学、社会学、历史学等相关学科，通过跨学科的规划和设计来达到整体设计的目标。

当然，我们需要调整和改进的地方依旧存在，如扩大设计团队的组成和参与人员，除了策划师、规划师、建筑师、景观师、室内设计师、结构设计师、设备工程师外，在不同阶段邀请更为专业的技术人员加入，对声、风、光、能量、水、废弃物等作量化分析，提出合理化的处理建议；增加设计程序和运作的环节，在设计文件中明确可持续设计目标，并规定具体要求，从一开始就定期召开团队会议，促进跨学科的沟通和合作，定期检查目标实现的进展，运用生命周期费用分析确定最佳方案；增加运行和评价环节，通过在公共地点进行可持续的展示向使用者宣传策略和目标，提供使用说明，确保使用者了解建筑设备、材料、景观的清洁和维护要求，并在使用一年后进行后评估。

可以看出，这个项目对空间的策划和演绎是依照着其中人们行为的叙事性发展而展开的，充分考虑人的要素正是建筑策划的出发点。在设计项目中集成策划与整合设计，充分考虑到项目的定位、与城市和自然之间的关系以及项目要营造的场所氛围，同时对项目的客观限制条件与技术要求进行充分的评估，科学逻辑地分析市场，形成设计任务书。建筑师所坚持的不仅是一个设计的原则，更是一种设计的态度和方法，科学合理性是我们追求的一个目标，而建筑策划的思想正是通向这一目标的道路。

4.3.3 金沙遗址博物馆①②

1. 项目背景

在建设项目的进程中，建筑策划是发现问题的过程，建筑设计是解决问题的过程，两者互为因果。一个成功的开发项目就是全面科学的问题搜寻、细致逻辑的问题分析和提出恰当合理的问题解决方案的整合策划设计的过程，这一过程也正是建筑策划理论所倡导的理念。这一理念不仅在建筑单体的营造过程中，同样也在项目相关的更大范围如与城市、街区、经济和文化的关联节点上有所体现和贯彻。金沙遗址博物馆就是这样一个被寄予了推动城市区域发展和文化建设厚望的重要项目，其建筑策划的着眼点主要体现在通过建筑设计保护历史遗存，实现教化公众、传承文化、经营城市的关键点上。

---

① 设计时间：2005.1~2005.10，竣工时间：2007.5，项目地点：成都，建设单位：成都市文化局，设计团队：庄惟敏、莫修权、张晋芳等 / 清华大学建筑设计研究院，葛家琪 / 中国航空规划建设发展有限公司，张谨、白雪 / 泛道（北京）国际设计咨询有限公司，何伟嘉、董大陆、张春雨 / 北京中元工程设计顾问公司。实景照片摄影：舒赫，莫修权。

② 编写自：莫修权，庄惟敏，张晋芳. 文化·保护·营造——金沙遗址博物馆规划设计. 建筑学报，2009，2；成都金沙遗址博物馆. 世界建筑，2015，10.

2006年6月金沙遗址博物馆文物陈列馆开馆，2009年1月文物保护中心基本建成，是为了保护和展览成都城西青羊大道西侧发现的商末至西周时期的金沙遗址而建。

金沙遗址位于成都西郊，距市中心仅5km，东临青羊大道，摸底河从基地穿过。2001年2月，在青羊大道西侧出土了大量珍贵文物，并确定了金沙遗址是商末至西周时期古蜀国政治、经济、文化中心。成都市政府为保护金沙遗址，决定将金沙遗址中心区域约434亩已经转让开发的土地回收，并规划为金沙遗址保护范围，建成集游览、观光、休憩、教育于一体的专题性公园。尽管这一决定使得成都市政府损失了相当大的土地收益，并且还要为金沙遗址公园再投入数亿元，但是这一决策所带来的文化价值、历史价值和社会效益是无价的。

2002年，金沙遗址博物馆国际竞赛吸引了来自美国、法国、德国及中国的九家知名设计机构的参与。设计竞赛往往是设计创意的概念性体现，这种概念设计的理念表达事实上就是项目建筑策划的结论表达，概念设计中的思考，均源于前期策划的研究。经过严格的评选，清华大学建筑设计研究院及其合作方联合提交的方案以其新颖的理念和对遗存恰当的尊重被确定为中标和实施方案。该方案在设计之初对项目的问题和条件进行了策划界定与分析，对博物馆的定位与功能进行了合理化安排，是建筑策划思想在建筑设计应对历史、人文和自然、城市、建筑等层面思考与实践的一个案例，同时也是一个策划伴随式的设计实践。

金沙遗址博物馆作为城市建成区的遗迹博物馆，周边有大量的城市街区和建筑，故而需要解决两个层面的问题：一是规划层面，如何最大限度减少对文物遗存的影响，同时满足保护、展示的需要及持续发展的平衡；二是建筑层面，即建筑形式如何体现金沙文明，同时融入城市环境。针对这两个问题，该项目的设计理念最终确定为以下三点：

（1）以积极的姿态保护历史遗存，实现教化公众、传承文化、经营城市的目的。

（2）以有限的建造最低程度扰动遗迹，尽可能消解建筑体量，融入整个遗址公园的环境。

（3）以中性的手段应答时空的矛盾，不追求对应具体历史时段的建筑形象。

从这三点设计理念出发，场地规划和建筑设计得以顺利展开。

2. 规划设计（图4-3-28～图4-3-33）

规划方案以横贯用地东西的摸底河为横向景观轴，以南北向的开放空间形成纵向文化轴，将园区划分为四个象限，使用地由静到动地向都市界面过渡。园区主要建筑包括摸底河以南的遗址发掘遗迹馆、园区游客服务中心，摸底河以北的金沙遗址博物馆、文物保护中心及文化配套设施。

规划方案将园区主入口设于用地南侧蜀风花园大道，北区设园区次入口，东侧与青羊大道相接，为宽6m的步行道，设步行主入口，西北侧设通往文物保护中心的次入口和后勤入口。公共停车场地设于南北入口处。

主题游览线位于规划中轴，步行区将前区入口广场、遗迹馆和文物陈列馆以穿过其间的一系列广场连接，以遗迹馆前竹林广场为空间序列的高潮，以陈列馆为收束，贯穿用地南北。

园区内建筑规划采取化整为零的策略，强调地表的连续性，最大的陈列馆的地上建筑面积仅 1 万 m^2，最小的接待中心仅几百平方米。建成环境的中性特征体现了遗存本体及其历史环境的完整性、持续性。弹性规划的思想和可持续发展的理念，为日后的科学考察和展示教育活动提供了开放型的规划结构和发展的空间。

作为园区建筑主体的文物陈列馆，地下 1 层，地上局部 3 层，总建筑面积 16900m^2。建筑形体方正，造型北高南低，与地面相接，仿佛从大地中生长出来，隐喻被发掘的玉璋；纯净的造型削弱了与周边环境的冲突，建筑设计以考古工作中的“探方”作为构思出发点，在建筑设计和景观设计中以 10m × 10m 为基本模数隐喻科学考察的秩序。通过模数的应用将建筑与园区的整体规划协调统一起来。

建筑中央为充满阳光的太阳神鸟光庭，为观众提供参观结束后积淀情绪、静思冥想的精神性空间。纤细的柔索结构将太阳神鸟标识悬于庭院顶部。神鸟图案的光影投于庭院的弧形壁面上，随着时间的变化缓缓运动。

图 4-3-28　金沙遗址博物馆实景

图 4-3-29　金沙遗址博物馆主体立面实景

图 4-3-30　金沙遗址博物馆内部实景

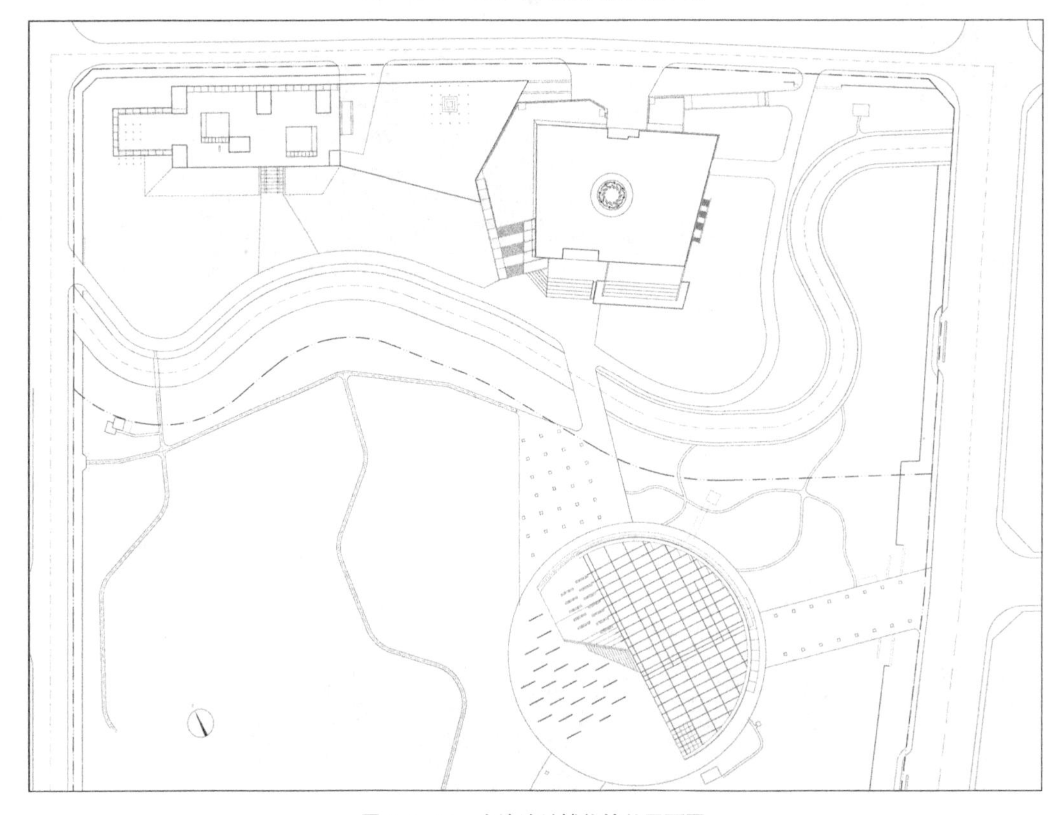

图 4-3-31　金沙遗址博物馆总平面图

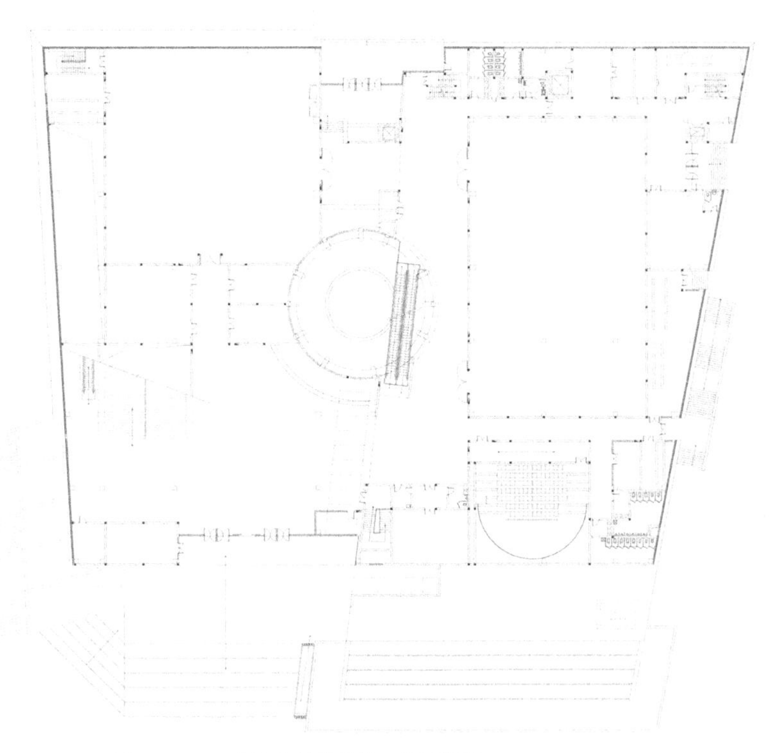

图 4-3-32 金沙遗址博物馆一层平面图

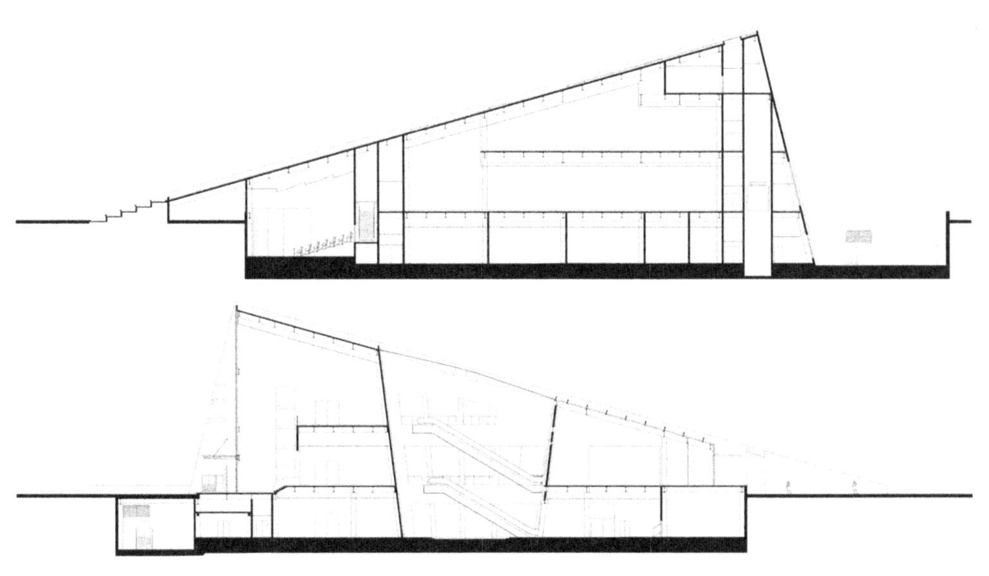

图 4-3-33 金沙遗址博物馆剖面图

3. 创新探索

策划的意义也在于引导设计的创新。在金沙遗址博物馆文物陈列馆的设计中，我们在多个方面作出了创新尝试。

（1）理念——以中性的手段应答时空的矛盾

金沙遗址博物馆与其他遗址博物馆相比，具有相当的特殊性。一般远离城市的郊野遗址博物馆（如安阳殷墟博物馆）可以着眼于自然环境和历史积淀，营造天地洪荒雄浑粗犷的气势氛围，但金沙遗址位于城市成熟地区，周边是建成的商业区和居住区，上述郊野氛围受到空间尺度的限制，并不合适。城市遗址博物馆（如广州南越王墓遗址博物馆）在密集的建成环境中，被两侧建筑夹峙，几乎没有任何回旋空间，如何融入城市肌理，和左邻右舍和谐相处又不失自身特色是其需要解决的主要问题。金沙遗址博物馆尽管处在城市建成区，但毕竟是在一个遗址文化公园内，没有建成建筑的近距离压迫，因此需要的解决的问题也不同。

我们认为金沙遗址博物馆需要解决的问题主要有两个层面的：一是规划层面的，作为城市建成区的遗迹公园，如何最大限度地减少对文物遗存的影响，同时又不阻碍城市正常生活，取得保护与发展的平衡；二是建筑层面的，即建筑既满足使用功能又体现金沙文化，同时还要融入城市环境。

从设计竞赛直至后期深化的过程中，一直有两种观念在交锋，即在城市型遗址上的建造活动是建设性的还是破坏性的。文物界和从事保护规划的专家主张对待遗址应该服从保护，不要在其范围内进行任何建设活动，完全以考古发掘为主，否则就会对文物造成破坏。他们主张易地建馆，遗址和馆舍分离。

我们认为，对历史遗存的态度不应该是消极地封存和隔绝，而是积极地保护。历史遗存除其文物价值外，还有文化、教育甚至经济价值，如果能够寻求一种合适的积极方式来宣传展示金沙遗址，对于教化公众、传承文化、经营城市无疑具有重要的作用。相反，刻意隔绝就如同将文物锁进保险柜，失去了与公众和社会交流的机会，文化传播成为空谈，文物考古成了圈内专家的自说自话，文物研究的意义又何在呢？易地建馆就如同文物建筑保护中的易地重建一样，文物脱离了原生环境，其价值势必大打折扣，更辜负了成都市政府收回整个园区土地的初衷。

在上述两种观念交锋的过程中，成都文化局和博物院的领导给了我们很大的支持，突破阻力，搁置争议，使规划方案终能实施。

具体规划设计过程中，我们根据研究和展示需求，通过前期发掘，探明遗存区和无遗存的可建设区的范围，位于遗存区的建筑如遗迹馆主体结构采用大跨度钢结构，在尽量减少基础面积的同时，结构基础设在建筑外缘已完成发掘或经勘探无重要文化堆积的点位，减少对遗迹的扰动，无遗存区的建设也尽可能消解建筑体量，融入整个遗址公园的环境。

（2）建筑——多元化展陈手段使人和展品共同成为博物馆的主角

金沙遗址文物陈列馆位于现代城市环境中，同时又要反映古蜀文化特征，但三千年前的古蜀文化建筑形象现在无从求证。面对这样的矛盾，我们提出以一种中性的手段，即不强调具体历史时间段或具象建筑特征的形象来应答时空的矛盾，强调当下又避免错乱时空的臆想。

在陈列馆内部，以多样性的展陈空间，将恢宏的场景式大遗址复原展示与金沙精美文物陈列结合。开敞流动的室内空间打破了传统博物馆将展区、公共空间、教育交流等空间完全割裂的形式，将传统的封闭式独立展厅与开放式台地展区相结合，将被动的“固定式”陈列与互动的“情景式”陈列空间相渗透，将静态的单一参观模式与动态的多媒介模式和丰富多样的活动相配合，破除了人与文物静止对立的格局。这里，人和展品一同成为文化殿堂的主角。

设计中还致力于使博物馆超越原有的收藏、展示、研究、教育等功能，成为公众交往和社会活动的场所，使博物馆在市民生活中更加鲜活。同时，为了减少博物馆建成后的财政负担，设计考虑了陈列馆内部公共空间的多种利用可能，如与文物展藏研究相关的文化活动、新闻发布会，甚至时装走秀、企业酒会等，使公共空间的利用在更加多元化的同时尽可能创造收益，使以馆养馆成为可能。

（3）结构——以大跨度预应力钢结构体系降低对遗迹扰动的同时提供更灵活的展陈空间

在满足建筑空间功能的前提下，选择不同的结构体系对本体的影响度是不同的，很显然钢结构比混凝土结构更适应本项目的需求。方案中遗址遗迹馆选择大跨度钢结构形式，结构基础主要设在建筑外缘已完成发掘或经勘探无重要文化堆积的点位，深基础主要设在发掘遗址西侧，东侧未发掘完成区域将设三个基础落点，最大限度减少对地下遗存的破坏。发掘展示区内部为无柱大空间，在获取符合功能需求的建筑空间的同时，将建筑对地下文物本体的影响降到最低。

设计中考虑了营建过程的可逆性以及减少施工过程及其方式对园区的污染，由于采用了钢结构建筑形式以及装配式的施工方式，在营建过程中将施工操作对园区环境的污染减到了最小，而且建成的建筑物在必要的情况下可以移除，为恢复文物遗址本真的状态提供了可能。

陈列馆本体以 10m × 10m 的展陈单元作为平面模数，设计为大跨度预应力钢结构，在展厅部分形成 30m × 30m 的无柱空间，在垂直向度上提供 6~15m 的不同高度，为空间布局和功能置换提供了高度的灵活性、多样性，这在国内博物馆建筑中是领先的。

（4）构造——外墙构造体系保证了建筑外形的整体协调、浑然一体

大型文化建筑经常会遇到一个问题，即由于空调系统新风、排风需要以及消防排烟的要求，通常外墙面上需要设置很多百叶窗。而陈列馆建筑外立面和室内公共空间的墙地面全部选用同一产地的石灰华石料，也称洞石，目的是使得建筑外形浑然一体，仿佛从大地中生长出来一般。如不得不开设通风排烟百叶窗，对博物馆建筑外墙面的整体性将是很大的破坏，不美观的百叶窗仿佛外墙面上的补丁，成为令人遗憾的败笔。为了解决这一问题，我们采用了开放式石材幕墙的设计，即干挂石

材与主体墙面脱开 30cm，石材之间 1cm 的缝隙开敞不封胶，这样在石材和土建墙体之间形成一个空气间层，通过石材缝隙与室外大气相通，满足了采风和排烟需要。通过计算，所有缝隙的面积之和可满足百叶窗所需，而且空气间层促进了对流，在石材龙骨的防锈等方面比密闭间层的物理性能更优。

在干挂石材的挂件系统方面，设计选用了较为先进的背槽式干挂法，即在石材四角开槽，金属挂件不再是螺栓，而是槽钢，这样，金属件与石材接触面加大，保证了干挂牢固度，同时还降低了石材用量。

（5）材料——在应用多种新材料的同时实现节能环保和节约自然资源的目标

在陈列馆倾斜外墙围护材料、保温防水材料和构造方面，设计中作了较为大胆的尝试。国内很多倾斜外墙建筑的墙体都是混凝土直接浇筑，但是陈列馆主体结构为钢结构，混凝土外墙与钢梁、钢柱难以交接，且因为膨胀系数的不同，即便暂时交接处理完毕，未来也极易因温度变形的不同而造成错位和开裂。设计中，我们对比了预制混凝土挂板、成都当地的秸秆板等多种材料，最终还是选择了与钢结构配合较好的夹心钢板。

陈列馆外墙面均有 1：8~1：6 的倾斜度，为了解决倾斜墙体和屋面的一体化防水问题，设计在多方比较后选取了硬泡聚氨酯防水保温一体化材料作为外墙面的保温防水层，这种材料能够较好地实现保温防水的整体性，好比给整个博物馆穿上了一层防护服，既保暖，又防水，一举两得，这在国内博物馆中也是比较先进的。

陈列馆的外装饰材料选用的是白色洞石，四边墙体和屋面均被洞石覆盖，石材总用量达 13000 多 m^2。按某资料的估算方式，天然石材从矿山山体到最终挂墙的石板，其利用率仅仅有 0.14%，也就是说，这些外墙干挂石材要耗费数十万立方米的山体，对山体资源的消耗是很可观的，我们希望能够通过构造手段尽可能减少对山体资源的消耗，于是我们在不能减少外表面积的情况下尝试减少石材厚度，以此来减少石材消耗量。洞石属于碳酸钙类石材，材质不够坚硬，一般背栓法干挂洞石的厚度都是 3cm，这样才能保证石材板的强度，通过背槽式干挂法，我们将洞石厚度降低为 2cm，同时在石材背面增加一层胶黏剂，保证石材在减小厚度的同时强度并不降低。通过权威机构的强度检测，该方法能达到国家规定的石材干挂要求，同时大大节约了石材用量。

通过金沙遗址博物馆项目，我们尝试了一种不同于纯粹的郊野遗址博物馆或城市建成环境博物馆的设计策略，探索了一条新的道路。园区建成后获得了文物界和建筑界的好评，原有的一些争议在巨大的文化价值和社会效益面前也逐渐平息。2006 年 6 月 10 日，中国的首个文化遗产日庆典在成都金沙遗址公园隆重举行。

汶川大地震后，金沙遗址博物馆主体建筑安然无恙，馆内的文物和藏品无一损毁，新建建筑在遗迹原址上保护了出土文物，整个园区在地震当日即开放临时收容受灾市民。金沙遗址博物馆不但成为了文物的庇护所，还成为了广大市民躲避地震灾害的避难所。建筑超越了设计意图，提供了更为广阔的人文关怀。

4.3.4 华山游客接待中心①②

1. 项目概况

根据建筑策划理论体系的思想内涵，如果说建筑策划的根本意义是为了指导下一步的建筑设计提出一个更合理、更科学的设计方案，那么这个合理性就应该理解为不仅涵盖建筑相关的设计细节，而更应涵盖项目与自然、城市、民众有关的历史、文化和价值观的整体考量，有时它甚至是一种建筑观的思考。华山游客中心项目的策划研究和规划设计就是这样一种以对自然、城市、人文和历史的思考为出发点的整体设计实践。

西岳华山是著名的五岳之一，以奇险峻秀闻名于世。历史上华山以其嵯峨秀美的景色吸引了无数文人墨客的溢美之词以及游客的驻足。然而，近年来，随着赴华山观光游客的持续增加，原有的华山游客中心在使用上已经不堪重负，无法满足基本的需求。因此，结合华山风景名胜区的总体规划，景区管委会拟在山下修建一座新的游客中心，此游客中心在为旅游者提供必要服务的同时也兼顾了景区综合管理的职能。不仅如此，该游客中心也是日后“华山论剑”活动的一个承办载体。

华山游客中心项目总建筑面积 8667.5m^2，其中室内建筑面积 7204m^2，室外建筑面积（按 50% 投影面积）1463.5m^2，建筑最高点高度为 13.565m。其用地位于陕西省渭南华阴市城南 5km 处，310 国道以南，著名的国家级风景名胜区华山的北麓。用地南依华山，北侧正对华阴市迎宾大道，与迎宾大道北端的火车站遥遥相望。用地东、西两侧现为农田和部分散居的农户，四周视野开阔。用地北侧偏东约 4km 处为著名的文物古迹西岳庙，并在规划上通过古柏行步行街与西岳庙相连。项目用地较为方整，东西宽 600m，南北长 650m。用地面积约为 40.8hm^2，整个场地东南高，西北低，最大高差约 20m。其中北侧地势较为平缓，南侧地势落差较大。

2. 设计立意

华山风景名胜区自然景色雄奇瑰玮，风姿独具，大气磅礴，世所罕见。根据章太炎先生考证，“中华”、“华夏”皆因华山而得名，因此，华山被视为中华民族的文化发祥地之一。正是考虑到华山的这种磅礴气势以及它丰富的人文景观与历史传承，我们采用了尊重自然、尊重华山的设计理念，这是我们设计的出发点。在设计上，首先严格遵循了华山风景名胜区总体规划的要求，其次也充分考虑了华山未来申报世界自然遗产的可能性。

黑格尔在《美学》一书中提出：“建筑艺术在开始时，总是要寻找摸索适合的材

---

① 设计时间：2008.8~2009.11，竣工时间：2011.4，项目地点：陕西省华阴市，建设单位：华山风景名胜区管理委员会，设计团队：庄惟敏、张葵、陈琦、章宇贲等 / 清华大学建筑设计研究院。实景照片摄影：张广源，王成刚。

② 编写自：华山游客中心 . 世界建筑，2015，10.

料和形式去表现精神的内容意蕴,从而满足内容和表现方式的外在性。"[①] 作为著名的五岳之一，华山自古以来便闻名天下，考虑到大量游客来此旅游都是为了观仰华山，而游客中心仅仅是为其观山提供必要的服务，因此，在设计前期的策划定位阶段，我们应该有一个正确的建筑观，将其空间构想为宜小不宜大、宜藏不宜露，建筑匍匐在华山脚下，融于用地的自然环境之中，以此作为我们的设计理念。此外，由于华山游客中心承担着服务游客的主要职能，我们认为它是高水准的集游客集散、咨询服务、导游服务、旅游购物、餐饮及配套办公管理等功能于一体的综合性小型建筑，是与关中地区传统文化地位相称的具有文化内涵的重要设计项目。基于建筑策划的定位研究，我们遵循这样几个设计原则：首先，它应该是具有高品位和一定文化内涵的综合性建筑；其次，应该在规划及建筑设计上与周边环境相融共生；再次，应当以人为本，依托良好的自然环境，在保护华山自然风貌的前提下，为游客提供便利服务的活动场所。

3. 规划布局

（1）与城市和自然环境的关系

由于项目用地处于华阴市的主要轴线——迎宾大道的南侧尽端，背靠华山，且与北侧的西岳庙遥相呼应。按传统设计思路，建筑应当位于主轴线之上，然而建筑的体量再高也高不过山，华山的山景才是整个景区的主角。"出剑指苍穹，山岳谁为雄"以及所谓的"风云际会、华山论剑"等均是以山作为主体，因而城市与山之间的轴线应当以山作为对景，凸显出华山的存在，而建筑恰恰应该是一种消隐的姿态。因此，设计一方面采用了斜坡顶的造型语言，以求将建筑与华山融为一体；另一方面将华山游客中心的使用功能一分为二，成为两个部分。其中西侧部分体量较小，为游客进山通道，包括购票、咨询、导游服务等功能，东侧为餐饮、购物、管理以及其他配套用房，同时兼为出山通道。东、西侧两个单体建筑的中间则用一个平缓的、逐渐升起的平台作为连接。这样一种设计使得游客无论站在用地的入口还是场地内的任何一个位置，均能够一览无余地看到华山的秀美风光。同时，这样一种功能布局及造型也参考了华山当地的一个民间传说。相传大禹治水时,将黄河引出龙门，来到潼关时，被南边的华山和北边的中条山挡住了去路，两座山紧紧相连，因而河水无法通过，危急之时有位叫巨灵的神仙前来帮忙，将两山掰开，但是华山却被掰成一高一低两山，高的叫太华山，低的叫少华山，因此也就有了李白赞咏华山的"巨灵咆哮擘两山，洪波喷流射东海"的诗句。在前期策划中，形体构成的考量，将两个单体建筑拉向两侧，中间连接部分采用平台拾级而上的设计手法既与自然地势相吻合，又是面南的华山景观与面北的城市景观的一种有效衔接。在台阶宽窄、疏密相搭配的平台之上，向南看到的是华山的雄姿，向北则回望城市，其面向着城市和现代文明，背靠着自然与人文历史传承。其依托的是自然，接纳的是现代，从而形成

---

① （德）黑格尔 . 美学（第三卷 上册）. 北京：商务印书馆，2010：17.

了自然和文明结合的一种概念。因此，设计在策划的引导下，充分体现了对环境和建造场所的尊重，使得建筑真正成为了联系自然景观与人文特色、传统文化与现代文明的一个载体。

弗兰克·劳埃德·赖特曾提出："建筑师应像自然一样地去创造，一切概念都意味着与基地的自然环境相协调……最终取得自然的结果而并非是任意武断的固定僵死的形式。"这种崇尚自然的建筑观同样体现在华山游客中心的设计思想之中。

（2）总平面布局

由于用地通过古柏行步行街与西岳庙相对，因此由北向南形成了一个西岳庙—古柏行—华山主峰的文化轴线，而华山游客中心的用地恰好处在这一轴线之上，对此，设计选择了退让这一轴线的做法，即在总平面设计中将主体建筑设置于用地中部偏东的位置，以在视线上避让开从西岳庙看华山主峰的视觉通道。同时，建筑布局也遵循了华山总体规划弱化轴线对称，要求建筑宜小、宜分散的原则。本项目主入口位于用地北侧，进出山的入口位于用地的东南角。在主入口与建筑之间分别设置车行与人行路线。其中，在用地北侧东西两边各有一个车行入口，车行道路在用地内环通。紧邻两个车行入口处为铺有硬质绿地的生态停车场，车场依地势曲折呈不规则设计，车场内非停车位部分植有不同的乔木及灌木。社会车辆均停放在此。用地东北侧设有专供大客车停放的场所，东南侧结合进山出入口设置专用电瓶车停放车场。管委会内部用车与少数贵宾车辆可停放在邻近建筑的小型停车场。各停车场均设有人行通道通往主体建筑，建筑北侧设有广场以满足游客排队买票、等候及其他功能。用地中心为大型自然生态公园，用地红线内的景观均呈现以自然方式呈现。用地南侧结合原有的大片柿子林，设计上亦考虑作为大型自然生态园林（图 4-3-34 ～图 4-3-36）。

图 4-3-34 华山游客中心下沉广场及台阶绿化实景

图 4-3-35 华山游客中心建筑全景

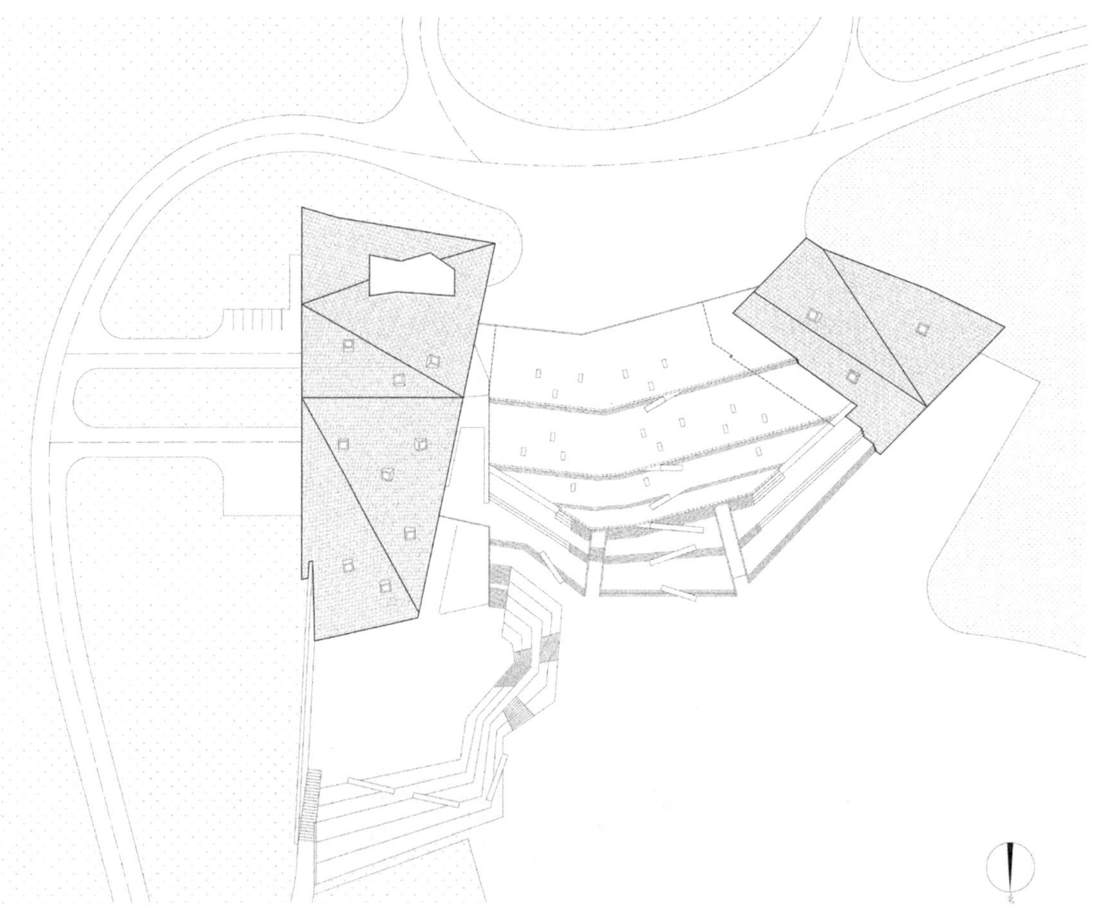

图 4-3-36 华山游客中心总平面图

4. 建筑设计（图 4-3-37 ～图 4-3-40）

主体建筑西侧部分为一层，设有票务中心、LED 显示屏、咨询中心及导游接待服务等游客进山必需的功能内容。游客购票后沿行进流线可以到达候车区，并乘坐景区的电瓶车前往华山。主体建筑东侧部分为 2 层，地下局部 1 层。其中地下局部一层结合下沉广场设有风味餐厅、厨房及设备用房。首层设有贵宾接待、旅游纪念品购物、医疗、电信等旅游服务和配套管理用房。二层设有信息监控中心、会议及办公等功能。东西两侧建筑以平台下部的一个通道相互连通。平台下部北侧部分为半地下的展陈空间，用以展示华山的自然景观、植被地貌及其他人文遗产，南侧为候车区和游客休息区。在使用上，进山人流与出山人流分开设置，互不干涉。出山人流与旅游纪念品购物及餐饮等配套功能相结合，以方便游客使用。

建筑形体采用了带有折线变化的斜坡屋顶，坡屋顶直接落地，在屋顶穿插敷设了一些以不同角度设置的立方体作为采光单元，隐喻山顶的岩石随意地散落在山坡上，它既具有为室内提供采光的功能作用，又在造型上丰富了整体建筑意象，这一看似随意、实则刻意讲求建筑与自然契合的设计手法，也与张锦秋先生所提出的“建筑要与华山相呼应，建议增加一些有斜坡面的体形，从而形成高低错落、有活力感的形态”的指导思想相符合。大平台上也根据使用需要设置了若干方整洗练的玻璃盒子作为采光单元，为大平台下展览空间中的展品提供展陈照明，夜晚平台下展览空间的灯光从采光玻璃盒子中透射出来，远眺似繁星点缀，丰富了建筑的表情。大平台铺以产自当地的石材，在形式及质感方面力求与华山尽可能地融为一体，屋面的石材选择也考虑到了关中地区民居建筑的灰色调，在颜色和质感上力求有文脉的呼应。整座建筑造型简约朴素，在满足游客旅游集散等各种内部功能要求的基础上，

图 4-3-37 华山游客中心南侧候车区及疏散广场实景

图 4-3-38 华山游客中心售票大厅室内实景

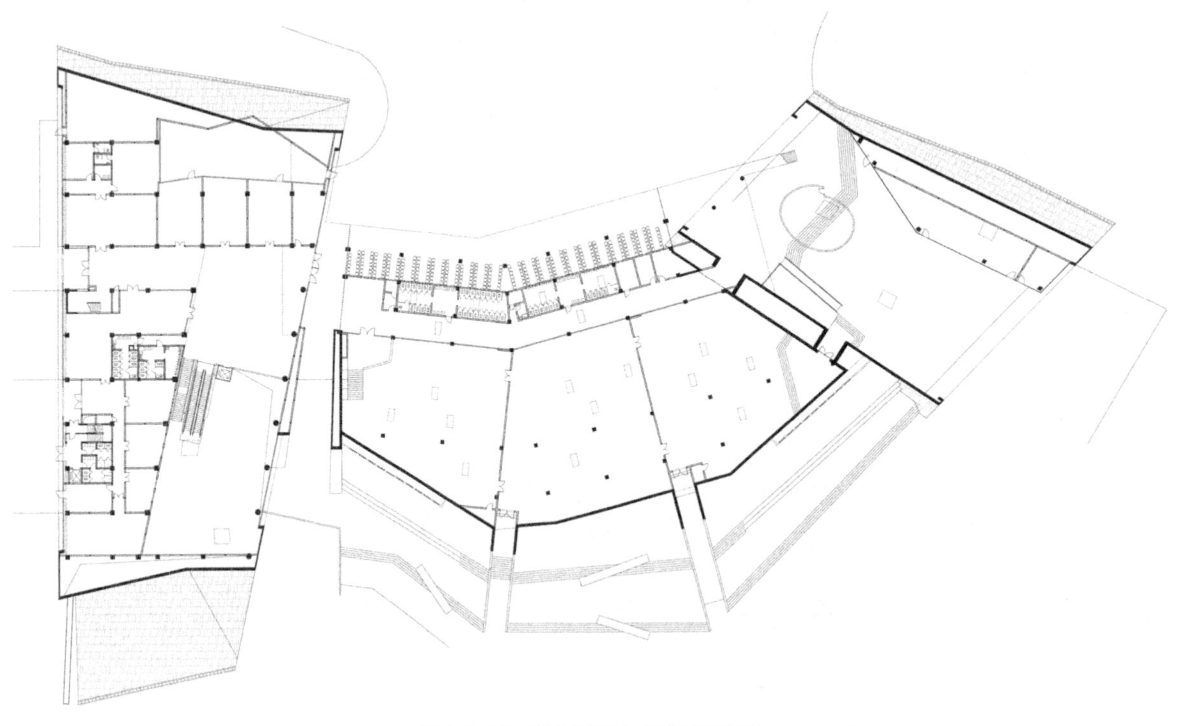

图 4-3-39 华山游客中心首层平面图

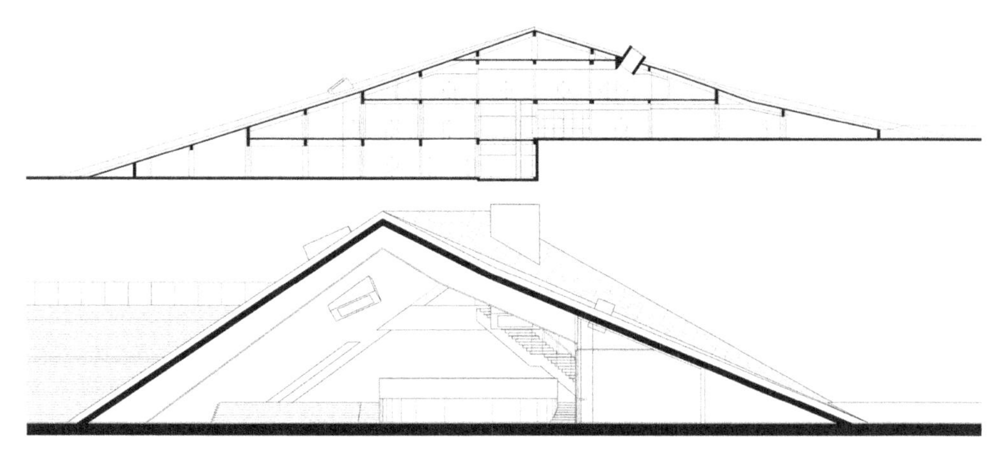

图 4-3-40 华山游客中心剖面图

力求以简洁的体形，减少建筑外传热面积，节省能耗。建筑充分利用了自然采光，有效减少了照明能耗。同时，设计也合理安排了建筑的开窗面积，从而避免因开窗面积过大而带来的采暖和空调能耗的增大。建筑主入口设有无障碍坡道，建筑内部设置有无障碍电梯，首层设有残疾人专用卫生间，充分考虑了无障碍设计。

项目创作和设计的整个过程始终充满了对华山自然存在的敬畏，项目最初策划阶段确立了尊重并贴合华山自然的思想，定位了整体设计基调，直至建筑的细节设计，一直引导着建筑设计的进行。该项目的成功源于前期策划研究对建筑命题的深层次考量与实操。通过这个实例也让我们看到了建筑策划的深远意义和广泛外延。

5 建筑策划的再思考

本书的前三章搭建了建筑策划的理论框架，从建筑策划产生的背景和意义出发，对建筑策划的理论、方法、原理进行了全面的解析。第四章是建筑策划的应用，所列出的具体项目都是建筑策划理论、方法及建筑策划思想在具体的建筑策划项目或建筑设计过程中应用的例证。至此，建筑策划理论与方法体系的框架建立已经基本完成。

按照学科划分，建筑策划可以归入建筑设计方法学研究的范畴，作为以实证性为基本要义的建筑策划，具有很强的实用性。任何脱离了现实社会基础和时代背景的建筑策划理论都是虚假空洞的。时代背景下的社会经济、文化、政治环境是建筑物质空间的土壤，建筑设计应当根植于这一土壤中，否则便失去了存在的基础。建筑策划最终实现的是建筑学理论向建筑设计的物质空间实存的转化，社会环境与时代需求通过建筑策划作用于建筑设计，催生出适应时代需要和社会需要的建筑空间环境。因此，重新回到社会和时代的语境下对建筑策划的理论与方法体系框架进行再思考是十分必要的。

本章就是在时代与社会的语境下对建筑策划的再思考。前面的章节已经提到，建筑策划在我国的产生来源于对建设项目科学性、合理性的思考，反映在对项目设计任务书的科学性的探讨上，这一学科在我国的发展起步较晚。当今我国正经历着飞速的城市化进程，大量建成环境已经因为缺少科学的建筑策划论证，而未到使用年限就被拆除，造成了巨大的损失。值得庆幸的是，当下越来越多的建筑师已经开始积极地开展建筑策划研究，为城市和建筑提供策划业务，推动了建筑策划在中国当代城市化进程中的发展。中国的城市化建设还有很长的路要走，建筑师介入乡村建设之路才刚刚开始，建筑师和社会各界已经对中国的建筑与规划行业进行了深入而激烈的讨论，但无论如何，建筑策划将在未来获得越来越高的重视。

5.1 建筑策划的外延思考

5.1.1 建筑策划与空间论

建筑学的实质是对空间与形体的研究。建筑策划也旨在物质空间（physical space）的实现。所谓物质空间，我们又可称之为现实空间（real space），因此，建筑策划的目的就是研究现实空间的实现问题，但由于现实空间又由具象的、特定的形式所表现，对它们的理解、定义和研究的方法极其纷繁，所以通常建筑策划研究又多以抽象空间（abstract space）作为研究分析对象，通过对其关系的拓扑学特征的分析加以研究。对这种概念化的、模式化的、具有普遍性的抽象内容进行研究，就形成了建筑策划特有的研究方式，抽象空间也就成了建筑策划研究空间的主要对象。

关于抽象空间，Jean Piaget（1896-1980）曾称之为"演绎的空间"，认为"空间是通过几何学的演绎操作而形成的"。抽象空间的机理，实际上是数学的机理。矢量空间、放射空间、距离空间等各种空间构成基本的空间的定义，亦即几何学的集合即为广义的抽象空间。

建筑策划所研究的空间就是这种数理对应的空间，但其研究的中心是现实空间与抽象空间的转化和表述。由于抽象空间的数理表述是多种多样的，所以建筑策划中空间概念的模型、空间要素的模式以及空间关系的图式等亦多种多样。这种将空间本质高度抽象并加以把握而衍生出来的概念就是我们所说的"空间概念"（concept space）。

因此，抽象空间是现实空间把握的手段。通常对现实空间的把握总是依据抽象空间而进行的。一方面，一个建筑可以根据功能分区图、动线分析图、照度分布图等多种抽象空间的模式和相关图式来进行考察分析，以建筑策划对抽象化的手段进行研究，进而以抽象空间表述现实空间，最终实现现实空间；另一方面，由于将现实空间抽象化表述之后，可以运用大量的数理手段、计算机解析手段等对空间目标进行研究，所以又说抽象空间是建筑策划理论和方法的载体。

对现实空间的理解则相对简单。自然的、人造的以物态具象存在的可供人类生存活动的物质实体即为现实空间。它不同于抽象空间，抽象空间是一种概念，具有普遍性和原理性，而现实空间则是一种现象或是一种存在。对现象或存在的理解是因人而异的，对现象和存在的不同解释必将导致完全不同的结果。这就是为什么建筑学院不可能造就出一般无二的建筑师。建筑师在进行建筑策划的研究时，在现实空间中需学会发现和看出各种抽象的空间。不能发现这一点，在建筑空间的营造中由抽象空间向现实空间的还原就不可能实现，建筑策划也就难以进行。如果根据抽象出的空间概念，依据策划的结论再进行现实空间的塑造，就可以大大地丰富兼有艺术性与功能性的空间。

建筑策划着眼于各实态空间的使用调查以及使用者的心理意识的调查、评价，在把握实态空间的同时，组成抽象空间的模型和建立使用方式的模式，进行预测和最优化处理，旨在将这些理性的概念具象化、现实化，最终实现现实的空间。

抽象空间和现实空间相对应，空间位置的转换和保存一般有三种情况：

（1）两者位置关系完全一致的情况，如人口密度分布图、使用范围表示图等。这种情况下，抽象的空间距离的比例关系与现实空间是相近的（图 5-1-1）。

（2）两者位置关系不尽相同的情形，如构想图、时间距离图、领域邻接状态图等。这种情况下，现实空间中各点的位置有一部分与抽象的空间概念有差别（图 5-1-2、表 5-1-1）。

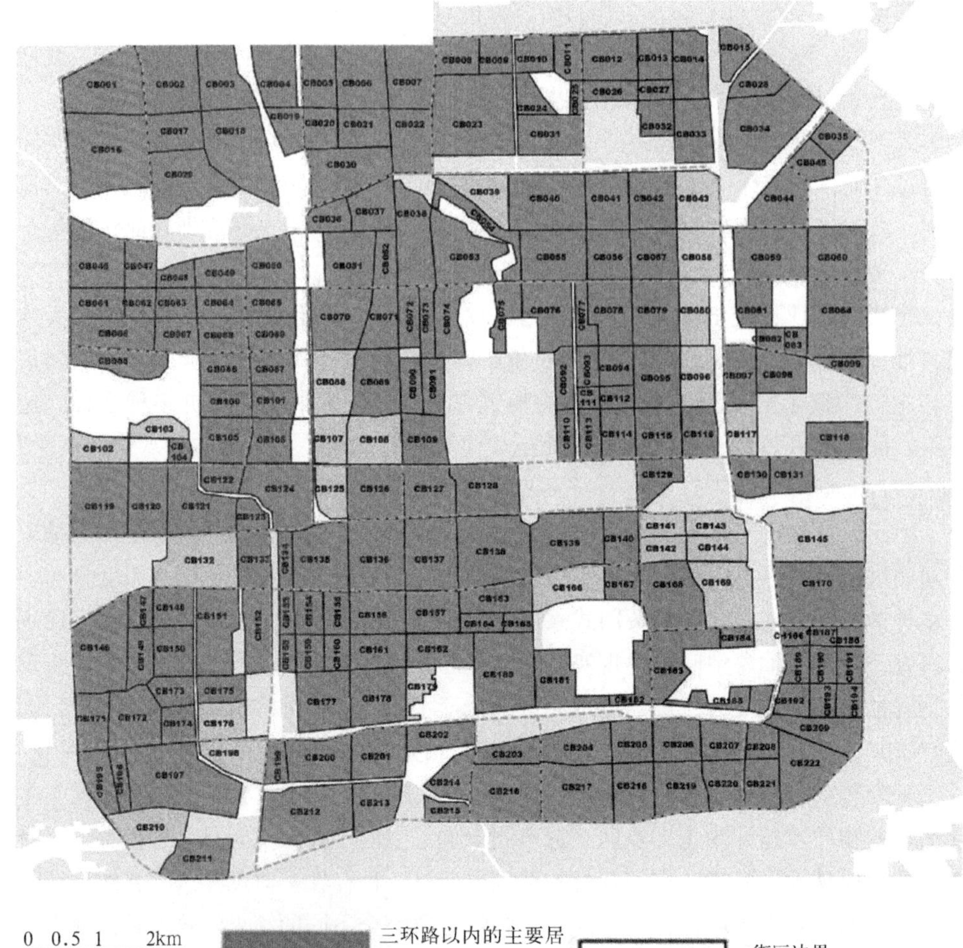

图 5-1-1 2005—2009 年北京三环内综合考虑道路等级、公交线和空间句法分析的街区划分[①]

（3）两者在空间位置上无关系，如设施的使用频率曲线、地域内人口年龄类别与分类表等。在这种情况下，抽象空间中距离的概念与现实空间毫无关系（表 5-1-2）。

建筑策划是以生成具象现实空间为最终目的而与建筑设计相对应的，并为它设定设计的依据。因此，建筑策划多以抽象图式来表达空间概念，同时插入有关空间价值的判断。实际上，在无建筑策划阶段的时代，建筑师们有意无意地做着空间的抽象和评价判断的工作，但大多数不是以抽象空间作为表达意图的手段，而是以现实空间为范例进行经验的空间构想。这种原始的策划实际上是由于对抽象空间意义

① 盛强．社区级活力中心分布的空间逻辑——以北京三环内 222 个街区内小商业聚集为例．国际城市规划，2012，6.

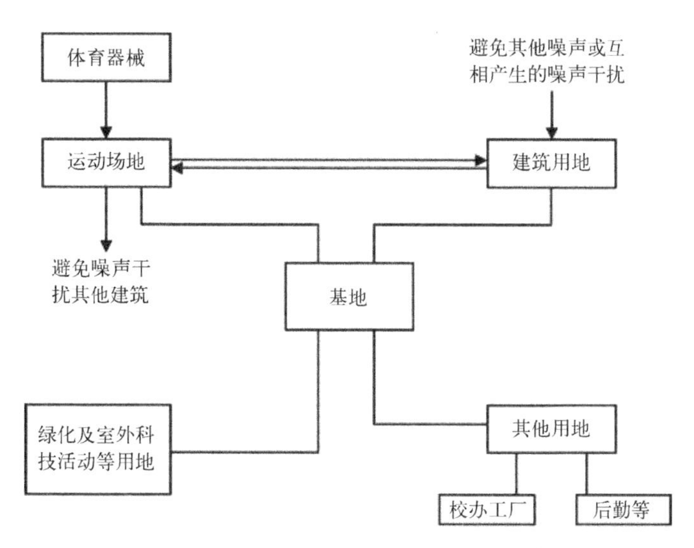

图 5-1-2 学校基地功能分区联系关系图①

高校与城市地域空间关系模式② 表 5-1-1

		走读大学	艺术院校	财经院校	政法院校	医药院校	师范院校	综合大学	理工院校	体育院校	农林院校
城区		△	△	△	△	△	△				
近郊	近期发展区			□	□	□	□	□	□	△	
	远期发展区						○	○	□	□	□
	文教区			□	□	○	○	○	○	□	□
远郊								◎●	◎●	○	
科学城						○	○	◎●	◎●	○	

△ 500 ~ 3000 名
□ 3000 ~ 9000 名
○ 9000 ~ 15000 名
◎ >15000 名
● 有严重污染排放的实验基地

高校与城市地域空间关系模式③ 表 5-1-2

名称	建筑面积 m^2/ 人	用地面积 m^2/ 人
托儿所	7 ~ 9	12 ~ 15
幼儿园	9 ~ 12	15 ~ 20

① 《建筑设计资料集（03）》
② 《建筑设计资料集（03）》
③ 《建筑设计资料集（03）》

缺乏了解和认知，将建筑设计的创作理解成为了“复写”的过程，这种由实态空间到现实空间的对应构想是与对现实空间的人类行为的体验、环境状况的明了、事物表象的理解紧密相连的。因为空间判断、评价的基础正是源于上述各项感性的认知，而非理性的推论，因此，很久以来，建筑空间的创造一直决定于建筑师的直感的构想力，而对这种直感构想力的判断又源于建筑师生活经验（conventional experience）的积累。这种情况下的“抽象空间”就变成了建筑师头脑中的“形态空间”的集合。新建筑运动时期，包豪斯就建立了这种建筑教育体制，以培养和训练建筑师正确的经验和判断。

但随着建筑业的发展，时代使得经验的“形态空间”几乎到了穷极的边缘，于是新一代建筑大师们又开始寻求建筑创作的新途径了，勒·柯布西耶的“标准”化的概念，或许是冲破经验的“形态空间”的第一次尝试。经验的、从现实空间到现实空间的构想创作方法已逐渐被新的构想方法所替代。

现代建筑策划论强调以抽象空间来分析现实空间，以抽象的空间概念来进行现实空间的构想。它克服了个人经验上的缺陷，借助于现代科技手段对空间进行研究，它不但可以作为设计进行空间构想的准备，还可以分析时代的特征、社会的发展，预测人类生活和使用方式的变化，创造新的建筑形态及空间使用形态，这种由现实空间移向抽象空间的研究方法，使建筑策划具有了鲜明的时代特征和生命力。

建筑策划对抽象空间的把握大致可以从距离、时间、场、行动模式等几个方面来进行。

首先是通过距离对抽象空间的把握。距离是空间概念中最基本的概念，对空间距离的把握也就是对距离空间的理解，距离空间是由于人或物在空间中保持一定的相互距离而形成的。根据距离把握抽象空间的方法很多，可以主要概括为以下四种：

（1）人体工程学的把握方法。以人体的活动半径决定空间及各组成要素的大小尺寸，家具的尺寸以及设备的放置距离等。其数据的获得可运用我们在前面的策划方法论中所论述的SD法或数理模拟法，通过对实态的调查而获得。关于这一研究，西方及日本已有许多专著。近年来，更加入了社会经济的考虑因素，对建筑空间的层高、人均空间尺度进行了多方面的研究，为人类使用的产品进行大量的标准化生产提供了科学的依据，这类空间抽象的数值是具有普遍指导意义的。

（2）现象和距离相关系数的把握方法。所谓现象和距离相关系数，是指建筑现象中空间距离因现象特征而要求的远近程度。如住宅中厨房和卧室的距离要求、街道和卧室的距离要求、房屋和房屋的距离要求等，以系数反映建筑空间（设施）之间的关联性和隔离性。

（3）欧几里得原理为基础的心理距离把握方法。以欧几里得距离原理为基础，Edward T.Hall（1914–）提出了亲密距离（intimacy distance）、个体距离（individual distance）和社交距离（social distance）、公众距离（public distance）的概念，认为跨文化的研究说明了不同文化圈的人们的心理距离是不同的，应以人类不同活动性质的心理距离来把握抽象空间。

（4）空间非距离事象的坐标把握方法，对空间非距离事象的坐标点，进行多元解析的归类，以坐标点来表述抽象空间中距离的概念，主要方法有坐标解析法（principal coordinate analysis）和向量构成法（multidimensional scaling，MDS），对坐标中数据进行分析，这一方法近年来尤为盛行。

通过以上四种方法，建筑策划可以对抽象空间进行距离上的把握。

第二种是通过时间来对抽象空间进行把握。建筑策划的特征之一是承认建筑空间的时间性，也就是说抽象空间是随时间变化的，通过对时间的把握是可以对空间进行把握的。它主要反映为：

（1）随自然气候或环境变化的空间变化；

（2）随人类或集团生活事象变化的空间变化；

（3）随建筑自身变化的空间变化。

一般来说，关于自然、气候的变化是指对时间变化周期的把握，自然、气候的类型变化诱导建筑空间的类型发生变化，如南北方建筑因自然气候的不同而呈现出开敞流通与封闭的空间特征，并因此而形成南北方建筑的基本形制。

对空间类型的决定因素，不单是自然气候的因素，还加有人类生活变化的复合因子。地域性、场所性的把握，又使建筑空间呈现出各自的特征。这种地域场所性的把握还包括文化遗产、经济开发等因素的考虑。

对于人类社会活动事象的把握是建筑策划最有力的空间抽象把握方法，以人的行为模式表示、描绘和预测空间未来的发展。这一工作在近年来非常盛行而且大有逐步变成独立分支的趋势。

第三种是通过“场”的概念来对抽象空间进行把握。用现代空间观来分析空间，它是具有容器和场的双向性格的。空间以场的概念来进行抽象时，建筑环境如照明、噪声、温度、空气流动等固有的自然物态环境场作为先导，再加入人类活动的场。关于场的理论，日本建筑师冈崎甚幸首先在《建筑空间中模拟步行的研究》[①]一文中引入场的概念，对人类在空间中行走进行抽象的研究。英国的S.Agel和G.K. Hyman在《Urban Fields-A Geometry of Movement for Regional Science》[②]中对汽车的速度与空间的关系进行了研究，提出了速度场与都市场的综合概念。此外，建筑的容量、人口的分布等与空间的关系也可抽象为场的概念进行研究。

受地图上等高线的启发，空间与空间中人类活动可由活动等高线（activity contour map）AC图表示。对等高线进行几何学的研究，可以求得场现象的总体特征。

第四种抽象空间的把握可以通过对空间中行为模式的把握来进行。

---

① （日）冈崎甚幸．建筑空间における步行のためのシミュレ－ションモデルの研究．日本建筑学会论文报告集No.285.

② S.Agel，G.K.Hyman.Urban Fields－A Geometry of Movement for Regional Science.Pion Limited，London，1976.

离开了人类的行动，就无法进行建筑空间的研究。因此，对人类行为的把握是对空间进行抽象把握的关键。但详尽地预想所有空间中的人类活动是不可能的，通常的做法是对惯例的把握，这一点在前面的建筑策划方法论中对空间使用者的使用实态研究中已经加以论述了。对空间的抽象把握主要是分离出非同于一般的空间抽象概念，这就要求我们对惯例以外的行动与空间的关系加以重视，这种行动与空间相对应的特殊的场合一般有以下三点：

（1）对有行为障碍或行为制约的一般行为的把握，如幼儿，老人、残疾人；

（2）特殊建筑与人类行动的对应把握，如医院、剧场、特殊康复中心等；

（3）异常状态下空间与人类行动的对应把握，如火灾的疏散、大型集会场所的避难等。

这些是超出惯例之外的行为与空间的把握，它们与惯例一同构成对空间的抽象研究。

在分析了特殊场合的对应关系后，惯例的情形就容易理解了。它主要要求研究：

（1）空间状态和行动效率的最优化；

（2）常规行动的预测；

（3）地域、场所的行动特征。

但由于人类群体的惯例行为是随时代而变化的（如祭典仪式的变化等），所以局限于只通过惯例研究来把握空间特征就变得越来越无意义了。与前述的时间、距离、场的结合，则成为了现代抽象空间研究可行而与时俱进的方法。

建筑策划在完成了对抽象空间的把握之后，就面临着抽象空间的具象表现的课题。前面已经谈过，具象空间的创造只凭经验的判断是无法产生的。一个符合美学原则的空间的表现是在抽象空间和现实空间的重合中产生的。“抽象”概念的明朗化最早是出现在绘画领域，Wilhelm Vorringer（1881-1965）将其概念化。而后建筑界的抽象趋势大概是源于路斯的“装饰即是罪恶”的论点。到19世纪末叶，建筑工业化理论的产生使建筑创作向抽象形态方向的发展得到了强化。由于抽象图式的出现，“无特征”的建筑以图式的面貌泛滥开来，“国际式”因此盛行起来。“普遍空间”（universal space）的概念产生之后密斯又提出了“少就是多”的口号，由此建立起了普通人类活动——合理主义——抽象图式的空间美学概念。在上述近代空间美学的潮流之外还出现了其他的见解，如“地域主义”（regionalism）、“有机建筑”（organic architecture）等，它们以场所观念为立脚点，强调个性，强调个性方法，将建筑容器性的特征削弱而加强其场性、流动性及内外领域的渗透性，强调抽象空间形式与环境具象的结合。这些观点与“普遍空间”观点相比，美学机制更加鲜明。此外，建筑界中形式主义和功能主义的探讨也由来已久，但它们都局限于传统美学的范围之内。形态学与符号学的产生则可以说是对传统美学观念的超越。

符号学和形态学有建筑策划方法论的特征。它们把建筑语汇、图式或数理公式巧妙地抽象成为空间或与抽象空间相对应的现实空间，以此来表达空间的意味。其方法和原理与建筑策划的抽象空间的把握不谋而合。它们共同强调空间的多义性，强调空间美学的多义性。符号学是直接以抽象符号表述现实空间，而建筑策划则是以抽象的概念来研究空间，两者选择空间的目的不同。前者是以抽象的符号来传达空间的美学信息，而后者则是通过抽象的概括研究空间的规律。前者是建筑空间美学范畴的概念，而后者则是建筑方法论范畴的概念。尽管如此，我们仍可以从符号学、形态学等近代美学观点中获得启发。

建筑策划论是建筑创作过程中同城市规划和建筑设计相并行的方法论范畴的理论。不同于空间论，它更注重社会、环境、行为、经济因素、文化因素等宏观现象和规律对建筑创作的影响，最终目的是探讨得出建筑设计的科学依据，提供一条建筑创作的科学的、逻辑的途径。它不将重点放在理论的推理上，而是放在通过实态调查分析评价，作出对空间的抽象以及对现实空间的预测上。但在抽象空间向具象空间转化、表述的操作过程中，空间论及设计原理等基本法则仍是其操作的依据。它一方面指导建筑设计的进行，另一方面又运用其部分原理，这就是建筑策划与设计理论及空间论的辩证关系。

5.1.2 建筑策划与建筑商品化

经济的发展、国民生活水平的提高，使建筑业逐步摆脱了那种小作坊式的建筑生产模式，向市场化、商品化迈进了一大步。建筑生产技术的进步，建筑材料、构件定型化的生产以及品质的保证，使现代建筑设计及施工发生了重大变化，建筑生产的组织方式也发生了改变，使用建筑的客户（client）参与设计、干预设计和建造管理过程的现象日益增多。

建筑业的发展，在初期是由有一定建筑经验的包工队独立完成的。之后出现了专职的建筑师，由建筑师进行设计，再由包工队施工完成。随着建筑的日趋复杂化，专门从事组织建筑设计和施工的行业应运而生，由建筑业组织者组织建筑师和包工队进行设计和施工，面向客户（client）服务。建筑业发展到今天，建筑的大量化和定型化使业主、客户和设计者一一对应的关系被打破，中间出现了开发商经纪人这一环节，他们直接与建筑业发生关系，将建筑作为商品销售给使用者。这时的建筑业真正进入了一个商品化、市场化的时代。

随着时代的发展，社会分工精细化和集团化的趋势将愈发明显。对一个建设项目进行“设计、采购、施工”一体化的 EPC（Engineer，Procure，Construct）以及从设计、采购设备、运输、保险、土建、安装、调试、试运行到最后移交业主的工程总承包都是当今建筑界越来越普遍的营建模式。在西方及日本等发达国家，已经出现了统揽规划、策划、设计、制造、施工、销售为一体的建筑制造集团，形成了建筑制造集团直接面向使用者（购买客户）的组织架构和模式。建筑商品化的格局终于出现了（图 5-1-3）。

建筑商品化发展的初期阶段，投资开发商或制造经销商往往是在建筑产品完成

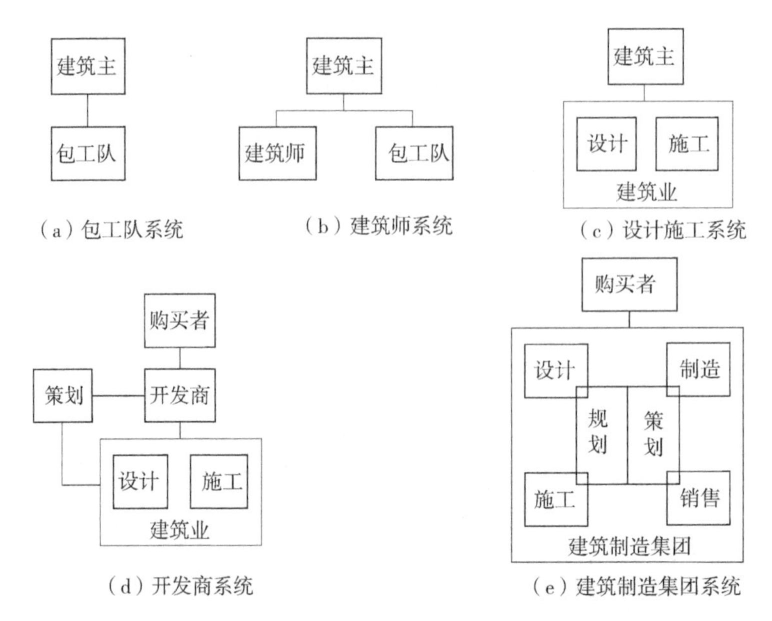

图 5-1-3 建筑业的演进

之后才寻找确定的使用对象，因而出现了客户指向模糊的倾向。由于使用对象特征的模糊性，一般依据经验判断的设计方法就显得盲目而缺乏科学性。开发商们通常会面对市场以及不确定的客户群进行客户群定位的研究，进而基于这一定位对假设的使用者进行行为模式和使用模式的研究，希冀得出空间构想的依据。显然，此间寻找一套科学和逻辑的方法就变得迫在眉睫了。也正因此，现代建筑商品化运作体系中建筑策划的引入就变得顺理成章了。建筑策划的方法和操作原理可以避免建筑商品开发的盲目性，同时也为其提供科学的依据。

在开发性建设项目中（如商品住宅、出租写字楼等），建筑策划的重要性主要表现在对市场和潜在客户的实态调查和分析上，即建筑策划中对建设项目社会环境、经济环境的调查和分析，其中经济环境及特征的分析占重要地位。以住宅为例，开发商在规划立项以后，需对销售区域进行环境的物理、经济的分析，对区域内使用者及未来使用者进行调查，分析使用者的经济结构和特征，并对区域内市场情况进行分析、计算，运用数理统计原理和经济评测手段进行项目的经济损益及回报率的计算，从而制定出诸如住宅的建筑标准、每平方米造价、每户面积指标、住宅户型比、住宅室内设备水平等建筑设计的依据标准，并以此为依据进行设计、生产，以保证产品的销售和经济效益。在这类商品化建筑的制造过程中，建筑策划相对于非商品化建筑更趋向于经济性的考虑。当然，对于那些特定的非商品性建筑的生产，建筑策划的重要性同样存在，这一点我们在前面已有论述。

随建筑商品化趋势愈来愈明显，对建筑策划的要求亦变得愈来愈高，建筑策划最终将成为现代建筑活动中不可缺少的环节，即便是精神性和文化性占绝对位置的纪念性建筑（如纪念碑等），也将不能脱离建筑策划的研究。

5.1.3 建筑策划与其他学科的融合

建筑学的现代设计方法研究，源于20世纪20年代的包豪斯运动。包豪斯将workshop的概念引入建筑教育当中，强调和推崇“实践教育”的建筑学方法论，为后来的建筑设计理论方法研究提供了营养。包豪斯之后，20世纪50年代，正逢应用科学的大发展时期，数理统计学、运筹学、计算科学、人体工程学以及大规模装配建筑的普及和建筑结构的新发展为建筑学的方法研究注入了新鲜的血液。同时代哲学的发展，也使得基于实证主义的逻辑实证的哲学思想又一次被人们所重视。许多学院派的建筑学研究更多地鼓励在进行科学调查、理性推演的基础上进行建筑创作的推演，建筑策划方法论的研究和发展也从中汲取了养分。尽管这种单纯强调实证和科学推论的方法理念后来遭到了建筑学理论界的质疑，但它所形成的方法逻辑体系和引导建筑学实现求解过程的思路和理念对后来建筑学科学方法论的建立具有里程碑的意义。

就哲学范畴而言，建筑策划属于建筑学的实证方法研究。建筑策划的领域、涉及范围及方法理念决定了建筑策划是将经典的建筑学与现代科学技术相结合的桥梁。建筑策划在对建设项目的外部及内部条件进行把握和研究时，运用了其他学科的方法和成果。尽管建筑学的方法研究经历了从感性到理性又到感性的螺旋发展进程，但依托于近现代科技发展成果的科学理性思想一直都正面地影响着建筑学理论的发展。作为建筑学领域中最活跃的部分，建筑策划的方法纠正了以往建筑学在实现求解过程中偏重于感性而忽略理性逻辑推理的偏差，使建筑学的思维方式始终与近代科学发展相融合，而保持一种理性的状态。

在社会学方面，建筑策划所涉及的领域特征使建筑设计的研究扩展到了社会、人文等更广的领域，关心社会的发展，强调文化的意识，使建筑学更具有社会性。建筑策划与社会学的交融，使建筑师在建筑设计的研究中能站在更高的位置，宏观地看问题。对与建筑相关的社会问题的研究又为建筑师对建筑的理解和分析开辟了一条全新的途径。建筑策划中，对外部条件的把握就集中反映在对建筑所处社会状况的调查分析上，它包括对社会的构成特征、社会经济模式、社会文化圈分析、社会发展指向以及社会群体心理因素的调查等，这些内容在以往的建筑设计中是很少涉及的。建筑策划对这些问题的研究，则为建筑师决策的正确性在宏观上给予了保证。在建筑策划研究中，常常借鉴社会学的测量、调查、统计等定量研究方法和观察、访谈等定性研究方法，或直接援引社会学的研究成果。

建筑策划与心理学、生理学相融合。在建筑的内部环境和条件以及空间质量的研究方面，运用心理学和生理学的研究方法，使建筑的定性表述更加精确和严密。建筑策划运用环境行为学和人体工学的研究方法与结论，通过对建筑空间环境进行心理和生理测定，得出了对空间定量的感受值，第一次使得建筑学在空间感受的研究方面摆脱了只凭经验和纯感性的模糊评价状况。

建筑策划与语义学的结合创造了建筑策划中的语义心理测定法——建筑策划的SD法，正是这个SD法建立起了建筑语汇与现代分析手段——电子计算机相联系的桥梁。建筑学一直被认为是自然科学中惰性较大的一门古老的学科，它在日新月异的科技进步中似乎不知应如何加入进去。这不是由于建筑师们自身的思想老朽，而是几十年来一直寻找不到使建筑学巧妙地加入科技发展洪流的方法。计算机辅助建筑设计（CAAD）打开了建筑学与近代科学交融的大门。但众多的建筑师仍把此视为“太不建筑化”并为CAAD的许多准备知识而挠头，使得CAAD仅作为建筑绘图的工具而已。建筑策划的研究方法，则为此而提供了一种建筑师桥接现代相关学科发展成果的可能。建筑师们可以通过近现代科技成果的运用，在对建筑的内外部条件进行调查把握之后，根据语义学的原理，生成目标空间描述的建筑语汇，对应于建筑环境、空间环境等目标，进行心理量的测定，进而进行多因子变量分析。建筑师的这项将建筑语汇转变为社会使用者心理感受和评价标准的工作很容易得到广大建筑师及使用者们的认可。根据近代数学的统计学原理和方法，对心理测定的数据利用计算机进行运算，其结果可定量地反映出使用者对空间环境的评价特征。通过这种方法，将原来只停留在感性认识阶段的建筑评价，上升到理性的定量的高度，无疑，评价的精度将大大提高。同时，这一方法的运用也使建筑设计的前期研究工作更具有科学性和逻辑性。

建筑策划与管理科学的结合，借助于管理科学中的模糊决策方法，在复杂问题决策上避免传统的单纯依靠建筑师进行“拍脑袋”，确保决策的科学性与正确性。在本书3.4节已对此进行了详细论述。

往往一门古老学科的新发展是跟随着它与其他学科的交融之后发生的，其研究方法的新突破也有赖于与其他学科的交融，这是当代科学发展的普遍规律，也是建筑学发展的必然趋势。除与社会学、人文学、人口经济学、计算机技术、语义学、大数据科学（见本书3.2.8节）等学科结合，建筑设计的研究还通过建筑策划与物理学、实验学、统计学等结合起来，并且随着建筑策划方法研究的日趋深入，与其他学科的结合与交融将更加频繁。在既往的研究中，我们已经将重点聚焦在建筑策划的原理和方法论与社会学、心理学、语义学、计算机技术、人文学、经济学等学科的结合上，对其他学科和原理的利用、借鉴和融合则是摆在建筑师面前的永远的任务。

5.2 我国建筑策划发展状况与面临的主要问题

5.2.1 我国建筑学进程的断层与建筑策划的产生背景

自奴隶社会开始，经古埃及、波斯、古希腊和古罗马的发展，到1919年格罗皮乌斯在德国魏玛建立包豪斯学校传播现代建筑理论，建筑学在西方已经形成了一个完善的理论体系。它在理论和实践上将建筑的使用功能作为建筑设计的出发点，强调形式与内容的统一，应用现代科学技术以提高建筑设计的科学性，同时注意发挥现代建筑的合理性和逻辑性，突出艺术和技术的高度统一，将建筑艺术处理重点放在空间组合和建筑环境的创造上，重视建筑的社会性，强调建筑与公众生活的密切关系，强调建筑的经济性。

随着时代的发展、人类文化意识的演进，20世纪50年代，人们开始对建筑设计手法的公式化，忽视精神生活的需求，忽视民族性、地域性、文化差异以及对传统的经验主义的设计方法产生了怀疑。一方面，呼吁重新探讨继承传统和发展创新的问题，倡议建筑风格的多元化；另一方面则提出建筑学的理性研究，反对经验主义和纯感性的方法，而强调建筑创作的合理性和逻辑性，尝试着与其他近代科学相结合。前者孕育了一些具有不同见解的建筑流派，对传统建筑学理论是一个极大的丰富；而后者则提出了建筑创作思维方式的新模式，以求建筑学的研究方法能用现代科技手段来运行，为建筑创作的方法研究开辟了新的途径。

由于建筑活动的特殊性使得建筑创作方法论在很长的一段历史时期内得不到新的发展，从思维方式、调查手段、数据分析方法等方面一直沿用以往传统的建筑创作模式。特别是20世纪60年代以后，建筑学的理论流派竞相出台，建筑理论新概念不断涌现，而造成了方法与理论的脱节，方法的研究远远落后于理论，出现了所谓“纯粹建筑理论家”，和“建筑设计匠人”。这种现象到20世纪60年代末70年代初随着以电子技术为中心的现代工业变革，出现了一些转机。建筑设计方法论的研究逐步被人们所重视。系统论、信息论、计算机等现代理论和技术的应用，为现代建筑设计方法论提供了科学的准备，建筑策划理论的萌芽也就在此出现了。它一方面强调建筑师的创作思想的体现，强调建筑的社会性、文化性、地域性和精神性等主观感性的因素；另一方面又运用计算机、统计学、科学调查法等近代科技手段对感性的、经验的建筑创作思想进行整理、归纳和反馈修正，使建筑创作在理论与方法、经验和逻辑推理中进行。它是建筑创作和建筑文化在理论和技术方面的必然要求。

建筑学在中国的发展经历了不同于西方的过程，这是由于不同的自然条件、社会经济条件和历史条件造成的。中国建筑从殷商时代开始至今三千多年，形成了自身独特的建筑体系。中国古代建筑理论从老子对建筑的释义，到先秦古籍《考工记》、汉代的《九章算术》、唐代王孝通的《缉古算经》、宋代秦九韶的《数书九章》及李诫的《营造法式》、明代的《园冶》、清代的《工段营造录》直到近世的《营造法原》等专著，对中国古代建筑的理论及方法进行了详细的论述，是我国建筑界的重要宝藏。

但中国的建筑知识的教习一直是师徒相授、父子相传，往往人亡艺绝，阻碍了建筑学的发展。直到20世纪初，现代建筑师的称号及其知识传授方式才由西方传入中国，上述情况才得以改变。

一方面，由于我国建筑教育模式的特征和自身的局限，加上建筑创作中的社会经济因素等的影响，使建筑创作理论及方法论的引进和发展较西方国家滞后了很长一段时间。另一方面，建筑创作的格局、建筑部门的结构体制，加上建筑商品化进程的缓慢，使得几十年来，我国的建筑创作活动或多或少地出现了一些偏差。主要表现为：片面强调经验传统，忽略现代方法论的研究；只注重经验资料的借鉴，忽略建筑创作思想和方法的创新；过于强调建筑的空间组合、比例、尺度等感性的因素而忽略建筑与社会、环境、文化、使用方式以及技术等因素的理性的逻辑分析。忽略建筑创作中各环节特别是立项及设计依据制定中的科学性，造成一些建筑师在接到设计任务时，根本没有意识去关心设计任务书的合理性与科学性，进而丧失了作为一名建筑师所应具有的社会责任和科学的态度，使得建筑师逐渐退化成了业主雇用的匠人。他们不关心建筑的社会效益、经济效益，不关心使用者的使用心态和使用模式，不关心建筑的未来发展，而只是埋头于图纸，对业主提供的设计任务书逐项逐条地加以满足和描绘。这种情形使得我国建筑师在国际建筑舞台上，在与其他国家特别是建筑科学发达国家的建筑师的交往中逐渐缩小了他们的影响和降低了他们的地位。在对项目的分析、评价和决策中，在对环境、市场、经济的分析和把握中，在对建筑设计空间与使用者生活关系的理解中，甚至在思维方式和综合能力等方面都不得不居于其他发达国家的建筑师之后而失去主动权和竞争力。这一严酷的现实，不能不被我们所认识。

如何摆脱匠人式的被动的设计手法和状况，提高建筑师的社会、经济、科学的意识是摆在我们面前的重要任务。应使建筑师和建筑工作者们都了解，建筑师的职责不只是依照业主的设计任务书去照章设计，还应有更广泛、更深刻的责任。我们希望建筑策划理论能为建筑师们提供这样一个研究领域和方法思路，既能填补我国传统建筑程序中由总体规划立项到设计实施间的断层，又为建筑师补上建筑创作中设计方法论这一课。

当然，科学技术的发展及相关领域的新成果并不是一开始就反映到建筑策划和建筑设计中来的。它们往往首先对结构施工、设备与经济产生影响，而后再逐渐扩展到建筑功能内容、造型与策划、设计方法中来。例如在建筑生产工业化过程中，首先是建筑施工机械化、结构设计定型化，然后才是建筑设计标准化，最后形成了工业化建筑体系。在现代建筑策划系统的形成过程中，也是从调查分析手法及数据统计管理对电子计算机技术的运用开始，结合建筑学的经典理论，最终发展成为完整的建筑策划论和现代建筑设计方法论。

纵观我国建筑科学和其他相邻科学的发展状况，可以发现，建筑科学与其他相邻科学的融合与借鉴已经开始，计算机辅助设计、系统设计方法论等研究已经开展，同时建筑师们也日益踊跃地学习和掌握与建筑学相关的其他学科，如计算机科学、统计学、社会学，心理学、运筹学等，建筑策划理论体系的建立已具备了条件。它将弥补我国建筑创作进程中由规划立项到设计实施在建筑理论及方法方面的断层，使我国建筑科学体系的健全化再向前迈进一步。在这一背景下，建筑策划理论自 20 世纪 90 年代起在我国产生并发展起来就成为了必然。

5.2.2 建筑策划在我国建筑理论及实践中的重要地位

中国的建筑教育是以1923年留日学生柳士英、刘敦桢等创办中国最早的建筑事务所——华海建筑师事务所和在苏州工业专门学校筹建建筑科为开端的，后于1927年并入南京第四中山大学（1928年改名为中央大学），成立建筑系，这是我国最早的正规的建筑教育机构。而后以梁思成、杨廷宝等为先驱的建筑专家们又先后在全国各地创建了建筑系，设置和完善了我国早期的建筑教育体制。半个多世纪以来，这些老一辈专家和建筑教育机构培养出了众多的城市规划师、建筑师和建筑工作者，他们为我国建筑事业的发展作出了巨大的贡献。

中国的建筑发展伴随着建筑教育的发展，在1840年鸦片战争以后进入了中国近代建筑的历史时期，这个时期是中国建筑承上启下、中西交汇、新旧接替的过渡时期，是我国建筑发展史上一个急剧变化的阶段。清王朝的闭关政策阻碍了西方建筑的传入，直到19世纪中叶，除北京圆明园西洋楼、广州“十三夷馆”以及个别地方的教堂等少数西洋建筑外，中国基本上没有接触西方近代建筑文化。鸦片战争后，各种形式的西方建筑陆续出现在中国大地上，加速了中国建筑的变化。抗日战争之前20年是中国建筑事业繁荣发达的阶段。高水平的建筑在中国大量涌现，在国外留学的建筑师也纷纷回国创建建筑师事务所，他们注重结合中国实际，创造出了有特色的中国近代建筑。抗日战争爆发到1949年中华人民共和国成立，在西方国家积极振兴经济进行战后建设的同时，我国由于内战环境，使建筑活动几乎处于停滞状态。

中国的现代建筑是从1949年中华人民共和国成立后开始的。新中国成立初期，中国的建筑界对于方法论的研究还处于搬运阶段。相对于其他建筑理论，设计方法论在建筑院校中的发展情况也明显落后。经历了国民经济恢复时期、第一个五年计划时期、“大跃进”和国民经济调整时期、设计革命运动和“文革”时期，直到1977年，我国进入了建设社会主义现代化国家的新时期，建筑界走上了解放思想、讲求科学、向西方先进国家学习建筑理论及技术的建筑繁荣发展的道路。建筑师们广泛学习外国的建筑理论，对西方现代建筑经验进行再认识，积极开展建筑评论与学术研讨，使我国建筑学水平日益提高。中国的建筑活动开始出现一个全面繁荣的新局面。在这一时期，经济的迅速增长，基本建设量的大幅度增加，使得对应的技术理论、方法的需求也急剧膨胀。建筑学科成为热门，以往无建筑学科的大学也增设了建筑系，建筑教育得到了空前的扩充。各种学术活动非常活跃，与国外的交流也日益增多。建筑界开始对西方的设计方法论的研究有所重视，张钦楠、汪坦等一批学者率先将西方的设计方法、理论介绍进来。但不巧的是，20世纪70年代末期正逢国际范围内设计方法论研究的大萧条，里特尔和舍恩等人的研究成果还未系统地发表，因此那时国内引进的设计研究理论基本都是第一代设计方法论的内容。[①] 加上国内的建筑学

---

① （德）约迪克．建筑设计方法论[M]. 冯纪忠等译．武汉：华中工学院出版社，1983.

院大都采用布扎教育体系，对技术与自然科学的知识掌握不足，因此对第一代设计方法论内容的理解也就不可能太深入。那一时期中国出版的设计理论著作更像是一些设计导则的复述，甚至认为建筑学方法论的研究就是设计方法，甚至是形态构成手法的研究。细心观察，不难发现，我国当时的建筑教育体制、建筑设计体制的构成及模式还是沿用新中国成立初期的形式。

与此同时，西方、日本等发达国家，运用和结合其他学科的发展成果，对建筑的思维方式及建筑创作的传统模式进行了较大的变革。他们将建筑师以往传统的桌上工作扩展到社会环境中去，打开了建筑师的视野，使建筑师能够在一个较高的位置上进行建筑创作。他们运用计算机、近代数学、物理学等科学手法对建筑现象进行详尽而严密的分析，并对构想的空间及建筑环境进行科学的预测和评价，形成了一整套科学的思维方法，使传统的建筑创作活动发生了巨大变化。在日本，建设项目的设计前期工作的研究早已引起建筑师们的注意，如何分析调查和把握项目的内部、外部条件，科学地对项目的未来使用进行预测和评价，确定科学、合理、切实可行的设计依据，以保证建筑设计的科学性和逻辑性以及社会效益和经济效益等设计前期研究已经形成了一套独立而完整的体系。

建筑教育也将此列为独立的学科而加以研究传授，建筑系的学生们也对此给予高度的重视，甚至不亚于对传统建筑设计的偏好。建筑师们更是以自身精通这一研究为自豪，并以此来衡量建筑专业能力的高低。据日本建筑学会的统计，在日本，近十年来，关于建设项目社会环境、使用者构成模式、环境心理、建筑创作理念和手段、实态调查分析、空间构想评价等有关设计依据条件的前期研究工作的论文报告，一直居所有建筑学方面发表论文数量之首。这一研究在日本的普及使日本的建筑学体制形成了一个完整的科学系统，使总体规划立项与建筑设计间建立起了一个科学的桥梁，使建筑设计的科学性和逻辑性、实用性及经济效益上升到了一个新的高度。特别是 20 世纪 60 年代以后，电子技术的发展、计算机的使用为建筑思维方式提供了进行严密数理解析的可能性，同时调查、测量、遥感手段的发展为实态的定量调查提供了技术条件，近年来大数据技术的发展，使得建筑相关信息的分析摆脱了以有限样本为基础的统计学分析方法，步入了全样本分析的大数据时代，使得建筑的理性分析研究和创作进入了一个新时代。建筑创作与这些科学成果的结合恰恰是通过这一建筑设计前期的策划研究而实现的。它是建筑学现代化的重要生长点。

在我国，建筑学（特别是建筑设计）的发展与其他学科相比一直属于惰性较大的学科。尽管我们的建筑师也进行过艰苦的思考和努力，但似乎终不能脱出传统建筑思维方式，建筑师仍旧是日复一日地按业主拟定的一份又一份设计任务书去进行设计，陶醉于空间感受的自我欣赏之中，而忽略了宏观地把握设计思想，忽略了设计依据的科学性和逻辑性。建筑师不过问设计任务书的制定，只关心依照任务书而进行空间与形象的创造。这就使得许多项目在设计、施工建成之后的使用中出现许多问题。尽管从纯建筑艺术的角度来评价，空间是完美的，但建筑的社会效益不高，使用功能把握不准，或是破坏环境，或是空间内容设置不妥，造成了功能不合理及空间的浪费。这种现象在我国屡见不鲜，给我国建筑事业造成了很大的浪费和阻碍。

建筑科学不仅是一门研究空间、环境及艺术的学科，更是一门研究为人类提供生产生活空间、改造环境、创造环境的学问。在人类社会中，后一种意义较前一种更重大、更迫切。建筑学要为人类提供生产生活空间，改造环境，创造环境，为社会发展服务，就应首先站在社会的角度，以社会性、使用性为出发点，明确以人为主体的研究体系，而反对将建筑科学作为一种纯艺术来对待、探讨。

建筑策划正是体现和保证建筑学社会性、实用性、科学性的重要环节，通过它建筑学可以与其他学科进行更广泛、更深刻的交流和借鉴。建筑策划的理论思想的社会性、公共性，研究主体的人文性以及方法论的客观性、合理性和逻辑性都使得建筑策划成为了建筑学发展中一个不可缺少的环节。

我国正处于经济建设时期，社会财富的积累和科学技术基础的建立与巩固是我国知识界面对的首要问题。在经济建设中减少浪费，寻找最优途径是我国科学家们的共同责任。建筑界早应避免盲目的项目，强调科学设计、合理设计，提高设计的科学性和实用性及经济效益。建筑策划环节的导入正是以此为目的的。一方面，建筑策划理论和方法的导入，使我国建筑学体系更加完整而严密，形成了一条由城市规划、城市设计、建筑策划、建筑设计四个层次所组成的建筑创作理论体系和方法论体系，各环节相辅相成，互为依据和逻辑前提，又共同与其他学科发生联系，进行交融，缩短与其他学科的距离；另一方面，由于建筑策划的导入，使建筑师的传统职能范围大大地拓宽，改变了建筑师传统的知识结构，并使之更适应现代科技发展的环境，摆脱匠人式的设计方式，避免不科学、不合理设计的产生，使建筑师亦得以运用计算机、统计学、数理解析法、心理量实态调查等现代手段对建筑空间、环境等课题与其他学科的专家们共同进行探讨和论证，使建筑师的素质及科学地位得以提高，这也正是建立建筑策划理论及方法的意义所在。

5.2.3 我国的建筑可行性研究与建筑策划发展状况

可行性研究是第二次世界大战后发展起来的一种对投资项目的合理性、营利性、先进性及适用性等进行综合论证的工作方法。它的研究结果一般要求就项目回答六个问题:要做什么（what）？为什么做（why）？何时进行（when）？谁来承担（who）？建在何地何处（where）？如何进行（how）？建筑的可行性研究是指投资者对项目的市场情况、工程建设条件、技术状况、原材料来源等进行调查、预测分析以作出投资决策的研究。

我国的建筑可行性研究是自改革开放大量引进外资以后才明确提出的。长期以来，我国基本建设的经济效果不佳，损失浪费严重，原因是多方面的。其中急于求成，不进行调查分析、研究，乱上项目又中途被迫下马，从而造成经济与时间上的损失是重要原因。同时，我国现行的基本建设程序也不够完善，对工程前期的研究工作重视不够。现行基建程序中并没有建筑策划的概念，就是对计划任务书的制定也缺乏合理性、科学性和经济性的考虑。国务院 1981 年转发的 [81]12 号和 30 号两个文件都明确指出今后所有新建或扩建的大、中型项目都需进行可行性研究。

一般来讲，可行性研究是指对投资活动的论证性的研究，它既包括建筑项目也包括其他诸如军事、工业、农业、医疗、科研等项目的投资研究。其研究的进行和结论主要是为投资者作参考，并为投资者的决策提供科学及理论的依据。由于它源于项目的投资活动，所以其实质是要反映这一投资活动得失与否，亦即投资活动是否有经济效益。它是与投资者的利益紧密相关的，而对于投资项目的使用者以及功能效益等则相对考虑较少。它的研究属于投资者的权限范围，这是可行性研究与建筑策划最大的不同之处。

我国建设项目的可行性研究起步较晚，尚处于发展和完善阶段。建筑的可行性研究主要停留在对项目投资的经济损益的分析研究上，因此，可行性研究在投资数额较大的市场化建筑领域发展较快。例如外资贷款兴建高级酒店的可行性研究，主要是通过酒店市场的调查，分析计算投资贷款本息的偿还情况，预测和设定项目未来的经营情况和盈亏情况，与贷款的本息偿还要求相比较，决策贷款投资的可行性。这一研究工作主要是投资者在工程咨询公司、投资顾问公司和会计师事务所的指导下单方面进行的。它一般与酒店顾客的使用、管理者的使用经营及建筑对环境的影响等诸多因素不发生直接的关系。至于对建筑的设计要求、空间内容等，都不进行深入细致的研究和论证。特别是那些非生产性、非商业性建筑，经济效益的衡量标准更是一个难题。对这些项目的设计内容、规模、性质等功能性和使用性问题的研究仍停留在经验的初级阶段，而没有一套科学的论证方法。因此，实际上，我国的建筑可行性研究只是建设项目投资的经济损益的研究。

建筑策划主要是研究投资立项以后建设项目的规模、性质、空间内容、使用功能要求、心理环境等影响建筑设计和使用的各因素，从而为建筑师进行建筑设计提供科学的依据。一般来讲，建筑策划除了在对项目的规模进行研究时可对投资立项及总体规划进行反馈修正外，还需对建筑项目的社会环境、功能要求、使用者状况、使用模式、技术条件等外部及内部条件进行研究分析，而后者往往在建筑策划中占有更重要的地位。建设项目的可行性研究的结论往往是项目投资者的投资活动的依据；而建筑策划的研究结论则一般为下一步对建设项目进行建筑设计提供科学的依据。

归纳起来可以看出，建筑立项的可行性研究和建筑策划两者操作主体不同，前者由投资者和工程咨询公司、经济师等进行，后者多是由建筑师承担进行的（有时就是负责项目设计的建筑师）。两者的研究领域不同，前者是对项目的投资进行分析论证，后者是对项目的设计依据进行论证。两者结论的对象不同，前者是投资者——业主，而后者是设计者——建筑师。由此看来，可行性研究是不可取代建筑策划理论和方法的。

但可行性研究和建筑策划在借鉴其他学科的理论方法、运用近代科学手段等方面却有共同之处，有些方法甚至可以相互借用。如在建筑策划的运行过程中，对项目规模的把握可以借用可行性研究方法中的“期间经济损益分析方法”来加以研究，其方法和例子，我们已在第 3.3.6 节中进行过论述。此外，随着建筑商品化的发展，研究建筑产品的未来使用及在市场上的竞争力的大小，使得建设项目的市场分析变得相当重要，而在这一点上又可结合可行性研究进行分析。

必须引起注意的是，建筑师在建筑创作过程中所应承担的责任。在项目进行了可行性研究之后，建筑师们需对项目进行建筑策划的研究。尽管有些结论可以借鉴过来，但建筑设计的依据仍必须通过建筑策划来加以科学地制定和论证，且作为建筑设计不可缺少的建筑创作整体进程中的一个环节。这也就是我们刻意将建筑策划区别于可行性研究或其他环节而独立出来，并行于城市规划、城市设计和建筑设计成为建筑学的一个分支的原因。

目前我国建筑策划的发展相对于可行性研究较慢，将建筑策划的概念错误地等同于可行性研究，是建筑策划发展中的两个问题。相比于建筑策划，可行性研究更多地关注于投资者的经济利益，部分政府投资类项目和大量的地产公司在项目投资前进行可行性研究以便减少经济风险，这使得建筑的可行性研究发展迅速。建筑策划需要平衡与建筑相关各方的利益，尤其是公众与使用者的利益，与可行性研究相比，更需要行业与法律的支持作为保障，遗憾的是目前我国的法律法规中只规定了可行性研究的必要性，尚无建筑策划的强制性规定。另外，可行性研究的参与者除了少量建筑师外，还有大量经济学者、数据科学学者、管理学者和社会学者，多学科融合的背景为可行性研究的理论与方法的发展起到了推动作用。建筑策划的传统参与主体为建筑师，建筑师对建筑形体和空间的过度关注，对实态调研、信息分析、计算机科学与数据科学的知识掌握不足，导致建筑策划的发展面临着瓶颈。建筑师对此应该有充分的认识。

5.2.4 我国建筑策划的主要问题

与国外发达国家相比，我国建筑策划在快速发展的同时仍存在有一定的差距。

第一，理论研究及应用总结方面的差距。特别是近 20 年来，一方面，随着一些新观念的普及和相关学科领域的快速发展，对建筑策划理论内核整合的要求不断在提高；另一方面，随着时代的发展，在实践中，建设规模巨大、功能流线复杂、对限额设计和时间要求苛刻的项目不断涌现，也对建筑策划操作体系提出了新的要求。由于种种原因，尽管高校一些学者就该领域进行了一定数量的研究和实践，并有专著《建筑策划导论》[①] 和研究生论文成果的发表,但我国建筑策划理论研究尚显缺乏。在业务实践领域，2010 年出版的《国际建协建筑师职业实践政策推荐导则》[②] 中包含

① 庄惟敏 . 建筑策划导论 . 北京 ：中国水利水电出版社，2000.

② 庄惟敏，张维，黄辰晞 . 国际建协建筑师职业实践政策推荐导则 ：北京 ：中国建筑工业出版社，2010.

有国际建筑师协会对建筑策划作为职业建筑师核心业务的要求，但目前我国在建筑策划的职业实践领域内尚无关于建筑策划职业实践的手册。

我国与国外发达国家相比建筑策划研究领域的缺失　　表 5-2-1

内容	国内	国外
概念	●	●
基本原理	●	●
方法学	◐	●
外延	◐	●
策划程序	◐	●
策划方法	○	●
策划管理	○	●
策划工具	○	●
机构支持	○	●
教育机制	○	●
协助网络	○	●
自评机制	○	◐
案例研究	◐	●
使用后评估	○	●

注：●有较深入研究；◐有一定的研究；○相关研究较少。

第二，建筑策划机构支持方面的差距。建筑策划的法律地位需要进一步确认，迄今为止，我国尚无法律或行业法规明确建筑策划的地位，这已经造成在过去的几十年我国城市化建设浪潮中的种种弊端，许多建筑项目才刚刚建成不久就已经无法满足时代和社会的需求，造成了巨大的资源浪费，一些大型公共建筑项目对城市空间产生了无法挽回的影响。一些发达国家对于设计任务书的制定具有严格的审查制度，建筑策划受到法律法规的认可和保障，并得到行业组织的推介和支持。而目前我国对于建筑策划仍然没有相应的建设程序和法律程序来支持，也缺乏应有的行业组织认定，导致操作主体素质参差不齐。从我国建设事业的大局着想，迫切需要政府有关部门和行业组织积极推动建筑策划的良性发展，明确建筑策划在相关法律和建设程序中的地位；制定行业认证标准和行业收费标准，加强管理和规范市场；建立一个良好的监督检测反馈机制，对建筑策划本身予以评价和控制。

第三，建筑策划教育方面的差距，这将在本书 5.4 节中详细论述。当前我国建筑策划教育受到的重视还远远不够。在美国，建筑策划已经成为相当多建筑学院的建筑系学生的必修课程之一。而在我国尽管清华大学、同济大学和哈尔滨工业大学等学校先后开设了建筑策划课程，但建筑策划教育大多仅在研究生阶段进行，建筑策划教育相关课程在高校建筑系本科生和研究生培养体系中的设置仍显单薄。[①] 建筑策划是综合界定、分析和解决问题的学科，需要庞大的知识体系与方法作为基础，计算机、数学、社会学、经济学、大数据等都是建筑策划教育应有的必修课，而这在目前我国的建筑策划教育体系中还差得很远。

第四，建筑策划的公众参与机制存在不足。公众参与最早于20世纪60年代末出现在城市规划与决策领域[②]，在城市规划领域，公众参与已经发展出完备的理论与方法体系。在美国、日本等国，城市大型公共建设项目的公众参与得到了法律的保障。与城市规划类似，建筑策划也是对与建筑项目相关的各方利益进行平衡的过程，建筑师在设计中受到投资者的委托，要向投资者负责，同时建筑项目建成后对使用者和其他公众产生持久的直接或间接影响，建筑师应当在建筑策划中考虑到公众的利益诉求。由于我国建筑策划的公共参与机制尚在构建之中，有不少环节尚待通过实践总结后不断完善。考虑到我国的实际国情，比如决策层参与、政府政策和舆论宣传、专家介入的阶段和作用、公众参与、激励机制、建筑策划研讨活动等环节，都有待进一步研究和探讨。随着计算机技术与数据科学的发展，利用大数据、模糊判断、语义识别和机器学习，对互联网微博、论坛等进行大数据分析的技术将为建筑策划的公众参与提供支持。

第五，建筑策划评估研究的缺失。建筑策划不仅在策划完成时需要评估，而且应该在策划过程中分阶段不断评估。但在我国，实际上，对建筑策划的评估还处于探索阶段，缺乏对策划评估的框架和指标的研究。这也间接导致了建筑策划项目的验收和评价的困难。建筑策划评估的研究实际上是对建筑策划的标准、依据与效力的研究，这是建筑策划进入行业或法律规范的前提。

第六，建筑策划过程的组织管理有待优化与提升。在美国，从1951年开始，建筑策划作为一项业务出售，至今已有六十多年。[③] 建筑策划作为一项技术革新，在许多建筑事务所得到广泛应用。在大量实践的基础上，建筑策划的组织管理已经形成了一套行之有效的模式。相比之下，我国的建筑策划工作在实际运作中的过程组织操作和管理与国际一流企业仍有一定的差距。

第七，建筑策划工具应用方面的差距。由于国情和行业整体环境原因，差距较为明显。美国在20世纪就有大量的学者开始关注应用计算机软件辅助建筑策划，并随后开发出了一系列的策划辅助软件，在互联网时代，网络辅助工具方面也有了新的突破。在信息时代，对工具研究的差距很可能导致我国在新一轮工具标准制定时受制于人。建筑策划工具的发展需要学科的交叉与融合，但这并不意味着建筑师在

---

① 张维，庄惟敏．中美建筑策划教育的比较分析．新建筑，2008（05）：111-114.

② 1969年，谢里·安斯坦（Sherry Arnstein）在美国规划师协会杂志上发表了著名的论文“市民参与的阶梯”（A Ladder of citizen Participation），对公众参与的方法和技术产生了巨大的影响，为公众参与成为可操作的技术奠定了定理性的基础。

③ TAMU CRS Archives 显示1951年在Laredo，TX schools 项目建筑策划第一次作为业务被出售。

建筑策划工具领域消极逃避，反而对建筑师提出了更高的要求。建筑策划工具的发展要求建筑师不仅要掌握建筑策划的理论体系，而且对计算机科学等诸多学科也要有深刻的认识，并将建筑策划理论与方法提出的需求同其他学科的学术研究成果相结合，促进学科交叉中建筑策划工具的发展。

建筑策划总体而言仍是一个新兴学科，我国的建筑策划系统构建正处于一个非常好的时期。他山之石，可以攻玉。我们既可以借鉴发达国家的先进经验，结合我们的具体国情进行研究，也可以吸取相关教训尽可能少走弯路。在全球化和信息化时代背景下，博观而约取，厚积而薄发。2014 年 10 月中国建筑学会建筑师分会建筑策划专业委会成立。委员会旨在以建筑学中建筑策划的研究方法与应用技术为基础，结合跨学科的专业知识和理论，促进我国建设程序的科学化、决策流程的法制化、建筑策划操作的专业化，并在建设项目任务书的编制、行业标准及规范的制定、建筑使用后评估等方面开展工作，为完善我国建筑设计行业的决策和评估机制提供理论依据和实践借鉴。中国也将能够在此领域在世界上占有一席之地。

5.3 建筑策划与城镇化发展的保障

我国正在经历从快速城镇化向深度城镇化迈进的阶段。快速城镇化时期，一方面，城市建设领域，房屋竣工面积快速增加，另一方面，我国建筑的平均寿命却只有 25~30 年。快速城镇化阶段完成了量的积累，深度城镇化阶段强调的是一个量变到质变的过程，客观地对快速城市化成果进行反思与总结，达到对人类社会的深远影响是当下我们必须关注的民生问题。随着深度城镇化的到来，快速城镇化带来的社会问题逐渐显现，作为我国当代建筑策划的社会环境背景，使建筑策划工作变得更加必要和紧迫。

从国家宏观政策层面，2013 年 11 月十八届三中全会公报指出，中央成立全面深化改革领导小组，明确了“建立城乡统筹的建设用地市场……”同时，“鼓励地方、基层和群众大胆探索”。2014 年 9 月，习近平指出：“建筑是凝固的历史和文化，是城市文脉的体现和延续。要树立高度的文化自觉和文化自信，强化创新理念，完善决策和评估机制……”[①] 在这样一个大背景下，如何高效利用城市资源是城市建设的重点，也是建筑策划在设计前期要明确和解决的问题。现阶段建筑策划研究将继续以建筑策划传统研究方法与应用技术为基础，结合跨学科的专业理论知识，打开与大数据、互联网技术等高新科技结合的大门，旨在促进我国建设程序的科学化、决策流程的法制化、建筑策划操作的专业化，并重点关注建设项目任务书的编制、行业标准及规范的制定、建筑使用后评估等方面的研究与实践，为完善我国建筑设计

① 2014 年 9 月 9 日习近平同志在新华社《国内动态清样》“舆论聚焦中国建筑文化缺失”系列文章上批示：“……建筑是凝固的历史和文化，是城市文脉的体现和延续。要树立高度的文化自觉和文化自信，强化创新理念，完善决策和评估机制，营造健康的社会氛围，处理好传统与现代、继承与发展的关系，让我们的城市建筑更好地体现地域特征、民族特色和时代风貌。”

行业的决策和评估机制提供理论依据和实践借鉴。

5.3.1 建筑策划与城市规划的新潮流

在 1.2.2 节中我们已经论述了建筑策划与城市规划的区分和联系，本节我们将主要论述城市规划新的发展潮流以及这种新潮流对建筑策划的影响和要求。

正如第一章中所论述的，建筑策划和城市规划是建筑学体系中两个独立的环节，其理论原理的建立、方法论的构成以及实践活动的范围和性质都各自形成完整的体系，它们可以独立进行分析研究，产生不同阶段的结论成果。但由于城市规划在建筑学体系中所处的指导地位，使得城市规划对建筑策划的理论及实践同样具有指导意义。同时，由于城市规划理论及实践的新发展，人们不得不重视建筑策划对城市规划的新影响。也就是说，城市规划师们在历史地把握其传统的思路和机理，不断从宏观角度深化其理论的指导性的同时，也把城市规划的理论及实践网络的末端进一步伸向更细微的城市设计、区域设计、建筑策划以及建筑设计中去了。规划师也把了解和掌握城市设计、建筑策划以及建筑设计的理论和方法作为自己的必修课程。相辅相成，同样的趋势在建筑师身上亦愈发明显。随着我国的城镇化发展的深入，城市规划正在由增量规划向存量规划发展，相比于传统的自上而下的规划，自下而上的规划方法越来越受到重视，从某种意义上说城市是建筑的集合，而城市规划也是建筑策划的集合，在建筑层面上的合理策划是在城市层面上的科学规划的保障。这或许就是规划师和建筑师在新潮流中的一种必然动态。

现代城市规划始于勒·柯布西耶等人针对工业革命后的巴黎城市改造提出现代城市规划的基本原则，即“明日城市”的设想，彻底否定和批判了文艺复兴和巴洛克时代的城市规划原则，直到 1956 年国际现代建筑协会（CIAM）结束，形成了目前被奉为权威的现代城市规划理论。1933 年 CIAM 的第四次大会上制定了《雅典宪章》所阐述的当代城市规划的基本原则，至今一直被编纂在教科书中。但 1956 年 CIAM 解散后，对现代城市规划原则的批判开始多了起来，从路易斯·康、查尔斯·詹克斯等人的 Team10 新运动提出城市流动性、生长性与变化性等新城市规划原则对 CIAM 进行“修正”，到日本的以黑川纪章为中心强调传统、发展、文化地域性的“新陈代谢”理论，全世界范围内城市规划的运动都出现了新的潮流。这种新潮流在后来的后现代城市规划运动中达到了高潮。

后现代城市规划原理，在强调从 CIAM 继承城市的功能性和合理性的同时，批判和修正了 CIAM 将城市功能过分纯粹化、分离化的做法，强调传统和历史的引入不只是形象的简单重复，强调城市必要的、合理的高密度以及区域之间的联系，强调街道在规划中的地位，强调居民参与和听询规划研究。

上述观点已构成了城市规划的新的动向和潮流，并已得到全世界范围的共识。其中强调区域的联系、强调对街道的研究以及强调居民的参与和听询，也正是与现代建筑策划理论不谋而合的。

建筑策划的理论基点就是源于对实态的调查分析，居民参加听询以及对使用者的调查是建筑策划不可缺少的运行环节。还有建筑策划对建设项目的设定、规模性质及社会环境等的研究分析，也使得建筑策划的研究对象大大超出了建筑单体本身，扩大到了街道、区域和社会。所以，建筑策划的理论起点和方法论的形成与城市规划的新潮流达成了一种默契，从中我们可以悟出，对环境的研究已成为现代城市规划和建筑策划共同的课题。

建筑策划对环境的关心在对群体建筑、复合建筑和小区建设的策划中表现得最为突出。随着建筑科学技术水平的提高，随着社会物质资料的不断丰富，一次性进行群体建设、区域建设的项目将越来越多，建筑策划也就不可避免地要对群体和区域进行研究。

不同于单体建筑的策划，群体建筑的策划要更加重视各建筑单体所形成的集合空间，更加重视能源供给系统（上下水、电力、燃气等）、道路、交通网络机构、情报通信网络机构（电信、电话、邮政、电视等）、一次性投资的基建费用和建筑运行维护费用等，以求最大限度地保全环境，开发资源，提高建筑群体的效益。

在区域和群体的建筑策划中，其策划研究与城市规划的新潮流趋于同一内容范畴，并遵循同一的原则，如强调小区的功能、强调街道网络系统的设计、强调文化历史的引入、强调适当的高密度等。这些原则与内外部条件调查的基本方法相结合，可以总结出区域和群体的构想原则。

区域和群体的组合及形成就是由多个活动空间（A 空间）和联系空间（C 空间）组成的组团（B 空间），以某种规律经过二级、三级乃至多级的再组合而形成的（对 A、B、C 空间的论述见本书 3.3.4 节）。其群体的形成过程，简言之，就是一种复合过程。对 A、B、C 空间的各种性质和实态进行分析后可以归纳出以下四种复合方式（图 5-3-1）：

（1）融合型复合方式；

（2）并列型复合方式；

（3）主从型复合方式；

（4）群组型复合方式。

融合型复合方式，是将空间功能基本相同且可以相互包容的各空间融合在一起形成一个大空间（共享空间），集多种功能于一体，空间中各种活动互不干扰且相辅相成，如商业文化广场、旅馆的共享大厅等。

并列型复合方式，是将各功能用途不同的空间并列在一起再串联起来，形成功能分区明确的群体，如商业街、文化街等。

主从型复合方式，是以主要功能活动空间为主体，其余空间附属在其旁边，如会议中心、演艺中心等，观演性为主的剧场、会场占群体的主导地位，服务、商业、管理等空间作为附属用房从属于群体的主要建筑之旁。

群组型复合方式，是将那种独立性很强又各自形成组团的建筑组合在一起，而形成大的建筑群体。

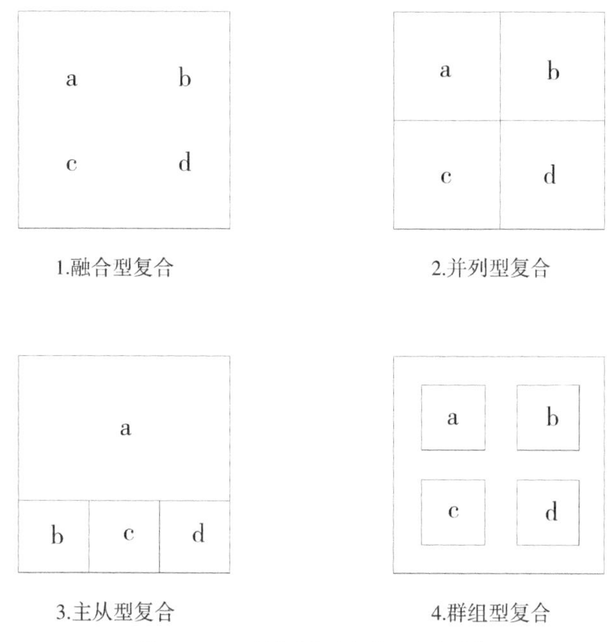

图 5-3-1 区域群体空间的复合方式[①]

上述四种方式是建筑策划对于区域和群体策划基本的构想原则，此外，在区域和群体的策划中，同样遵循单体建筑策划中的所有原则。

由于城市规划的新潮流使得关于群体和区域建筑策划的许多工作在无形中由城市规划师代劳了，如城市区域的竖向构想、道路网络的构想、环境资源的实态分析、公共区域的划分评价等。这就使得建筑师在进行区域和建筑群的策划时必须依靠城市规划师的工作。虽然在区域和群体的研究中，从研究对象上讲，建筑师的建筑策划和规划师的工作趋于同一，但由于要达到的目的不同，建筑师所进行的建筑策划应当更偏重于建筑设计的理念范畴，因此，建筑策划的工作仍是必不可少的。

建筑策划就是这样一门既侧重于研究建筑设计条件、建设项目环境以及影响和决定建筑设计因素的科学原理和方法论，同时又结合现代城市规划原则，顺应城市规划新潮流，反映时代意识的综合的理论原理。它受城市规划原理的指导，同时也对城市规划原理进行建筑化解释的补充，它在建筑学体系中的位置是不容置疑的。从城市规划的角度来讲，多学科的参与使城市问题的研究越来越轰轰烈烈，已从开始的地理学、经济学、环境工程学、生态学、历史学、行为科学，发展到了考古学、仿生学、计算机工程学、系统工程学、控制论、数理统计方法、气象学、遥感技术等。今后还将有更多的学科渗入并开拓城市问题的研究领域。根据城市规划的这种发展趋势也可以预见建筑策划的发展状况将与城市规划一样，在运用了高科技手段之后，

---

① 参考日本建筑学会《建筑计画》图 4.2。

在资料的收集处理、预测和评价方面，其工作效率将会成倍增加。

在当今各学科领域大融合、相互渗透的趋势下，同时存在着另一种趋向，那就是研究目标和内容的不断专门化和精细化。也正是这种环境促使建筑策划理论建立和开展，并按这种趋势发展下去。建筑策划将同古老的城市规划和建筑设计理论一样形成一套完整的、科学的、严密的理论体系。

5.3.2 新型城镇化背景下建筑策划的统一性与多样性

近年来，随着我国城镇化进程的快速推进，千城一面、千楼一面以及一城千面的现象日益成为大家关注和议论的焦点，形象危机成为困扰城市发展的一个突出问题。2013 年 12 月 12 日，中央召开了城镇化工作会议，会议对于加强城乡规划管理，改善人居环境，促进城乡经济全面协调可持续发展等方面提出了更高的要求，要求探索以人为本、优化布局、生态文明、传承文化的新型城镇化发展道路。作为新型城镇化建设的任务之一，如何优化城镇化布局和形态，提高城镇建设水平成为当前一项重要的课题。

众所周知，城镇的形态由它所在地的自然地形地貌、建筑的形态以及多个要素围合成的空间等因素共同构成。城镇空间的优化一方面取决于不同层级城市规划的合理性，另一方面，在很大程度上受到城市建筑策划的直观影响，后者既包括空间形态方面的策划，也包括使用功能等方面的策划。城市建筑在空间形态方面千差万别，因人而异，因地而异，受气候因素的影响，同时也受到建造技术的制约。然而，城市建筑无论如何芜杂多变，仍然可以在统一性与多样性这个宏观层面进行探讨，因为城市建筑的形态不仅是一个简单的形式问题，也是一种与人的生活息息相关的实践艺术，人的审美、社会因素的影响和制约对其起着至关重要的作用。在新型城镇化的背景下，建筑策划过程中如何兼顾城市整体与建筑个体、平衡建筑策划的统一性与多样性是一个长久的议题。从这个意义上讲，基于哲学的角度理解和认识城市建筑策划的统一性与多样性对于优化城镇的空间形态具有积极的指导意义。

1. 哲学意义上的统一性与多样性

统一性与多样性属于哲学范畴，哲学对统一性与多样性的探讨由来已久，历史上赫拉克利特、康德、黑格尔等人均对此发表过精辟的见解，而以马克斯、恩格斯为代表的辩证唯物主义观点得到了广泛认同。他们认为：世界同时兼顾统一性与多样性的本质，二者是对立统一的关系。统一性使我们可以从客观世界中发现秩序；多样性则意味着差异，它为不同事物之间的比较提供了可能，是事物得以交流发展的基本条件。此外，近年来科学研究同样也关注统一性与多样性的关系。如系统论的研究成果表明，统一性需要多样性，维护并保持多样性，甚至在系统的统一中创造和发展多样性；反之，多样性也创造并发展了系统的统一性。两者的关系既互补，又竞争和对抗。随后，耗散结构论也证明，一个系统要能够存在和发展，就必须同周围环境发生各种交流，系统内部的各要素之间也要同时存在着各种复杂的关系。缺乏多样性的系统是封闭的、僵死的和没有生命力的。在科学理论的支撑下，20世纪七八十年代又有西方哲学家打破传统的简单性思维模式，提出将“多样性的统一”作为一种复杂性思维的新范式[①]，从而将统一性与多样性当作一种看待世界的新思维方法的原则。这项原则指出，由多样性中发现统一性是使得事物既不单调又能呈现出一定复杂性状态的做法。这相当于把辩证唯物主义关于多样性统一的思想推向了更加开放和深入的境地。

上述这些研究成果其实在中国传统哲学中也有论述，中国传统哲学的“和合”思想即包含了相似的内容。“和合”在某种意义上指的就是多样性的统一。它包含了不同事物的关系，强调多种不同的事物之间保持一定的平衡。同时，“和合”也是事物发展前进的条件，不同的事物之间应该相异相补，和而不同。各个事物一方面应该保持自己独特的个性，另一方面也应该把握事物之间的共性，这才符合客观事物发展的规律。毕竟，有秩序无活力的事物是僵死的，有活力无秩序的事物是混乱的，统一性与多样性的共存事实上就是秩序与活力的共存，秩序与活力兼而有之的社会才是合乎现实的理想社会。因此，无论是依据中国传统哲学思想还是西方哲学理论来理解“多样性统一”的认识论原则，都要求我们以辩证的思维来联系统一性与多样性，形成“多样性统一”的认识方法。

统一性与多样性本身是一个模糊的概念，它们之间没有绝对的界限，且只有在相互对比的过程中才具有认识的意义。它们看似抽象，实际上与我们的生活息息相关，例如城市建筑的策划就始终体现出统一性与多样性的特征。

2. 历史上城市建筑呈现出的统一性与多样性

一般认为，任何艺术上的感受都离不开统一性与多样性，这已经是一个公认的艺术评论原则了，城市规划、城市设计、建筑设计与建筑策划也不例外。城市建筑的统一性源于人类的理性思维，由理性思维带来的秩序感既是人类认知的需要，也是受技术因素制约的结果。城市建筑的多样性意味着不断创新，突破旧有条条框框的限制，使得城市建筑丰富多彩并具有可识别性，同时也为不同文化、不同地域之间提供了比较的可能。历史上，不同时期的城市建筑尽管千变万化，但都可以定性地以统一性和多样性进行概括描述，而且纵观历史上城市建筑的总体特征，统一性原则可以说占据了绝对的主导地位。

首先，对于建筑风格而言，无论是古希腊、古罗马、西欧中世纪、意大利文艺复兴还是工业革命以后的诸多风格流派，理性、和谐统一的理念常常被认为是至高无上的美的法则，也是建筑设计评价与策划评价的重要准则。人们常用空间优美、

---

① 法国当代哲学家、社会学家埃德加·莫兰（Edgar Morin，1921-）于1973年在《迷失的范式：人性研究》一书中首先提出“复杂性范式”的概念，号召人类进行思维方式上的新革命。此后，他在《方法》一书中对“复杂性思想”和“复杂性范式”进行了阐释，致力于建立起一种复杂性思维的方法来认识当代科学所面临的问题。他的复杂性思想可以理解为一种具有普遍意义的哲学的认识论和方法论。

尺度适宜、体量均衡、比例协调等词汇形容城市建筑的美。相比之下，多样性更像是在统一性的基础上衍生出的某种变化。例如哥特式建筑的杰出代表——巴黎圣母院，其叠涩式尖拱尖券的入口、大量的玫瑰窗、精细的雕刻、丰富的线脚以及教堂两侧的飞扶壁支撑构件组合在一起形成的整体多样性令人叹为观止，然而这种多样性更多的是基于哥特式建筑整体统一风格之上的一种构件和装饰的繁复。明清时期修建的北京天坛祈年殿也是如此，其内部的木构件敷设既遵循一定的秩序又富有变化，令人眼花缭乱，时至今日，我们仍不得不对其构造的细致程度惊叹不已。其他时期的古典建筑尽管也随着不同的发展阶段产生了形制及风格的变化，但受思维模式及建造方式的局限，基本上延续了相对理性的设计手法。因此，我们认为传统意义上建筑的多样性常常表现为构造的精美和装饰的繁复两种类型，事实表明，历史上的绝大部分时间，建筑的多样性基本上被这两类范畴所涵盖，这可以看作是一种建立在理性思维上的多样性。

其次，对于城市而言，每个城市都有其独特的一面，这种独特取决于城市的自然地形条件、气候因素以及文化习俗特点等影响，这些因素都会深深地浸入城市的规划与建设当中，形成城市特定的风貌。历史上，无论中西，城市的多样性往往被看作是不同城市之间差异性的一种彰显，但是就大多数城市自身来说，仍然更多地向我们表达了统一性的原则。这是因为地域文化有其延续性，一定时期内的建造技术具有普遍性，城市所处的自然地理因素更有其不可变性，因而历史上的大多数城市都展现出了空间与形态的高度统一，中国唐代的里坊制空间结构与西方许多围绕教堂广场聚合成的小城镇都是很好的范例，诸如作为世界文化遗产的西班牙小城托莱多等例子不胜枚举。

3. 当代城市建筑策划的统一性与多样性

近一个世纪以来，随着现代城市规划理念的不断发展以及新建造技术与新材料的运用，城市面貌与建筑风格步入了快速发展演变的过程当中：从花园城市、工业城市到卫星城市的模式探索；从现代主义建筑到国际式风格，再到后现代主义和解构主义风格。回顾现代城市与建筑一个世纪以来的演变，应该说，历史上城市建筑的发展变化从来没有像这一期间那样异彩纷呈，但无论如何，其变化依旧强烈地反映出统一性与多样性的特征。

早在 20 世纪初现代主义建筑运动初期，简单几何形式与高度功能主义的建筑得到提倡。在西方几位现代主义建筑大师的号召与推动下，世界各地的建筑风格日趋统一，第二次世界大战以后西方国家对房屋的大量需求现实也加剧了这一状况的发展。20 世纪五六十年代，现代主义逐渐演化为国际式风格，其建筑设计多元化探索的努力也日益消失，取而代之的是主流建筑风格的趋同化以及对权威的崇尚，这一趋同无疑也导致了全球城市形象的同一化。可以说，在 20 世纪的前 60 年，统一性设计原则在全球范围内占据了主导地位。20 世纪 60 年代以后，西方建筑界在长期的压抑下开始爆发。国际式风格日渐遭到批判和质疑，以文丘里为代表的后现代主义开始对复杂性与多样性进行赞美，试图将统一性从久居的神坛上拉下来。一时间各种建筑思潮大量涌现，表现出一种错综复杂的多元化局面。在推陈出新的大趋势下，不同风格类型的建筑以令人困惑的速度发展变化着，似乎想从现代主义建筑的影响中摆脱出来。然而，对多样性的过度倡导使得后现代主义的建筑创作趋向了另一个极端，而紧随其后的解构主义建筑，在解构主义哲学的影响下更是呈现出夸张的建筑造型风格。当建筑设计为了表现复杂和多样而采取多样化的手段时，对城市建筑发展所带来的影响无疑是极端和混乱的。20 世纪 90 年代以后，经历过一段时期的思考、摸索与实践之后，城市规划与建筑创作逐渐趋于理性。建筑策划通过实态调研对具体客观条件的把握与对社会、时代和环境诉求的考量，实现了统一性与多样性的平衡。

尽管当代城市建筑的特征在统一性与多样性之间循环往复，大有你方唱罢我登场之意。但我们认为，城市建筑的统一性与多样性宛如一枚硬币的两面，二者互为条件，如果其中一方不复存在，那么另一方也就失去了存在的意义。前者可以说是人类发展和社会文化进步的必然产物，后者使得人类的生存和发展存在更多的选择。在建筑策划过程中，城市建筑的实体来自创作思维在统一性与多样性之间的交互往复而产生的结果。

4.“多样性统一”法则对当代城市建筑的启示

事实上，城市建筑自身作为一个有机的系统，其规划设计长期以来自觉贯彻着多样性统一的美学原则，这已被《公共建筑设计原理》等许多经典教科书阐述过。传统的多样性统一法则要求建筑设计要考虑到比例、色彩、尺度、材料等各项基本要素，要求尽可能地给予这些要素合理的设计考量，从而达到城市建筑造型与空间的均衡与和谐统一。在这项法则的驱使下，许多优美的城市与大量经典的建筑作品得以产生。但是，无论是以中国传统的“和合”思想还是以当代西方的复杂性哲学思维来看，多样性统一法则不完全表现为一种理性、均衡与协调的统一，还应当综合考虑事物的多维性、非线性、不确定性等各方面，从而强调一种非对称、非均衡、非协调的统一。由此，在多样性的事物之间建立起一种新的秩序，其追求的是不同的价值体系彼此之间的相辅相成与和谐共生，反映在城市与建筑领域即是一种新思维趋向的探索。这种思维的出发点提倡将统一性和多样性结合在一起，在统一中看到多样，在多样中回归统一，但同时明确：多不是少的简单叠加。例如国际化大都市巴黎，这座城市处处传递着优秀的法兰西传统文化气息，既有巴黎圣母院、凡尔赛宫、荣军院以及圣心教堂等保存完好的历史文化遗产，又有尺度宜人、风貌协调的城市街区。但正是这样一座城市，也接纳了埃菲尔铁塔、卢佛尔宫金字塔、蓬皮杜文化中心、阿拉伯文化艺术中心等一批与其传统文化迥然不同的作品，既有统一的城市面貌，又有代表着时代新思想与新技术的建筑作品，并且将这些建筑作为不同时代的印记很好地融入了巴黎城市的生命当中。我们认为这反映的就是“和而不同”，是“多样性统一”所具有的新内涵。

“多样性统一”法则在建筑创作中也有很好的体现，SANAA设计的瑞士洛桑劳力士学习中心以及库哈斯设计的波尔图音乐厅都具有类似的特征。它们既统一又多样，既有简洁的造型又有复杂的空间构成，这可以看作是对20世纪七八十年代后现代主义复杂多样迷失之后的一种回归，又是在统一性基础上的一种延伸，较好地做到了统一性与多样性的共存，成为了当代建筑创作的一种新思维方法。

总的来看，“多样性统一”法则对当代城市建设发展具有启示意义。在城市规划、城市设计与建筑创作过程中，如何恰当地将统一性中隐含的多样性成分揭示出来以及如何恰当地在多样性因素中寻求统一性，将多样性转化为统一性，值得城市规划工作者进行思考。我们说，今天形形色色的城市规划与建筑创作理念，既不是早期现代主义时期那种大一统的、僵化的功能主义，也并非后现代主义文化阴影下无节制的形式噱头，而是在追求统一性与多样性共生的基础上，回归真正的民主、大众的一种崭新创作思维，是对统一性与多样性共生关系的一种理性回归，这促使我们利用新思维重新审视城市总体空间形态、建筑自身造型美及其场所精神的关系。

城市的品质取决于城市的文化底蕴和文化软实力，而城市的风格往往通过城市中林林总总的建筑与环境细节来体现。我国规划界的一位前辈曾说过：如果一个城市中建筑与建筑不一样，体现的是建筑的风格；而一个城市中的建筑与建筑类似，体现的则是城市的整体风格。这句话隐含着统一性与多样性的辩证关系。当然，统一性与多样性只是一种表述的方式和应用的手段，最终都应归结到城市与建筑的美这一层次。关于城市建筑的美，不是随心所欲、处处张扬个性的美，而应该是统一性中蕴涵多样性，是多样性统一的美。城市建筑之美的前提，是在建筑策划过程中对统一性与多样性的平衡与把握。

5.3.3 在城镇化过程中以人和环境为出发点的建筑策划立场

在城镇化潮流中，发展与传统的矛盾是永远争论不休的话题。以我国西部欠发达地区的城镇化为例，大概有两派观点，一派谓之“发展现代派”，另一派谓之“保持传统派”。前者认为，新中国成立五十多年来，西部一直处于封闭落后的状态，自然条件的限制和交通的不发达等造成了西部城市的建设远远落后于东南沿海城市，生活和环境质量的低下是该地区最致命的问题，这种发展的不均衡无疑应在西部开发的大潮中扯平。后者则认为，西部地区因自然特征和交通的原因，相对封闭，没有被人为的破坏性建设殃及，加上西部地大物博、人口稀疏，使其成为了我国自然、人文最后的宝库，它的文化、习俗、资源、矿藏和质朴的建筑形态都是不可再生的人类文化遗产，所以西部开发应最大可能地保持传统特色。

摆在我们面前的问题是：传统与发展该舍弃谁？一方面，伴随着人类改造物质世界能力的增强，我国东西部地区的贫富差距加大，两者都达到了相当高的程度，人民要求提高居住环境和品质的呼声早已使建筑师如坐针毡。另一方面，对传统断裂、弱势文化濒危的担忧和对自然环境遭到破坏、能源匮乏的关注，又给建筑师压上了沉重的社会和历史责任的包袱。作为纯粹意义上的建筑师，我们也从不会忘记，建筑学的根本任务仍然是为使用者提供“居住的容器”。

据笔者的研究生的实地调查，陕西西部和甘肃东部的下沉式生土窑洞，随着当地经济的发展正迅速地消失。在实地调研五个原先属于典型窑洞聚居区的村落后发现，完全弃用的约 70%，而乾县张家堡村则接近 100%。实地调研和随访的事实告诉我们，窑洞民居的物质环境不是“冬暖夏凉、节省土地”就可以简单概括的。“冬暖夏凉”的优势，很大程度上被阴暗潮湿所抵消，而窑顶的覆土深度不足和渗漏问题，使窑顶耕种几乎不可能，“节省土地”基本上是一句空话。西部很多地区已延续了数百年的传统民居，正被当地居民执着地、持续不断地改造为现代材料和形式的新式住宅。

李先逵先生在“西南地区干阑式民居形态特征与文脉机制”（中国传统民居与文化（2）. 北京：中国建筑工业出版社，1992：6–7）一文中说道：“在少数民族地区新民居发展中，有两种倾向值得注意。一是新建悉遵旧制，二是改地居式（相对于当地传统干阑式）。前者是固守无发展改进，后者是丢弃传统、失去精华特色。”这段描述很具概括性。建筑师根本职责的潜意识不断地在提醒我们，可否回避形式上的“悉遵旧制”和“丢弃传统”之争，把研究聚焦于可能被量化和具有可比性的物质环境上，这正是建筑策划的聚焦所在。事实上，对于西部大部分欠发达地区，主要矛盾不是“房子盖成什么样”，而是“住在里面怎么样”，关注“房子盖成什么样”，也是因为它会直接地影响到“住在里面怎么样”。物质环境是生活质量可度量的惟一要素。执着于住屋之有种种不同形式，就会愈来愈远离建筑的本质问题，更重要的是远离建筑的使用者，而滑向“俱乐部”式的建筑研究。

人是传统与发展的核心，发展改善物质环境是建筑师永恒的课题。建筑要体现对人的最大关怀。普通的居民应当最有资格成为建筑本源意义的代言人。西部开发中建筑师的责任远远不只是在保护传统建筑的大旗下，做一些锦上添花的事，而应充分认识到，以人为本，研究传统文化氛围中的生活物质环境的改善是一切建筑形式研究的基础。建筑师的任务在于在不违背经济规律的前提下，努力提高物质环境质量。我们应当承认，任何一种建筑形式都可能在某一历史阶段成为“传统建筑”，而真正可持续发展的对象并不是某些确定的建筑形式，而是人类居住的物质环境质量随着形式变化而不断提高这一动态过程。在城镇化发展的过程中，以人为本，从保障人的居住环境与生存质量出发，回归建筑学的本源，是建筑策划的基本立场，也是城镇化发展的保障。

5.4 建筑策划与教育

5.4.1 美日建筑策划教育体系

1. 美国建筑策划教育

从 20 世纪 60 年代至今，建筑策划教育在美国已经经历了 50 多年的发展。建筑策划在这个过程中，逐步形成了融策划理论研究、高校教育、职业教育和支持保障为一体的开放性框架。这个较完善的框架，从建筑策划教学到建筑策划实践的每一个环节都有所发展，在充分调动了高校和社会资源的基础上，赋予了建筑策划教育极大的活力。美国全国建筑教育评估委员会对建筑院校学生的建筑策划能力有明确的要求(见本书 2.1.3 节)，"建筑策划"系列课程已经成为相当多建筑院系学生的必修课程之一，如著名建筑策划学者赫什伯格执教的亚利桑那州立大学，在建筑系本科三年级设置了分析与策划课程以及建筑会议交流、宏观 / 微观经济学原理、概率论与统计学等课程。

在研究生教育阶段，设置了环境分析与策划专题，其中包括分析与策划、建筑策划方法、项目发展策划、策划问题电脑编程、建筑信息处理系统以及设备管理信息系统等。通过研究生 Studio、建筑经营与管理和建筑会议交流等专题课程，形成了一个比较完整的建筑策划教育课程体系。另外，在美国的建筑学教育体系中，无论本科阶段还是研究生阶段，建筑策划都是主干课程。在建筑师职业化教育阶段，美国建筑师协会（AIA）从 1966 年开始就逐步引入了建筑策划教育，发展至今，已经成为职业教育中不可或缺的环节，同时，结合建筑法规和建筑师职业道德等课程，使得与建筑策划相关的外延更加完善。

2. 日本建筑策划教育

日本从 1889 年开始研究建筑计画，代表性文献是下田菊太朗发表的《建筑计画论》。1941 年西山卯三发表《建筑计画的方法论》，书中提出，住宅水准依据自然条件、社会条件、人类生活等确定。吉武泰水在西山卯三的基础上，其调查方法更细致、更科学化，在分析手法、预测手法上更客观化、更现代化，其研究对象从住宅逐渐扩展到了公共建筑，后来结合西方的建筑策划（Architectural Programming）理论逐渐形成了其特有的理论体系。根据哈尔滨工业大学邹广天的研究，建筑计划学是诸多现代社会科学、自然科学与建筑科学相交叉而产生的新兴边缘科学，处于社会科学、自然科学之间的中间地带。哲学、数学、社会学、生活学、心理学、运筹学、策划学、思维科学、行为科学、计算机科学等诸多学科都对建筑计划学的发展起着重要的推动作用。[①] 在日本高校的建筑学专业教学中，一般都要设置称为"建筑计画学"或"建筑计画"的课程。在整个教学体系中，对与之相关的数理统计方法的学习较充分（表 5-4-1），基于这样的前期准备，在其教学中，方法的教学与研究也比较深入，而这一点则正是我国建筑策划教育中相对较薄弱的环节，前期的数理与统计知识准备不够导致后期对方法的运用就显得有些力不从心。

以东京大学为例，工学部下面的建筑学科教学体系中分为建筑材料、建筑结构、建筑构造、建筑环境、建筑史、建筑计画、建筑设计与制图、建筑综合等八个门类，其中建筑计画于本科二年级两个学期分别开设"建筑计画一"、"建筑计画二"两门课，三年级上学期开设"建筑计画三"。在本科二年级阶段，全部为必修课，三年级阶段

---

① 邹广天．建筑计划学．北京：中国建筑工业出版社，2010：42.

以建筑设计课为主，为了辅助建筑设计课，开设一定数量的选修课。与“建筑计画一”同步开设的课程有“建筑材料学概论”、“建筑结构概论”、“数学与力学”、“建筑构造概论”、“环境工学概论”、“城市建筑史概论”、“建筑设计制图一”以及“建筑综合练习”等；与“建筑计画”系列课程密切相关的课程，如“建筑伦理”和“建筑施工”等则分别对应“建筑计画二”和“建筑计画三”。根据以上课程的安排可以看出，“建筑计画”课在整个教学体系中介入较早，并且后续呈循序渐进的态势。

日本建筑计划和城市规划调查分析方法[①] 表 5-4-1

	分类	策略	细分
建筑计划和城市规划的调查与分析方法	调查方法	现场研究与观察调查 询问调查 图像法 实验法 计算机模拟 意识调查 文档资料调查	设计调查——调查的技法； 观察——家具陈设、设计实测、行为观察、流线； 询问——问卷调查、KJ 法和德尔菲法、社会测定； 捕捉意识——SD 法、要素回忆法、认知地图调查； 实验——实验心理、精神物理学、人体与动作； 调查资料
	分析方法	哲学方法 逻辑学假说法 策划学方法 设计实测分析法 行为平面分析法 地理学方法 数学方法 可拓学方法	记述——记述统计； 推定——定量数据的推定与检定； 检定——Nonparametric 检定，即非参数检定； 预测——重回归分析与数量化 I 类； 判别——判别函数与数量化 II 类； 探寻结构——因子分析与数量化 III 类； 探寻因果关系——因果解析； 化简——主成分分析； 类型化——集合分析； 考察时序——时序解析； 定位亲疏——多维尺度法
		模型分析法	数理计划法； 模拟——蒙特卡洛法； 排队与概率过程； 信息理论； 网络的解析模型； 空间相互作用模型； 地域设施的配置模型； 人口模型； 计量经济模型； 交通手段选择模型——洛吉托模型； 顺序机械论模型

5.4.2 我国建筑策划教育现状

长期以来，在我国现行的建筑学专业教育体系中，专业技术教育占主导，对文化观、社会观、责任观的教育相对次要。学生通常先学会“怎么做”之后才开始思

① 日本建筑学会．为建筑计划和城市规划的调查与分析方法，1987；邹广天．建筑计划学.2010：84–118.

考“为什么”，或者说老师给定的前提条件（通常是任务书）建立在权威的基础上，这样的教育模式直接导致了思维的断层。以清华大学 1996 年在国内首次对研究生开设“建筑策划导论”课程为标志，我国高校部分建筑院系逐渐开设了介绍建筑策划及相关理论的课程，如美国建筑策划和日本的建筑计画学。建筑策划在建筑设计环节中的重要性已越来越受到重视，然而在我国的建筑学教育体制中其发展目标、功能定位以及与建筑设计主干课程教学的关系等仍不明确。总的来说，目前我国建筑策划教育在高校建筑系本科生和研究生培养体系中的相关课程设置较为单薄，缺乏由建筑策划准备知识、技术与方法、案例分析、策划实践、使用后评估等诸多课程构建的一个完整培养体系。如今建筑学、城市规划、风景园林已分别独立为三个一级学科，建筑学专业教育体系的改革与完善势在必行，而建筑策划作为我国建筑教育长期以来缺失的一项基本能力应当给予足够的重视。

建筑师职业化教育与建筑学专业教育在建筑学教育的不同阶段中应各有侧重，但二者并非完全独立展开，而是相辅相成、互相促进的。因此，建筑师职业化教育从建筑学专业教育的初期阶段就应当有所引入，为日后的建筑设计学习和建筑师从业打下良好的基础。以英国建筑学教育为例，建筑学本科教育阶段包含设计、技术、人文、表达和管理五个方面。建筑设计要求学生分析研究地段和工程预算从而拟定计划书，培养学生利用建筑历史和理论等作为设计依据的能力。[①] 专门的建筑师职业培训课程，主要是关于建筑师职业知识、建筑管理、法规和个案分析等。我国的建筑学专业教育与建筑师职业化教育呈线性关系，重视顺序上的先后而忽视了时间上的同步。在建筑学本科教育阶段基本上以建筑学专业基础教育内容为主，只有很少的建筑师职业化教育内容，到了研究生阶段才正式开设了诸如“建筑策划导论”、“建筑计划学”、“可拓建筑策划与设计”等课程，这样导致的结果就是本科毕业生在从业初期还需要大量的时间学习项目运作、经营管理来适应工作需要，这是一种教学与工作相脱节的表现。高校的本科生和研究生教学应该与今后的就业方向相一致，每一个阶段的毕业生应该都是能够进入建筑设计行业开展工作的。因此，建筑学本科教育阶段从一开始就应当逐步引入建筑师职业化教育意识（图 5-4-1）。

在“全国高等学校建筑学专业本科教育评估指标体系”教育质量环节的“智育标准”中包含建筑师职业知识专项，并明确指出：“了解注册建筑师制度，掌握建筑师的工作职责及职业道德规范；了解现行建筑工程设计程序与审批制度，初步了解目前与工程建设有关的管理机构与制度；了解有关建筑工程设计的前期工作，了解建筑设计合约的基本内容和建筑师履行合约的责任；了解施工现场组织的基本原则和一般施工流程，了解建筑师对施工的监督与服务责任。”其中项目设计前期策划的相关知识就应该在“建筑策划”系列课程中教授。我国大多数建筑院校的建筑学教

---

① 戴锦辉，康健．英国建筑教育——谢菲尔德大学建筑学职业文凭设计工作室简介．世界建筑，2004（5）：84-87.

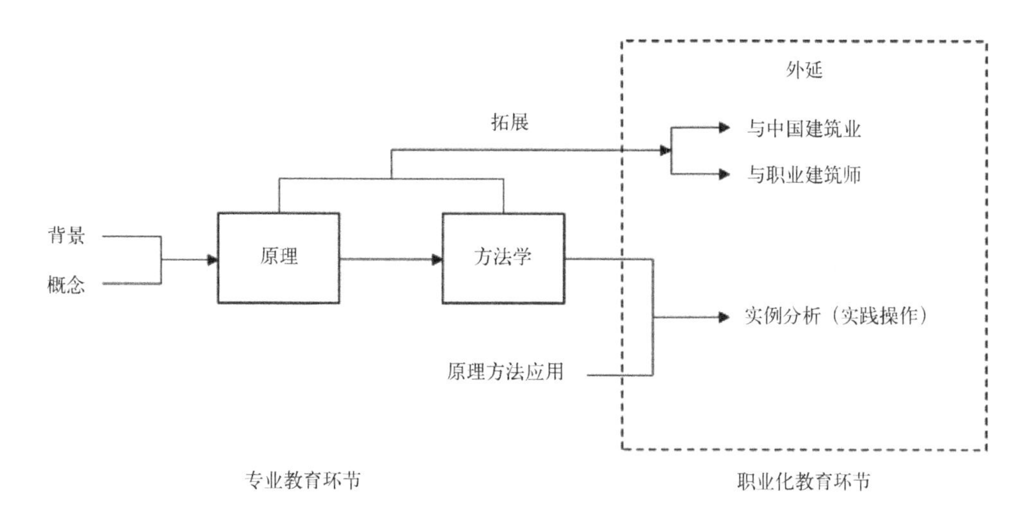

图 5-4-1 建筑策划课教学内容分类

学体系仍然处于重技术操作而轻项目管理，重设计手法创新而轻社会责任感树立的状态，然而这些都是学生步入工作岗位后必须学会和掌握的。因此，建筑学教育体系还应更加充分地与评估体系对接，这样才不会造成“培养过程”与“质量标准”相异的结果。

建筑策划系列课程是建筑师职业化教育的重要载体之一，对它的学习也应该像建筑设计课一样有一个过程，从原理、方法到实践、创新。另外，建筑策划意识的构建是建筑策划系列课程的核心，它离不开建筑设计系列课，只有将两者结合好，同步发展，才能完善我国建筑学专业基础教育和建筑师职业化教育。

5.4.3 通过建筑策划课程促进建筑师职业化教育

1. 建筑策划课程与创新思维

建筑师职业化教育是一个全方位的教育模式，目的在于培养合格的建筑师。所谓合格建筑师，是指在具备专业技能的同时，更加强调专业精神、专业敏锐度以及更加重视对文化和设计本身的追求的建筑师。建筑师职业化教育的起点是建筑学专业教育，结合我国建筑学教育与建筑策划教育的现状，通过建筑策划课程促进建筑师职业化教育。

建筑学本科教育阶段基本上是围绕建筑设计主干课展开的，因此，可以说，从基础课到专业选修课都应该是与设计直接或间接相关的。建筑策划课在目前的建筑学本科教育体系中虽然没有开设专门的理论课，但是始终贯穿于建筑设计课中，只是尚未做到系统和完善，这种教学可以称为建筑策划的隐性教学。与此相反，在研究生培养阶段专门开设了建筑策划理论课，而设计实践环节由于没有关于建筑策划的统一的质量标准，教学成果参差不齐，这种明确了名称和教学内容的教学方式可称为建筑策划的显性教学。从完善建筑策划教学体系的角度来看，建筑策划教学首

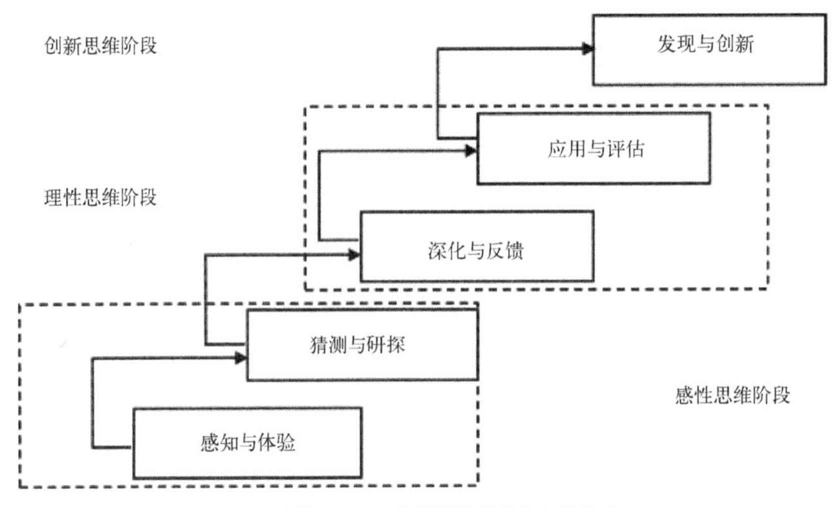

图 5-4-2 人类思维的螺旋上升模式

先应自成体系，同时保证与建筑设计课的关联与同步性，结合社会学、建筑文化、建筑经济学等辅助学科共同组建完善的建筑设计教学体系。

建筑学专业的学生在接受专业教育时，首要任务就是建立创新思维。尤其是建筑设计这种实践性强的创新工作，实现创新成果就要建立在理性思维的基础上（图5-4-2）。建筑策划就是建筑设计前期阶段的理性思维，这一阶段的理性思维是建立在大量的现状条件搜集、前人实践经验的总结、社会文化影响和技术经济条件综合权衡的结果之上的。这种理性思维是指引后续设计创新思维的明灯，也就是先确立目标，然后通过各种不同设计手法达到目标。同时，建筑策划的理性思维中也包含创新思维，即使是同样的条件也可以策划出不同的结果，原因是考虑问题的角度不同，主要问题与次要问题的定位不同，解决问题的方式方法也可以不同，因此，策划成果就可以有差异。

在此需要明确理性思维与创新思维的定义，理性思维的结果并不一定是惟一解，而创新思维也会得出相似解。二者的关键差异在于思考问题的方式不同，理性思维更加强调思维的逻辑性，而优秀的创新思维通常不是简单的思维训练能够达到的，常常受到固有思维的影响。因此，建筑策划是做好建筑设计的前提，建筑设计经历了几千年的发展，几乎每一次设计方法上的大变革与创新都是从思维方式和哲学层面的发展而来的。建筑策划在建筑设计程序中的重要性集中体现在通过理性思维对项目进行准确定位，从而引导建筑设计成为理性思维下的创新成果上，而不是纯感性或个人意志主导的成果。建筑策划课是正确引导学生创新思维的必不可少的方法论课程之一。

2. 建筑策划系列课程教学体系的建立

建筑策划由于其涵盖内容的综合性及操作环节的复杂性，决定了它并不能通过短期的学习就达到熟练掌握的目的，因此，应该将建筑策划的不同环节结合学生的学习，分配到不同的学期中。建筑策划系列课程教学体系就是通过循序渐进的方式作为建筑设计的重要环节与建筑设计课平行进行，从而最终引导学生建立起完善的建筑设计思维模式，培养合格的“卓越工程师”。

（1）建筑策划理论课

根据建筑策划的不同阶段可以将建筑策划的一部分环节通过理论课的形式实现，同时策划理论课是实践课的前期环节，是综合实践的基础。建筑策划理论课包含原理和方法论两方面，其中原理部分可以从建筑形式、空间组成入手，同时兼顾社会、文化等软条件；方法论则指出选择何种方法整理分析前期搜集的数据资料，怎样辨认与识别分析结果,最终得出合理的任务书。建筑策划理论课一般包括建筑策划原理、社会学、环境行为学基础理论、建筑文化、建筑经济学、建设项目管理等。

（2）建筑策划实践课

建筑策划实践课主要以指导学生进行策划实践为主，也可采用结合建筑设计的方式，将设计中的前期环节设置为建筑策划，后期进行具体的建筑设计。学生通过全过程培训了解建筑设计的各个环节，从一个项目的产生到施工图都有所认识。在实践环节，学生需要自主搜集资料，分析整理数据，用策划成果指导后期建筑设计。

建筑策划系列课程与建筑设计课的对应关系 **表 5–4–2**

建筑策划系列课	建筑设计课
社会学 / 社会学调查方法	建筑初步（1）（2）
环境行为学基础	建筑设计（1）
数理统计与分析基础	建筑设计（2）
建筑策划原理	建筑设计（3）
建筑策划方法学	建筑设计（4）
策划实践（1）	居住区规划设计
策划实践（2）	城市设计

3. 建筑策划操作方法与实践的传授

建筑策划的意义已经普遍被建筑教学家和建筑师所接受，在建筑策划实施的具体操作环节有若干不同的技术手段。这部分知识的理解与运用，受到前期准备知识的限制，因此，在建筑学本科学生已经基本掌握了高等数学、概率论、统计学基础知识的条件下可以逐步进入对该部分的学习与运用。研究生阶段的教育要着重培养学生熟练掌握基本的策划方法，同时具有一定的创新意识。

（1）建筑策划方法学的课程设置

建筑策划的操作方法受到项目本身的限制和影响，由于每个建筑设计项目都有自身的特点和难点，因此，在实施建筑策划时方法的选取尤为重要。在建筑策划系列教学中，“建筑策划方法学”重点教授学生常用的策划操作方法。此课程的前期准备需要数理统计与分析相关知识作为基础，结合社会调查方法的运用，明确不同方法的适用范围、能解决的问题以及如何操作等。概率论、统计学、决策学、线性代数等基本数理知识的掌握与否直接决定后续建筑策划方法的学习。

建筑策划方法学是工具型学科，对于建筑学专业的学生，更加关注方法的运用与开发。在前期资料和最终目的明确的条件下，如何准确、真实地反映现状与建筑师意图就是策划方法学要解决的问题。其中的核心内容就是将前期输入数据进行分类，通过跨学科研究工具的整理分析，得出较为接近事实的结论从而指导建筑设计。首先，选取适合的策划方法。学生在熟知每一类方法的数理特点与操作特性的基础上，通过比较分析选择最为适合的方法。其次，准确无误地操作策划方法。由于策划方法并没有统一的公理，只有不变的准则，因此，在操作的过程中会有一定的自由度，需要不断地判断与选择，因此，每一个环节都正确才能保证结果的无误。最后，充分地理解策划结论，学生应该能够辨识结论内容和结论要说明的问题。做到以上几点才是具备了建筑策划的基本素质，掌握了建筑策划的方法。

（2）建筑策划理论与实践的课程设置

尽管建筑策划的理论知识较庞杂，但是建筑策划的运用始终是要建立在实践基础上的。由于在建筑学本科教育阶段的建筑设计课程大多数是虚拟题目，因此，这种设计题目就不大适于建筑策划实践，伴随着建筑设计课教学的不断改进，建筑策划实践与建筑设计课相结合变得越来越必要。建筑设计课如果选取实际题目就必然会有一系列现状限制条件，由“真题假作”模式训练出来的学生一定比虚拟题目训练出来的学生在毕业后的设计实践中具有更强的解决问题的能力。建筑策划实践必须依托于真实设计题目，结合设计课一同完成一个完整的设计过程就是建筑策划实践与建筑设计结合最好的教学模式。

在研究生教育阶段，可以通过 studio 的教学模式，使感兴趣的同学对建筑策划有深入研究，从而培养学生在建筑策划的理论和操作环节有所创新。

建筑策划的产生和实施都是与多个不同学科交叉展开的，如社会学、建筑经济学、

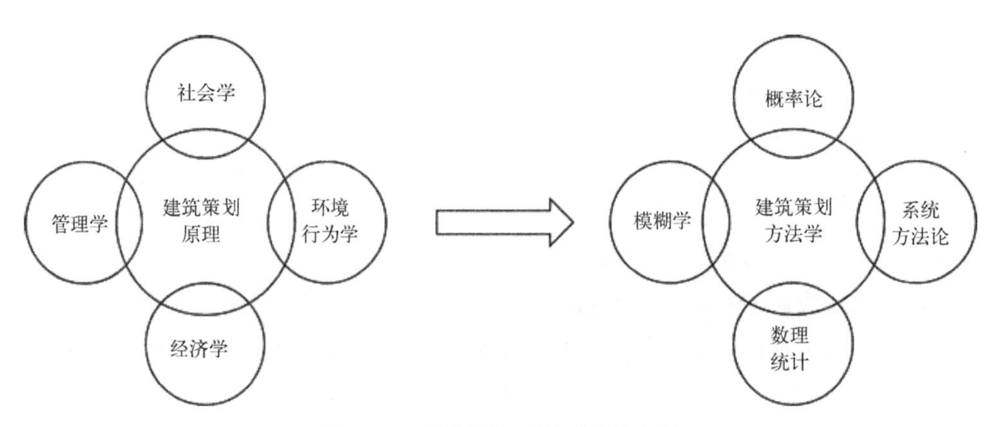

图 5-4-3 建筑策划课程与多学科交叉

环境行为学、建筑文化和数理统计等（图 5-4-3）。建筑策划的成果也是多学科交叉的成果，如有文字成果、图纸成果、图表成果等。建筑学专业培养的学生需要具有广博的知识、熟练的技能和坚实的社会责任感。建筑策划教育就是在各种不同的相关学科与建筑设计之间建立一个桥梁，使跨学科的知识、思维方式、技术手段通过建筑策划的加工，最终应用到建筑设计的环节中。

建筑策划系列课的教学成果是在结合建筑设计主干课的基础上，培养学生的策划思维能力，同时树立建筑师的社会责任感，了解建筑项目的管理与进程。从社会、伦理、经济的角度认识建筑设计，学会运用社会调查方法与数理统计分析工具，从而为建筑设计做好准备。教学成果可以总结为以下几点：①通过学习，了解什么是建筑策划。②明确在我国基本建设程序中引入建筑策划的重要意义和背景。③理解建筑策划的原理和基本特征。④理解和掌握进行建筑策划的主要方法。⑤掌握几种通常的实态调查的方法。⑥初步掌握依据实态调查的结果进行分析抽象和归纳的方法。⑦掌握一般项目建筑策划程序，并能独立编制项目设计任务书。

建筑学一级学科的发展与完善，离不开建筑策划教育环节的发展与完善。在城市规划与风景园林专业纷纷升级为一级学科的教育大背景下，建筑学应该更加完善自身，明确建筑教育每个环节在整体教育体系中的位置和作用，使得建筑学教育成为一个良性发展、相辅相成的有机体。

结　语

我们将现代意义上的建筑策划作为系统学科的诞生定格在近70年前威廉·佩纳等先驱发表的那篇著名文章“建筑分析——一个好设计的开始”，之后的几十年中以西方为主导的建筑策划大师陆续登场，使得建筑策划的定义、原理、方法和应用得以不断发展。事实上，建筑策划的思想要义作为古老而朴素的建筑设计思想内核已经留存上千年了。建筑策划思想中的以问题为导向，讲求建筑空间的逻辑和理性的推演，实态调查，对建造条件的分析等设计前期研究与设计方法广泛地应用于建筑设计之中，由此产生了无数蕴涵着人文主义思想、对环境充分尊重、功能完备并至今还在使用的优秀建筑。建筑策划是一个好设计的开始，是对错误设计的避免，是建筑设计的起点和立足点。一个优秀的建筑策划不一定产生优秀的建筑设计，但是一个优秀的建筑物在建筑策划及其思想上一定是成功的。

建筑策划的概念和内容并非一成不变的。从建筑策划被正式提出以来，建筑策划的内涵不断扩充，吸纳了系统论、控制论和信息论等现代科学方法论，引入了因子分析、变量回归、层级分析等数学建模与统计学方法，直至今天的大数据理论和方法；借鉴了心理学、环境行为学、人体工学等研究成果，广泛采用了问卷调查、访谈、公众参与等社会学与管理学的研究方法，并将最初建筑策划的核心内容——任务书的制定扩展为从立项到问题搜寻、任务书制定、空间构想直到策划评价与使用后评估的全过程。在人居环境科学的背景下，建筑策划的对象也逐渐由传统的单体建筑向更多元化的城市空间尺度发展，面向不同空间尺度的室内空间策划、居住区空间策划、城市空间策划、乡村空间策划模糊了建筑学与城市规划、风景园林以及建筑技术之间的界限和壁垒，建筑策划已经成为人居环境学科群中的重要一支。

建筑策划于20世纪90年代在我国兴起，二十多年的发展正是伴随着我国城镇化进程的飞速发展，这并非是巧合，建筑策划解决的核心问题正是城镇化进程中成千上万建筑设计项目的保障——科学合理的任务书制定。在城市化过程中，我们目睹过出现的问题，不合理的任务书导致建筑设计从立项开始就出现了严重的方向错误，最终导致了建筑空间的功能问题，造成了巨大的资源浪费。值得欣慰的是，建筑策划已经被越来越多的建筑学者和建筑师重视和认可，二十多年中建筑策划不断本土化并逐渐形成了我国建筑策划的理论研究架构与学术体系，以居住建筑和公共建筑为主要对象的建筑策划保障了建筑设计的合理性和公众的利益诉求，涌现出一大批优秀的建筑策划案例和建筑策划思想孕育出的建筑设计项目。在未来我国城镇化进程的深化阶段，建筑策划将继续发展和不断实践，我们相信只注重造型外观的营造而无视任务书合理性与设计功能的建筑创作将越来越少。

自笔者于 1991 年的博士论文《建筑策划论：设计方法学的探讨》起，到 2000 年的专著《建筑策划导论》的出版，直到今天，笔者一直从事于建筑策划研究并将建筑策划及其思想与实际的建筑设计实践项目相结合。本书正是对于在这些建筑策划研究成果、建筑策划案例以及建筑策划思想指导下的建筑设计项目的研究，在人居科学背景下对建筑策划学的梳理、总结与思考。在未来建筑策划研究和实践中，建筑师还面临着更艰巨的挑战，建筑策划在中国的发展才刚刚起步，希望本书能够为未来的建筑策划研究与实践提供启发和帮助，这或许是本书更重大的意义。今天，中国的城镇化进程仍在继续，乡村规划与建设任重道远，时代对建筑师和建筑策划提出更高的要求，这也是我们未来的机遇与要面对的挑战，它集中表现在以下四个方面：

（1）建筑策划的发展需要整个人居环境领域从业人员坚持不懈的投入以及其他诸如政府、高校、行业协会等相关部门不遗余力的支持作为保障。新时代下的建筑策划的框架体系必须不断完善，形成完备的建筑策划知识理论体系与操作方法，并建立建筑策划信息模型、案例库与协作共享平台，推进建筑策划教育与行业规范。相应地，建筑策划的发展亦将促进我国建筑行业的不断完善，更进一步迈向规范化与国际化，为我国人居环境建设提供更多新的视角、理论、方法和机遇，也是城市与乡村公共事业、建筑高等教育与职业化教育、建筑设计行业协会的发展契机和窗口。

（2）建筑策划的发展要求建筑策划的研究者寻求一条传统建筑学研究方法的革新之路，一条以人居环境科学为框架，建立在多学科融合基础之上的探索之路，以一切学科领域可能借鉴的思维和视野、技术手段、工作方法、研究成果为研究方向，形成多分支、互交叉、可延伸的现代建筑策划体系。人居环境学科群中的建筑策划理论对内是建筑设计的依据与方法论，对外联系着模糊决策、大数据等诸多跨学科研究领域。相应地，建筑策划的发展亦将为建筑学不断注入新鲜血液，建筑策划本身作为建筑学与其他学科交叉的平台，为日新月异的科技发展背景下的传统建筑学提供了更多潜在的可能性与研究方向。

（3）建筑策划的发展需要大量的实践探索与验证，建筑策划必须同建筑设计相结合并在建筑设计的过程中发挥其最核心的作用——制定设计任务书，建筑策划必须最终回到建筑学最本质的对象——空间的营造。今天行业内普遍认为建筑策划与建筑设计是不可分割、互相融合的关系，建筑策划对建筑设计进行问题界定、分析、构想与任务书制定，建筑设计是对建筑策划的反馈。建筑策划是每一个职业建筑师应当掌握的技能，这对建筑师提出了更高的挑战。

（4）建筑策划的发展将使得传统的建筑行业发生变革，由单一的设计建造转为面向人居环境营造的全尺度和面向建筑物全生命周期的复合化、集成化业务，在这里建筑设计的宽度和深度都大大增加了，建筑师的业务范围和职责也逐渐扩大并走向多元化。未来的建筑行业内容将不断外延，从传统的以设计和技术为主向前延伸至策划咨询，向后延伸至使用后评估。

建筑策划未来面对的挑战正是我们的机遇，我们希望本书能够为建筑师和其他相关人员带来启发和帮助，促进建筑策划理论研究与实践在新时代不断进步，力求在我们的建筑设计过程中避免一个错误的开始，使我们的建筑具有持久的生命力，使我们的人居环境更充满人文的关怀。

参考文献

[1] 全国科学技术名词审定委员会 . 建筑学名词 2014. 北京 : 科学出版社 , 2014.

[2] Jonathan King, Philip Langdon. The CRS team and the business of architecture. College Station: Texas A&M University Press, 2002.

[3] William M. Pena, Steven A. Parshall. Problem Seeking, An Architectural Programming Primer. New York: John Wiley& Sons. lnc, 2001.

[4] 日本建筑学会 . 建筑计画 . 东京 : 彰国社 .

[5] Henry Sanoff. Integrating Programming, Evaluation and Participation in Design: A Theory Z Approach. England: Avebury, Aldershot, 1992.

[6] The American Institute of Architects. The Architect' s Handbook of Professional Practice. Thirteenth Edition. New York: John Wiley& Sons. lnc, 2001.

[7] UIA–PPC. Recommended Guidelines for the Accord on the Scope of practice, 2004.

[8] The Educational Architecture Unites of UNESCO. Building Basic Education, 1992.

[9] 庄惟敏 , 张维 , 黄辰曦 . 国际建协建筑师职业实践政策推荐导则——一部全球建筑师的职业主义教科书 . 北京 : 中国建筑工业出版社 , 2010.

[10] The American Institute of Architects. Identifying the Service You Need, 2008.

[11] RIBA Client Services. Working with an architect for your home. London: RIBA Bookshop, 2010.

[12] The National Architectural Accrediting Board. NAAB 2009 Conditions for Accreditation 2009 Edition, 2009.

[13] William Wayne Caudill. Architecture by team. New York: Van Nostrand Reinhold Company, 1971.

[14] Wofgang F. E. Preiser. Programming the Built Environment. New York: Van Nostrand Reinhold Company, 1985.

[15] E. Cherry. Programming for Design, From Theory to Practice. New York: John Wiley& Sons. lnc, 1999.

[16] Charles E Osgood, George J Suci, Percy Tannenbaum. The Measurement of Meaning. The U.S.: Illinois Univ Press, 1957.

[17] 小木曾定彰，乾正雄 . Semantic Differential（意味微分）法による建筑物の色彩效果の测定 . 东京 ：鹿岛出版会，1972.

[18] 杜尔克 . 建筑计划导论 . 宋立垚译 . 台北 ：六合出版社，1997.

[19] Wofgang F. E. Preiser, Harvey Z Rabinowitz, Edward T White. Post-Occupancy Evaluation. New York : Van Nostrand Reinhold Company, 1988.

[20] Schönberger V. 大数据时代 . 周涛译 . 杭州 : 浙江人民出版社, 2012.

[21] Wofgang F. E. Preiser 等 . 建筑性能评价 . 汪晓霞等译 . 北京 : 机械工业出版社, 2008.

[22] Robert G. Hershberger. 建筑策划与前期管理 . 汪芳, 李天骄译 . 北京 : 中国建筑工业出版社, 2005.

[23] 郑凌 . 高层写字楼建筑策划 . 北京 : 机械工业出版社, 2003.

[24] 何万钟, 何秀杰主编 . 中国土木建筑百科辞典 : 经济与管理 . 北京 : 中国建筑工业出版社, 2004.

[25] 王明贤 . 超越的可能性 : 21 世纪中国新建筑记录 . 北京 : 中国建筑工业出版社, 2015.

[26] Frank Salisbury. 建筑的策划 . 冯萍译 . 北京 : 知识产权出版社, 中国水利水电出版社, 2005.

[27] Gary T. Moore. Emerging Methods in Environmental Design and Planning. Massachusetts : MIT Press, 1973.

[28] Lionel March. The Architecture of Form. Cambridge : Cambridge University Press, 2010.

[29] 谢文惠编著 . 建筑技术经济 . 北京 : 清华大学出版社, 1984.

[30] Abbas Tashakkori, Charles Teddlie. 混合方法论 : 定性方法和定量方法的结合 . 唐海华译 . 重庆 : 重庆大学出版社, 2010.

[31] 李和平, 李浩 . 城市规划社会调查方法 . 北京 : 中国建筑工业出版社, 2004.

[32] 苗东升 . 模糊学导引 . 北京 : 中国人民大学出版社, 1986.

[33] 孔峰 . 模糊多属性决策理论、方法及其应用 . 北京 : 中国农业科学技术出版社, 2008.

[34] Stenfan Greschik. 混沌及其秩序 : 走近复杂体系 . 胡凯译 . 上海 : 百家出版社, 2001.

[35] 刘贵利, 李铭, 侯铮等 . 城市规划决策学 . 南京 : 东南大学出版社, 2010.

[36] 霍召周 . 系统论 . 北京 : 科学技术文献出版社, 1988.

[37] 清华大学建筑节能研究中心 . 中国建筑节能年度发展研究报告 (2014) . 北京 : 中国建筑工业出版社, 2014.

[38] 柳孝图 . 城市物理环境与可持续发展 . 南京 : 东南大学出版社, 1999.

[39] Ernst Neufert. Architects' Data. New Jersey : Wiley-Blackwell, 2000.

[40] Georg Wilhelm Friedrich Hegel. 美学 . 朱光潜译 . 北京 : 商务印书馆, 1995.

[41] J. Joedicke. 建筑设计方法论 . 冯纪忠, 杨公侠译 . 武汉 : 华中工学院出版社, 1983.

[42] 庄惟敏 . 建筑策划导论 . 北京 ：中国水利水电出版社, 2000.
[43] 邹广天 . 建筑计划学 . 北京 ：中国建筑工业出版社, 2010.
[44] Edgar Morin. 迷失的范式 ：人性研究 . 陈一壮译 . 北京 ：北京大学出版社, 1999.
[45] 太田博太郎 . 书院造 . 东京 ：东京大学出版社, 1966.
[46] 中国大百科全书总编辑委员会 . 中国大百科全书（建筑·园林·城市规划）. 北京：中国大百科全书出版社, 2009.
[47] 黑格尔 . 美学（第三卷 上册）. 北京 ：商务印书馆, 2010.
[48] 建筑设计资料集编委会 . 建筑设计资料集（第二版）：第 3 分册 . 北京 ：中国建筑工业出版社, 1994.
[49] オーム社编集 . 建编基准法令集 . 东京 ：オーム社, 2004.
[50] 许瑾 . 上海大剧院使用后评析 . 指导教师 : 李道增， 章明 . 北京 : 清华大学硕士学位论文，2000.
[51] 张维 . 中国建筑策划操作体系及相关案例研究 . 指导教师 : 庄惟敏 . 北京 : 清华大学博士学位论文，2008.
[52] 李靖 . 城区居住区改造建筑策划方法研究 . 指导教师 : 庄惟敏 . 北京 : 清华大学硕士学位论文，1999.
[53] 庄惟敏，张维 . 全球视野下的当代建筑策划盘点 . 建筑创作，2008（5）.
[54] 张维，庄惟敏 . 美国建筑策划工具演变研究 . 建筑学报，2008（2）.
[55] 庄惟敏，苗志坚 . 多学科融合的当代建筑策划方法研究——模糊决策理论的引入 . 建筑学报，2015（3）.
[56] 庄惟敏，栗铁，马佳 . 体育场馆赛后利用研究 . 城市建筑，2006（3）.
[57] 庄惟敏 . SD 法（Semantic Differential）——一种建筑空间环境评价的实态调查法 . 清华大学学报（自然科学版），1996，36（4）.
[58] 张维，庄惟敏 . 建筑策划操作体系：从理论到实践的实现 . 建筑创作，2008（6）.
[59] 庄惟敏，栗铁 . 2008 年奥运会柔道跆拳道馆（北京科技大学体育馆）设计 . 建筑学报，2008（1）.
[60] 庄惟敏，李明扬 . 后奥运时代中国城市建设“大事件”应对态度转型的思考——以 2008 北京奥运柔道跆拳道馆赛后利用为例 . 世界建筑，2013（8）.
[61] 林显鹏 . 2008 北京奥运会场馆建设及赛后利用研究 . 科学决策，2007（11）.
[62] 莫修权，庄惟敏，张晋芳 . 文化・保护・营造——金沙遗址博物馆规划设计 . 建筑学报，2009（2）.
[63] 冈崎甚幸 . 建筑空间における步行のためのシミュレ－ションモデルの研究 . 日本建筑学会论文报告集, No.285.
[64] 张维，庄惟敏 . 中美建筑策划教育的比较分析 . 新建筑，2008（5）.
[65] 戴锦辉，康健 . 英国建筑教育——谢菲尔德大学建筑学职业文凭设计工作室简介 . 世界建筑，2004（5）.

[66] 张永和 . 我选择 . 建筑师，2006（2）.

[67] 盛强 . 社区级活力中心分布的空间逻辑——以北京三环内 222 个街区内小商业聚集为例 . 国际城市规划，2012（6）.

[68] 杉山茂一 . 住みるシミュレ - ションにみる平面评价——居住性に关する评价法及び测定法の开发 . 建设省，建筑研究所，1978.

[69] S.Agel，G.K.Hyman. Urban Fields：A Geometry of Movement for Regional Science. Pion Limited，1976.

[70] Y. Tina Lee. Information modeling：from design to implementation. Proceedings of the Second World Manufacturing Congress，1999.

[71] J.M.Seehof，W.O.Evans. Automated Layout Design Program. Journa1 of Industrial Engineering，1976，18（12）.

[72] Steven A. Parshall，William M. Pena. Post-Occupancy Evaluation as a Form of Return Analysis. Industrial Development，1983（5/6）.

[73] C · Moore.Graphic Thinking.1980.

[74] 船越辙 . 多因子变量分析 .

[75] 茅阳一，森俊介 . 社会システムの方法 . オ - ム社 .

[76] 服部岑生 . モデル分析 .

[77] Willonghby.Understanding，Building Plan with Computer Aids.Construction Press，1975.

致 谢

正如序中所述，本书所论述的内容是笔者以及清华大学的团队对中国建筑策划近几十年来研究的汇总，是一次关于建筑策划理论、方法和实践的升级。在原《建筑策划导论》基础之上新补充的内容汇聚了十几年来笔者在清华大学建筑学院指导研究生和博士生的部分论文成果，以及清华大学建筑设计院和中国建筑学会建筑师分会建筑策划专委会各位同仁的研究成果与实践项目，他们的努力是本书得以完成的关键所在。

本书在出版过程中得到了各方人士的大力帮助。中国建筑工业出版社的编辑在版式等方面给予了大力支持和指导；清华大学建筑学院的党雨田博士在资料收集、文献整理、插图绘制、部分章节的成稿和文字编辑方面投入了巨大的精力；清华大学建筑设计院的张维建筑师在英文翻译及校对方面给予了支持，以及咨询策划所和中国建筑学会建筑师分会建筑策划专业委员会的各位也为本书资料的收集和校审提出了许多宝贵的意见，恕不一一提及姓名，在此表示衷心的感谢。

本书的出版得到了清华大学建筑学院建院 70 周年纪念专项经费的部分资助，在此表示衷心的感谢。亦谨借此书作为向清华大学建筑学院建院 70 周年的致敬！

本书获国家“十二五”科技支撑计划课题（2013BAJ15B01）和国家自然科学基金面上项目（51378275）资助支持。